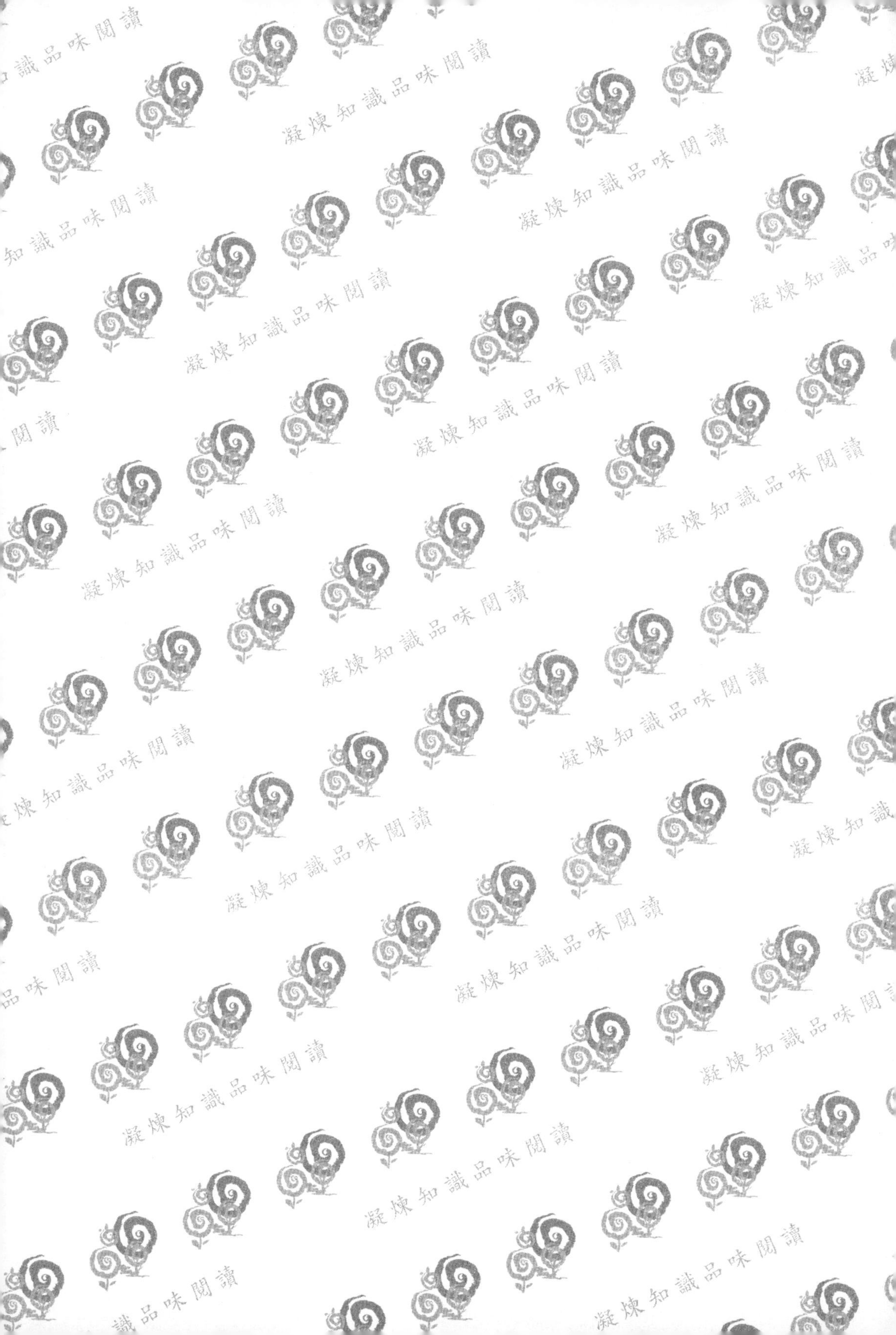

五南出版

固態電子學

李雅明 著

五南圖書出版公司 印行

序　言

電子工業是近代科技的一個重要部門，電子工業的基礎是電子元件，而電子元件是從固態物理發展出來的。本書的目的就在於從基本的固態物理開始，介紹電子元件和積體電路方面的應用。希望能對研習電子工程、電機工程、材料科學和物理學的讀者們有所幫助，也希望能作爲實際從事電子工業者的參考。

一般在固態科學方面的書籍可以分爲兩類。一類是以固態物理爲主要內容的，其對象往往是在研究所就讀的研究生，或準備進入物理學研究領域的大學部學生。這類書籍對於研讀工程的學生而言往往太深，而且課題的選擇也常常不能顧及電子科學方面的需要。另一類的書則是以半導體元件爲主要內容，對於跟較爲基本的固態物理之間的關係，則介紹得比較少。尤其固態物理書籍常常都以討論金屬的性質占了大部分篇幅，往往會給讀者一種印象，好像金屬、半導體和絕緣體的物理都不怎麼相同。本書的內容主要是針對研習電子元件者的需要，因此對於固態物理，希望能夠深入淺出的介紹必需的知識，著重在建立固態物理與電子工程的關係。另一方面，也希望強調從固態物理發展出來的能帶理論是可以應用到包括金屬、半導體和絕緣體所有固體材料的。

本書從第一章到第十章介紹基本的固態物理，著重與電子科學有關的部分。從第十一章到第十七章，介紹在微電子工程方面的應用，希望能加強固態物理與電子科學兩者之間的關係。

本書的教材內容，筆者曾在任教過的美國凱斯西方儲備大學（Case Western Reserve University）電機工程與應用物理系（Department of Electrical Engineering and Applied Physics）和國立清華大學電機工程系使用過，依選擇章節的不同，可以做爲大學三、四年級和初級研究生的課本或參考書。

本書曾經在全華科技圖書公司出版。近年來，由於高等教育的快速發展，使得對中文教科書的需求更爲殷切。於是乃商請五南圖書公司發行新版，將舊版修訂後，重新打字排版。另外，讀過理工科的人都知道，習題是一門課程的精華。沒有做過習題或者不會作習題，幾乎等於沒有念過這門課。在出版本書新版之際，我們也同時出版《固態電子習題解析》，將本書的習題一一詳細解出，作爲讀者們的參考。如果能仔細了解習題，將會對固態電子學有深一層的認識。這兩本書能夠得以出版，要感謝五南圖書公司同仁們的支持，特別是王者香主編和林亭君編輯的辛勞與協助，筆者在此謹表示最深的謝意。

其次，我要感謝過去和現在工作過的清華大學，美國休斯研究所（Hughes Research Laboratories）和凱斯西方儲備大學的同仁們和學生們，沒有他們的合作和討論，本書將不會有現在的內容。最後，我要感謝父母親的栽培、內人的鼓勵和諒解，沒有他們的支持，本書是不可能寫成的。

由於筆者個人的知識有限，本書在撰寫中不夠周全之處，仍請閱讀本書的讀者不吝予以指正。

李雅明

中華民國 104 年 10 月於

國立清華大學電機工程學系

目　錄

第十六章 超導體及其應用 451

主要符號表

Å	埃 (10^{-8}cm)
$\mathbf{a}_i$ ($i = 1，2，3$)	晶格矢量
a_0	玻爾半徑
$\mathbf{B}$	磁感應強度（向量）
B	磁感應強度（標量）
$\mathbf{b}_i$ ($i = 1，2，3$)	倒晶格矢量
C	熱容
C_P	固定壓力下的熱容
C_V	固定體積下的熱容
c	(1) 眞空中的光速、(2) 比熱
c_p	固定壓力下的比熱
c_v	固定體積下的比熱
$\mathbf{D}$	電位移矢量
D	擴散係數
$D(E)$	能位密度
d	晶面間距
$\mathbf{E}$	電場強度（向量）
E	電場強度（標量）
E	能　量
e	電子電荷
E_A	受主能級

E_C	導帶底能量
E_D	施主能級
E_F	費米能量
E_g	能　隙
E_i	本徵費米能量
E_v	價帶頂能量
$\mathbf{F}$	力
$F(E)$	費米分布函數
f	(1) 頻率、(2) 費米分布
$\mathbf{G}$	倒晶格矢量
$\mathbf{G}_n$	倒晶格矢量
$\mathbf{H}$	磁場強度（向量）
H	磁場強度（標量）
h	普朗克常數
$\hbar$	$\hbar = \mathrm{h}/2\pi$
H_c	臨界磁場、矯頑磁場
H_{c1}	下臨界磁場
H_{c2}	上臨界磁場
J	電流密度
j	電流密度
K	(1) 熱導率、(2) 消光系數
$\mathbf{k}$	電子波數矢量
k	(1) 電子波數（標量）、(2) 波耳茲曼常數
k_B	波耳茲曼常數
k_F	費米波數

L	(1) 長度、(2) 擴散長度
l	平均自由程
$\mathbf{M}$	磁化強度（向量）
M	(1)原子（離子）質量、(2)磁化強度（標量）
m	質量、電子質量
m_0	自由電子質量
m^*	有效質量
m_l	縱向有效質量
m_t	橫向有效質量
N	(1) 基本單胞數、(2) 原子數、(3) 阿伏加德羅數
n	(1) 電子濃度、(2) 雜質原子濃度、(3) 折射率
N_A	受主雜質濃度
N_C	導帶有效能位密度
N_D	施主雜質濃度
N_V	價帶有效能位密度
n_i	本徵載子濃度
n_g	波矢爲 q 的聲子數
$\mathbf{P}$	極化強度（向量）
P	極化強度（標量）
$\mathbf{p}$	動量（向量）
p	(1) 動量（標量）、(2) 電偶極矩、(3) 壓強 (4) 電洞濃度
$\mathbf{q}$	聲子波數矢量
q	(1) 聲子波數、(2) 電子電荷
R	(1) 反射係數、(2) 電阻
$\mathbf{r}$	位置向量

r	位置標量
T	絕對溫度
t	時　間
T_c	臨界溫度
T_F	費米溫度
U	內　能
u_n	偏離晶格點的位移
V	(1) 體積、(2) 勢能、(3) 電位
$\mathbf{v}$	速度（向量）
v	速度（標量）
v_n	偏離晶格點的位移
W	基極中性區長度
α	(1) 吸收係數、(2) 極化率
β	晶格比熱係數
γ	電子比熱係數
Δ	超導能隙參數
ϵ	介電常數
ϵ_0	真空介電常數（真空電容率）
θ	(1) 角度、(2) 鐵磁居里溫度
θ_D	德拜溫度
θ_E	愛因斯坦溫度
λ	波　長
λ_L	穿透深度
μ	(1) 遷移率、(2) 磁矩
μ_B	玻爾磁子
μ_0	真空磁導率

μ_r	相對磁導率
ν	頻　率
ξ	超導相干長度
ρ	電阻率
ρ_r	剩餘電阻率
σ	電導率
τ	(1) 弛豫時間、(2) 壽命
ϕ	電　位
Φ	(1) 磁通量、(2) 功函數能量
Ψ	波函數（時間與空間函數）
ψ	波函數（空間函數部分）
ω	角頻率
ω_n	德拜頻率

第一章

導　論

1 前言

2 晶體結構

3 晶體的結合

4 電子的波性

1.1 前言

電子工業是現代社會不可或缺的基本工業，也是許多其他行業，包括資訊業的基礎。它的重要性已經是家喻戶曉的了。電子材料和電子元件則是電子工業的基礎，要了解材料和元件的電學性質，必須要了解固體中電子的作用，固態電子的理論可以用來解釋材料和元件的各種電學，磁學、光學和熱學的性質。因此，說電子理論爲近代社會的科技文明奠定了基礎也不爲過。特別是 1947 年發明了電晶體以來，電子工業的發展更是突飛猛進、日新月異，爲世界文明開創了新紀元。

爲了要了解材料的電學性質，過去曾經經過三個不同階段的發展過程。它們的理念和深度都有所不同。在二十世紀以前，對於觀察到的實驗結果，大多採用一種現象敘述的方法，所有的定律都是從經驗中歸納出來的，這種經驗式的理論只考慮宏觀的變量。在提出一個方程式來解釋現象的時候，對於物質內部的結構並沒有做任何討論。譬如牛頓定律、麥克斯韋方程式（Maxwell equations），和歐姆定律等均屬此類，這就是第一個階段。

公元 1897 年，湯姆生（J. J. Thomson）發現電子。僅僅三年後的 1900 年，杜魯德（Drude）提出了一個相當大膽的觀念，認爲金屬可以視爲由帶正電的金屬離子和帶負電的價電子所組成，而價電子可以在離子的排列中自由移動。在有外加電場的情況下，電子由於飄移而產生電流。爲了要解釋電子不會無限制的加速，在這個模型中假設電子與金屬的晶格原子發生碰撞。這樣推導出來的電流與外加電壓成比例，因而解釋了歐姆定律。這種，「經典式」的電子理論所發展出來的方程式，到今天仍然有廣泛的應用。要知道，這種「經典式」的電子理論是在用 X 光繞射證明金屬有原子結構十二年之前就已經提出來的。因此，杜魯德的假設是一個極有先見之明的理論。1904 年，羅倫茲（Lorentz）把麥克斯韋－波耳茲曼（Maxwell-Boltzmann）統計應用到自由電子理論。杜魯德和羅倫茲的經典自由電子理論雖然可以解釋許多金屬的電學性質，但是對金屬的比熱和順磁性磁化率（paramagnetic susceptibility）等卻得出錯誤的結果。杜魯德和羅倫茲的「經典式」理論可以稱之為電子理論的第二個階段。

量子理論發展出來以後，索莫菲（Sommerfeld）使用費米－狄拉克（Fermi-Dirac）統計，以取代羅倫茲使用的麥克斯韋－波耳茲曼統計，由此得到的結果，消除了不少上述這些經典理論錯誤的推論。最後，經過海森堡（Heisenberg）、包利（Pauli）、布洛赫（Bloch）、威爾遜（Wilson）等多位科學家的努力，建立了能帶理論來充分解釋固態材料的各種現象。因此，量子理論又把電子理論更推進了一步。可是，量子理論不容易把它敘述的現象具體化。因此，需要花一些功夫來了解它的基本觀念，但是在熟悉了這些原則之後，可以對物質的電學性質有更深一層的了解。這可以稱做是固態電子理論的第三個階段。

1.2　晶體結構

固態材料是由大量原子組成的，每一立方公分中，有 10^{23} 個這種數量級的原子。我們現在知道固態材料中原子的排列可以呈現晶態（crystal-line）、多晶態（polycrystalline）和非晶態（amorphous）等不同的形式。在歷史上，由於晶體形態的規則性，首先獲得注意。公元 1784 年，阿羽依（Haüy）在研究方解石（calcite）的時候，推論出許多不同形式的方解石晶體都是由一個基本形式的平行六面體核心，在不同的對稱運轉下，重複堆積產生出來的。布拉菲（Bravais）後來從對稱的考慮證明，一共有十四種不同晶格週期性的形式，分屬七種晶系。1912 年，勞厄（Max von Laue）提出 X 光可以由三維的晶體結構所繞射，而弗里德里希（Friedrich）和尼平（Knipping）以實驗證明了這一點。晶體是由原子規律排列形成的因而得到證實。

晶體中原子週期性排列的結構稱為晶格（lattice）。在三維空間中，晶格是用規則排列的晶格點來代表。與每一個晶格點連在一起的，是一個或一組原子，稱爲晶格的基元（basis），當晶格點與晶格基元連接在一起並在空間重複累積的時候，就得到晶體結構。

因爲晶格是有週期性的，晶格重複的最小單位體積就稱爲晶格的基本單胞（primitive cell）。基本單胞可以有許多不同的選法。圖 1.1 顯示一個二維的晶格，1、2、3 這三個平行四邊形都代表這個晶格的基本單胞。代表基本單胞三個軸的向量，用 $\mathbf{a}_1$、$\mathbf{a}_2$ 和 $\mathbf{a}_3$ 表示，稱爲基本單胞的單位向量（unit vectors），所有空間中的晶格點都可以從其中一個晶格點出發，然後做一個位移向量 $\mathbf{T}$ 得到，$\mathbf{T}$ 可以用下式表示

$$\mathbf{T} = n_1\mathbf{a}_1 + n_2\mathbf{a}_2 + n_3\mathbf{a}_3 \tag{1.1}$$

其中 n_1、n_2 和 n_3 是三個整數。

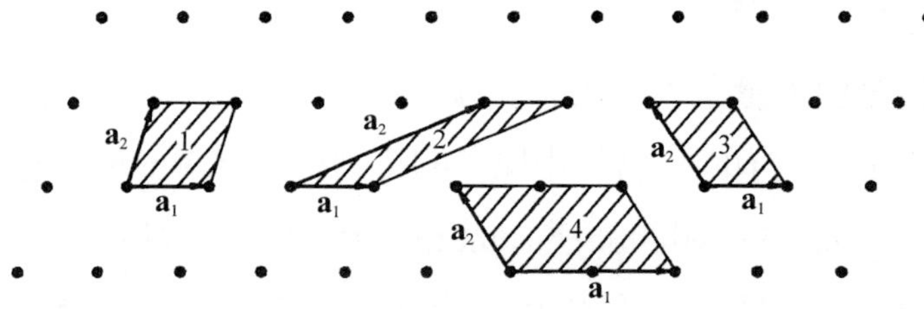

圖 1.1　一個二維晶格的晶格點和基本單胞

圖 1.1 的第四個平行四邊形就不是一個基本單胞，因爲並不是所有的晶格點都可以由這一組的單位向量和（1.1）式的位移向量得到。換一個方法說，第四個平行四邊形的面積（在三維的情況就變成體積），並不是最小的單元。

在有些情況下，最小的基本單胞往往不能反映出晶格的對稱性。這時候

常用一些體積大一點的單胞來反映晶格的對稱特性。以圖 1.2 的面心立方晶格爲例，由晶格基本向量 $\mathbf{a}_1$、$\mathbf{a}_2$ 和 $\mathbf{a}_3$ 形成的菱面體是基本單胞，但是較大的立方體單胞更能顯示出晶格面心立方的性質，這種常用的單胞稱爲普通單胞（conventional cell）或慣用單胞。在面心立方晶格中，如果慣用單胞立方體的一邊爲 a，則基本單胞的基本向量 $\mathbf{a}_1$、$\mathbf{a}_2$ 和 $\mathbf{a}_3$ 分別是

$$\mathbf{a}_1 = \frac{a}{2}(\mathbf{j}+\mathbf{k})，\mathbf{a}_2 = \frac{a}{2}(\mathbf{i}+\mathbf{k})，\mathbf{a}_3 = \frac{a}{2}(\mathbf{i}+\mathbf{j}) \qquad (1.2)$$

i、**j**、**k** 分別是在 x、y、z 軸方向的單位向量。

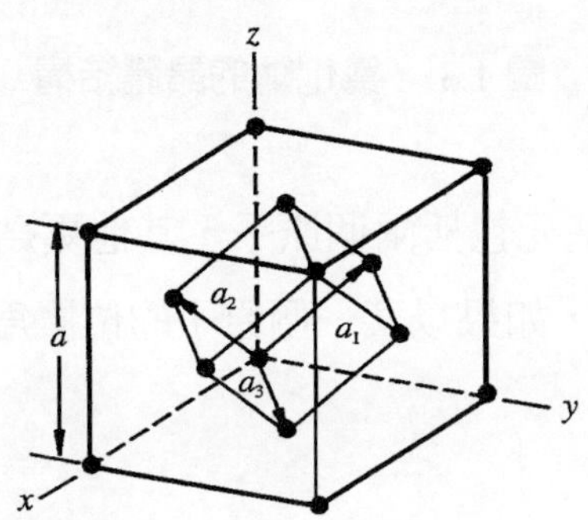

圖 1.2　面心立方晶格的基本單胞和普通單胞

這個以 $\mathbf{a}_1$、$\mathbf{a}_2$、$\mathbf{a}_3$ 爲三邊的基本單胞，其體積是 $\frac{a^3}{4}$，只有立方慣用單胞的四分之一。在每個晶格點只代表一個原子的情形下，基本單胞的每個角上有一個原子，但每個原子爲八個相同的基本單胞所共用，因此平均起來，每個基本單胞有一個原子。類似計算顯示立方體的慣用單胞則平均有四個原子。

單胞有一個原子，而在複式晶格中，每個基本單胞包含不只一個原子。舉例來說，具有面心立方晶格結構的銅、銀、金都是簡單晶格，每個原子都是相同的。複式晶格的例子則如氯化鈉 NaCl。氯化鈉的晶格是由 Na^+

和 Cl^- 離子交互排列組成的。每一個晶格點代表一個鈉原子和一個氯原子。排列起來的結構是一個面心立方的晶格，如圖 1.3 所示。

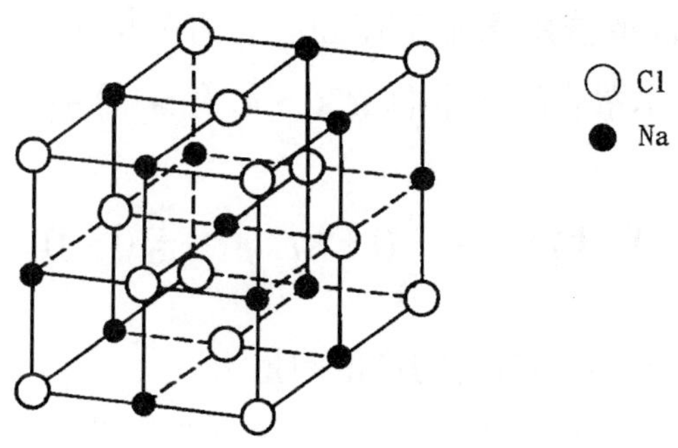

圖 1.3　氯化鈉的晶體結構

所以 NaCl 晶格的基元包括兩個原子，其他更為複雜的晶格可以依此類推。對於簡單晶格來說，如果以某一個原子的位置為原點，則晶格中每一個原子的位置都可以用

$$n_1\mathbf{a}_1+n_2\mathbf{a}_2+n_3\mathbf{a}_3$$

來表示，其中 n_1、n_2、n_3 為一組整數。對於複式晶格，則除了上式之外，還要加上一個在每個基本單胞之內，每個原子之間的相對位移 $\mathbf{r}_i$，即各個原子的座標可以表示為

$$\mathbf{r}_i + n_1\mathbf{a}_1 + n_2\mathbf{a}_2 + n_3\mathbf{a}_3\text{，其中} i = 1, 2\cdots\cdots, m$$

代表基本單胞中 m 個不同的原子。

有關晶格的應用，在第三章還會進一步討論。

1.2.1 晶向與晶面

晶格的晶格點是週期性規則排列的。在二維的情況下，通過這些晶格點可以畫出一排排平行的直線，直線之間的距離相等。在三維的情形下，可以畫出平行的平面，平面之間也等距，所有晶格點都會落在平行面中間的一個面上，而不會有所遺漏。同樣的晶格點可以用不同的畫法，畫出不同的直線和平面。這些直線和平面，代表在晶體之中不同的方向和平面，需要用一定的方法來表示。

如果取晶格之中某一個晶格點為原點，從原點 O 到任何其他一個晶格點 A 的向量為

$$h\mathbf{a}_1 + k\mathbf{a}_2 + l\mathbf{a}_3$$

其中 h、k、l 為一組整數，如果 h、k、l 是互質的，則可以用 hkl 來代表直線 OA 的方向。如果 hkl 不是互質的，也可以簡化成一組互質的整數來代表 OA 的方向。在晶體學上，習慣用方括弧 $[hkl]$ 來代表這樣的方向。朝向負軸方向的數量，就在數字上加一橫來代表，像是 $[h\bar{k}l]$，如圖 1.4 所示。由於晶體的對稱性，[100]、[010]、[001]、$[\bar{1}00]$、$[0\bar{1}0]$、$[00\bar{1}]$ 等六個晶體方向其性質是完全相同的，這些等效晶向用 <100> 的符號表示。其他的等效晶向也可以類推。

定義一個晶格平面則採用下列方法：

(1) 如果單胞三個軸的單位向量是 $\mathbf{a}_1$、$\mathbf{a}_2$、$\mathbf{a}_3$，這個單胞可以是基本單胞，也可以是慣用單胞。晶格平面與這三個軸相交於三個點。如果這個平面平行於某一個軸，其交點可以視為無限大。三個交點座標用 $\mathbf{a}_1$、$\mathbf{a}_2$、$\mathbf{a}_3$ 的倍數表示。

(2) 將這三個數作倒數，並化成有同樣比例、互質的三個整數 h、k、l。並且用括弧 (hkl) 代表這個平面。hkl 稱為密勒指數（Miller indices）。如果晶面

與某一個軸平行，截距爲無限大，則倒數爲零。圖 1.5 顯示立方晶體中一些有代表性的平面。如果截距是負值，則在代表那一軸的數字上加一橫，如 $(hk\bar{l})$。同樣也由於晶體的對稱性，立方晶體的 (100)、(010)、(001)、$(\bar{1}00)$、$(0\bar{1}0)$ 和 $(00\bar{1})$ 等六個平面也是具有相同性質的。這些等效的平面，用 {100} 的符號表示。可以證明，在立方晶系晶體中，[*hkl*] 方向與具有同樣指數的 (*hkl*) 平面是垂直的，但在其他晶系卻不一定正確。

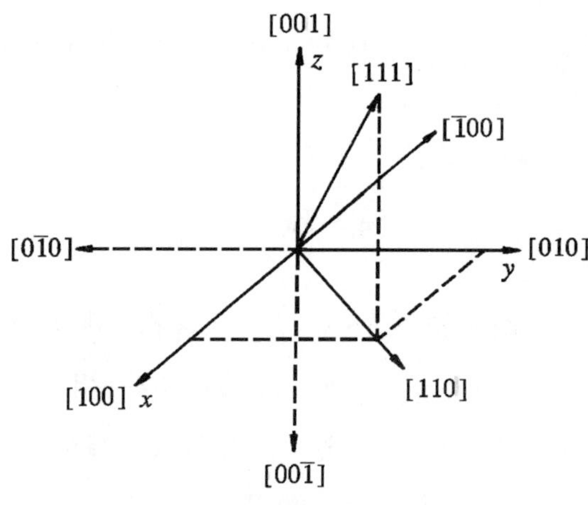

圖 1.4　晶向和等效晶向示意圖

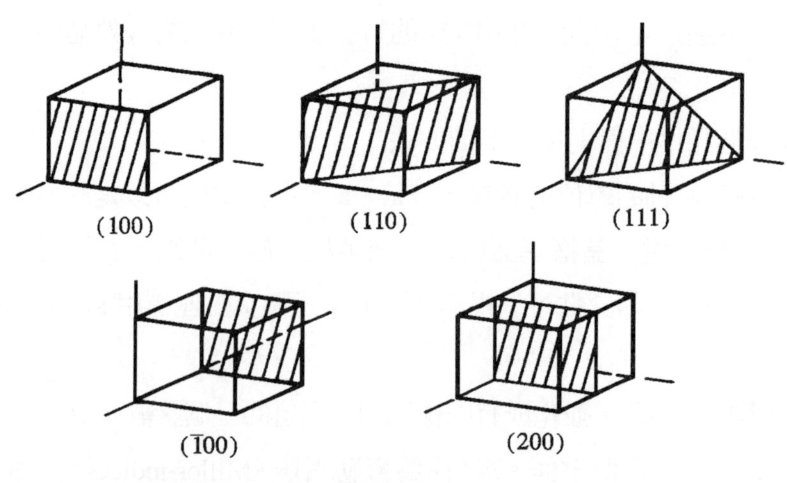

圖 1.5　立方晶體中的一些代表性晶面

1.2.2 晶格種類

晶格具有特殊的對稱性。首先是旋轉對稱。晶體可以繞著通過某一個晶格點的對稱軸，作一定角度的旋轉而仍然維持晶體不變。可以證明：晶體可能具有 0°、60°、90°、120°、180° 等五種旋轉對稱。如果從二維的情形來了解，即只有長方形、正三角形、正方形和正六邊形可以週期的重複排列。其他的正 *n* 邊形，都不可能重複排列而布滿整個空間。其次是鏡面反射對稱，相對於通過某一個晶格點的平面，晶體有鏡面反射的對稱。即相對於該鏡面作反轉後，晶體可以維持不變。第三個對稱操作是反演（inversion），即把位置座標 **r**，針對原點反轉成爲 −**r**，晶體維持不變。或者相同的說，可以把反演看成先做一個 180° 的旋轉，再相對於垂直旋轉軸的一個平面作鏡面反射，也同樣可以把 **r** 變成 −**r**。

根據群論，如果對稱的操作中不包括平移，即有一個晶格點要維持固定，則晶體一共有三十二種不同的宏觀對稱類型，稱爲 32 個點群（point groups）。如果包括平移，就會有 230 種對稱性，稱爲空間群（space groups）。如果加上布拉菲晶格的基元（basis）必須維持完全的對稱（包括球座標對稱），以及平移限於布拉菲晶格向量的條件，則只剩下 7 個點群和 14 個空間群。即一共有 7 個晶系，14 種不同的晶格，稱爲 14 種布拉菲晶格。這七種晶系分別爲：

(1) 立方晶系（cubic）：包括簡單立方（simple cubic）、體心立方（body-centered cubic）和面心立方（face-centered cubic）。

(2) 四方晶系（tetragonal）：包括簡單四方（simple tetragonal）和體心四方（body-centered tetragonal）。

(3) 正交晶系（orthorhombic）：包括簡單正交（simple orthorhombic）、底心正交（base-centered orthorhombic）、體心正交（body-centered orthorhombic）和面心正交（face-centered orthorhombic）。

(4) 單斜晶系（monoclinic）：包括簡單單斜（simple monoclinic）和底心單斜

（base-centered monoclinic）。

(5) 三斜晶系（triclinic）：簡單三斜。

(6) 三角晶系（trigonal）：即三角晶格，也稱菱面晶格（rhombohedral）。

(7) 六角晶系（hexagonal）：簡單六角。

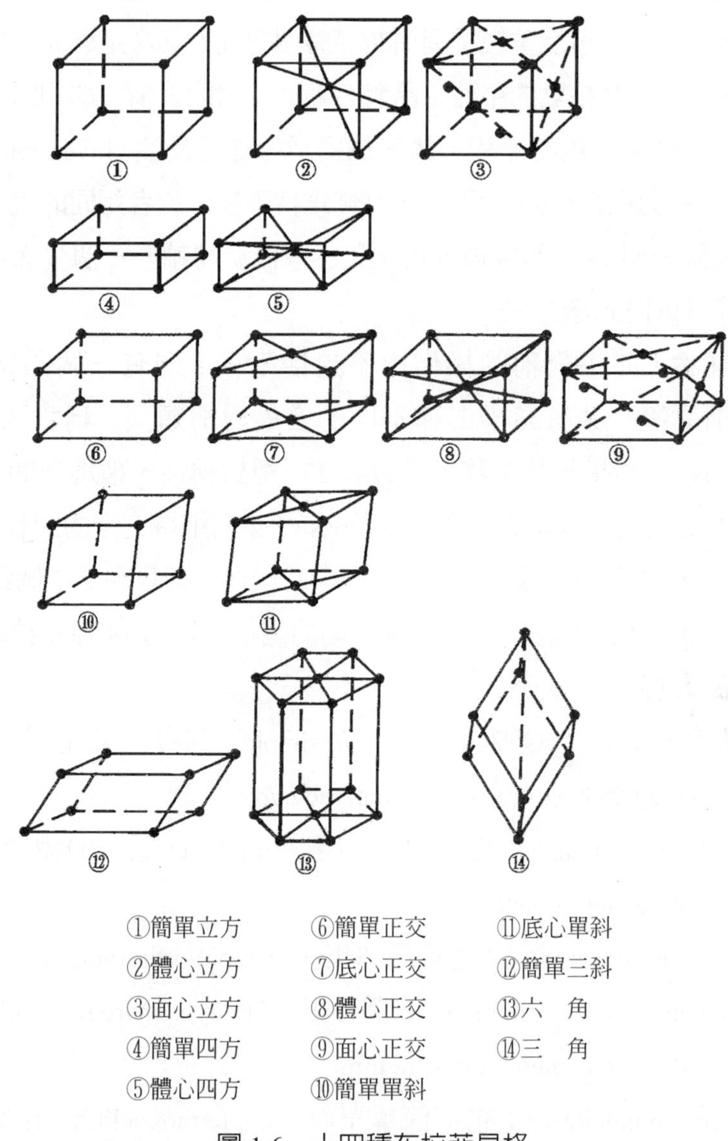

圖 1.6　十四種布拉菲晶格

表 1.1 列出了這七種晶系的布拉菲晶格，其單胞基本向量的特性，和基本向量之間的夾角，α 是 $\mathbf{a}_2$、$\mathbf{a}_3$ 之間的夾角，β 是 $\mathbf{a}_1$、$\mathbf{a}_3$ 之間的夾角，而 γ 是 $\mathbf{a}_1$、$\mathbf{a}_2$ 之間的夾角。

表 1.1　七種晶系和十四種布拉菲晶格

晶　　系	單胞基本向量的特性	布拉菲晶格
立方晶系（cubic）	$a_1 = a_2 = a_3$ $\alpha = \beta = \gamma = 90°$	簡單立方 體心立方 面心立方
四方晶系（tetragonal）	$a_1 = a_2 \neq a_3$ $\alpha = \beta = \gamma = 90°$	簡單四方 體心四方
正交晶系（orthorhombic）	$a_1 \neq a_2 \neq a_3$ $\alpha = \beta = \gamma = 90°$	簡單正交 底心正交 體心正交 面心正交
單斜晶系（monoclinic）	$a_1 \neq a_2 \neq a_3$ $\alpha = \gamma = 90°$，$\beta \neq 90°$	簡單單斜 底心單斜
三斜晶系（triclinic）	$a_1 \neq a_2 \neq a_3$ 夾角不等	簡單三斜
六角晶系（hexagonal）	$a_1 = a_2 \neq a_3$ $\alpha = \beta = 90°$，$\gamma = 120°$	六　角
三角晶系（trigonal）	$a_1 = a_2 = a_3$ $\alpha = \beta = \gamma < 120°$，均不等於 90°	三　角

1.3　晶體的結合

晶體是由原子經由相互作用結合而成的。結合的作用可分爲五種基本形式。晶體的結合形式對於材料的結構、材料的物理和化學性質，都有密切的關係。這五種形式分別是：

1. 離子性結合

離子性晶體是由正離子和負離子結合而成的。其結合的作用力是離子之間的庫倫吸引力。在離子性晶體中，是以離子而不以原子爲單位結合的。最典型的離子性晶體就是由週期表第 I 族的鹼金屬和第VII族的鹵族元素所組成的化合物。鹼金屬，包括鋰（Li）、鈉（Na）、鉀（K）、銣（Rb）、銫（Cs）的原子結構最外層只有一個電子。而鹵族元素，包括氟（F）、氯（C1），溴（Br）、碘（I）最外層有七個電子。把鹼金屬的電子轉移到鹵族元素，就形成兩個電子層都塡滿了的正負離子。

離子性晶體由於靠吸引力強的庫倫靜電力結合，因此結構穩定。這種結構穩定導致電導率低、熔點高、膨脹係數小等特性。離子性晶體在可見光區域大多是透明的。

2. 共價結合

共價結合是由相鄰兩個原子各出一個電子共用，形成共價鍵（covalent bond）。由於共價鍵，原子可以在最外層形成塡滿的電子殼層，這樣的晶體稱爲共價晶體。形成共價鍵的兩個電子，分別具有向上和向下的自旋。

共價鍵有兩個特性，一個是飽和性，即一個原子只能形成一定數目的共價鍵。共價鍵是由尙未配對的電子組成的，一個原子因此只能跟一定數量的其他原子形成共價鍵。如果原子最外層價電子的數目少於塡滿時的一半，則每個電子都可以是未配對的，因此共價鍵的數目等於價電子的數目。如果價電子的數目多於塡滿時的一半，則有些電子已經是配對的，則共價鍵的數目就會少於價電子的數目。共價鍵的第二個特性是方向性，原子只能在特定的方向形成共價鍵。金剛石是一個形成共價鍵的典型例子，四個價電子形成四個共價鍵，鍵的方向是沿著一個正四面體的四個頂角方向，鍵間的夾角是固定的（109.28°）。週期表第四族的矽、鍺和灰錫也都形成金剛石結構。

共價晶體的絕緣性不如離子性晶體，因爲離子性晶體的電子分布是與離子緊密結合的。而共價晶體的電子分布就比較沒有那麼區域化。所有半導體都是共價晶體。有一些半導體，如三五族半導體，帶有部分離子性的成分。

3. 金屬性結合

金屬性結合的特點是最外層價電子的共有化。即結合成晶體時，原來各個原子的價電子不再屬於各自的原子，而是為整個晶體所共有。電子的波函數不是侷限的，而是可以分布在整個晶體。失去了最外層價電子的原子，和由價電子形成的電子雲之間的庫倫靜電力，是形成金屬晶體的結合力。與離子性結合和共價結合不同，金屬性結合對於原子的排列並沒有特別的條件，只要原子排列得愈緊密，則庫倫勢能愈低，結合愈穩定。因此大多數金屬具有面心立方（fcc）或六角密積（hexagonal close packed）的晶體結構，因為這兩種晶格的排列是最緊密的。金屬的特性，如高電導率、高熱導率和金屬的光澤，也都與金屬中價電子是共有的，而這些共有化的價電子可以在整個晶體內運動的特性有關。

4. 范德瓦耳斯（van der Waals）結合

范德瓦耳斯作用是原子或分子經由感應產生的電偶極矩之間的作用力。兩個距離為 r 的原子，其間范德瓦耳斯作用的能量往往可以寫成為下式：

$$V(r)=4\epsilon\left[\left(\frac{\sigma}{r}\right)^{12}-\left(\frac{\sigma}{r}\right)^{6}\right] \tag{1.3}$$

其中 ϵ 和 σ 是參數，（1.3）式稱為勒納德－瓊斯（Lennard-Jones）勢能。范德瓦耳斯結合力較弱，而且隨著距離的增加，下降得很快。凝結成為固體的惰性氣體和一些有機分子晶體，它們的結合力是范德瓦耳斯力。

與前面幾種結合力不同，范德瓦耳斯結合往往產生在原來已經具有穩固電子結構的原子和分子之間，而且在結合成為晶體的時候，仍然保持原來的電子結構。而其他幾種結合，原子的價電子都發生了變化。在離子性晶體中，原子之間交換電子變成了正負離子。在共價結合中，相鄰原子的價電子共用形成共價鍵。在金屬結合中，所有的價電子變成共有化的。

5. 氫鍵結合

氫原子只有一個電子，應該可與另外一個原子形成共價鍵。但是在某些氫化物固體中，氫原子可以同時和兩個電子親和能大，而原子半徑較小的原子（如 O、F、N 等）相結合，並在它們之間形成氫鍵。因爲氫有一些獨特的地方。首先，去掉電子後的氫原子核比其他原子核都要小很多。其次，氫原子的離子化能量很大，爲 13.6eV，比起週期表同族的 Li（5.39eV）、Na（5.14eV）、K（4.34eV）、Rb（4.18eV），Cs（3.89eV）都要大很多，所以難於形成離子性結合。最後，氫原子只要外層有兩個電子，就可以形成像氦原子一樣的填滿狀態，而其他原子都需要八個。由於這些特殊情況，產生了氫鍵結合。

當氫原子 H 與一個其他原子 X 形成共價鍵後，氫核便暴露於外，由於庫倫作用可以吸引另外一個負電性較大的原子（Y）相結合，所以氫鍵可以表示爲 X-H—Y 的形式。X-H 之間是共價鍵，結合力較強，而 H—Y 之間是范德耳瓦斯力，因此結合力較弱、鍵較長。水凝固而成的冰（H_2O）就是一種氫鍵晶體。在氟化氫固體、鐵電體 KDP（$K_2H_4PO_4$）式的材料中，都有氫鍵存在。氫鍵的結合能量約在 0.1eV 的數量級。

1.4 電子的波性

我們知道，光有波動性質，也有粒子性質。光的波動性質，在公元 1802 年由楊氏（Young）雙縫光柵（double slit）實驗證實。光的粒子學說由牛頓提出，但一直到 1905 年才由愛因斯坦解釋光電效應和 1923 年的康普頓（Compton）效應得到證實。光的粒子，稱爲光子（photon），是光的量子，其能量爲

$$E = h\nu = \hbar\omega \tag{1.4}$$

其中 h 爲普朗克（Planck）常數，而 $\hbar = h/2\pi$，ν 爲頻率，$\omega = 2\pi\nu$ 爲角頻率。

電子的粒子特性由湯姆生（J. J. Thomson）首先在 1897 年的實驗中發現，他觀察到陰極射線在加了電場和磁場後會偏移，而電子在金屬中的移動則是托曼（Tolman）用慣性效應實驗證明的。

1924 年，德布羅意（de Broglie）在他的博士論文中提議，既然電磁波（光也是電磁波）在某些條件下可以顯示出粒子性，那麼一般認爲是粒子的物體（如電子、阿爾法粒子等等），是否在某些狀況下也可以有波性？他把可能的電子波的波長 λ 和粒子的動量 p 以下面的關係式連繫起來

$$\lambda = \frac{h}{p} \tag{1.5}$$

1926 年，薛丁格（Schrödinger）將德布羅意的想法賦予了一種數學的型式，即今天熟知的薛丁格方程式。1927 年，戴維森（Davisson）和翟姆（Germer）發現了晶體對電子的繞射效應。1928 年，湯姆生（G. P. Thomson，爲 J. J. Thomson 之子）在薄膜穿透實驗中，也發現電子有繞射效應，因而證明了電子也有波性。

我們現在要用一個波函數 Ψ 來描述電子的性質。這個波函數並不代表實際的波動，也不直接代表物理數量，它是對一個粒子（在目前的例子爲對一個電子）一種方便的數學敘述，可以讓我們計算粒子的實際性質。這種方法對於初次學習量子力學的人可能很不習慣，但是經過一些練習以後，就會變得熟悉了。

要了解電子的波和粒子雙重性，可以這麼看，雖然我們起初並不知道電子波的形式，但是它大致上應該與圖 1.7 類似。除了在粒子附近以外，波的振幅應該要調節爲零。因爲這個波在空間分布上總要代表粒子的運動。因

此這個電子波是由一組波所組成，作爲時間的函數，這個波必須以與粒子相同的速度在 x 方向移動。對於這樣一組移動的波，有兩種不同的速度，一種叫做相速（phase velocity）或稱波速（wave velocity）v_p，另外一種叫做群速（group velority）v_g，群速比相速要小。

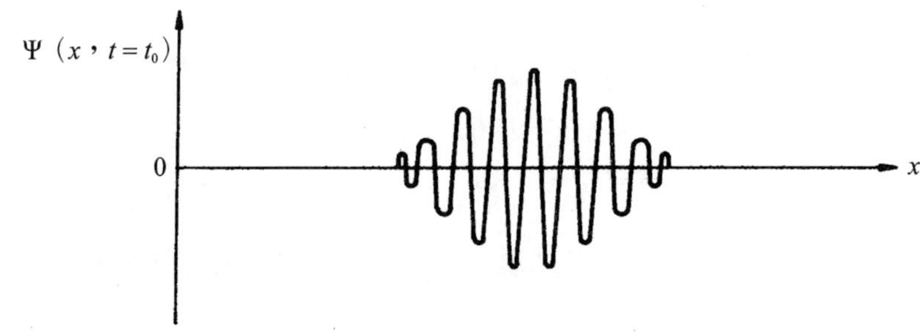

圖 1.7　一個波群

我們要建立群速、相速、頻率 ν 和波長 λ 之間的關係。從最簡單的波動形式開始，用一個正弦函數來代表波動，其角頻率爲 $\omega(\omega = 2\pi\nu)$，波長爲 λ，在 $-\infty$ 到 $+\infty$ 之間振幅均爲常數，朝著正 x 方向以固定的速度運動。這樣一個波可以由下列函數表示

$$\Psi(x, t) = \sin(kx - \omega t) \tag{1.6}$$

其中 $k \equiv \frac{2\pi}{\lambda}$，稱爲波數（wave number），以後延伸到三維的狀況，**k** 成爲一個向量，稱爲波矢（wave vector）。這樣一個數學形式可由下面的方法看出的確代表上述的波動。

1. 如果固定 x，波函數以角頻率 ω 隨著時間以正弦形式振動。
2. 如果固定 t，波函數與 x 也是正弦關係，其波長爲 λ。
3. 波函數爲零的位置，稱爲波動的波節（modes），以 x_n 代表，有下列的關

係

$$kx_n - \omega t = n\pi，n = 0, \pm 1, \pm 2\cdots\cdots \tag{1.7}$$

即

$$x_n = \frac{n\pi}{k} + \frac{\omega}{k} t \tag{1.8}$$

作一次微分可以看出來，波節朝著正 x 方向以 v_p 的速度移動

$$v_p = \frac{dx_n}{dt} = \frac{\omega}{k} \tag{1.9}$$

事實上，整個波都以相同的速度移動。因爲 $\omega = 2\pi\nu$，而 $k = \frac{2\pi}{\lambda}$ 故

$$v_p = \frac{\omega}{k} = \nu\lambda \tag{1.10}$$

其次，我們討論波動的振幅受到調制（modulate）的情形。如果把無窮多個，有著稍稍不同頻率 ν 和波數 k 的波加在一起，則在數學上可以得到與圖 1.7 類似的、朝著正 x 方向運動的一組波。可是，無窮多個波在數學上處理相當複雜。在目前的狀況，只要考慮兩個波相加在一起就已經可以說明波動的原理。因此我們考慮

$$\Psi(x, t) = \Psi_1(x, t) + \Psi_2(x, t) \tag{1.11}$$

其中　$\Psi_1(x, t) = \sin(kx - \omega t)$

$\Psi_2(x, t) = \sin[(k + dk)x - (\omega + d\omega)t]$

利用三角公式

$$\sin A + \sin B = 2\cos\frac{1}{2}(A - B)\sin\frac{1}{2}(A + B) \tag{1.12}$$

可以得到

$$\Psi(x,t)=2\cos\frac{1}{2}(dk\cdot x-d\omega\cdot t)\times\cos\frac{1}{2}[(2k+dk)x-(2\omega+d\omega)t]$$

由於 $dk << 2k$，$d\omega << 2\omega$，因此

$$\Psi(x,t)\cong 2\cos\frac{1}{2}(dk\cdot x-d\omega\cdot t)\cos(kx-\omega t) \tag{1.13}$$

在某一個固定時刻的 $\Psi(x,t)$ 波形顯示於圖 1.8，$\Psi(x,t)$ 的第二項與（1.6）式相同，但是這個波卻受到（1.13）式第一項的調制，因此 $\Psi(x,t)$ 的振幅會有週期性的變化，並包在一個包幅（envelope）之內。這兩個有著稍稍不同頻率和波數的波互相干擾，因而交歇的加強和消減，形成無窮多個波群（groups）。這些波群和包含於其中的單獨波，均朝著正 x 方向移動。這些單獨波的移動速度 v_p，可由 $\Psi(x,t)$ 乘積中的第二項得到，而這些波群的速度 v_g 則可由第一項得到。

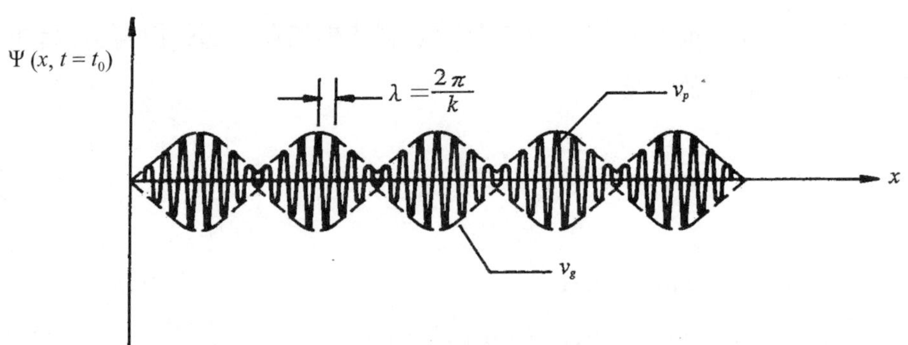

圖 1.8　兩個有著稍微不同頻率和波數的正弦波之和

用得到（1.9）式同樣的方法，我們得到

$$v_p = \frac{\omega}{k} \tag{1.14}$$

$$v_g = \frac{d\omega}{dk} \tag{1.15}$$

這種波動調制的現象，在聲學上是很常見的。鋼琴上的兩根弦如果音色稍有不同時，可以聽得到拍節（beats）。這種拍節會隨著頻率差異 $d\omega$ 的變小而逐漸變緩，直到兩根弦的音色變成相同後，拍節就消失了〔見（1.13）式〕。每一個拍節代表一個「波包」（wave packet），拍節愈慢（即 $d\omega$ 愈小），則波包愈大。兩個極端的情況如下：(1) 如果頻率和波長沒有變化（即 $d\omega = 0$，$dk = 0$），這會得到一個無窮長的波包，即一個單頻的波。這相應於把電子純粹當作波的形象（見圖 1.9）。(2) 反過來說，假設 $d\omega$ 非常大（由於 dk 與 $d\omega$ 成比例，dk 非常大也是一樣），這使得波包的長度很小。如果在頻率 ω 和 $\omega + d\omega$ 之間不只考慮兩個波 Ψ_1 和 Ψ_2，而是有大量不同的波，則圖 1.8 上一連串的波包會減少到只剩一個。此時這個電子就接近是用一個粒子來代表了。

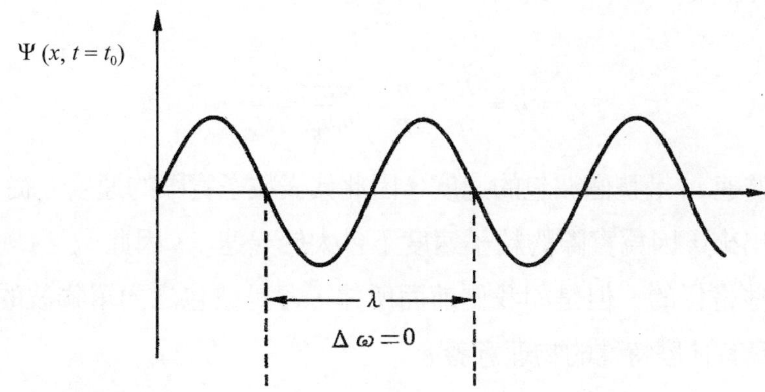

圖 1.9　一個單頻波（$\Delta\omega = 0$），這個波有固定的波幅，波以相速移動

（1.14）式和（1.15）式所述的相速和群速應該再做一些解釋。

幾個有關的關係式如下，量子的能量（見 1.4 式）

$$E = h\nu \tag{1.4}$$

愛因斯坦的質量能量關係式

$$E = mc^2 \tag{1.16}$$

德布羅意的粒子波長和動量關係式（見 1.5 式）

$$\lambda = \frac{h}{p} \tag{1.5}$$

對於電磁波來說，波的傳送速度，即 v_p，可以用常見的關係式得到，

$$v_p = \nu\lambda \tag{1.17}$$

ν 以（1.4 式）代入，λ 以（1.5 式）代入，得

$$v_p = \nu\lambda = \frac{E}{h} \cdot \frac{h}{p} = \frac{mc^2}{mv_g} = \frac{c^2}{v_g} \tag{1.18}$$

因為群速 v_g 是整個波包的速度，因此代表粒子實際的速度。從（1.18）式可以看出來，因為實際的粒子速度不會大於光速 c，因此 $v_p > c$。初看之下這是有些奇怪的，但是如我們前面所述，v_p 是波包之內單獨波的移動速度，並不具有什麼特殊的物理意義。

一個粒子可以認為是由一組波，或者說一個「波包」（wave packet）所組成的。每一個波都有 ω 到 $\omega + d\omega$ 之間稍稍不同的頻率。這個包幅（envelope）（經過調制以後的波幅，見圖 1.8）以群速 v_g 在移動。在包幅之內的

正弦波則以相速 v_p 傳播，而 v_p 大於 v_g。

海森堡（Heisenberg）測不準原理指出

$$\Delta x \cdot \Delta p \geq \hbar \tag{1.19}$$

即找到一個電子的可能空間範圍 Δx，和電子運動的可能動量範圍 Δp，這兩者的乘積要大於一個常數 $\hbar$。這意思是說，一個電子的位置和動量是不能同時決定得非常精確的。利用上述電子波傳動的分析，可以說明海森堡測不準原理的含義。

由（1.13）式和圖 1.8 可知，在任何一個特定時間，這個波所代表的粒子，可以在任何一個波包有同樣的存在或然率。如果只看某一個特定波包，則粒子的位置即使在這個波包之內，其不確定的程度也與波包的長度 Δx 相若，由（1.13）式可知，位置差異 Δx 與波數差異 Δk 兩者之間有下列關係

$$\Delta x \cdot \Delta k \cong \pi \tag{1.20}$$

因爲 $k=\dfrac{2\pi}{\lambda}$，而 $\lambda=\dfrac{h}{p}$，因此

$$k=\frac{2\pi}{h} \cdot p=\frac{p}{\hbar} \tag{1.21}$$

而 p 是電子的動量。由於波包的長度 Δx 代表粒子瞬間位置不確定的程度，而 $\Delta p=\hbar\Delta k$ 則代表粒子動量不確定的程度，我們因而從波包的形式得到

$$\Delta x \Delta p \cong \hbar$$

這就是測不準原理一種說明的方式。這個乘積常數確實的數值與調制波的各個成分波之間的相對大小有關。

在討論過電子波的一般性質和波與粒子的雙重性後，我們要討論實際上的應用。前面已經提到過，波函數 Ψ 不能以實際的物理量來理解。我們用波恩（Born）在 1926 年所做的假設，即 $\Psi^*\Psi$ 這個量是在某一個位置和某一個時間可以找到一個粒子的或然率。Ψ 在普遍的情況下，可以是複數函數，而 Ψ^* 是 Ψ 的複數共軛函數。換句話說，

$$\Psi^*\Psi dxdydz = \Psi^*\Psi d\tau \tag{1.22}$$

是在這個單位體積 $d\tau$ 之內，能夠找到一個粒子的或然率。

在本章開始的時候就提到，要了解電子材料和電子元件的性質，必須要了解固體中電子的作用。因此，我們要探討：在晶體中原子週期性排列的情況下，在一個晶格排列的位能場中，電子的特性如何？要回答這個問題，需要先寫出位能的方程式。因爲解波動力學問題的一般方法是，首先要找到描述實際情況的位能和它的代表式。然後，把這個代表式代入薛丁格方程式，利用「邊界條件」來解薛丁格方程式。這樣可以得到 Ψ 的解，Ψ 是空間和時間的函數，然後用（1.22）式來解釋其結果。在波動力學中，得到的是或然率。而在經典力學中，粒子的位置在理論上應該是可以精確決定的。我們將會看到，只求得或然率在實際上並不會影響最後的結果。

習題

1. 試證明 (a) 面心立方晶格的基本單胞，其體積爲普通單胞的 $\frac{1}{4}$，(b) 體心立方晶格的基本單胞，其體積爲普通單胞的 $\frac{1}{2}$。
2. 如果讓原子緊密靠接，試求 (a) 簡單立方、(b) 體心立方、(c) 面心立方晶格原子占據的空間比例。
3. 金剛石是共價鍵晶體，共價鍵之間的夾角等於立方體體對角線之間的夾

角。試求其夾角的大小。

4. 假設兩原子間相互作用的能量可以用下式表示

$$U(r) = -\frac{\alpha}{r^m} + \frac{\beta}{r^n}$$

第一項代表引力能量，第二項代表排斥能量，α、β 均爲實數。試證明，要使這兩個原子系統處於平衡狀態，必須

$$n > m$$

5. 一個在金屬中的電子，具有 3eV 的動能，其相應的電子波波長是多少？
6. 如果電子波的波長爲 500nm，其能量爲多少？
7. 一個具有$\frac{1}{2}kT$ 能量的中子，在室溫時（300K），其相應的波長爲多少？
8. 波長爲 500nm，波列長度爲 50m 的一束光波，利用測不準原理，試估計其波長的不確定程度。
9. 如果一個振動波的位移可以由下式表示

$$y = 15\exp[i(10^6\pi x + 10^{13}\pi t)]\text{（以m爲單位）}$$

試求其 (a) 振幅、(b) 波長、(c) 相速、(d) 頻率。

本章主要參考書目

1. C. Kittel, Introduction to Solid State Physics (1986).
2. R. Hummel, Electronic Properties of Materials (1985).
3. G. Burns, Solid State Physics (1985).
4. N. Ashcroft and N. Mermin, Solid State Physics (1976).

第二章

薛丁格方程式

1 導論
2 自由電子
3 位能井中的電子
4 穿隧效應
5 在晶體週期性電場中的電子

2.1 導論

薛丁格（Schrödinger）方程式是量子力學的基本方程式。由於所謂薛丁格方程式的導出，都是從一些假設開始的。而波函數的觀念又比較抽象，這對初學者常常會造成一些困惑。大多數的人都會有這樣的疑問：爲什麼會有薛丁格方程式？薛丁格方程式爲什麼會有這樣的型式？提出這樣的問題實在也是合理的。因爲薛丁格方程式的確無法簡單的「推導」出來。薛丁格方程式要能夠成立，是因爲從薛丁格方程式所得到的結果能夠與實驗結果符合的緣故。而這與牛頓定律、麥克斯韋方程式並無不同。

因此，在這裡我們將不採用「導出」薛丁格方程式的方式。我們把這個方程式當做是描述電子波動性質的一個基本方程式，就像牛頓定律的方程式是描述大型物體的方程式一樣。

薛丁格方程式是波函數 Ψ 的一個微分方程式，Ψ 是空間和時間的函數。如果 $\Psi(\mathbf{r}, t)$ 可以寫成爲空間函數和時間函數兩部分的乘積，即 $\Psi(\mathbf{r}, t) = \psi(\mathbf{r})f(t)$，則代入與時間有關的薛丁格方程式後，可以分開空間與時間的部分，而得到與時間無關的薛丁格方程式。我們用大寫的 $\Psi(\mathbf{r}, t)$ 代表與空間和時間都有關的波函數，用小寫的 $\psi(\mathbf{r})$ 代表只與空間有關的波函數。

與時間有關的薛丁格方程式是

$$i\hbar\frac{\partial\Psi(\mathbf{r},t)}{\partial t} = -\frac{\hbar^2}{2m}\nabla^2\Psi(\mathbf{r},t) + V(\mathbf{r},t)\Psi(\mathbf{r},t) \tag{2.1}$$

其中 $\nabla^2 = \frac{\partial^2}{\partial x^2} + \frac{\partial^2}{\partial y^2} + \frac{\partial^2}{\partial z^2}$，$m$ 爲粒子的質量。而 $V(\mathbf{r}, t)$ 是一個與空間位置和時間都有關的位能。如果 V 位能只與空間有關而與時間無關的話，即 $V(\mathbf{r}, t) = V(\mathbf{r})$，則薛丁格方程式可以大大的簡化，如果假設

$$\Psi(\mathbf{r}, t) = \psi(\mathbf{r})f(t) \tag{2.2}$$

將（2.2）式代入（2.1）式，得

$$\frac{i\hbar}{f}\frac{df}{dt}=\frac{1}{\psi}\left[-\frac{\hbar^2}{2m}\nabla^2\psi+V(\mathbf{r})\psi\right] \tag{2.3}$$

因爲（2.3）式的左邊只與時間 t 有關，而（2.3）式的右邊只與空間變數 $\mathbf{r}$ 有關，因此兩邊都只能相等於同一個常數，這個常數我們叫做 E，這個參數以後可以證明具有整個能量的意義。

f 的微分方程式可以積分得到

$$f(t)=Ce^{\frac{-iEt}{\hbar}}=Ce^{-i\omega t} \tag{2.4}$$

其中 C 是一個任意常數。因爲 $f(t)=C\left(\cos\frac{E}{\hbar}t-i\sin\frac{E}{\hbar}t\right)$，它的頻率爲 ν 符合 $2\pi\nu=\frac{E}{\hbar}$，亦即是 $E=h\nu$，根據（1.4）式，E 因而的確代表整個的能量。

而 $\psi(\mathbf{r})$ 部分的方程式成爲

$$\left[-\frac{\hbar^2}{2m}\nabla^2+V(\mathbf{r})\right]\psi(\mathbf{r})=E\psi(\mathbf{r}) \tag{2.5}$$

（2.5）式就是與時間無關的薛丁格方程式。

常數 C 可以在 $\psi(\mathbf{r})$ 的歸一化（normalize）過程中取爲 1，因此

$$\Psi(\mathbf{r},t)=\psi(\mathbf{r})e^{\frac{-iEt}{\hbar}}=\psi(\mathbf{r})e^{-i\omega t} \tag{2.6}$$

由於 $E=\hbar\omega$，薛丁格方程式與時間有關的部分，也可以寫爲

$$i\hbar\frac{\partial\Psi(\mathbf{r},t)}{\partial t}=E\Psi(\mathbf{r},t) \tag{2.7}$$

因爲整個的能量是動能與位能之和，即

$$E_{\text{total}}=E_{\text{kinetic}}+E_{\text{potential}}=\frac{p^2}{2m}+V \tag{2.8}$$

因此，如果我們比較（2.5）、（2.7）和（2.8）式，可以知道量子力學的方程式在形式上可以從經典力學的方程式轉化出來，只要把經典力學的物理量轉化成特定的微分運算符號，再作用在波函數 $\Psi(\mathbf{r}, t)$ 上就可以得到。我們用

$$E\rightarrow i\hbar\frac{\partial}{\partial t} \tag{2.9}$$

$$p\rightarrow\frac{\hbar}{i}\nabla \tag{2.10}$$

代入（2.8）式並作用在 $\Psi(\mathbf{r}, t)$ 上，就可以得到與時間有關的薛丁格方程式，即

$$i\hbar\frac{\partial\Psi(\mathbf{r},t)}{\partial t}=-\frac{\hbar^2}{2m}\nabla^2\Psi(\mathbf{r},t)+V(\mathbf{r},t)\Psi(\mathbf{r},t)$$

這就是（2.1）式。

這個與時間有關的薛丁格方程式，因爲包括了 $\Psi(\mathbf{r}, t)$ 對空間和時間的微分，因此是一個波動的方程式。而當位能 V 只與空間有關時，這個與時間無關的薛丁格方程式（2.5）式是一個振動（vibration）的方程式。

振動方程式的解，除了一些常數以外，都是可以用微分方程的方法決定的。而這些常數可以用邊界條件（boundary conditions）或稱起始條件（starting conditions）來計算。

有了邊界條件以後，就限定只有某些振動形式才是可能的。這與振動弦的振動問題很相像，因爲端點已經固定住不能動，這就是一個邊界條件。與此類似的薛丁格方程式邊界條件就像是在 $x = 0$ 處要求 $\psi = 0$。由邊界條件決定的振動問題叫做邊界問題或本徵值（eigenvalue）問題。在振動問題中，有了邊界條件後，振動的頻率就有了限制，不是所有頻率值都是許可的。而

且由於

$$E = h\nu$$

的關係，所以也不是所有能量值都是可以允許的。我們把這些可以允許的值叫做本徵值。具有這些本徵值的函數 ψ，是振動方程式的解，同時也符合邊界條件，就叫做這個微分方程式的本徵函數（eigenfunctions）。

在第一章，我們把 $\psi^*\psi$ 的乘積解釋爲在空間中某一個位置找到一個粒子的或然率。因爲在整個空間中找到這個粒子的或然率一定是 1，因此

$$\int \psi^*\psi d\tau = \int |\psi|^2 d\tau = 1 \tag{2.11}$$

經過這樣歸一化的函數 ψ，就叫做歸一化了（nomalized）的本徵函數。

任何一個變數 $f(\mathbf{r})$ 的期望值（expectation value）可以定義爲

$$\langle f(\mathbf{r})\rangle = \int \psi^* f(\mathbf{r})\psi d\tau \tag{2.12}$$

2.2　自由電子

自由電子表示電子的運動沒有受到任何限制。因此電子可以在一個位能（potential energy）等於零的空間中運動。位能 V 等於零，薛丁格方程式（2.5）式因而有下列的形式

$$\frac{d^2\psi}{dx^2} + \frac{2mE}{\hbar^2}\psi = 0 \tag{2.13}$$

這是一個無阻尼振動（undamped vibration）的微分方程式。如果假設

$$k = \sqrt{\frac{2m}{\hbar^2}E} \tag{2.14}$$

則微分方程式的解為

$$\psi(\mathrm{x}) = Ae^{ikx} + Be^{-ikx} \tag{2.15}$$

根據(2.6)式，空間部分的波函數還要乘上一個時間部分 $\mathrm{e}^{-i\omega t}$，因此

$$\Psi(x, t) = Ae^{i(kx - \omega t)} + Be^{-i(kx + \omega t)} \tag{2.16}$$

第一項代表一個朝正 x 方向移動的波，而第二項代表一個朝負 x 方向移動的波。如果只考慮向正 x 方向移動的波，則可以令 $B = 0$

$$\psi(x) = Ae^{ikx} = A(\cos kx + i\sin kx) \tag{2.17}$$

由(2.14)式，我們可以得到

$$E = \frac{\hbar^2 k^2}{2m} \tag{2.18}$$

把(2.14)式、(1.5)式 $\lambda = \frac{h}{p}$ 和 $E = \frac{p^2}{2m}$ 式(此處 $V = 0$)連結起來，得到

$$k = \sqrt{\frac{2mE}{\hbar^2}} = \frac{p}{\hbar} = \frac{2\pi}{\lambda} \tag{2.19}$$

由(2.19)式得知，k 與動量 p 成正比，因為 $p = mv$，k 因此也與電子的速度成正比。因為動量和速度都是向量，k 也應該是向量。因此，在三維的情況，我們應該把 k 寫成一個向量，有 k_x、k_y、k_z 的分量

$$|\mathbf{k}| = \frac{2\pi}{\lambda} \tag{2.20}$$

因爲 **k** 與波長有關，即與波長 λ 成反比，因此常常稱 **k** 爲波矢（wave vector）。**k** 向量描述電子的波性，正如在經典力學中用動量 **p** 描述電子的粒子性是同樣的。**p** 和 **k** 彼此成正比，由（2.19）式可以看出，這個比例常數是 $\hbar$。

根據（2.17）式，自由電子在波動力學中相當於正弦或餘弦波。而且，因爲位能等於零，沒有邊界條件需要考慮，所有的能量都是許可的。因此，自由電子的能量是連續的。

2.3　位能井中的電子

現在我們考慮在兩個無窮高的勢壘（potential barrier）之中自由運動的電子（見圖 2.1）。由於勢壘是無窮高的，因此不允許電子從勢壘當中的能井逃逸，這表示對於 $x \leq 0$ 和 $x \geq a$，$\psi = 0$。與 2.2 節自由電子的情況類似，這也是一個一維的問題，但是由於電子會從能井的壁上反彈回來，電子因而可以朝正 x 方向、也可以朝負 x 方向移動。由於在位能井當中，即 $0 \leq x \leq a$，位能爲零，因此在這個區域中的電子，其薛丁格方程式與 2.2 節一樣，可以寫爲

$$\frac{d^2\psi}{dx^2} + \frac{2mE}{\hbar^2}\psi = 0 \tag{2.21}$$

由於電子有兩個移動方向，我們要保留（2.21）式的兩個解，即

$$\psi = Ae^{ikx} + Be^{-ikx} \tag{2.22}$$

其中

$$k = \sqrt{\frac{2mE}{\hbar^2}} \tag{2.23}$$

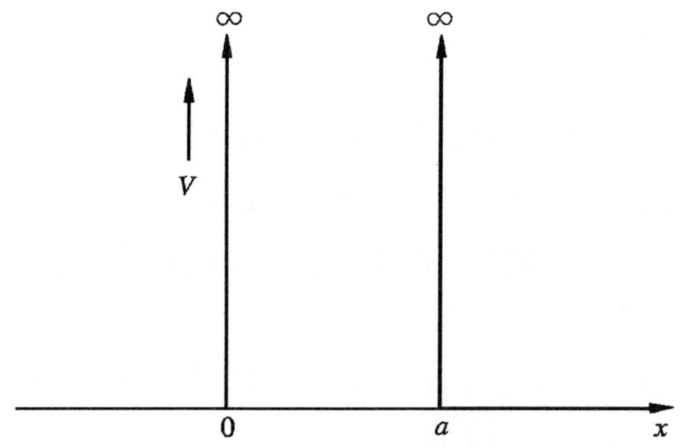

圖 2.1　一維的能井，有無窮高的能障

我們現在用邊界條件來決定常數 A 和 B。上面提到，在 $x \leq 0$ 和 $x \geq a$，ψ 函數爲零。這個邊界條件與一根兩個端點鉗住不動的振動弦是相似的。因此 $x = 0$，$\psi = 0$，將這個條件代入（2.22）式，得到

$$B = -A \tag{2.24}$$

同樣的，由於 $x = a$，$\psi = 0$，

$$Ae^{ika} + Be^{-ika} = A(e^{ika} - e^{-ika}) = 0 \tag{2.25}$$

A 應該不等於零，否則 ψ 將完全等於零了，而這是不允許的。從奧意勒（Euler）的關係式

$$\sin x = \frac{1}{2i}(e^{ix} - e^{-ix}) \tag{2.26}$$

可以得到

$$A(e^{ika} - e^{-ika}) = 2iA\sin ka = 0 \tag{2.27}$$

由於 $A \neq 0$，因此 $\sin ka = 0$，得到

$$ka = n\pi \quad , n = 0, 1, 2, 3 \cdots\cdots \tag{2.28}$$

的條件。把(2.23)式代入(2.28)式，得到

$$E_n = \frac{\hbar^2}{2m}k^2 = \frac{\hbar^2\pi^2 n^2}{2ma^2} \text{，} n = 1, 2, 3 \cdots\cdots \tag{2.29}$$

我們去掉了 $n = 0$ 的情況，因爲 $n = 0$ 的話，ψ 等於零，$\psi^* \psi = 0$ 將沒有電子存在。因爲有了邊界條件，薛丁格方程式只有某些解存在，就是那些 n 爲正整數的解。能量則受到(2.29)式的限制，只有符合(2.29)式的能量才能存在，所有其他的能量都是不許可的，這些許可的能量因而組成了所謂能位(energy levels)。在目前一維的情況，圖 2.2 顯示許可的能位。

我們現在計算波函數 ψ。根據(2.22)式、(2.24)式和(2.26)式

$$\psi = 2Ai\sin kx \tag{2.30}$$

因此，在能井中找到一個電子的或然率 $\psi^* \psi$ 成爲

$$\psi^* \psi = 4A^2\sin^2 kx \tag{2.31}$$

由於勢壘兩邊都是無窮高，電子應該被限制在能井當中，利用(2.11)式，可以計算係數 A

$$\int_0^a \psi^* \psi \, dx = 4A^2 \int_0^a \sin^2 kx \, dx = 1 \tag{2.32}$$

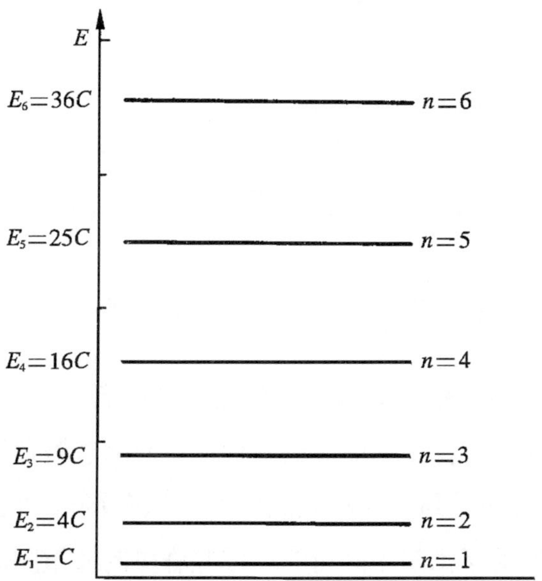

圖 2.2 束縛於原子核的電子，E 為許可的能量值，$C=\dfrac{\pi^2\hbar^2}{2ma^2}$

使用（2.28）式的條件，可以得到

$$A=\sqrt{\frac{1}{2a}} \tag{2.33}$$

因此，從（2.30）式得

$$|\psi|=\sqrt{\frac{2}{a}}\sin\frac{n\pi x}{a} \tag{2.34}$$

從（2.31）式得

$$\psi^*\psi=\frac{2}{a}\sin^2\frac{n\pi x}{a} \tag{2.35}$$

將不同 n 值的波函數和或然率函數 $\psi^*\psi$ 畫於圖 2.3。圖 2.3(a) 可以看到在位能井壁之間，電子波是以駐波（standing wave）的形式出現，而位能

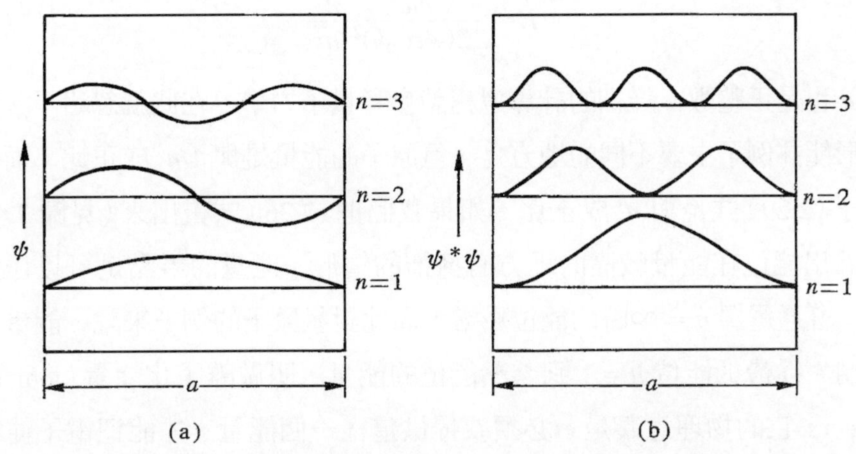

圖 2.3　(a) 波函數 ψ，(b) 一個在能井中有不同 n 值的電子或然率函數 $\psi^*\psi$

井的長度 a 等於半波長的整數倍。

$\psi^*\psi$ 這個函數的意義是在位能井中某一個地方找到電子的或然率〔圖 2.3(b)〕。在經典力學中，電子會在位能井壁之間來回移動。電子存在的或然率因此應該是在整個能井中均勻的分布。但是在波動力學中，情況則頗爲不同，與經典力學情況差得最遠的是 $n = 1$ 的情況。在這種情形下，$\psi^*\psi$ 在位能井的中間最大而到了邊緣爲零。對於較高的 n 值，也就是說，對於較高的能量而言〔見(2.29)式〕，波動力學的 $\psi^*\psi$ 逐漸接近經典力學的值。

一個電子在一個方形位能井中的計算結果與使用波動力學計算氫原子能位的結果有些類似。一個帶 $-e$ 電荷的電子束縛在它的原子核附近，這個電子移動時所面臨的位能，可以用庫倫位能 $V=-\dfrac{e^2}{4\pi\epsilon_0 r}$ 來表示，r 是電子與原子核的距離。由於 V 是距離 r 的函數，氫原子問題用球座標來表示較爲方便，希望能夠知道在什麼樣的條件下，薛丁格方程式有解存在。用類似的方法解薛丁格方程式，經過一些數學計算後，也會得到不連續的能位：

$$E=-\frac{me^4}{2(4\pi\epsilon_0\hbar)^2}\frac{1}{n^2} \tag{2.36}$$

其中 n 也是正整數。詳細的計算過程請參考量子力學，在此就忽略了。與上述方形能井例子主要不同的地方是，氫原子的能量是與 $1/n^2$ 成正比，而前一個例子（2.29）式是與 n^2 成正比。如果我們把（2.36）式畫出來（見圖 2.4），可以看出能位在能量較高的地方有擁擠的情形。能量的零點是可以任意選定的，普通選擇 $n=\infty$時的能位爲零，因此對氫原子的例子來說，能量都採用負值。從最低能位 $n=1$ 到零點能位的能量，叫做離子化能量（ionization energy），它的物理意義是，必須要提供這樣一個能量，才能把電子從它的原子核移開。圖 2.4 是氫原子的能位圖，類似的能量圖在光譜學上因而是常見的。

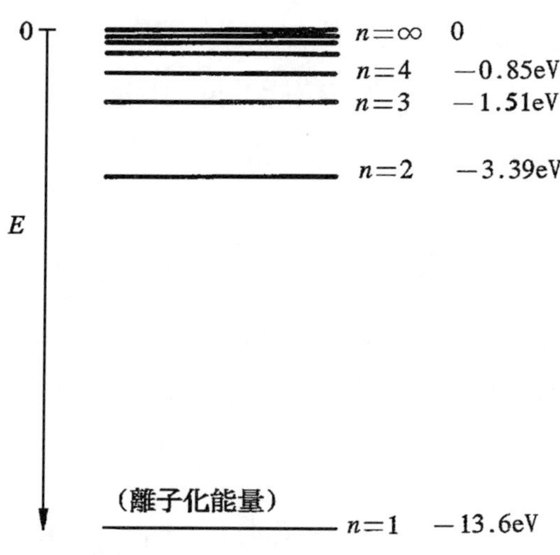

圖 2.4　氫原子的能位，E 是束縛能量

前面已經提過，電子可以認爲是繞著原子核以半徑 r 在運動。與環繞運行電子相對應的電子波必須是駐波。如果不能符合這個條件，那麼在繞行一

圈以後，電子波就會發生相位差。在繞過許多圈以後，什麼樣的相位都會出現，這時候電子波就會被破壞性的干擾消滅了。這種情形只有在一種條件下可以避免，即選好一個半徑使繞行的軌道圓周 $2\pi r$ 是波長 λ 的整數倍，即

$$2\pi r = n\lambda \tag{2.37}$$

n 爲正整數，這使得

$$r = \frac{\lambda}{2\pi} n$$

即只有某些長度的半徑軌道才是允許的。電子軌道和波函數的示意圖可見圖 2.5。

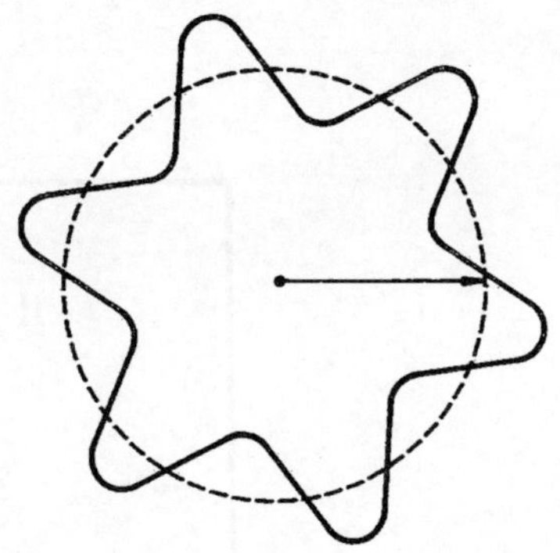

圖 2.5　一個原子中可以允許的電子軌道

到目前爲止，我們討論的還僅限於一維的情況。對於一個三維的能量井來說，類似計算會得到一個與（2.29）式相似的能量方程式

$$E_n = \frac{\hbar^2 \pi^2}{2ma^2} (n_x^2 + n_y^2 + n_z^2) \tag{2.38}$$

n_x、n_y、n_z 稱爲量子數（quantum numbers）。

在這樣一個三維的能井中，電子所可以允許的最低能位相當於 $n_x = n_y = n_z = 1$。次高的能位有三個，即相當於（n_z, n_y, n_z）=（1, 1, 2）、（1, 2, 1）和（2, 1, 1）這三種 n 值的組合。這些有著相同能量、但有著不同量子數的能位，叫做「簡併的」(degenerate）能位。上面這個例子就是一個三重簡併的能位。

2.4　穿隧效應

假設一個自由電子朝正 x 方向移動，碰到一個能量大小爲 V_o 的能障（potential barrier），能障的「高度」V_o 大於電子整個的能量 E，與 2.3 節不同的是，能障的高度是有限的。能障的情形可見圖 2.6。區域 I 和區域 II 因而應該有不同的薛丁格方程式。

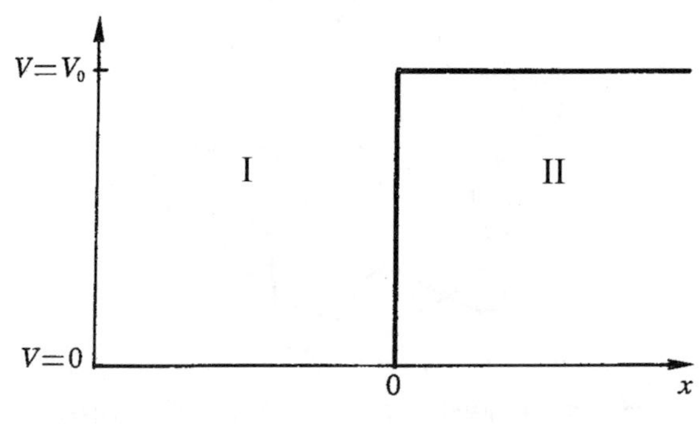

圖 2.6　能障示意圖

在區域 I，位能爲零，電子是自由的，可以寫出

$$\text{(I)}\quad \frac{d^2\psi}{dx^2} + \frac{2mE}{\hbar^2}\psi = 0\text{，}x < 0 \tag{2.39}$$

在能障之內的區域 II，薛丁格方程式成爲

$$\text{(II)}\ \frac{d^2\psi}{dx^2}+\frac{2m}{\hbar^2}(E-V_o)\psi=0\text{，}x>0 \tag{2.40}$$

在區域 I，方程式的解與以前一樣，

$$\text{(I)}\ \psi_{\text{I}}=Ae^{i\alpha x}+B^{-i\alpha x} \tag{2.41}$$

其中

$$\alpha=\sqrt{\frac{2mE}{\hbar^2}} \tag{2.42}$$

而在區域 II

$$\text{(II)}\ \psi_{\text{II}}=Ce^{i\beta x}+De^{-i\beta x} \tag{2.43}$$

其中

$$\beta=\sqrt{\frac{2m}{\hbar^2}(E-V_o)} \tag{2.44}$$

前面已經假設，能障的高度大於電子的能量 E，即 $V_o>E$。因此 β 成爲虛數。爲了方便起見，我們定義一個新的參數 γ，讓 $\beta=\sqrt{-\frac{2m}{\hbar^2}(V_o-E)}=i\gamma$，$\gamma=\sqrt{\frac{2m}{\hbar^2}(V_o-E)}$ 是實數，即

$$\gamma=-i\beta \tag{2.45}$$

因此（2.43）式成爲

$$\text{(II)}\ \psi_{\text{II}}=Ce^{-\gamma x}+De^{\gamma x} \tag{2.46}$$

現在有 A、B、C、D 四個需要用邊界條件決定的常數。其條件如下：

(1) 對於 $x \to \infty$，由(2.46)式可知

$$\psi_{\mathrm{II}} = C \cdot 0 + D \cdot \infty \tag{2.47}$$

除非 $D = 0$，否則 ψ_{II} 會成爲無限大，電子存在的或然率 $\psi^* \psi$ 也會成爲無限大，而這顯然不合理。因此 D 必須爲 0，即

$$D = 0 \tag{2.48}$$

(2) ψ_{I} 和 ψ_{II} 這兩個波函數在 $x = 0$ 的交接處必須是連續的，因此在 $x = 0$，$\psi_{\mathrm{I}} = \psi_{\mathrm{II}}$。即

$$A + B = C \tag{2.49}$$

(3) ψ_{I} 和 ψ_{II} 這兩個波函數的斜率在 $x = 0$ 的交接處應該是連續的。即 $x = 0$ 時，$\frac{d\psi_{\mathrm{I}}}{dx} = \frac{d\psi_{\mathrm{II}}}{dx}$。由這個條件得到

$$Ai\alpha e^{i\alpha x} - Bi\alpha e^{-i\alpha x} = -\gamma C e^{-\gamma x} \tag{2.50}$$

令 $x = 0$，我們得到

$$Ai\alpha - Bi\alpha = -\gamma C \tag{2.51}$$

把(2.49)式中 $A + B = C$ 的條件代入(2.51)式，得到

$$A = \frac{C}{2}\left(1 + i\frac{\gamma}{\alpha}\right) \tag{2.52}$$

及

$$B=\frac{C}{2}\left(1-i\frac{\gamma}{\alpha}\right) \tag{2.53}$$

因此，我們可以把區域 I 和區域 II 的波函數都用常數 C 來表示，然後再用或然率總和歸一的條件求得 C。詳細的計算在此略過。有興趣的是區域 II 的波函數

$$\psi_{\text{II}}=Ce^{-\gamma x} \tag{2.54}$$

如圖 2.7 所示，這個方程式顯示，在區域 II 波函數呈指數下降。如果 γ 愈大，也就是說 V_o 愈大，則下降得愈快。如果這個能障不是很高，能障的寬度也有限而且比較窄的話，則電子波 ψ_{II} 會在能障的另一邊繼續下去。也就是說，電子在能障的另一邊，有可以量測到的或然率。這種電子波在能障中的穿透叫做「穿隧」(tunnel) 效應。在固態物理和電子元件中有重要的應用，如穿隧二極體，約瑟夫遜 (Josephson) 結等。穿隧效應完全是一個量子力學的現象，在經典力學中並沒有相應的情形。在經典力學中，只有與 (2.41) 式相應的關係，即電子朝向一個能壁移動的同時，又被反彈回來。

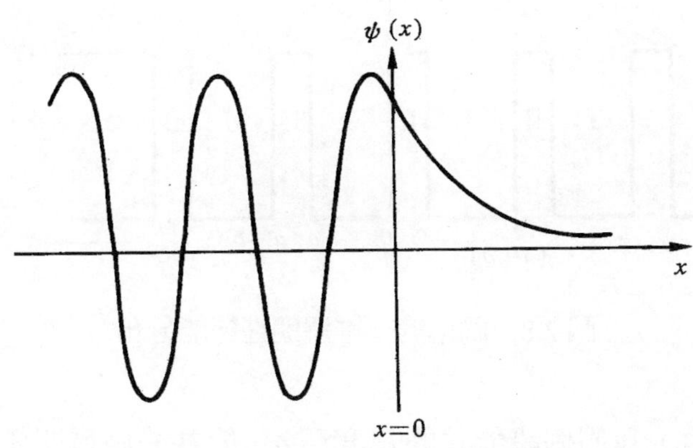

圖 2.7　碰到能障的波函數 ψ

2.5 在晶體週期性電場中的電子

在前面的幾節中，已經討論過一些特殊情況，像是完全自由的電子，限制於一個能井之內的電子等。本節將討論在一個週期性電場中的電子，這種模型可以用來描述晶體中電子的狀況。後面還會看到，從這種比較普遍的情況得到的方程式，可以在不同的近似條件下，得到與前面特殊情況相同的結果。

首先要做的就是找到一個可以近似晶體情況的位能，由 X 光繞射的研究可以知道，晶體中的原子是呈週期性排列的。因此可以用一個能井和能障呈週期性排列的位能，像圖 2.8 所顯示的，來近似晶體的情況。這大概是兼顧實際狀況和計算方便所能做的最好安排了。這稱為克朗尼格—潘尼（Kronig-Penney）模型。這個模型自然是晶體中位能分布的一種簡化。沒有考慮到內層電子與原子核心是更為強烈的結合在一起，即位能函數應該是與 $1/r$ 成比例。另外，它也沒有考慮到，從每一個晶格原子而來的位能實際上是有重疊的。所以詳細的理論計算較這個簡化了的模型為複雜。

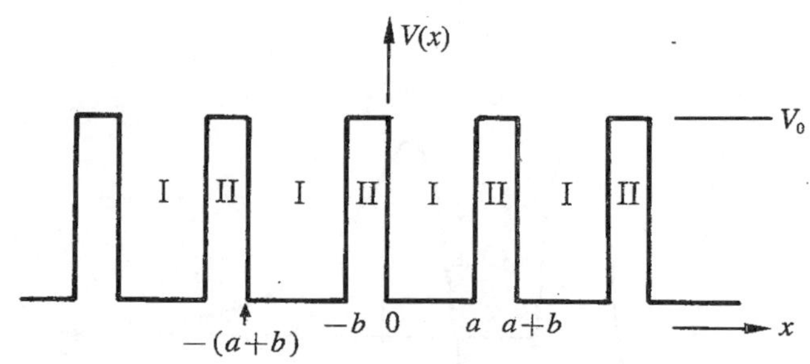

圖 2.8　簡化的一維週期性勢能分布

在圖 2.8 中，我們假設能井的長度為 a，能井的區域叫做區域 I。能障的高度為 V_o，寬度為 b，能障的區域叫做區域 II。假設 V_o 比電子的能量 E

爲大。現在可以寫出區域 I 和區域 II 的薛丁格方程式。

$$\text{(I)}\ \frac{d^2\psi}{dx^2}+\frac{2m}{\hbar^2}E\psi=0 \tag{2.55}$$

$$\text{(II)}\ \frac{d^2\psi}{dx^2}+\frac{2m}{\hbar^2}(E-V_o)\psi=0 \tag{2.56}$$

爲了簡化起見，我們定義

$$\alpha^2=\frac{2mE}{\hbar^2} \tag{2.57}$$

和

$$\beta^2=\frac{2m}{\hbar^2}(V_o-E) \tag{2.58}$$

因爲 V_o 比 E 大，這樣定義的 β 可以避免成爲虛數。

直接解這兩個薛丁格方程式在數學上比較複雜。布洛赫（Bloch）證明在一個週期性的位能場中，波函數應該有下列的形式

$$\psi(x)=u(x)e^{ikx} \tag{2.59}$$

其中 $u(x)$ 是一個週期性的函數，它與晶格有著相同的週期。跟前面幾節所得的波函數比較，譬如（2.17）式，可以看作 $u(x)$ 不再像（2.17）式中的 A 一樣是一個常數，而是隨著 x 的增加，呈週期性的改變。在三維的情形下，u 這個函數在晶格中不同的方向，自然也是不同的。k 的意義在後面會變得更清楚。

把布洛赫函數（2.59）式對 x 二次微分，得

$$\frac{d^2\psi}{dx^2}=\left(\frac{d^2u}{dx^2}+\frac{du}{dx}2ik-k^2u\right)e^{ikx} \tag{2.60}$$

把（2.60）式代入（2.55）和（2.56）式，同時使用簡化的參數 α 和 β 我們得到

$$\text{(I)}\ \frac{d^2u}{dx^2}+2ik\frac{du}{dx}-(k^2-\alpha^2)u=0 \tag{2.61}$$

$$\text{(II)}\ \frac{d^2u}{dx^2}+2ik\frac{du}{dx}-(k^2+\beta^2)u=0 \tag{2.62}$$

一個基本的微分方程式

$$\frac{d^2y}{dx^2}+D\frac{dy}{dx}+Cy=0 \tag{2.63}$$

它的解有下列形式

$$y=e^{-(D/2)x}(Ae^{i\delta x}+Be^{-i\delta x}) \tag{2.64}$$

其中　$\delta=\sqrt{C-\dfrac{D^2}{4}}$

因此（2.61）式和（2.62）式的解為

$$\text{(I)}\ u(x)=e^{-ikx}(Ae^{i\alpha x}+Be^{-i\alpha x}) \tag{2.65}$$

$$\text{(II)}\ u(x)=e^{-ikx}(Ce^{-\beta x}+De^{\beta x}) \tag{2.66}$$

我們因此有四個常數 A、B、C、D，需要用邊界條件把它們消掉。波函數 ψ 和波函數的微分在區域 I 和區域 II 的交界點 $x=0$ 處應該連續。在 $x=0$ 處，（2.65）式和（2.66）式相等得到

$$A+B=C+D \tag{2.67}$$

從區域 I 的 $\frac{du}{dx}$= 區域 II 的 $\frac{du}{dx}$ 得到

$$A(i\alpha - ik) + B(-i\alpha - ik) = C(-\beta - ik) + D(\beta - ik) \tag{2.68}$$

接著在 $(a + b)$ 的位置，波函數 ψ 和 u 函數也應該是連續的。區域 I 函數 u 在 $x = 0$ 的值，應該與區域 II 函數 u 在 $x = a + b$ 的值相等。或者，較爲簡單一點，應用週期性的條件，區域 I 函數 u 在 $x = a$ 的值應與區域 II 函數 u 在 $x = -b$ 處的值相等。因此，我們有

$$Ae^{(i\alpha - ik)a} + Be^{(-i\alpha - ik)a} = Ce^{(ik + \beta)b} + De^{(ik - \beta)b} \tag{2.69}$$

最後，$\frac{du}{dx}$ 這個函數也應該有 $(a + b)$ 的週期性，因此

$$Ai(\alpha - k)e^{i\alpha(a - k)} - Bi(\alpha + k)e^{-i\alpha(a + k)} = -C(\beta + ik)^{(ik + \beta)b} + D(\beta - ik)e^{(ik - \beta)b} \tag{2.70}$$

利用這四個方程式，可以求得 A、B、C、D 這四個常數的值，代入（2.65）式和（2.66）式後，可以求得 u 函數的解。再代入（2.59）式可以求得波函數 ψ 的解。然而就像前面幾節中的情形一樣，知道 ψ 函數本身並不是主要興趣所在。知道（2.55）式和（2.56）式的薛丁格方程式有解存在的條件才重要。像在 2.3 節，正是這些限制條件使我們得到能位的關係式。

（2.67）式～（2.70）式四個方程式如果有解的話，則 A、B、C、D 四者的係數所形成的行列式必須等於零。這個計算相當長，此處我們只引用最後的結果

$$\left(\frac{\beta^2 - \alpha^2}{2\alpha\beta}\right)\sinh(\beta b)\sin(\alpha a) + \cosh(\beta b)\cos(\alpha a) = \cos k(a+b) \tag{2.71}$$

爲了簡化上面這個方程式的討論，我們只討論圖 2.8 能障中 b 很小而 V_o

很大的情形。同時進一步假定，$V_o b$ 的乘積，即能障的面積維持固定。換句話說，如果 V_o 變大則 b 變小。$V_o b$ 的乘積叫做能障強度。

如果 V_o 非常大，則相比之下（2.58）式中的 E 可以認爲很小而忽略，因此 β 可以視爲

$$\beta = \sqrt{\frac{2m}{\hbar^2} V_o} \tag{2.72}$$

將（2.72）式乘上 b，得

$$\beta b = \sqrt{\frac{2m}{\hbar^2} (V_o\, b) b}$$

由於 $V_o b$ 的乘積維持有限，因此當 b 趨近於零時，βb 也變得非常小。對於非常小的 βb，我們可以做以下的簡化

$$\cosh(\beta b) \cong 1 \quad 而 \quad \sinh(\beta b) \cong \beta b \tag{2.73}$$

最後，比起 β^2 來，α^2 可以忽略。比起 a 來，b 可以忽略。利用以上這些近似，方程式（2.71）可以簡化爲

$$\frac{m}{\alpha \hbar^2} V_o b \sin \alpha a + \cos \alpha a = \cos ka \tag{2.74}$$

如果用一個簡化參數 P，讓

$$P = \frac{m a V_o b}{\hbar^2} \tag{2.75}$$

由（2.74）式得

$$P \frac{\sin \alpha a}{\alpha a} + \cos \alpha a = \cos ka \tag{2.76}$$

這就是我們所要的關係式，它是薛丁格方程式(2.55)式和(2.56)式有解的條件。如果我們假設 k 爲實數(k 實際上代表波矢)，則 $\cos ka$ 只在 +1 和 −1 之間有定義，因此在(2.76)式中，這個三角函數方程式顯示，只有某些 α 值是可能的。由於(2.57)式，這表示也只有某些能量 E 的值是許可的。

把 $P\left(\frac{\sin\alpha a}{\alpha a}\right)+\cos\alpha a$ 作爲 αa 的函數作圖，對了解這種情形最有幫助。這種作圖可見圖 2.9，在圖中假設 P 這個參數的值是 $P=\left(\frac{3}{2}\right)\pi$。由於 $\cos ka$ 的值只能在 +1 和 −1 之間，因此可以允許的 $P\left(\frac{\sin\alpha a}{\alpha a}\right)+\cos\alpha a$ 值在 αa 軸上以粗線描繪出來。

我們在此得到一個非常重要的結果，因爲 αa 是一個能量的函數，(2.76)式的限制條件表示，電子在一個週期性的位能場中，只能夠占有某些許可的能帶。從 2.9 圖可以看出，隨著 αa 值的增加(也就是隨著能量的增加)，不許可的區域(或者說禁止的區域)變得較窄了。許可的和禁止的能帶大小隨著 P 值的改變而改變。下面我們討論四種特殊的情況：

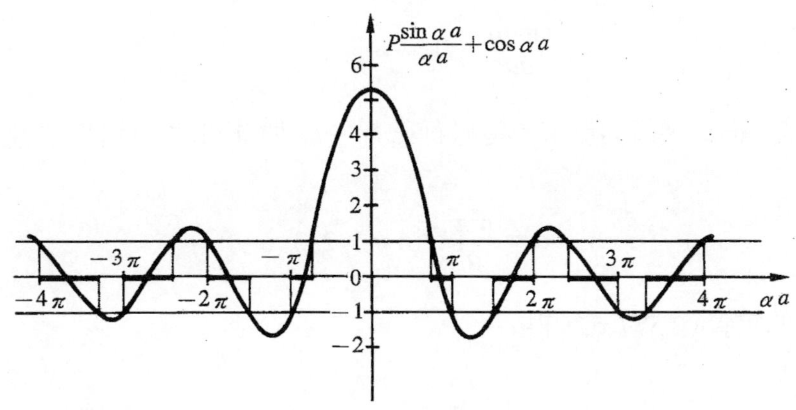

圖 2.9　$P\left(\frac{\sin\alpha a}{\alpha a}\right)+\cos\alpha a$ 函數對 αa 作圖，P 任意選為 $\frac{3\pi}{2}$

(1) 這個能障強度 V_ob 很大，於是根據（2.75）式，P 也很大。2.9 圖因此變得比較陡，能夠允許的能帶會變窄。

(2) 反之，如果能障強度 V_ob 小，則 P 值也小，能夠允許的能帶就變寬了。

(3) 如果能障強度愈來愈小，最後完全消失，P 會趨向於零。可以從（2.76）式看到

$$\cos\alpha a = \cos ka \tag{2.77}$$

因此 $\alpha = k$。由 α 的定義（2.57）式，得到

$$E = \frac{\hbar^2 k^2}{2m} \tag{2.78}$$

這就是 2.2 節中已經熟知的自由電子能量公式〔見（2.18）式〕。因此我們可以知道，k 有波矢的物理意義。

(4) 如果這個能障強度非常大，P 趨向於無窮大，但是因爲（2.76）式的右邊仍然要維持在 ± 1 的範圍以內，因此

$$\frac{\sin\alpha a}{\alpha a} \to 0 \tag{2.79}$$

亦即是 $\sin\alpha a$ 要趨向於零。這只有在 $\alpha a = n\pi$ 時才可能，因此

$$\alpha^2 = \frac{n^2\pi^2}{a^2}，n = 1, 2, 3\cdots\cdots \tag{2.80}$$

從 α 的定義（2.57）式，得

$$E_n = \frac{\pi^2\hbar^2}{2ma^2} n^2，n = 1, 2, 3\cdots\cdots \tag{2.81}$$

這與無窮高位能井中，電子能量的方程式（2.29）式完全符合。

我們在此做一個重要的結論：如果電子束縛得很緊，即能障很大，會得到分立的能位，這就是電子在一個離子的位能場中的情形。如果電子沒有束縛住，則能量是連續的，如(2.78)式所示自由電子的情形。如果電子是在一個週期性的位能場中移動，則會有能帶出現，這就是電子在晶體中的情形。

電子的能位隨著原子間距離的縮減，從分立的能位變成分立的能帶，再變成連續的能區，可見圖 2.10。因爲原子間距離遠的時候，原子間可以說是不相干的，電子都屬於各自的原子，因此相當於能障很大，電子束縛得很緊的情況，因而有尖銳分立的能位。當原子之間的距離逐漸減小時，原子與原子之間的作用慢慢加強，也就相當於能障逐漸變弱。因此尖銳的能位開始分開成爲能帶。最後能帶重疊，形成連續的能區。箭號 a、b、c 顯示上述三種不同情形。

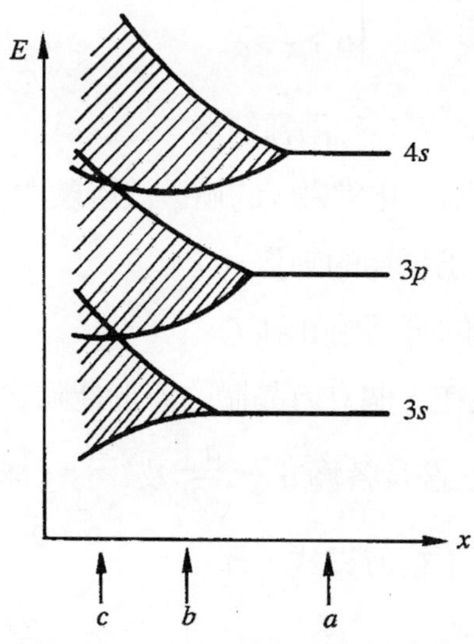

圖 2.10　當原子間距離 x 減小時，晶體單獨的能位變寬成為能帶，最後形成近連續的能區

習題

1. 如果粒子封閉在一個不可穿透的壁障所圍成的一個方箱中，方箱在 x、y、z 三個方向的長度分別是 a、b 和 c。試求粒子波的波函數和可能的能量值。能位的簡併情況如何？
2. 考慮一個一維的能量井，在 $0 \le x \le L$ 區域中，$V = 0$；在 $x < 0$ 和 $x > L$ 區域中，$V = V_o$。而 $E < V_o$，V_o 爲能井的深度。列出薛丁格方程式，波函數必須符合的條件，以及能量 E 的關係式。
3. 一個電子被侷限於一個一維的區域當中，其長度爲 L，如果電子的基態能量在 300K 時爲 kT，試計算 L 的大小。
4. 試計算一個總能量爲 E 的粒子，穿過下面所列勢壘的穿透係數和反射係數。

$$V(x) = \begin{cases} 0，x<0 \\ V_o，0<x<a \\ 0，x>a \end{cases}$$

   考慮 (a)$E > V_o$ 和 (b)$0 < E < V_o$ 兩種情形。
5. 試求波函數 $Axe^{-k^2x^2}$ 的歸一化常數 A 的值。波函數的存在範圍是 $\pm\infty$ 之間。
6. 對於下列的波函數，求平均的動量 p 之值。
   $\psi(x, t) = Ae^{i(kx - \omega t)}$，$x$ 的範圍由 0 到 L。
7. 假設一個電子被侷限在一個立方晶體的方形能障之中。晶體的晶格常數 a 爲 5Å。方形能障的三邊長各爲 a、$\frac{a}{\sqrt{2}}$ 及 $\frac{a}{\sqrt{3}}$，求電子的基態能量。
8. 與時間無關的一維薛丁格方程式，即

$$\frac{d^2\psi}{dx^2} + \frac{2m}{\hbar^2}[E - V(x)]\psi(x) = 0$$

   的解，根據它們在無窮遠處爲零還是只是有限，可以區別是對應於束縛態還是非束縛態。試證明在一維問題中，束縛態的能量總是非簡併的。（提示：先假設其爲簡併，再證明是矛盾的。）

本章主要參考書目

1. R. Hummel, Electronic Properties of Materials (1985).
2. C. Kittel, Introduction to Solid State Physics (1986).
3. E. Merzbacher, Quantum Mechanics (1970).
4. L. Schiff, Quantum Mechanics (1968).

第三章

晶體的能帶理論

3.1 電子能量與波矢的關係

了解了電子在晶體的週期性電能場中有能帶結構後，我們可以進一步深入了解晶體的性質。首先，把電子的能量表示爲動量的函數，由於（2.19）式

$$k=\sqrt{\frac{2mE}{\hbar^2}}=\frac{p}{\hbar}=\frac{2\pi}{\lambda} \tag{2.19}$$

我們可以將能量對波矢 k 作圖。先討論一維的情況，對於自由電子而言，這個情形很簡單。因爲根據（2.18）式 $E=\frac{\hbar^2k^2}{2m}$，E 對 k_x 的作圖是一個拋物線（圖 3.1）。在（2.77）式中，我們從能障消失 $P=0$ 的條件得到自由電子的情況。因爲餘弦函數有 2π 的週期，（2.77）式應該寫成更普遍的形式

$$\cos\alpha a=\cos k_xa=\cos(k_xa+2n\pi) \tag{3.1}$$

其中 $n=0, \pm1, \pm2\cdots\cdots$。因此，得到

$$\alpha a=k_xa+2n\pi \tag{3.2}$$

從（2.57）式將 α 代入，得

$$k_x+n\frac{2\pi}{a}=\sqrt{\frac{2m}{\hbar^2}E} \tag{3.3}$$

從（3.3）式可知，在普遍的情況下，圖 3.1 的拋物線應該是以 $\frac{2n\pi}{a}$ 的形式週期性的出現（圖 3.2）。能量因而是一個 k_x 的週期性函數，其週期爲 $\frac{2\pi}{a}$。

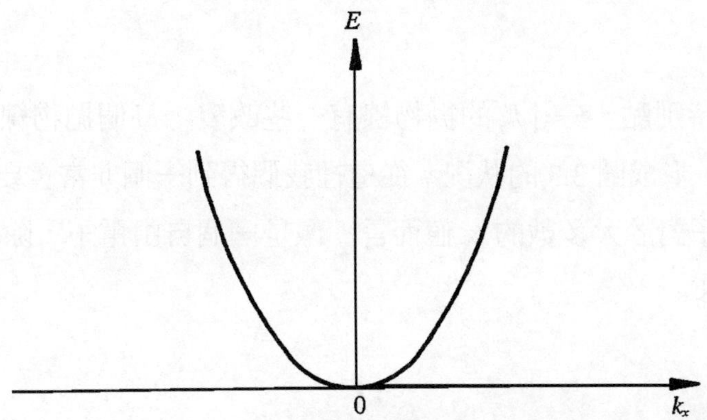

圖 3.1　自由電子能量與波矢 k_x 的關係

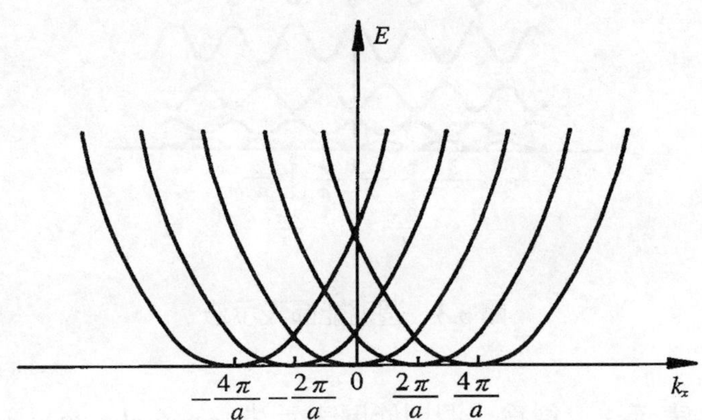

圖 3.2　將圖 3.1 在 $k_x = n \cdot \frac{2\pi}{a}$ 各點作週期性的重複

我們在討論圖 2.9 的時候注意到，當電子在一個週期性的位能場中移動時，每當 $\cos k_x a$ 有極大值和極小值，也就是當 $\cos k_x a = \pm 1$ 時，就會看到不連續的能階。這種情形發生於

$$k_x a = n\pi \text{，} n = \pm 1, \pm 2, \pm 3 \cdots\cdots \tag{3.4}$$

或者

$$k_x = \frac{n\pi}{a} \tag{3.5}$$

在這些特別點，E 對 k_x 的拋物線有一些改變，每個拋物線在此轉入鄰近的拋物線，形成圖 3.3 的狀況。從這裡我們得到一個非常重要的結果。即晶體中的電子對於大多數的 k_x 值而言，像是一個自由電子，除了當 k_x 趨近於 $\frac{n\pi}{a}$ 值以外。

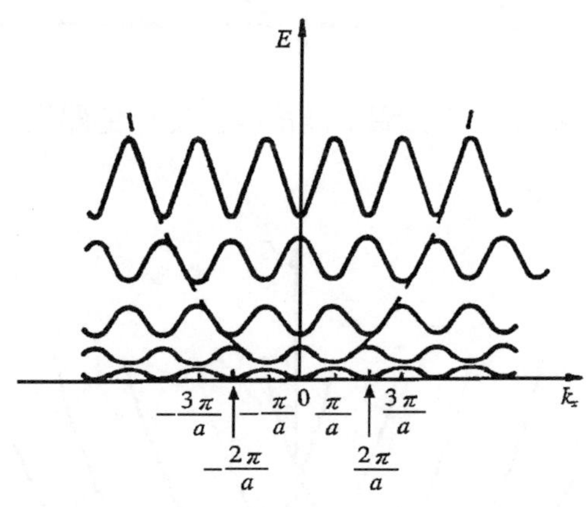

圖 3.3　週期能區表示法

圖 3.3 的表示法，稱爲「週期能區表示法」(periodic zone scheme)。除此以外，還有兩種能區表示法也有它的一定用途。一種叫做「縮減能區表示法」(reduced zone scheme)，即在圖 3.3 中只取 $\pm\pi/a$ 範圍以內的部分（圖 3.4)，這個表示法以後會最常用。另外一個表示法是「展延能區表示法」(extended zone scheme)，如圖 3.5 所示，在這種表示法中，晶體週期性的位能對電子能量的影響最容易看出來，在各個臨界點 $k_x = n\pi/a$，與自由電子拋物線能量關係的差異非常明顯。

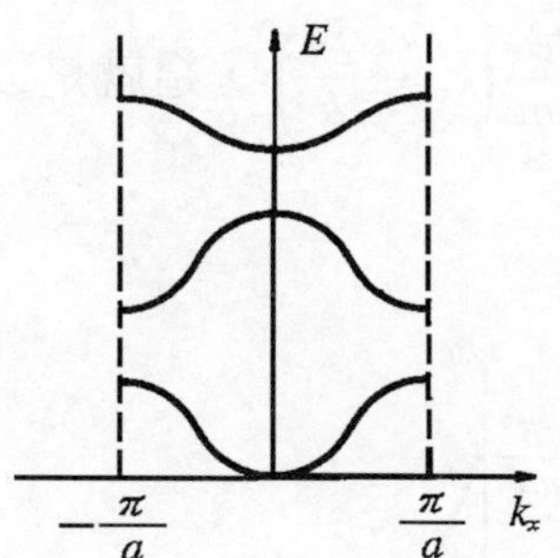

圖 3.4　縮減能區表示法

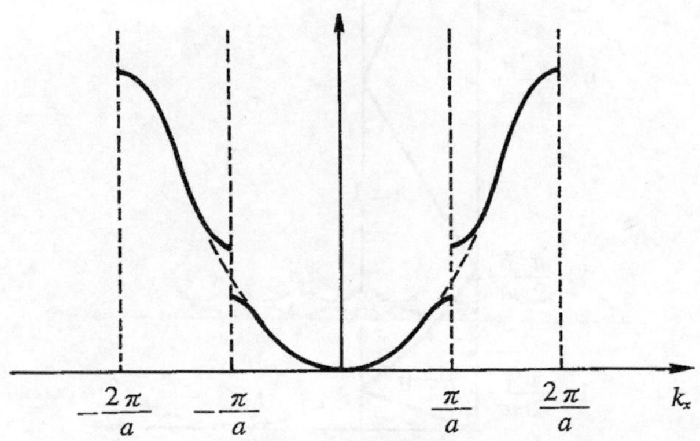

圖 3.5　展延能區表示法

有時候，把自由電子的能量以縮減能區表示法畫出來也是有用的，我們可以想像禁止的能區逐漸減小，直到每兩個能帶間的能隙完全不見爲止，這就是自由電子的特殊情況，畫出來如圖 3.6 所示。對於自由電子而言，又恢復到 2.2 節連續的能位，能隙結構就不存在了。圖 3.6 的每一部分，都是由圖 3.2 所示的 $\frac{2\pi}{a}$ 這個週期性而來的。從（3.3）式，我們得到

$$E=\frac{\hbar^2}{2m}\left(k_x+n\frac{2\pi}{a}\right)^2 \quad n=0, \pm 1, \pm 2\cdots\cdots \tag{3.6}$$

在（3.6）式中代入不同的 n 值，可以計算自由電子能帶不同部分的關係式。

譬如說 $n=-1$ 的話，$E=\frac{\hbar^2}{2m}\left(k_x-\frac{2\pi}{a}\right)^2$，這就是以 $\frac{2\pi}{a}$ 爲起點的拋物線，其他均可類推。

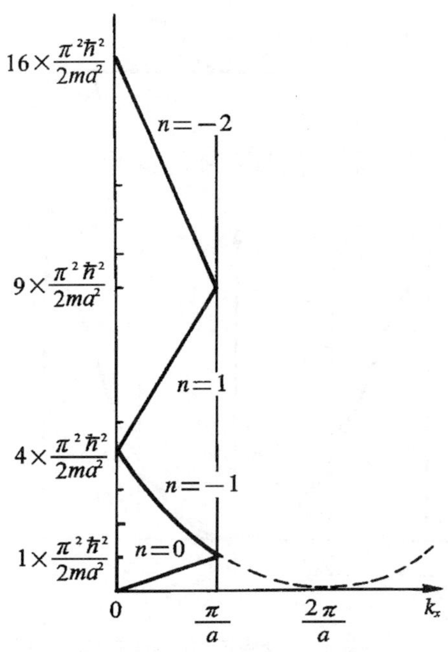

圖 3.6　對簡單立方晶體，在縮減能區法畫出的自由電子能帶

最後，我們要提到，從(2.20)式可知，波矢 **k** 是與電子的波長成反比的。因此，**k** 的單位是長度的倒數，要敘述隨波矢 **k** 變化的函數，就需要定義一種「倒晶格」，**k** 的空間因此是倒晶格的空間，這會在下一節中討論。

3.2　倒晶格

在晶體學上，與每一種晶體結構相關的有兩種晶格，一種是晶體在 眞實空間中的眞實晶格，另一種就是現在要定義的倒晶格(reciprocal lattice)。

在一個晶體結構中，有三個基本矢量 $\mathbf{a}_1$、$\mathbf{a}_2$ 和 $\mathbf{a}_3$，對於一個正方晶格

的單胞（unit cell），它的基本矢量顯示於圖 3.7。把這些基本矢量作線性組合，可以定義移動矢量 **T**，如

$$\mathbf{T} = n_1\mathbf{a}_1 + n_2\mathbf{a}_2 + n_3\mathbf{a}_3 \tag{3.7}$$

用這種移動矢量，可以從晶體中的某一個晶格點到達任何其他類似的晶格點，其中係數 n_1、n_2、n_3 爲整數。

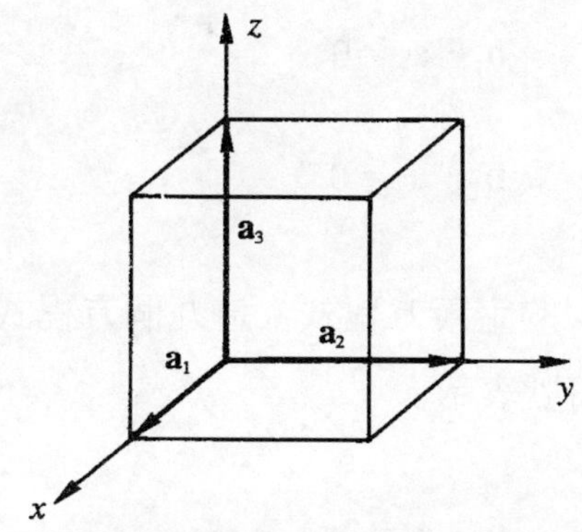

圖 3.7　一個簡單立方晶格的主要晶格向量

與此類似，我們可以爲倒晶格定義三個基本矢量 $\mathbf{b}_1$、$\mathbf{b}_2$、$\mathbf{b}_3$。其定義如下

$$\mathbf{b}_1 = 2\pi\frac{\mathbf{a}_2 \times \mathbf{a}_3}{\mathbf{a}_1 \cdot \mathbf{a}_2 \times \mathbf{a}_3}$$

$$\mathbf{b}_2 = 2\pi\frac{\mathbf{a}_3 \times \mathbf{a}_1}{\mathbf{a}_1 \cdot \mathbf{a}_2 \times \mathbf{a}_3}$$

$$\mathbf{b}_3 = 2\pi\frac{\mathbf{a}_1 \times \mathbf{a}_2}{\mathbf{a}_1 \cdot \mathbf{a}_2 \times \mathbf{a}_3} \tag{3.8}$$

我們也可以定義一個倒晶格中的移動矢量 **G**，叫做倒晶格矢量（reciprocal

lattice vector）

$$\mathbf{G} = m_1\mathbf{b}_1 + m_2\mathbf{b}_2 + m_3\mathbf{b}_3 \tag{3.9}$$

其中 m_1、m_2，m_3 是整數。變化 m_1、m_2，m_3 所得到的晶格就是倒晶格。

從它們的定義，可以看出

$$\mathbf{b}_1 \cdot \mathbf{a}_1 = 2\pi \tag{3.10}$$

$$\mathbf{b}_1 \cdot \mathbf{a}_2 = 0 \tag{3.11}$$

$$\mathbf{b}_1 \cdot \mathbf{a}_3 = 0 \tag{3.12}$$

對於 $\mathbf{b}_2$ 和 $\mathbf{b}_3$，也有類似的定義方程式。這九個方程式可以合起來用克羅耐克（Kronecker）－ δ 的符號表示。

$$\mathbf{b}_i \cdot \mathbf{a}_j = 2\pi\delta_{ij} \tag{3.13}$$

其中如果 $i = j$，$\delta_{ij} = 1$，而如果 $i \neq j$，$\delta_{ij} = 0$。

（3.8）式是把倒晶格中的基本矢量 $\mathbf{b}_1$、$\mathbf{b}_2$、$\mathbf{b}_3$，用實際晶格的基本矢量表現出來的轉換方程式。

我們計算一個實際轉換的例子。以一個體心立方晶體爲例。一個體心立方晶體的單胞普通畫如圖 3.8 中的正方體，四角上有原子，正方體中間也有一個原子，正方體的高度爲 a。但是這種普通單胞（conventional unit cell）卻不是所有可能的單胞中體積最小的一種。體積最小的單胞叫做基本單胞（primitive cell）。體心立方晶體的基本單胞如 3.8 圖中非正方體的平行六面體。如果 x、y、z 三個方向的單位向量是 $\mathbf{i}$、$\mathbf{j}$、$\mathbf{k}$，那麼體心立方晶體基本單胞的三邊，或者說它的基本移動矢量爲

$$\mathbf{a}_1=\frac{a}{2}(-\mathbf{i}+\mathbf{j}+\mathbf{k}),\ \mathbf{a}_2=\frac{a}{2}(\mathbf{i}-\mathbf{j}+\mathbf{k}),\ \mathbf{a}_3=\frac{a}{2}(\mathbf{i}+\mathbf{j}-\mathbf{k}) \tag{3.14}$$

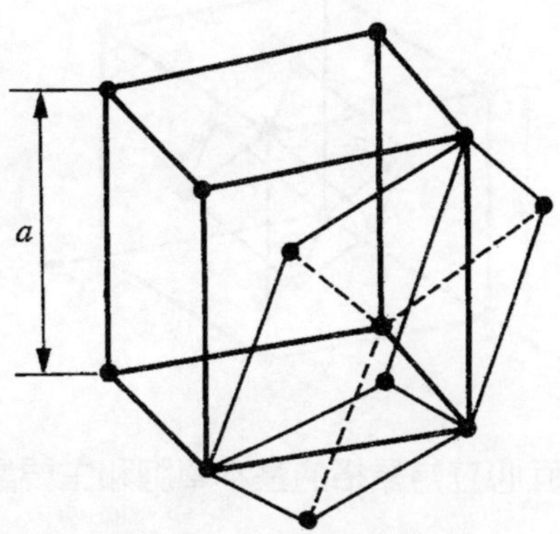

圖 3.8　一個體心立方晶格的普通單胞（正方者）和非立方基本單胞（斜方者）

基本單胞的體積爲

$$V=|\mathbf{a}_1\cdot\mathbf{a}_2\times\mathbf{a}_3|=\frac{1}{2}a^3 \tag{3.15}$$

把（3.14）式三個矢量代入倒晶格矢量定義的方程式（3.8）式，得到

$$\mathbf{b}_1=\frac{2\pi}{a}(\mathbf{j}+\mathbf{k})\ ;\ \mathbf{b}_2=\frac{2\pi}{a}(\mathbf{i}+\mathbf{k})\ ;\ \mathbf{b}_3=\frac{2\pi}{a}(\mathbf{i}+\mathbf{j}) \tag{3.16}$$

對於一個面心立方晶體，它的基本移動矢量見 3.9 圖。爲

$$\mathbf{a}_1=\frac{a}{2}(\mathbf{j}+\mathbf{k})\ ;\ \mathbf{a}_2=\frac{a}{2}(\mathbf{i}+\mathbf{k})\ ;\ \mathbf{a}_3=\frac{a}{2}(\mathbf{i}+\mathbf{j}) \tag{3.17}$$

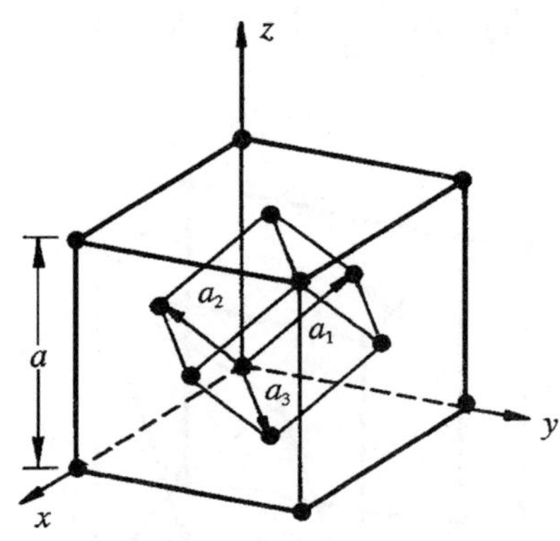

圖 3.9　面心立方晶格的基本單胞和主要晶格向量

基本單胞的體積爲

$$V=|\mathbf{a}_1\cdot\mathbf{a}_2\times\mathbf{a}_3|=\frac{a^3}{4} \tag{3.18}$$

根據（3.8）式的定義計算，我們得到面心立方晶體倒晶格的基本矢量爲

$$\mathbf{b}_1=\frac{2\pi}{a}\ (-\mathbf{i}+\mathbf{j}+\mathbf{k})\ ;\ \mathbf{b}_2=\frac{2\pi}{a}\ (\mathbf{i}-\mathbf{j}+\mathbf{k})\ ;\ \mathbf{b}_3=\frac{2\pi}{a}\ (\mathbf{i}+\mathbf{j}-\mathbf{k}) \tag{3.19}$$

從上面這四組矢量可以看出來[（3.14）、（3.16）、（3.17）、（3.19）式]，體心立方晶體的眞實晶格與面心立方晶體的倒晶格是相似的。反過來，體心立方晶體的倒晶格與面心立方晶體的眞實晶格是相似的。自然 了，因爲它們是在不同的空間，它們尺度的單位仍然是不同的。

3.3　布拉格繞射

我們從基本物理知道，當一個波入射到一個晶體的時候，如果符合一定的條件，會有繞射的情形發生。在此，我們只是大致複習一下布拉格

（Bragg）繞射的結果。

考慮平行的晶格平面，平面之間的距離爲 d，波動以入射角 θ 到達晶體的平面，如圖 3.10 所示。波束 1 和波束 2 是從相鄰的兩個平面反射回來的波，其行距的差異爲 $2d\sin\theta$。如果這個差異等於波長 λ 的整數倍，就會發生建設性的干擾，其條件爲

$$2d\sin\theta = n\lambda，n = 1, 2, 3\cdots\cdots \tag{3.20}$$

這就是布拉格（Bragg）定律。由於（3.20）式，布拉格反射只能在 $2d \geq \lambda$ 的情況下產生，這對入射波的波長，無論是光波也好，電子波也好，都設定了限制的條件。

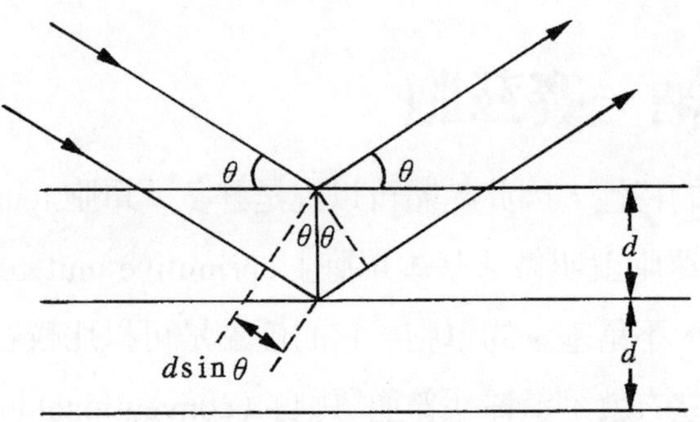

圖 3.10　$2d\sin\theta = n\lambda$ 布拉格關係式的導出

如果入射的是電子波，其波長根據（2.19）式爲 $\lambda = \dfrac{2\pi}{k}$，因此得到

$$2d\sin\theta = \frac{2n\pi}{k} \tag{3.21}$$

因此發生繞射的臨界波矢爲

$$k_{\text{critical}} = n\frac{\pi}{d\sin\theta} \tag{3.22}$$

對於垂直入射，即平行於晶軸的電子，$\theta = 90°$，$d = a$，因此 $k_{\text{crit}} = \dfrac{n\pi}{a}$，這個條件與(3.5)式，即有不連續能階的條件相同。

(3.22)式的結果顯示，當電子能量愈來愈大時，最後會達到一個臨界 k 值，在這個 k 值，電子波在晶格平面會發生「反射」，在這個臨界 k 值，電子束受到阻止不會穿透晶格。然後，入射的和布拉格反射的電子波合在一起形成駐波。由(3.22)式可見，這個臨界 k 值是與晶格常數 a 成反比的。因爲對於密勒數(Miller indices)爲(hkl)的平面，其間距爲 $d=\dfrac{a}{(h^2+k^2+l^2)^{1/2}}$，其中 a 爲晶格常數，所以有著較小密勒數的平面，其平面間距較大。因此反射會首先在有著較小密勒數的平面上發生。

3.4 維格納－賽茲胞

晶體有對稱的特性，因此晶體可以說是許多「單胞」(unit cell)的疊積。可能的最小體積單胞就叫做「基本單胞」(primitive unit cell)。可是常常也會用一種較大的，不是基本的單胞，它的優點是可以比較容易看出對稱性。體心立方和面心立方就是這種「普通單胞」(conventional unit cell)的例子。

維格納－賽茲(Wigner-Seitz)胞是「基本單胞」的一種特殊形式。我們從某一個固定的晶格點出發，將這個點鄰近的晶格點都用直線連結起來。在這些連線的中間點，作一個與這些連線垂直的二分切割平面，這些垂直的二分切割平面所包含的最小的體積稱爲維格納－賽茲胞。用維格納－賽茲胞的方法來取得最小的基本單胞，這個方法可以在眞實空間使用，也可以在倒晶格空間使用。

3.5　布里淵區

我們在 3.1 節看到，由於晶體有週期性，在「縮減能區表示法」中，討論自由電子的能量與波矢的關係，只要取 $\pm\frac{\pi}{a}$ 範圍以內的部分就可以了（見圖 3.4）。一個比較系統的選擇方法就是布里淵區。

布里淵區（Brillouin Zone）的定義就是在倒晶格中的維格納－賽茲胞。在一維的情形下，倒晶格矢量是 $\frac{2\pi}{a}$。因此對最短的矢量做二分切割就得到 $\pm\frac{\pi}{a}$ 的區域。接著再考慮二維的狀況。首先在倒晶格空間的二維平面上，標出倒晶格的晶格點。然後取某一個晶格點爲中心，對所有鄰近的倒晶格矢量 **G** 作二分的垂直切割。切割線所包住的最小面積就是第一個布里淵區（見圖 3.11）。爲了要求得其次高階的布里淵區，就要對較長的倒晶格矢量做二分的垂直切割。對於高階的布里淵區，低階區分界線的延伸線也要作爲分界線。圖 3.12 顯示一個正方晶格前四個布里淵區的情形。注意所有的布里淵區都有同樣面積。

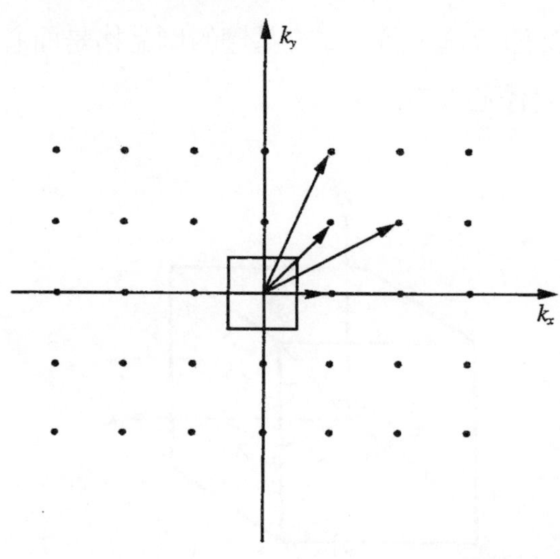

圖 3.11　在 k_x—k_y 軸平面中，四個最短的晶格向量和二維倒晶格中的第一布里淵區

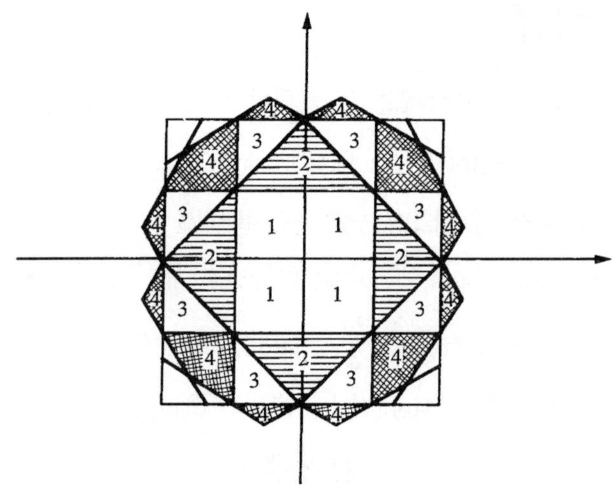

圖 3.12　一個二維倒晶格中的前四個布里淵區

三維的布里淵區也可以用二分切割所有的倒晶格矢量，而且在切割點上放置垂直切面而得。三維的布里淵區形成一個體積。圖 3.13 顯示簡單立方晶體在倒晶格空間的第一個布里淵區。圖 3.14 顯示面心立方晶體在倒晶格空間的第一個布里淵區。圖 3.15 顯示一個體心立方晶格的第一個布里淵區。注意：如我們在 3.2 節所述，體心立方晶體的倒晶格是面心立方的，而面心立方晶體的倒晶格是體心立方的。

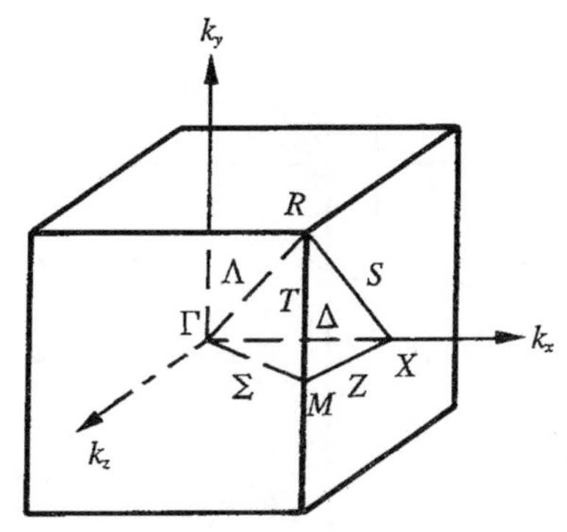

圖 3.13　簡單立方晶格的第一個布里淵區

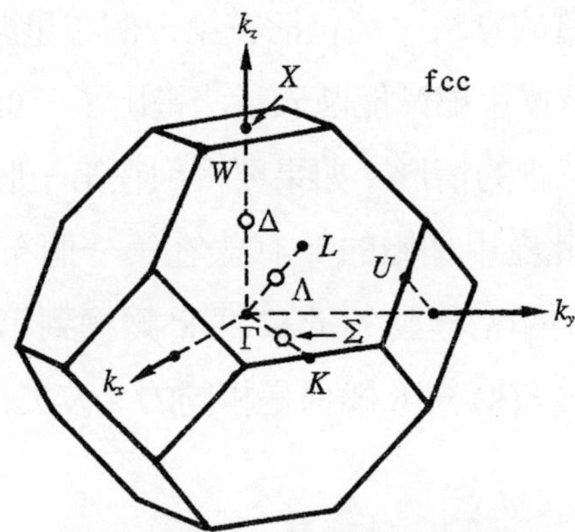

圖 3.14　面心立方晶格的布里淵區

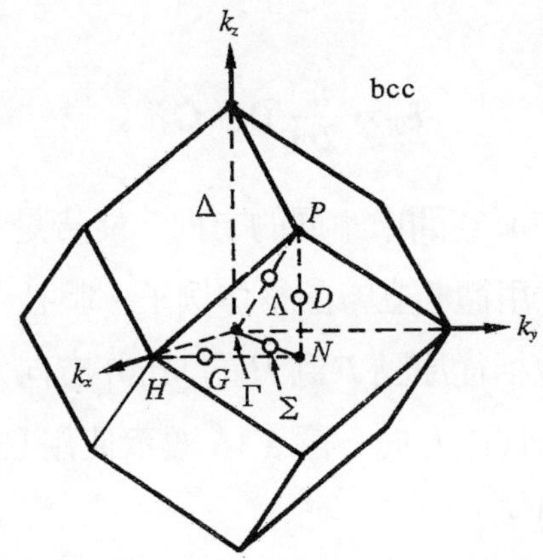

圖 3.15　體心立方晶格的第一個布里淵區

我們在 3.3 節討論了電子波會發生布拉格反射的臨界 k 值與一維的布里淵區邊界 k 值相同。這種情形延伸到三維的狀況也是正確的。即在布里淵區的邊界，電子波會被晶體布拉格式的反射。

3.6　能帶結構

我們在 3.1 節提到過，由於晶體有週期性，E 作爲 k 的函數也有週期性。

所有關於晶體電子性質的資料，都包括在第一個布里淵區中，在 3.1 節已經用到了這個關係，那時候用縮減能區表示法畫出了一維的能帶。

現在我們進展到三維的情形。如果要得到在第一個布里淵區以外的能量 E 與波矢 $\mathbf{k}'$ 的關係，此處用加撇的 $\mathbf{k}'$ 代表在第一個布里淵區以外的波矢，如果找到一個適當的倒晶格移動矢量 $\mathbf{G}$ 把 $\mathbf{k}'$ 轉換到第一布里淵區，則與第一個布里淵區中相應的 $E(\mathbf{k})$ 對 $\mathbf{k}$ 關係是相同的。波矢轉換條件如下

$$\mathbf{k}' = \mathbf{k} + \mathbf{G} \tag{3.23}$$

在三維的情況下，與（3.6）式相應的方程式成爲

$$E_K = \frac{\hbar^2}{2m}(\mathbf{k} + \mathbf{G})^2 \tag{3.24}$$

我們可以想像，在 $\mathbf{k}$ 空間中不同的方向，能帶是不同的。以圖 3.6 的自由電子能帶來說明，並用體心立方晶格作例子。體心立方晶格第一個布里淵區三個重要的方向，包括從原點 Γ 到 H 的 [100] 方向，從 Γ 到 N 的 [110] 方向，以及從 Γ 到 P 的 [111] 方向。圖 3.16 顯示使用（3.24）式在 $\mathbf{k}$ 空間中爲不同方向畫出的能帶圖。

現在利用一個簡單的例子說明這些能帶是如何計算的。以 Γ-H 的方向爲例，使 $k_{\Gamma H}$ 由 0 變到 $\frac{2\pi}{a}$。$\frac{2\pi}{a}$ 是布里淵區的邊界，對於這個方向，（3.24）式成爲

$$E = \frac{\hbar^2}{2m}\left(\frac{2\pi}{a}x\mathbf{i} + \mathbf{G}\right)^2 \tag{3.25}$$

其中的 x 值可以從 0 增加到 1。

先讓 $\mathbf{G}$ 等於 0，（3.25）式成爲

$$E = \frac{\hbar^2}{2m}\left(\frac{2\pi}{a}\right)^2 x^2 = Cx^2 \tag{3.26}$$

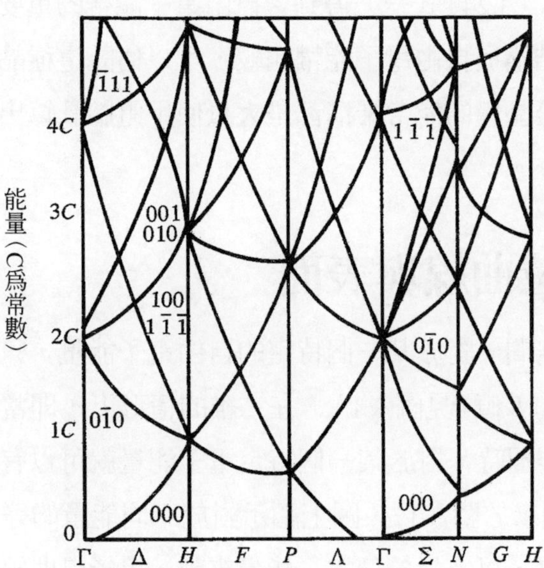

圖 3.16　體心立方晶格自由電子的能帶

這就是熟知的 E 與 k 的拋物線關係式。在圖 3.16 上，這條曲線以（000）來代表。

其次在 $\mathbf{G} = m_1\mathbf{b}_1 + m_2\mathbf{b}_2 + m_3\mathbf{b}_3$ 中，選擇 $m_1 = 1$、$m_2 = -1$、$m_3 = -1$，將（3.16）式代入 $\mathbf{G}$ 矢量，得到

$$\mathbf{G} = -\frac{2\pi}{a}(2\mathbf{i}) \tag{3.27}$$

將（3.27）式代入（3.25）式，得

$$E = \frac{\hbar^2}{2m}\left(\frac{2\pi}{a}x\mathbf{i} - \frac{4\pi}{a}\mathbf{i}\right)^2 = C(x-2)^2 \tag{3.28}$$

當 $x=0$，$E=4C$。當 $x=1$ 時，$E=C$。這就是圖 3.16 中標示$(1\,\bar{1}\,\bar{1})$的能帶。同樣的，所有圖 3.16 上的其他能帶，都可以用改變 **k** 方向和改變 **G** 矢量中 m 值的方法，代入(3.24)式一一得到。自由電子能帶的重要性在於，如果把實際晶體的能帶結構與自由電子能帶比較，可以估計這種晶體中的電子自由到什麼程度。實際晶體的能帶結構都是大量使用電腦計算出來的，而且遠比自由電子能帶複雜。

3.7 等能位曲線與表面

在一維的 k 空間，對於某一個特定的自由電子能量，只相應於兩個數量相等而符號相反的 k 值(見圖 3.1)。在二維的情形下，即當我們將電子能量在 k_x—k_y 平面上作圖時，對於某一個特定電子能量就可以有不只一組這樣的 k 值。這種情形顯示於圖 3.17，圖上顯示對於不同能量的等能量曲線。對於一個二維正方晶格，以及對於低電子能量來說，等能量曲線是圓形。一個典型的等能量曲線可見圖 3.18，這是一個在簡單正方晶格中，近似自由電子模型的二維等能量曲線圖。接近中心的等能線都是圓(在三維的情況就變成球了)，對於離 $k=\pm\dfrac{\pi}{a}$ 臨界值較遠的電子波矢值，其等能線也比較接近一個圓。如果電子的波矢接近了一個布里淵區的邊界，則會看到不同於圓形的偏差。

延伸到在三維的 **k** 空間，會得到等能位的表面。這些表面就叫做費米面(Fermi surface)。對於簡單的自由電子，這些表面接近於球形。對於有非拋物線 E-**k** 關係的電子，這些表面就複雜得多了。圖 3.19 顯示了一個銅的費米面，可以看到，已經與球面體有了相當的差距。

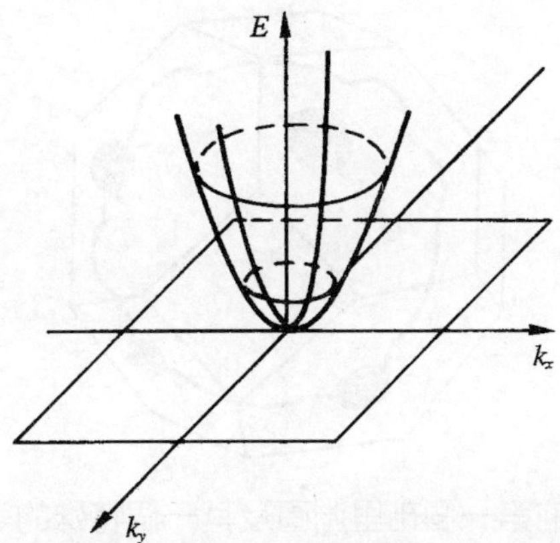

圖 3.17　在二維情況，電子能量 E 與波矢 k 的關係，顯示自由電子的許多等能量曲線

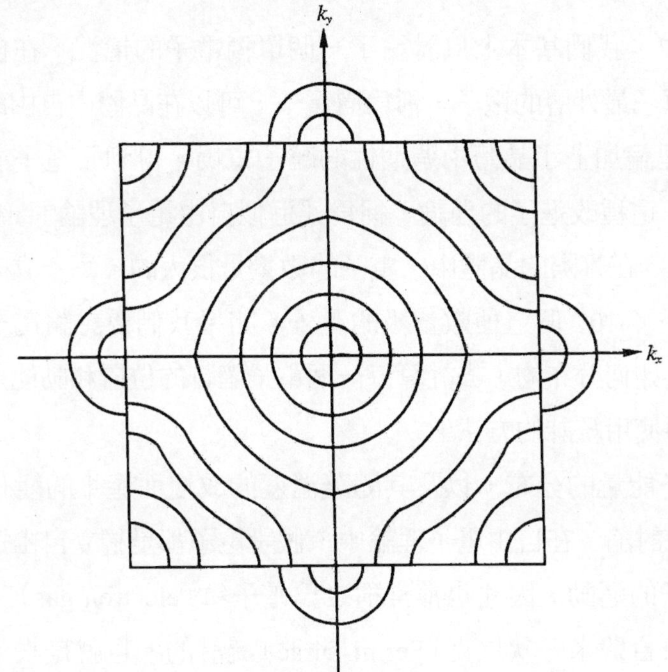

圖 3.18　一個簡單立方晶格的等能量曲線

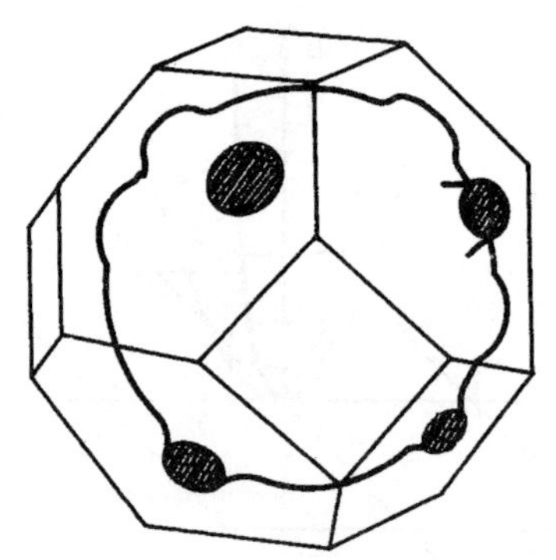

圖 3.19　銅的第一個布里淵區及其一個特殊的等能量表面

3.8　費米－狄拉克分布函數

在前幾章中，我們基本上只討論了一個單獨電子的情況。在自由電子理論中，假設原子最外層的電子，稱爲價電子，可以在晶體中自由的移動。進一步改進的理論加上了晶體中週期性的離子電場，得到了電子能量有能帶結構的結果，這種改進了的理論，稱爲「近似自由電子理論」(nearly free electron model)。在實際的晶體中，電子的數量是很大的，每一立方公分的固體中，有差不多 10^{22} 個這種數量級的電子。如果我們要討論電子在所有可能的能位上是如何分布的，去計算每一個電子確實的位置和動能是不可能的，所以我們要使用統計的方法。

一大群粒子能量的分布，以及其隨著溫度的改變而產生的變化，都可以由統計力學來討論。在自由電子理論中，假設電子都是獨立自由運動的，類似於氣體分子的運動，因此也常常稱之爲電子氣(electron gas)。電子氣的能量分布是符合費米－狄拉克(Fermi-Dirac)統計的。也就是說，在熱平衡狀態下，一個電子占據某一個能位的或然率是由費米－狄拉克分布函數 $F(E)$ 決定的。

$$F(E)=\frac{1}{\exp\left(\frac{E-E_F}{k_BT}\right)+1} \tag{3.29}$$

其中，E 是電子的能量，E_F 是費米能量，k_B 是波耳茲曼（Boltzmann）常數，T 是絕對溫度。（3.29）式也簡稱為費米函數。

費米能量 E_F 有時定義為在絕對溫度為零時，電子所能占有的最高能量。這個定義雖然方便，卻容易造成誤解，特別是對於半導體為然。一個比較正確的定義可以這樣看出來，即在 $T \neq 0$ 時，如果 $E = E_F$，則費米函數 $F(E)$ 等於 1/2。我們可以把這當做費米能量的定義，即電子占有或然率為 1/2 處的能量。

圖 3.20 是在 $T = 0$ 時，費米分布函數 $F(E)$ 對能量 E 的作圖。可以看到，對於 $E < E_F$，$F(E) = 1$，所有能量小於 E_F 的能位都是由電子填滿的。而對於 $E > E_F$，$F(E) = 0$，所有高於 E_F 的能位都完全是空虛，沒有電子的。

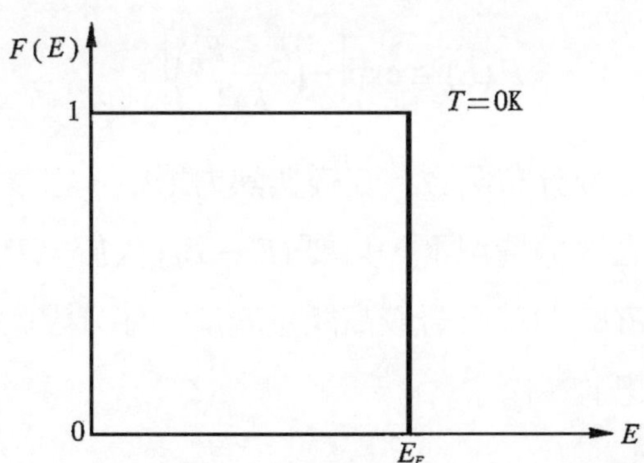

圖 3.20　在 $T = 0$ 時，費米分布函數 $F(E)$ 與能量 E 的關係

對於較高溫度，$T \neq 0$ 時的費米分布函數，可見圖 3.21。可以看到，在 $E = E_F$ 附近，費米函數 $F(E)$ 由 1 到 0 的下降是較為和緩的。它延伸於一個 ΔE 的能量範圍。這個範圍其實是很窄的，在室溫之下只有 E_F 的百分之一

左右。

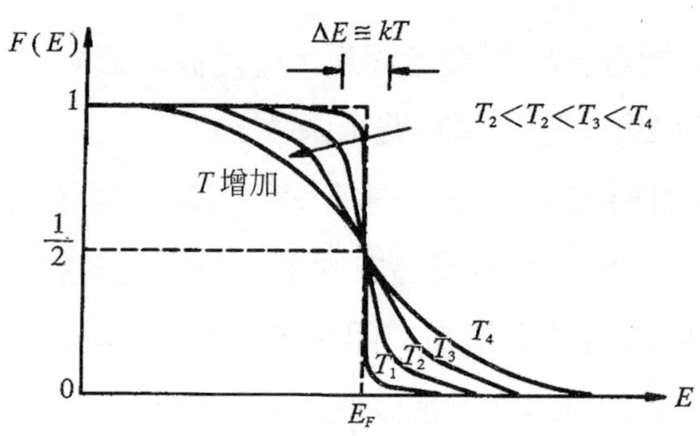

圖 3.21　$T \neq 0$ 時的費米分布函數

在 $\left(\dfrac{E-E_F}{k_BT}\right)$ 這個分數較大的時候，費米函數中的這個指數因數比 1 大很多，因此 $F(E)$ 可以近似爲

$$F(E) \cong \exp\left[-\left(\frac{E-E_F}{k_BT}\right)\right] \tag{3.30}$$

這個式子就是波耳茲曼分布函數。在經典熱力學中，它就是一個固定能位是否填滿的或然率。在普通情況下，只要 $(E - E_F)$ 大於 k_BT 三倍以上，就可以採用這個近似値。$F(E)$ 曲線有著較高能量的那一部分因此也稱爲費米分布函數的「波耳茲曼尾巴」。

3.9　能位密度

我們現在希望知道能帶中的能位是如何分布的。在 2.2 節討論自由電子的時候，在一維的情形，波函數有 e^{ikx} 的形式。現在擴展到三維的狀況，自由電子在三維情況的薛丁格方程式是

$$-\frac{\hbar^2}{2m}\left(\frac{\partial^2}{\partial x^2}+\frac{\partial^2}{\partial y^2}+\frac{\partial^2}{\partial z^2}\right)\psi_k(\mathbf{r})=E_k\psi(\mathbf{r}) \tag{3.31}$$

如果假定電子局限於每邊長度爲 L 的方塊中，並且波函數要符合週期性的條件

$$\psi(x+L,y,z)=\psi(x,y,z) \tag{3.32}$$

在 y 軸和 z 軸，類似的週期性條件也成立。在這種情形下，波函數有下列行波的形式

$$\psi_k(\mathbf{r})=\exp(i\mathbf{k}\cdot\mathbf{r}) \tag{3.33}$$

如果將（3.33）式代入（3.32）式的週期性條件，先取一維情況，$\exp[ik_x(x+L)]=\exp(ik_x x)\cdot\exp(ik_x L)=\exp(ik_x x)$，因此

$$\exp(ik_x L)=1 \tag{3.34}$$

所以 k_x 必須符合

$$k_x=0,\pm\frac{2\pi}{L},\pm\frac{4\pi}{L},\cdots\cdots \tag{3.35}$$

的條件。對於 k_y 和 k_z，同樣的條件也是成立的。

把波函數（3.33）式代入薛丁格方程式（3.31）式，可以得到能量 E_k 爲

$$E_k=\frac{\hbar^2}{2m}(k_x^2+k_y^2+k_z^2) \tag{3.36}$$

假設一個有 N 個自由電子的系統，處於最低能量的基位（ground state），可以想像電子占據的能位充滿了 **k** 空間的一個球體，如 3.22 圖所示。球面所

代表的能量就是費米能量 E_F，而球的半徑是 k_F，有下面的關係

$$E_F = \frac{\hbar^2}{2m} k_F^2 \tag{3.37}$$

從（3.35）式可知，在 **k** 空間每有一個 $\left(\frac{2\pi}{L}\right)^3$ 的單位體積就會有一組 k_x、k_y、k_z 的能位。因此 k_F 半徑的球體一共可以有

$$2 \cdot \frac{4\pi k_F^3/3}{(2\pi/L)^3} = \frac{V}{3\pi^2} k_F^3 = N \tag{3.38}$$

個能位。（3.38）式中的 2 是由於每個允許的 **k** 值可以有自旋向上和自旋向下兩個電子的緣故。$V = L^3$ 是方塊的體積。

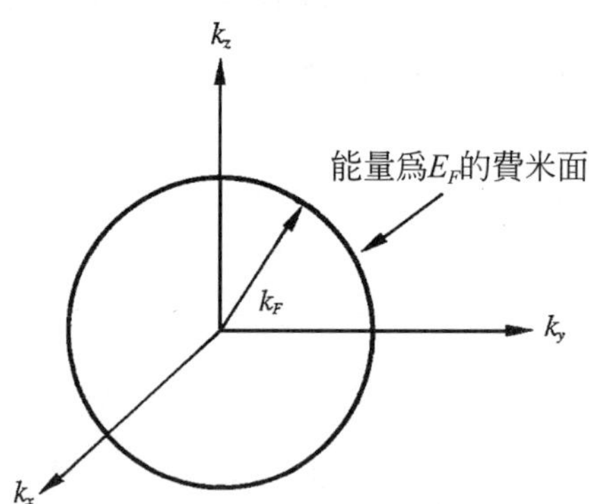

圖 3.22　由 N 個自由電子組成系統的基態，占據的能位填滿一個半徑為 k_F 的球

於是我們得到

$$k_F = \left(3\pi^2 \frac{N}{V}\right)^{1/3} \tag{3.39}$$

和

$$E_F = \frac{\hbar^2}{2m}\left(\frac{3\pi^2 N}{V}\right)^{2/3} \tag{3.40}$$

的關係式。從（3.40）式轉成的

$$N=\frac{V}{3\pi^2}\left(\frac{2mE}{\hbar^2}\right)^{3/2} \tag{3.41}$$

可以看做是能量小於 E 的整個能位的數目。因此每單位能量的能位數就成爲

$$D(E)=\frac{dN}{dE}=\frac{V}{2\pi^2}\left(\frac{2m}{\hbar^2}\right)^{3/2}E^{1/2} \tag{3.42}$$

這就是我們所要求得的能位密度（density of states）函數（見圖 3.23）。

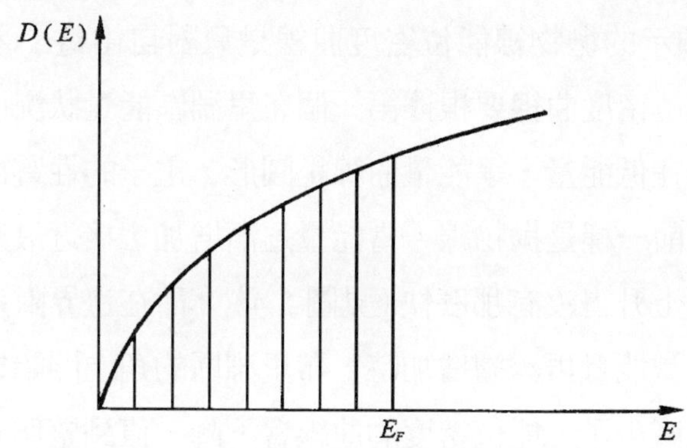

圖 3.23　一個能帶中的能位密度，在這個能帶中，電子可視為自由電子

至於每單位能量的電子數密度 $N(E)$，則要用上面得到的能位密度 $D(E)$ 再乘上這些能位是否會填滿的或然率 $F(E)$。因此

$$N(E)=D(E)\cdot F(E) \tag{3.43}$$

$N(E)$ 的特性可見圖 3.24。對於 $T=0$ 和 $E<E_F$，$N(E)$ 函數與 $D(E)$ 函數相同，因爲 $F(E)$ 在此情形等於 1。對於 $T\neq 0$，乘上費米函數使得 $N(E)$ 在 $E=E_F$ 附近下降得不是那麼尖銳。

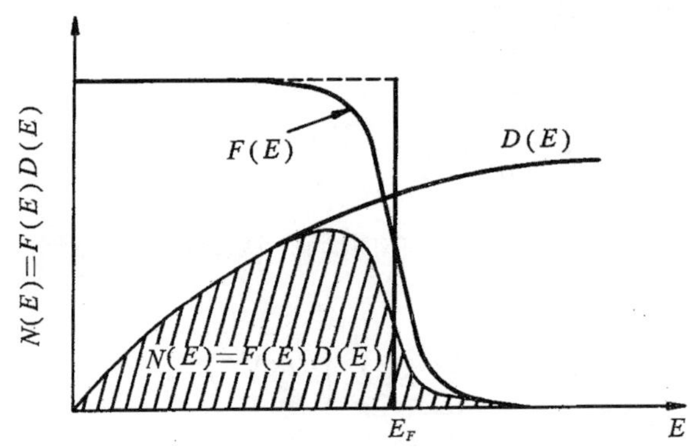

圖 3.24　在一個能帶中自由電子的數量密度

圖 3.23 所顯示的拋物線能位密度曲線是只對自由電子才成立的。對於實際的晶體，能位密度曲線要根據第一個布里淵區能量狀況而修正。我們可以參考圖 3.18。在低能量，等能量曲線是圓形，電子的性質像是自由電子，能位密度也與以前一樣是拋物線。當能量逐漸增加，接近最鄰近的布里淵區邊界時，能量就上升得沒有那麼快（見圖 3.4），而在邊界附近有較多具有這些能量的能位。當能量再繼續增加時，布里淵區的角上開始要填充，但是因爲可提供的能位減少了，能位密度的曲線會下降，直到整個布里淵區填滿的時候，能位密度曲線就會降到零。因此在能帶的中間有最多的能位。一個大略的示意圖可見 3.25 圖。

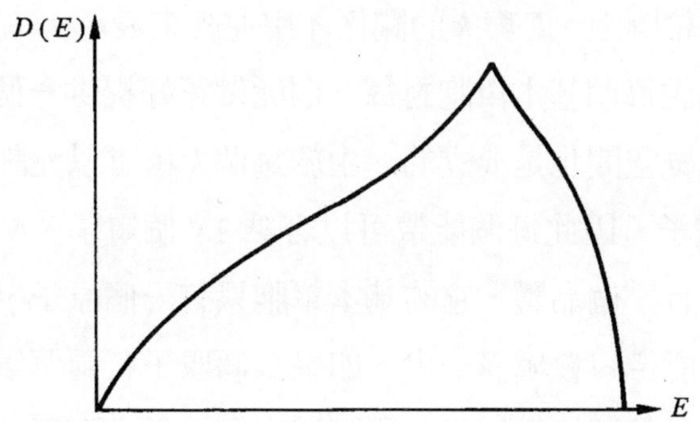

圖 3.25　一個能帶中整個能位密度的示意圖

3.10　金屬、絕緣體與半導體

自由電子理論最大的缺點就是不能解釋為什麼所有的材料都是由原子組成的，而原子都有價電子，可是有些材料是導體，有些材料是不良導體。解釋這個現象就要靠近似自由電子理論所導出的能帶理論。我們現在進一步在本節討論這個重要的論點。

假設一個一維的晶體情況，其晶格常數為 a，晶體的長度為 L，假設一共有 N 個基本單胞，因為 N 的數字很大，我們可以假設它是偶數，而 $N=\frac{L}{a}$。從（3.35）式，我們知道 k_x 的值限制於

$$k_x = 0, \pm\frac{2\pi}{L}, \pm\frac{4\pi}{L}, \cdots\cdots, \frac{N\pi}{L} \tag{3.44}$$

這個系列終結於 $\frac{N\pi}{L}$，因為 $\frac{N\pi}{L}=\frac{\pi}{a}$，是布里淵區的邊界。$-\frac{N\pi}{L}$ 則不列入為一個獨立的 k 值點。因為一個倒晶格矢量可以把它帶回到 $\frac{\pi}{a}$。因此，（3.44）式的系列共有 N 個獨立 k 值，正好與一維晶格基本單胞的數目相等。注意，允許的 k 值是分立（discrete）的，只是因為 N 的數量很大，因此 k 值

也很密集，在能帶圖上，E 與 k 的關係才用連線來表示。

因此，我們說每個基本單胞對每一個能帶正好提供一個獨立的 k 值，這個結果推廣到三維空間也是成立的。由於每個 k 值可以允許有自旋向上和自旋向下的兩個電子，因此每個能帶可以容納 $2N$ 個電子，N 是晶體中基本單胞的數目。如果有一個晶體，它的基本單胞只有一個原子，而每個原子只有一個價電子，則能帶只會填滿一半。如果每個原子有兩個價電子，則能帶可以完全填滿。如果晶體的每個基本單胞有兩個原子，而每個原子有一個價電子，則能帶也可以填滿。其他的情況可以類推。

如果晶體的價電子剛好填滿最高的能帶，則這個晶體是一個絕緣體。因爲當加上一個外加電場時，只要這個電場不是大到要破壞這個晶體結構，則電子是不會在晶體中移動的。如果排除電子躍進到更高能帶的可能性，則在所有可以占有的能位都已經填滿的狀態下，電子是無法移動的。最高能帶由電子完全填滿的固體因此是絕緣體〔見圖 3.26(a)〕。

每個基本單胞只有一個原子，而每個原子只有一個價電子的情況，例如鹼金屬，則最高的能帶應該是半填滿的。當有外加電場的時候，電子可以漂移，這個晶體自然應該是金屬導體〔圖 3.26(b)〕。

根據這樣的考慮，二價的金屬應該是絕緣體才對，而實際情形並非如此。其理由是因爲在三維的情況，高能帶有部分的重疊。在這種能帶有重疊的情形下，會形成有兩個部分填滿能帶的情況，所以造成了一個金屬〔見圖 3.26(c)〕。其電導率低於正常金屬，因而稱爲半金屬。

鍺和矽則是半導體。其原因是它們的基本單胞有兩個原子，每個原子各有四個電子，因此一個基本單胞共有八個電子。它們的能帶因此是填滿的，而且能帶之間也沒有重疊。所以半導體與絕緣體在能帶結構上並沒有基本的不同。只是半導體填滿的最高能帶〔叫做價帶（valence band）〕，和更高的能帶〔叫做導帶（conduction band）〕之間的能隙（energy gap）比較小。即使在室溫狀態之下，也可以有足夠的熱能把少量的電子由填滿的價帶激發到空虛的導帶，因而提供了某種程度的電導〔圖 3.26(d)〕。

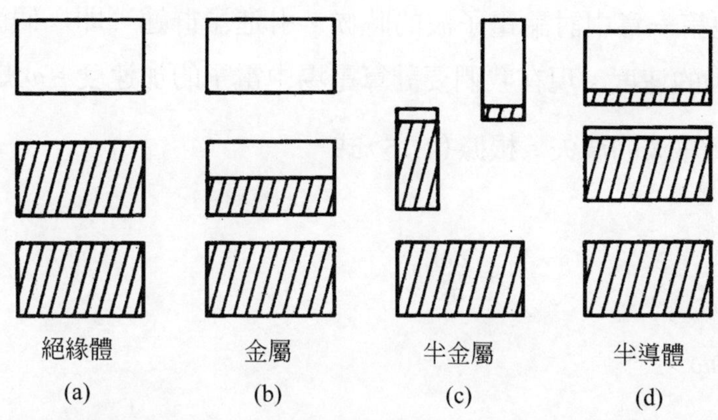

圖 3.26　在絕緣體、金屬、半金屬和半導體中，電子許可占據的能帶示意圖

因此，我們可以做以下總結：

(1) 每個基本單胞只有一個電子的固體一定是金屬。這些單價金屬包括鹼金屬 Li、Na、K、Rb、Cs 和貴金屬銅、銀、金。

(2) 每個基本單胞有奇數個電子的固體一定是金屬。因此像鋁、鎵、銦、鉈等金屬，每個原子有三個電子，可以填滿一個半能帶。但是要注意，砷、銻、鉍等元素，每個原子有五個電子，但是它們的基本單胞有兩個原子，因此就不一定是金屬了，事實上它們都是半金屬，即能帶之間有一些重疊，有一定的電導率，卻不是很好的金屬。

(3) 每個基本單胞有偶數個電子的固體不一定是絕緣體，因為能帶之間可能有重疊。

(4) 事實上所有的二價元素都是金屬。但有一些電導率不高，如鋇和鍶，因為能帶重疊的部分很少。

(5) 四價的元素可能是金屬也可能是半導體，依其晶體結構的不同而有異。

3.11 有效質量

我們在第一章中討論電子波的時候，引進了群速，即一個波包（wave packet）移動的速度。現在我們要計算電場中電子的加速度。ω 是角頻率，$|\mathbf{k}| = \frac{2\pi}{\lambda}$ 是電子波的波矢。根據（1.15）式

$$v_g = \frac{d\omega}{dk} \tag{1.15}$$

由於　$E = \hbar\omega$

$$\frac{dv_g}{dt} = \hbar^{-1}\frac{d^2E}{dkdt} = \hbar^{-1}\left(\frac{d^2E}{dk^2}\ \frac{dk}{dt}\right) \tag{3.45}$$

如果引用

$$\hbar\frac{dk}{dt} = F \tag{3.46}$$

這個方程式，（3.46）式中的 F 是外加於電子的力。這個方程式對於自由電子是很自然的，但是對於在晶體週期位能場中的電子，導出這個方程式就比較複雜。因爲 F 只是外加於電子的力，並不包括晶體內部加於電子的力，目前只引用這個結果，有興趣的讀者可以參閱進一步固態物理方面的書籍。

由（3.45）式和（3.46）式得到

$$\frac{dv_g}{dt} = \left(\frac{1}{\hbar^2}\ \frac{d^2E}{dk^2}\right)F \tag{3.47}$$

或

$$F = \frac{\hbar^2}{(d^2E/dk^2)}\frac{dv_g}{dt} \tag{3.48}$$

如果定義一個有效質量爲 m^*，m^* 符合

$$\frac{1}{m^*}=\frac{1}{\hbar^2}\frac{d^2E}{dk^2} \tag{3.49}$$

的關係式，則(3.48)式就與牛頓第二定律有了同樣的型式。或者說 m^* 這個參數，有代表電子在晶體中質量的意義，因而稱爲有效質量。如果晶體在各個方向性質不同，則上式應該寫成爲

$$\frac{1}{m_{ij}}=\frac{1}{\hbar^2}\frac{d^2E}{dk_i dk_j} \tag{3.50}$$

有效質量就成爲一個張量(tensor)。

從(3.49)式可以知道，有效質量與電子能帶的曲率成反比。也就是說，如果能量 E 對 $\mathbf{k}$ 的作圖上在某一點的曲率大，則其有效質量就小。反之，如果其曲率小，則有效質量就大。在能帶結構的某些地區，特別是在布里淵區的邊緣和中點，往往可以找到有高曲率的地區。在這些地方，有效質量降得很低，可以小到只有自由電子質量的百分之一左右。在 $\mathbf{k}$ 空間中有不只一個電子能帶的地方，就需要定義不只一個有效質量。

實驗上所決定的電子質量因此與自由電子質量不同。常常用 $\frac{m^*}{m_o}$ 這個比例來表達電子的有效質量。有效電子質量與自由電子質量差異的原因，通常都歸因於電子與晶體中原子的相互作用。譬如說，一個電子在電場中加速，可能會因爲與一些原子「碰撞」而慢了下來，有效質量 $\frac{m^*}{m_o}$ 的比例因而大於1。在另一方面，晶體中的電子波可能因爲有剛好的相位而增強了外加電場的作用，在這種情形，$\frac{m^*}{m_o}$ 的比例會小於1。電子有效質量因而是表達電子在晶體中作用的一個重要參數。

習題

1. 矽和鍺的晶體都是金剛石結構。矽和鍺的晶格常數分別是 5.43Å 和

5.65Å，求矽和鍺的原子密度。

2. 對於簡單立方（sc）、體心立方（bcc），和面心立方（fcc）的晶體，試計算原子在填充得最緊密時所占的體積比例。
3. 試求正晶格基本單胞的體積 V 與倒晶格基本單胞體積 V^* 之間的關係。
4. 試證明在立方對稱晶體中，$[hkl]$ 方向與 (hkl) 平面垂直。
5. 試討論面心立方晶格的第一布里淵區是由哪些倒晶矢的中間垂直平面所決定？在 [100] 方向，布里淵區的總長爲多少？在 [111] 方向，布里淵區的總長又爲多少？
6. 對於面心立方晶體，在 **k** 空間的 k_x 方向，試討論當電子趨向於自由電子狀況時的能帶狀況。
7. 試計算在矽晶格中，朝著 (111) 晶面，對於光波和電子波而言，各需要多少能量才能造成布拉格繞射（提示：(hkl) 面間的距離爲 $d=\dfrac{a}{\sqrt{h^2+k^2+l^2}}$）。
8. 如果波長爲 2Å，對於 (a) 光子、(b) 電子和 (c) 中子而言，其粒子的能量分別是多少？
9. 考慮一個簡單立方晶體，其晶格常數爲 3.5Å，如果用波長爲 3.1Å 的 X 光來做繞射，試求合於布拉格繞射條件的各平面，和可能的入射角度 θ。
10. 試比較電子能量 E 在 (a)$E - E_F = 3kT$，及 (b)$E - E_F = kT$ 時，費米分布函數與波耳茲曼分布函數的差異。
11. 使用自由電子模型，試求一個金屬費米面上電子的速度，假設 $E_F = 5\text{eV}$。
12. 在什麼溫度時，一個 $E_F = 5\text{eV}$ 的金屬，其電子具有超過 E_F 能量達 3% 的或然率可以達到 10%？
13. 假設自由電子模型，試計算能量低於 4eV，體積爲 10^{-6}m^3 中所有電子的數目。
14. 在自由電子模型中，如 $m^* = 0.1m_o$，m_o 爲電子質量，則 $E = E(k)$ 的關係如何？

15. 對於一個三維的自由電子氣，試證明其平均動能爲 $\frac{3}{5}NE_F$，其中 N 爲自由電子的數目，E_F 爲費米能量。

16. 金的電子密度爲 $5.90\times10^{28}/m^3$，假設其有效電子質量 m^* 等於 m_o，試求其費米能量。

17. 銀的原子量爲 107.87 克，密度爲 $10.5g/cm^3$，(a) 試求其費米能量、(b) 每個電子的平均動能。

18. 對於一個二維的金屬，以自由電子理論，計算 (a)0K 時的費米能位 E_F、(b) 能位密度 $D(E)$、(c)0K 時每個電子的平均動能。

19. 對於一個一維的金屬，以自由電子理論，計算 (a)0K 時的費米能位 E_F、(b) 能位密度 $D(E)$、(c)0K 時每個電子的平均動能。

20. 計算在費米能量之上 $2kT$ 處和費米能量之下 $2kT$ 處的電子能位，有電子占據或然率的比例。

本章主要參考書目

1. C.Kittel, Introduction to Solid State Physics (1986).
2. R. Hummel, Electronic Properties of Materials (1985).
3. N. Ashcroft and N. Mermin, Solid State Physics (1976).
4. L. Azaroff and J. Brophy, Electronic Processes in Materials (1963).

第四章 晶格振動

1 一維單原子鏈

2 一維雙原子鏈

3 晶格振動的量子化與聲子

到目前爲止，當我們討論晶體中電子運動的時候，都是假設晶體有一個晶格離子的週期性位能場，而電子在這個位能場中運動，同時這個晶格離子的位置是固定不動的。這當然只是一個簡化的假設，在實際的情況，當溫度大於絕對溫度零度的時候，晶格的離子會相對於原來平衡時的位置作熱振動，這種運動稱爲晶格振動（lattice vibration）。前面討論的能帶理論，是以晶格週期性的位能爲基礎的，晶格離子的熱振動使得晶體的位能偏離了原來絕對的週期性，自然會對電子運動的性質造成影響。嚴格的布洛赫電子波函數是穿透布滿整個晶體的，因此沒有散射，電子可以在整個晶體內運動，所以沒有電阻。使晶格偏離週期性的熱振動會對電子產生散射作用，因而對電子的傳輸性質造成影響。晶格振動是一個熱能引起的振動，與溫度有關，因此晶體的熱學性質，包括晶體的比熱、熱膨脹現象、熱導率等，都直接與晶格振動有關。另外，晶格振動代表具有一種能量和晶體動量，因此與光吸收和光發射等光學性質也有關。通過跟晶格振動的相互作用，電子與電子之間會發展出一種吸引力，在低溫的時候會形成庫柏電子對，造成超導現象。晶格振動和電子運動可以說是影響晶體性質的兩個最主要的基本原理。

4.1　一維單原子鏈

實際的晶體是三維的，但是這樣的情況分析起來很複雜。許多晶格振動的基本現象從簡單的一維系統就可以分析得到。我們先討論最簡單的一維單原子鏈。圖 4.1 顯示一個一維單原子鏈。在平衡的時候，每個相鄰原子的距離爲 a，原子的質量爲 m。可以把單原子鏈看成是一個一維的原子晶格，晶格的基本單胞長度爲 a，每個單胞有一個原子。爲了簡單起見，假設原子只做沿著鏈方向的縱向運動，同時只考慮最鄰近原子之間彼此的作用。假設原子之間好像用一個彈簧連接起來，如圖 4.1 所示，相鄰兩個原子之間的作用力與兩個原子的相對位移成正比，與彈簧的虎克（Hooke）定律相似。假設原子與平衡時位置的偏離爲 u_n，下標 n 代表原子鏈中原子的順序，而用 C 代表相鄰原子作用力的常數。因此對於第 n 個原子而言，作用在這個原子上的力 F_n 爲

$$F_n = C[(u_{n+1} - u_n) - (u_n - u_{n-1})] \tag{4.1}$$

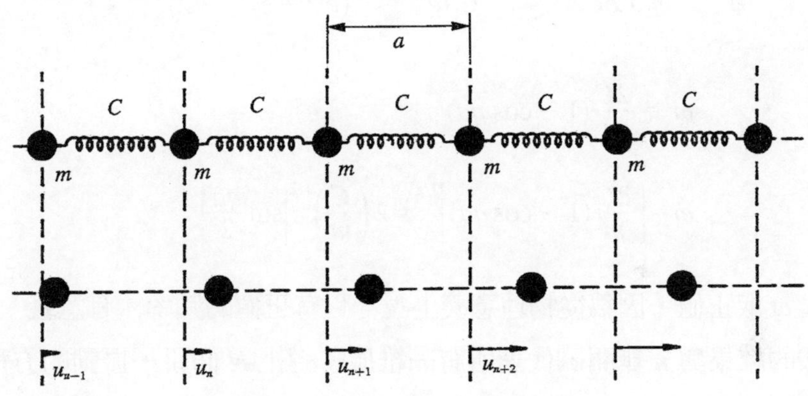

圖 4.1　一維單原子鏈示意圖

中間的負號是因爲這兩個恢復力的作用方向相反。對於這個原子，牛頓定律的運動方程式因此是

$$\begin{aligned} m\frac{d^2u_n}{dt^2} &= C[(u_{n+1} - u_n) - (u_n - u_{n-1})] \\ &= C(u_{n+1} + u_{n-1} - 2u_n) \end{aligned} \tag{4.2}$$

如果原子鏈有 N 個原子，就一共有 N 個這樣的方程式。

可以設想晶格振動有波的形式，如果用 A 代表波動的振幅，ω 爲波的角頻率，晶格點的位置用 na 代表，$q = \dfrac{2\pi}{\lambda}$ 代表波數，λ 是波長，則可以嘗

試下列形式的解

$$u_n = A\exp[i(naq - \omega t)] \tag{4.3}$$

將（4.3）式代入（4.2）式，得到

$$-m\omega^2 Ae^{i(naq - \omega t)} = CAe^{i(naq - \omega t)}(e^{iaq} + \mathrm{e}^{-iaq} - 2)$$

因此 $$\omega^2 = \frac{2C}{m}(1 - \cos qa) \tag{4.4}$$

或 $$\omega = \left[\frac{2C}{m}(1 - \cos qa)\right]^{1/2} = 2\left(\frac{C}{m}\right)^{1/2}\left|\sin\frac{qa}{2}\right| \tag{4.5}$$

（4.5）式 ω 取正值，因爲從物理意義上說，只有正值的頻率才有意義。（4.5）式的結果與 n 無關，代表所有一維原子鏈上 N 個原子振動的方程式都可以歸納到同樣的解。（4.5）式顯示振動波的頻率 ω 與波數 q 之間的關係，稱爲色散關係（dispersion relation），如圖 4.2 所示。（4.3）式是一個振幅爲 A，頻率爲 ω 的行波（traveling wave），代表晶體中原子一種集體運動的方式，稱爲格波（1attice wave）。符合這個格波色散關係的原子同時作頻率爲 ω 的振動，但是相鄰原子彼此之間有 qa 的相位差。

由圖 4.2 可知，ω 與 q 的關係在 q 空間有 $\frac{2\pi}{a}$ 的週期。這也可以由（4.3）式看出，如果 qa 的值改變一個 2π 的整數倍，則晶格的振動並沒有改變。即相對於所有不同 ω 值的波數 q 可以限制於

$$-\frac{\pi}{a} \le q \le \frac{\pi}{a} \tag{4.6}$$

的這個範圍之內。這個波數的範圍就是一維晶格的布里淵區。

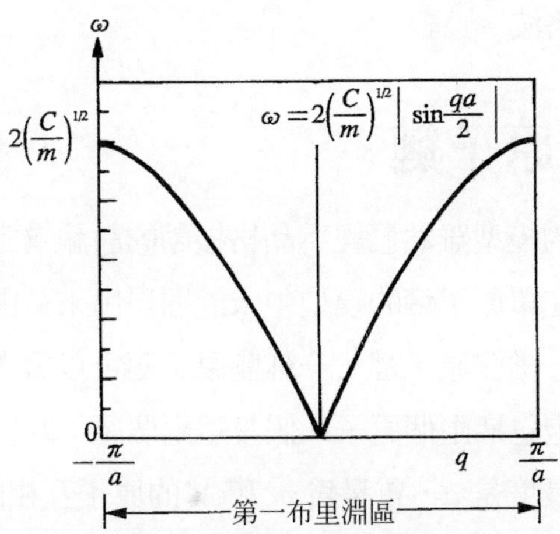

圖 4.2 一維單原子鏈的色散關係

一維原子鏈的色散關係還有一些地方值得注意。首先，對於 $+q$ 和 $-q$，色散關係是對稱的，$\omega(q)=\omega(-q)$，即向左和向右移動的格波是相同的。其次，ω 有一個極大值 $\omega_{\max}=2\left(\frac{C}{m}\right)^{1/2}$，晶格不會有超過這個頻率的振動。而且，這個色散關係式不是線性的，只有在 $qa \ll 1$，即波長 $\lambda \gg a$ 的情形下，(4.5) 式才可以近似爲

$$\omega \cong \left(\frac{C}{m}\right)^{1/2} a\,|q| \tag{4.7}$$

因此，在普遍的情況下，格波的群速度 v_g 爲

$$v_g=\frac{d\omega}{dq}=\left(\frac{C}{m}\right)^{1/2} a\cos\left(\frac{1}{2}qa\right) \tag{4.8}$$

群速度在一維布里淵區的邊界 $q=\frac{\pi}{a}$ 處因而等於零。即在布里淵區的邊界，由於反射的關係，格波在這種情況下成爲駐波（standing wave）。這與 3.3 節所討論的布拉格反射的情況相同，不過在 3.3 節討論的是電子波的情形，現

在則是晶格振動的格波。

4.2 一維雙原子鏈

一維單原子鏈的模型雖然已經為晶格振動的討論奠定了基礎，但是仍然有一些重要的結果在單原子鏈的模型中未能顯現出來。因此，我們需要討論進一步的模型，即一維雙原子鏈。一維雙原子鏈可以看作是最簡單的複式晶格，即每個基本單胞包括兩個原子。假設這兩個原子的質量分別是 m 和 M，而 $m < M$。單胞的長度是 a，質量為 m 和 M 的原子互相間隔排列，如圖 4.3 所示。

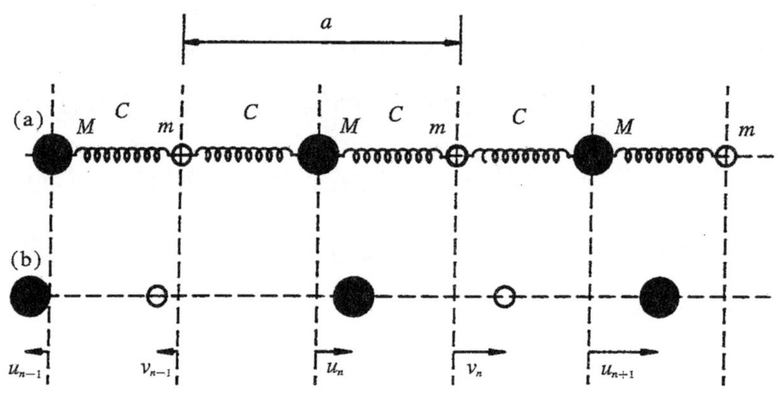

圖 4.3　一維雙原子鏈示意圖

假設只有相鄰原子之間有作用力，而所有相鄰原子作用力的係數 C 都相等。如果用 u 代表質量為 M 的原子的位移，用 v 代表質量為 m 的原子的位移，則牛頓定律的運動方程式可以寫為

$$M\frac{d^2u_n}{dt^2} = C(v_n - u_n) - C(u_n - v_{n-1})$$
$$= C(v_n + v_{n-1} - 2u_n) \tag{4.9}$$

$$m\frac{d^2v_n}{dt^2} = C(u_{n+1} - v_n) - C(v_n - u_n)$$
$$= C(u_{n+1} + u_n - 2v_n) \tag{4.10}$$

與一維單原子鏈的情況類似，也假設一個行波式的解

$$u_n = A \exp\left[i(nqa - \omega t)\right] \tag{4.11}$$

$$v_n = B \exp\left[i(nqa - \omega t)\right] \tag{4.12}$$

其中，A 是質量為 M 原子的振幅，B 是質量為 m 原子的振幅。

注意此處的 a 是相同原子之間的距離，即基本單胞的長度而不是相鄰原子之間的距離。 A 和 B 分別是兩種原子振動的振幅。將（4.11）式和（4.12）式代入（4.9）式和（4.10）式，得到

$$-M\omega^2A = C[B(1 + e^{-iqa}) - 2A] \tag{4.13}$$

$$-m\omega^2B = C[A(e^{iqa} + 1) - 2B] \tag{4.14}$$

這是 A 和 B 的聯立方程式，如果要有解的話，則其係數的行列式要等於零，即

$$\begin{vmatrix} 2C - M\omega^2 & -C(1+e^{-iqa}) \\ -C(1+e^{iqa}) & 2C - m\omega^2 \end{vmatrix} = 0 \tag{4.15}$$

或

$$mM\omega^4 - 2C(m + M)\omega^2 + 2C^2(1 - \cos qa) = 0 \tag{4.16}$$

ω^2 的解因而可以求出為

$$\omega^2 = C\left(\frac{1}{m}+\frac{1}{M}\right) \pm C\left[\left(\frac{1}{m}+\frac{1}{M}\right)^2 - \frac{4\left(\sin\frac{qa}{2}\right)^2}{mM}\right]^{1/2} \tag{4.17}$$

因此 ω 與 q 的色散關係將明顯分為頻率較高和較低的兩支，頻率比較高的一支稱為光學支（optical branch），頻率比較低的一支稱為聲學支（acoustical branch），理由下面會說明。

現在先討論在一些極限情況，晶格振動格波的特性，

1. 在 $q \to 0$，或長波長極限的情況

   （4.17）式取正號和負號的根 ω_+ 和 ω_- 分別可以近似為

$$\omega_+^2 \cong 2C\left(\frac{1}{m}+\frac{1}{M}\right) \text{（光學支）} \tag{4.18}$$

$$\omega_-^2 \cong \frac{C}{2} \cdot \frac{(qa)^2}{(m+M)} \text{（聲學支）} \tag{4.19}$$

   如果把（4.18）式代入（4.13）式，在 $q \to 0$ 的極限情況，可以得到

$$\frac{A}{B} = -\frac{m}{M} \text{（光學支）} \tag{4.20}$$

   如果把（4.19）式代入（4.13）式，類似可得

$$\frac{A}{B} = 1 \text{（聲學支）} \tag{4.21}$$

2. 在 $q \to \pm\frac{\pi}{a}$，或短波長極限的情況

   此時 $\cos qa = -1$，

$$\omega_+^2 = \frac{2C}{m} \text{（光學支）} \tag{4.22}$$

$$\omega_-^2 = \frac{2C}{M}\text{（聲學支）} \tag{4.23}$$

把（4.22）、（4.23）式代入（4.13）、（4.14）式的結果，可以得到下列近似，

$$\text{對於 } \omega_+ \text{，} \frac{B}{A} \to -\infty \text{，即} A = 0 \text{（光學支）} \tag{4.24}$$

$$\text{對於 } \omega_- \text{，} \frac{B}{A} \to 0 \text{，即} B = 0 \text{（聲學支）} \tag{4.25}$$

在任何一種情況，都代表有一種原子處於靜止狀況，而另一種原子在振動。

圖 4.4 顯示（4.17）式導出的一維雙原子鏈的色散關係。圖上很明顯的分爲兩支。頻率較高的一支是光學支，也稱爲光學波，因爲實際晶體的光學波頻率在 $10^{13} \sim 10^{14}\text{s}^{-1}$ 的數量級，相當於遠紅外光的範圍，在離子晶體中光學波的晶格振動會吸收遠紅外光，因而稱爲光學波。至於頻率較低的一支是聲學支或稱聲學波，因爲在長波長的情況（即 q 很小時），頻率 ω 正比於波數 q，而且原子朝同一方向移動，與聲波（彈性波）很相似，因此稱爲聲學波。由（4.20）式可知，對於波長很長的光學波，簡稱長光學波，相鄰兩種原子振動的方向是相反的，而且由於 $MA + mB = 0$ 代表基本單胞質量中心不變的相對振動。由（4.21）式可知，對於長聲學波，相鄰兩個原子的振動是同向的。一維雙原子鏈原子振動的情況見圖 4.5。

目前討論的只是一維簡單的情況。對於三維的晶體，就需要討論格波傳播的方向與原子位移方向之間的關係。當原子位移的方向與格波傳播方向平行時，稱爲縱波（longitudinal wave），而當原子位移的方向與格波傳播方向垂直時，就稱爲橫波（transverse wave）。從固態物理理論可以知道，對於一個每個基本單胞有 n 個原子的複式晶格，對於一定的波矢 $\mathbf{q}$，有 3 支聲學波，有（$3n - 3$）支光學波。圖 4.6 顯示一個雙原子鏈橫波的情形，原子位移的方向與格波傳播的方向 $\mathbf{q}$ 是垂直的。前面討論過，光學波相鄰兩個原子運

動的方向是相反的，而聲學波相鄰兩個原子運動的方向則是相同的。

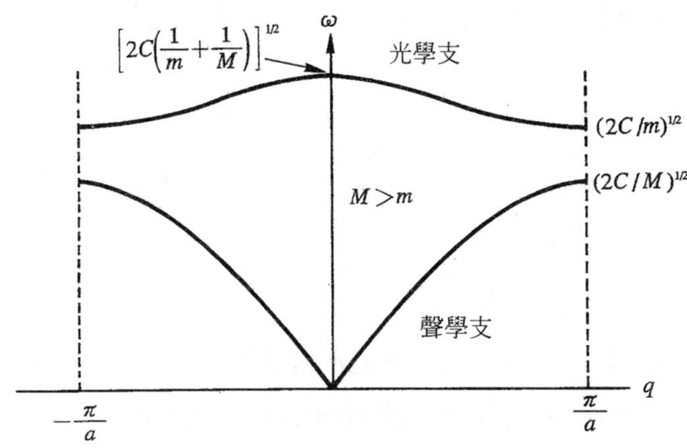

圖 4.4　一維雙原子鏈的色散關係

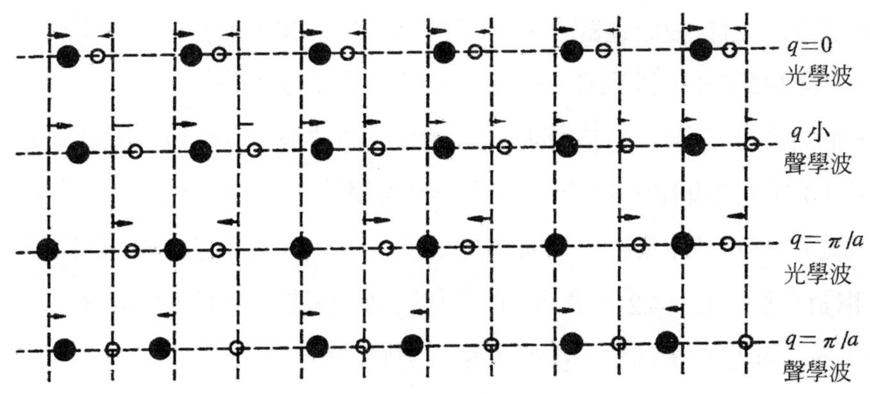

圖 4.5　一維雙原子鏈原子振動的情況

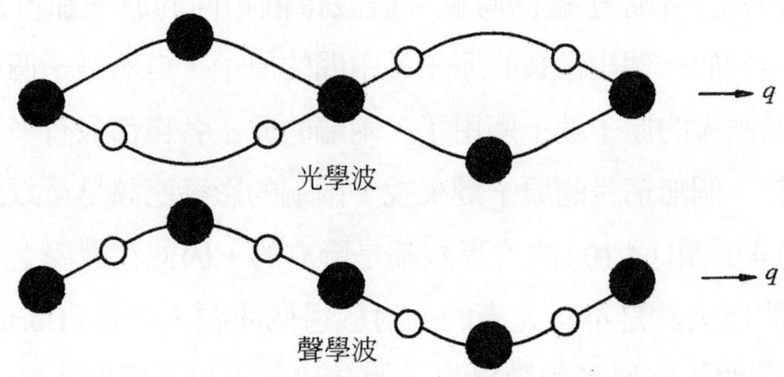

圖 4.6　一維雙原子鏈橫波示意圖

在圖 4.4 可以看到，在光學支和聲學支之間，有一個頻率範圍是沒有格波傳播的。在 $q=\pm\frac{\pi}{a}$ 布里淵區的邊界，這個頻率間隙的範圍是在 $\left(\frac{2C}{M}\right)^{1/2}$ 和 $\left(\frac{2C}{m}\right)^{1/2}$ 之間。

在固態材料的應用上占最重要地位的半導體，大多具有金剛石結構（如矽、鍺），或閃鋅礦結構（如砷化鎵），這些晶體結構的基本單胞都有兩個原子，與本節的討論類似，因此有三支聲學波和三支光學波。平常用 *LO* 代表縱光學波，*TO* 代表橫光學波，*LA* 代表縱聲學波，*TA* 代表橫聲學波。對於矽、鍺和砷化鎵來說，都有一個縱光學波（*LO*）、兩個橫光學波（*TO*）、一個縱聲學波（*LA*）、兩個橫聲學波（*TA*），而橫格波都是兩重簡併的。對於矽半導體來說，在長波長極限（$q\rightarrow 0$），縱聲學波和橫聲學波有不同的波速，而縱光學波和橫光學波則有相同的頻率。對於砷化鎵來說，聲學波與矽是類似的，但在長波長極限，縱光學波和橫光學波的頻率則不相同，這是因為砷化鎵的晶體結合，帶有部分的離子性。而由（4.20）式可知，光學波的振動，相鄰原子的振動方向是相反的，離子性的晶體在晶格振動時，因而會有極化的現象，對於砷化鎵等三五族半導體的電性會有影響，這在第六章中還會有進一步的討論。

我們在討論一維原子鏈的時候，假設每個相同的原子都符合相同的運動方程式，這對於一個相當長的原子鏈中間的原子，自然是一個很恰當的近似，但是對於兩端的原子就不適用了。兩端的原子各自都只有一邊有原子的恢復力。對於一個無窮長的原子鏈來說，兩端的影響應該是可以忽略的，但是因爲類似（4.9）和（4.10）的方程式都是聯立的，因此在數學上不處理兩端邊界條件的問題仍然是不夠完滿的。對於這個問題，玻恩（Born）和馮卡門（von Karman）假設在原子的數目很大的時候，可以認爲原子繞成一圈，使頭尾相連，如果環的半徑很大，則仍然可以認爲原子鏈在每一個區段還是作直線運動的。做了這種假設，每一個基本單胞因而都是等價的，同時原子鏈有循環性，如果一共有 N 個基本單胞，相同原子的位置由 $0, a, 2a, 3a\cdots\cdots$ 到 $(N-1)a$，則下一個原子就會又回到了原位，即

$$u(Na) = u(0) \tag{4.26}$$

這樣的邊界條件，稱爲玻恩—馮卡門週期性邊界條件。事實上，在 3.9 和 3.10 節討論電子能量 E 與波矢 k 的關係時，也用過類似的邊界條件。即如果在（4.11）式和（4.12）式中，基本單胞的順序數目 n 增加了 N，N 是基本單胞的數目，則振動的情況必須重複。即

$$e^{iNqa} = 1 \tag{4.27}$$

或

$$Nqa = 2\pi l \text{，} l \text{ 爲整數} \tag{4.28}$$

$$q = \frac{2\pi l}{Na} \text{，} -\frac{N}{2} \leq l \leq \frac{N}{2} \tag{4.29}$$

由於波數 q 的值是在布里淵區之內，$-\frac{\pi}{a} \leq q \leq \frac{\pi}{a}$，因此 l 的值只能由 $-\frac{N}{2}$

到 $\frac{N}{2}$，一共有 N 個不同的值。也就是說，如果原子鏈是由 N 個基本單胞所組成的，則波數 q 只能有 N 不同的值。在 4.2 和 4.4 圖的色散關係上，波數 q 的值實際上是分立的（discrete），只是因爲 N 的數目很大，才畫成一條實線。相對於這 N 個不同的 q 值，也有 N 個不同的格波。這樣的結論推展到三維也是成立的。

4.3　晶格振動的量子化與聲子

晶格振動的能量是量子化了的。電磁波量子化的粒子爲光子（photon），與此類似的晶格振動格波量子化的粒子稱爲聲子（phonon）。現在用最簡單的一維原子鏈的模型來介紹聲子的觀念。

一個一維原子鏈，在只考慮相鄰原子作用力的情況下，原子鏈的勢能 U 可以寫爲

$$U=\frac{C}{2}\sum_n(u_{n+1}-u_n)^2=\frac{C}{2}\sum_n(u_{n+1}^2+u_n^2-2u_{n+1}u_n) \tag{4.30}$$

其動能 T 爲

$$T=\frac{1}{2}m\sum_n\left(\frac{du_n}{dt}\right)^2 \tag{4.31}$$

原子鏈的總能量 H 成爲

$$H=T+U=\frac{1}{2}m\sum_n\left(\frac{du_n}{dt}\right)^2+\frac{C}{2}\sum_n(u_{n+1}-u_n)^2 \tag{4.32}$$

勢能中包括了 $u_{n+1}u_n$ 的交叉相乘項。

在物理學上，可以利用座標轉換的方法使交叉項消除掉，使得總能量變成比較常見的經典力學中簡諧振盪器（harmonic oscillator）的形式。變成簡

諧振盪器形式的總能量就很容易用量子力學來處理。每一個獨立的簡諧振盪器的能量 E_j 都可以寫成

$$E_j(q)=\left(n+\frac{1}{2}\right)\hbar\omega_j(q)\text{，}n\text{爲整數} \tag{4.33}$$

下標 j 代表每個不同的格波，由 N 個原子組成的一維單原子鏈，一共有 N 個不同的格波。$n=0$ 時的能量 $\frac{1}{2}\hbar\omega_j(q)$ 稱爲零點能量（zero-point energy）。

由於有（4.33）式的關係，晶格振動能量的改變必須以 $\hbar\omega_j(q)$ 爲單位，與光子的情況類似，因而可以把格波的量子稱爲聲子。如此更能具體的以粒子的形式描述晶格振動。當晶格振動的能量從基態的零點能量增加到 $\left(n+\frac{1}{2}\right)\hbar\omega_j(q)$ 的時候，可以說產生了 n 個聲子。

因爲某一個特定振盪器具有能量 $E_n=\left(n+\frac{1}{2}\right)\hbar\omega$ 的或然率是與 $\exp(-E_n/kT)$ 成正比，這個振盪器的平均聲子數應該可以由下式得到

$$<n>=\frac{\sum_n n\exp(-n\hbar\omega/kT)}{\sum_n \exp(-n\hbar\omega/kT)} \tag{4.34}$$

計算的結果爲

$$<n>=\frac{1}{e^{\hbar\omega/kT}-1} \tag{4.35}$$

這與玻色—愛因斯坦（Bose-Einstein）分布函數相同，因此聲子是一種玻色子（boson）。同一個能位的玻色子數目是不受限制的，因此相應於晶格振動的聲子數目也不受限制，聲子可以產生或消滅，它的數目是可以不守恆的。

當熱振動的晶格與中子、光子或電子作用，或者由於晶格之中有非簡

諧的效應，聲子與聲子作用時，從量子力學的某一個能位變遷到另外一個能位，都需要符合某些選擇定則（selection rules）。舉例來說，如果兩個具有波數矢量 $\mathbf{q}_1$ 和 $\mathbf{q}_2$ 的聲子作用產生第三個聲子 $\mathbf{q}_3$，則根據量子力學微擾（perturbation）理論得到的或然率會與下列的乘積成正比

$$\begin{aligned}&\sum_n \exp(i\mathbf{q}_1\cdot\mathbf{r}_n)\exp(i\mathbf{q}_2\cdot\mathbf{r}_n)\exp(-i\mathbf{q}_3\cdot\mathbf{r}_n)\\&=\sum_n \exp i(\mathbf{q}_1+\mathbf{q}_2-\mathbf{q}_3)\cdot\mathbf{r}_n\end{aligned}\tag{4.36}$$

這個累加是對於每個晶格做的。這個和會趨向於零，除非

$$\mathbf{q}_1+\mathbf{q}_2=\mathbf{q}_3+\mathbf{G}\tag{4.37}$$

其中 $\mathbf{G}$ 爲倒晶格矢量。在（4.37）式中，$\mathbf{G}$ 也可以爲零，在這種殊情況下，

$$\mathbf{q}_1+\mathbf{q}_2=\mathbf{q}_3\tag{4.38}$$

此外，量子力學能量守恆的選擇定則要求

$$\hbar\omega_1+\hbar\omega_2=\hbar\omega_3\tag{4.39}$$

ω_1、ω_2 和 ω_3 分別爲三種聲子的頻率。

如果把（4.37）式乘上 $\hbar$，得到

$$\hbar\mathbf{q}_1+\hbar\mathbf{q}_2=\hbar\mathbf{q}_3+\hbar\mathbf{G}\tag{4.40}$$

（4.40）式有動量守恆的形式。類似的動量守恆關係式也出現在聲子與中子、光子、電子等作用中。因此，可以把 $\hbar\mathbf{q}$ 定義爲聲子的準動量（quasimomentum），也稱爲晶體動量（crystal momentum）。這裡有兩點需要注意：首先，這個晶體動量並不是真的動量，聲子代表晶體內部晶格的熱振動，是內部原子的相對振動，因此並不具有總和的淨動量，說晶體動量守恆只是代表一種量子能位變遷的選擇定則。其次，（4.40）式的晶體動量守恆條件較弱，可以包含任何一個倒晶格矢量 $\mathbf{G}$。往往選擇 $\mathbf{G}$ 使得 $\mathbf{q}_3$ 能夠留在第一布里淵區。晶體動量守恆的關係式允許這樣的變化。

量測聲子色散關係最有效的方法就是使用中子的非彈性散射（inelastic scattering），即散射可以放出或吸收聲子。如果中子在散射之前和散射之後的波矢分別是 $\mathbf{k}$ 和 $\mathbf{k'}$，中子的質量爲 M，則能量守恆的關係式爲

$$\frac{\hbar^2 k^2}{2M} = \frac{\hbar^2 k'^2}{2M} \pm \hbar\omega \tag{4.41}$$

晶體動量守恆的關係式爲

$$\mathbf{k} = \mathbf{k'} \pm \mathbf{q} + \mathbf{G} \tag{4.42}$$

加號代表在散射中產生了一個聲子，負號代表吸收了一個聲子。

聲子與材料熱學性質的關係在第十章還會做進一步的討論。

習題

1. 對於一個一維的單原子鏈，相應的聲速爲 5.5×10^3m/s。原子的質量爲 1.09×10^{-25}kg，原子之間的距離爲 2.55Å。如果對於這個一維原子鏈的聲速是 $\omega(q)$ 在 q 趨向於零時的斜率，試求 (a) 原子之間作用力的常數 C、(b) 最大角頻率。
2. 一個由鉀（K）原子和溴（Br）原子排成的一維雙原子鏈。假設兩種原子呈離子狀態存在（K^+ 和 Br^-），其距離爲 3.29Å。兩個離子之間的作用力是靜電力。假設只有最鄰近的離子互相作用。試求 (a) 其作用力的常

數 C、(b) 光學支和聲學支最高和最低的頻率。（提示：令原子間距離 $r = r_0 + u$，$u << r_0$，將 r^{-2} 作級數展開）。

3. 考慮一個一維單原子鏈，原子質量為 m，原子間距離為 a，假設原子間有長程作用，一直到第 p 個鄰近的原子都有作用力。試證其色散關係為

$$\omega^2 = \frac{2}{m}\sum_{p>0} C_p(1 - \cos pqa)$$

C_p 為與第 p 個相鄰原子的作用力常數。

4. 如果只考慮相鄰原子的互相作用，原子的質量為 m，原子之間作用力常數為 C，試證明一個二維簡單正方晶格的格波色散關係為

$$\omega^2 = \frac{2C}{m}(2 - \cos q_x a - \cos q_y a)$$

q_x 和 q_y 分別為 x 和 y 方向的波矢，a 為原子之間的距離。

5. 試證明在一定的溫度下，平均聲子數 $\bar{n}(\omega)$ 滿足下列的微分方程式

$$\frac{d\bar{n}}{d\omega} + \frac{\hbar}{kT}\bar{n}\,(\bar{n}+1) = 0$$

已知 $\bar{n} = \dfrac{1}{e^{\hbar\omega/kT} - 1}$

本章主要參考書目

1. C. Kittel, Introduction to Solid State Physics (1986).
2. G. Burns, Solid State Physics (1985).
3. J. Christman, Fundamentals of Solid State Physics (1988).

第五章

金屬的電學性質

1 導論
2 電導的經典理論
3 電導的量子理論
4 金屬與合金的電導現象

5.1 導論

圖 5.1 顯示不同材料的電導率(conductivity),最高和最低之間相差 25 個數量級,這是所知的物質特性中上下相差最大的。

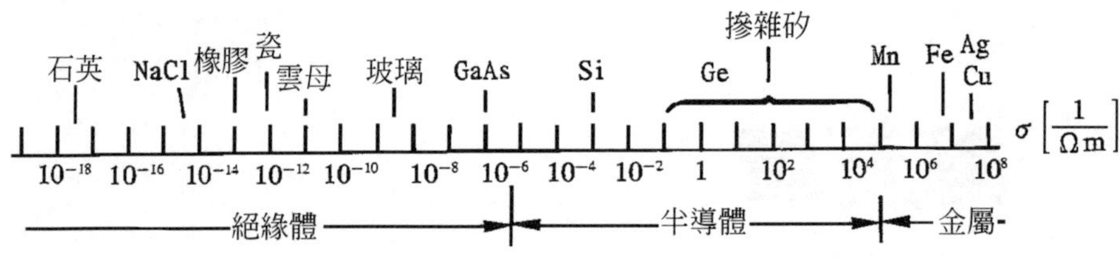

圖 5.1　室溫時,不同材料的電導率

我們知道,原子的外層電子或稱價電子,對於金屬和合金的電學性質起著決定性的作用。在開始討論之前,我們先回顧一些有關電導的物理基本定律。這些定律都是由實驗觀察而得的。

首先,是歐姆定律

$$V = RI \tag{5.1}$$

歐姆定律把以伏特表示的電位差 V 與以歐姆表示的電阻 R,和以安培表示的電流 I 連繫起來。歐姆定律也可以寫成

$$j = \sigma \mathrm{E} \tag{5.2}$$

的形式。這個公式把電流密度 j

$$j = \frac{I}{A} \tag{5.3}$$

即每單位面積的電流($\mathrm{A/m^2}$),和電導率 σ($\Omega^{-1} \cdot \mathrm{m}^{-1}$)以及電場強度 E(V/m)

連繫起來。

$$\mathrm{E}=\frac{V}{L} \tag{5.4}$$

其中 L 是導體的長度。注意我們用正寫的 E 代表電場，因為目前只考慮一維的狀況，所以所用的變數都只用其數量。實際上，電場強度 E 和電流密度 j 都應該是向量。電流密度常常也用下式表示

$$j=nev \tag{5.5}$$

此處 n 為電子數，v 為電子的速度，e 為電子的電荷。材料的電阻率 ρ 定義為電導率 σ 的倒數

$$\rho=\frac{1}{\sigma} \tag{5.6}$$

一個導體的電阻可以用電阻率和材料的大小計算而得

$$R=\frac{\rho L}{A} \tag{5.7}$$

其中 L 為導體的長度，A 為截面積。

要了解導體的電傳導特性，可以從最簡單的模型開始，然後逐步深化。杜魯德（Drude）在 20 世紀之初（1900 年）提出的自由電子模型（free electron model）假設各個原子最外層的價電子可以形成自由電子。這些自由電子由於與晶體離子的碰撞，在晶體中作混亂的運動。這些晶體離子由於質量比電子大很多，可以看作是不動的。如果加上電場 E，電子的運動不再是完全混亂的，在電場的方向就會有淨電流。在杜魯德提出自由電子理論的時候，有關電子的了解還不是很完全。羅倫茲（Lorentz）把麥克斯韋－波耳茲

曼（Maxwell-Boltzmann）的統計理論進一步應用到了電子的碰撞過程。杜魯德的自由電子理論雖然有些簡略，但是計算金屬電導率和熱導率的比率，卻有很成功的結果。然而德拜（Debye）發展出來的，只是基於晶格振動的比熱理論，在一般溫度下就已經得到與杜隆－柏蒂（Dulong and Petit）定律接近的結果。而德拜的理論完全沒有考慮電子對比熱的可能貢獻。電子爲什麼能參與電傳導而在同時又不參與晶體的熱性質？這是早期自由電子理論面臨的困難。1925 年，包利（Pauli）提出了電子的不相容原理，1926 年，費米（Fermi）與狄拉克（Dirac）各自提出了基於不相容原理的統計理論。1928 年，索莫菲（Sommerfeld）終於把費米－狄拉克統計應用到電子在晶體中的傳輸現象，解決了杜魯德－羅倫茲自由電子理論一些與實驗不合的現象。索莫菲證明，因爲只有費米能量附近的電子才會對比熱有貢獻，因此除了在極低溫度以外，電子比熱都比晶格振動所引起的比熱，或聲子比熱要小很多，這部分在第十章熱學性質中會有進一步的討論。

1928 年，布洛赫（Bloch）證明，在一個完全週期性的晶格中，電子可以自由穿越，也就是說，電子的平均自由程在這種情況下可以看作是無限大。實際上有限的電導率是由於晶格的不完整性而引起的。最主要是晶格原子由於溫度影響而導致的晶格振動，也就是聲子的影響。另外一方面是由於晶格中的雜質原子和缺陷，也使得電子的傳輸受到限制。

由於有晶格的存在，可以把電子在晶體中的運動看作是受到在晶格離子週期性的電場輕微干擾下，接近自由的電子，這就叫做近似自由電子模型（nearly free electron model）。這個近似自由電子模型至少大體上可以解釋導體中電子性質幾乎所有的現象。我們在下面兩節將以經典的方式和量子力學的方式來分別討論電導。

5.2　電導的經典理論

在經典理論中，我們可以把電子看做是作混亂運動的粒子。在沒有電場的情況下，這些電子的速度就會彼此抵消，因而沒有總和的速度。在有了外加電場 E 之後，電子由於受到 eE 的力朝向正極運動，電子因而有了一個總和的速度。在最簡單的情況下，可以用牛頓定律表示

$$m\frac{dv}{dt} = e\mathrm{E} \tag{5.8}$$

其中 m 爲電子質量，e 爲電子電荷，v 爲電子速度。在一個實際的晶體中，需要考慮電子與晶格原子和晶體中雜質原子及其他缺陷的碰撞。這種碰撞的效果在經典理論中可以用一種阻力或摩擦力 γv 來代表，其中 γ 爲一個摩擦係數。這種摩擦力與速度 v 成正比，而其方向與靜電力 eE 相反。電子的運動方程式因而可以寫成

$$m\frac{dv}{dt} + \gamma v = e\mathrm{E} \tag{5.9}$$

在到達穩定的狀況後，也就是說速度不再隨時間改變後，$\frac{dv}{dt} = 0$，因此

$$\gamma v_f = e\mathrm{E} \tag{5.10}$$

v_f 是電子的最終速度，γ 因而可以表示爲

$$\gamma = \frac{e\mathrm{E}}{v_f} \tag{5.11}$$

把（5.11）式代入（5.9）式，可以得到在電場和晶格碰撞影響下電子運動完整的方程式：

$$m\frac{dv}{dt}+\frac{e\mathrm{E}}{v_f}v=e\mathrm{E} \tag{5.12}$$

這個方程式的解因此是

$$v=v_f\left[1-\exp\left(-\frac{e\mathrm{E}}{mv_f}t\right)\right] \tag{5.13}$$

$\frac{mv_f}{e\mathrm{E}}$ 這個因數的單位是時間，如果用 τ 來表示

$$\tau=\frac{mv_f}{e\mathrm{E}} \tag{5.14}$$

τ 稱爲鬆弛時間（relaxation time），可以解釋爲電子連續兩次碰撞之間的平均時間。

由（5.5）式和（5.14）式，電流密度 j 可以寫爲

$$j=nev=nev_f=\frac{ne^2\tau}{m}\mathrm{E} \tag{5.15}$$

其中 n 爲每單位體積自由電子的數目。由於歐姆定律（5.2）式 $j=\sigma\mathrm{E}$，因此，比較（5.2）式和（5.15）式可以得到

$$\sigma=\frac{ne^2\tau}{m} \tag{5.16}$$

（5.16）式是自由電子理論的一個重要結果。自由電子的數目愈多，鬆弛時間愈長，則電導率愈大。此外，平均自由程（mean free path）l 定義爲電子在兩次碰撞之間行走的距離

$$l=v\tau \tag{5.17}$$

5.3 電導的量子理論

量子理論以波函數的方式描述電子的運動，在晶體中電子波可以說受到晶格原子的散射。布洛赫的理論證明，對於一個完全週期性的晶體結構來說，晶格散射的效果是建設性的，電子可以自由的穿過晶體，這種散射稱爲相干性散射（coherent scattering）。然而，如果晶格不是完全週期性的，包括有非週期性的雜質原子和缺陷，或者晶格受到熱能的激發而振盪時，這時候散射的電子波就沒有一定的相位關係，電子波可以稱爲受到了非相干性的散射（incoherent seattering）。對於晶體的電導而言，量子理論提供了更深一層的了解。在一個理想化的晶體中，電子波由於在前進方向有相干性的散射，可以沒有障礙的通過晶體。然而由於有雜質原子和晶體缺陷的存在以及晶格的振動，電子波就因爲散射而失掉能量，這種能量的消耗可以用來解釋電阻率。

按照量子理論，電子的能位安排要依照包利不相容原理，即除了電子自旋以外，沒有兩個電子能夠占有相同的能位。因此在由晶體動量 k_x、k_y 和 k_z 組成的 **k** 空間中，自由電子的動量分布將如一個球，而在二維的簡化情況下，將如一個圓，如圖 5.2(a) 所示。在沒有外加電場的時候，電子最大的動量爲 k_F，等於球的半徑，球的表面就是費米面（Fermi surface）。實際金屬的費米面則有比較複雜的形狀。在費米球內，所有的電子位置都是塡滿了的，因此電子的動量每兩個成一對的互相抵消掉。平均下來，這些電子沒有總的動量，也就沒有電流。

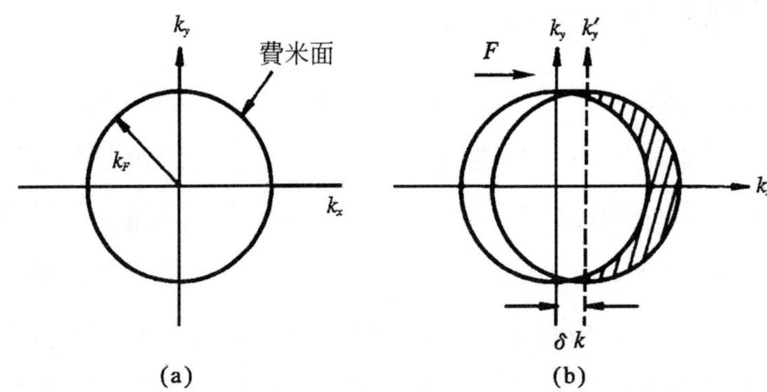

圖 5.2 (a)**k** 空間中的費米球，把電子氣在基態所占有的能位都包含進來，(b) 在一個力 F 作用了一段時間 t 後，每一個能位的波矢 k 增加了 $\delta k = Ft/\hbar$。這等於整個費米球移動了一個 δk

現在如果加了一個電場，電場的方向由右至左，由於電子電荷為負的關係，電場向左，而電子的受力向右，因此電子會向右移動，整個費米球也會朝右方移動，如圖 5.2(b) 所示。這時候大部分的電子，它們的動量仍然會兩兩成對的抵消掉，但是有一些電子的動量就不會抵消掉，比較加電場的前後，電子動量重疊和不重疊的部分就可以知道，總和起來電子會有向右的淨增動量，因此會有電流。

在經典的杜魯德自由電子理論中，所有的電子都會受到電場的影響而移動，這些電子的速度都不算很快。而量子理論的解釋則是只有少數特殊的，在圖 5.2(b) 上那些沒有被抵消的電子，才會參與這個電傳導的過程，而這些電子大多有接近費米能量的速度 v_F，v_F 為費米速度，等於 $\frac{\hbar k_F}{m}$。

現在我們用量子理論的方法來計算電導率。(5.2) 式和 (5.5) 式仍然是成立的。電子的速度基本上是費米速度 v_F，電子的數量應該是受到電場影響的電子數。電子的分布如圖 5.3 所示。由圖上可以看出，雖然每個電子都受到電場的影響，每個電子也都加速得到了能量，但是淨增加的電流可以用只計算畫線部分的電子數目來近似。而這些電子都有接近 v_F 的速度。至於 E_F 以下減少了的電子因為能量低，速度也低，在計算電流的時候，其影響可以忽略。

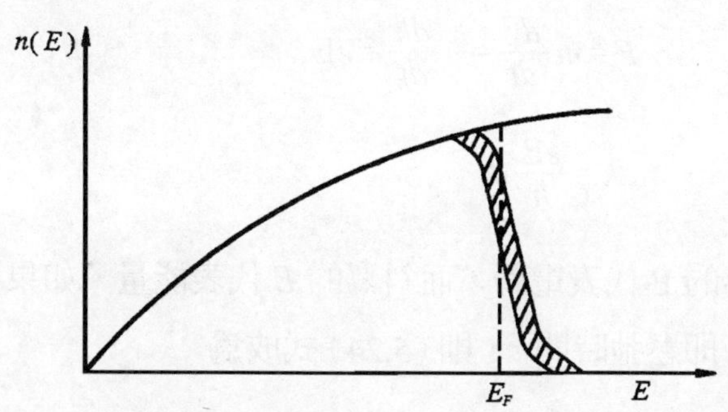

圖 5.3　自由電子的數目密度 $N(E)$ 與能量 E 的關係，以及由於電場而來的移動 ΔE

如果把圖 5.3 劃線部分的電子數叫做 N^*，則 (5.5) 式可以寫為

$$j = nev = N^* ev_F \tag{5.18}$$

而

$$N^* = D(E)F(E)\,\Delta E \cong D(E)\,\Delta E \tag{5.19}$$

其中 $D(E)$ 為電子的能位密度，$F(E)$ 為費米函數，為了簡單起見，在此處將 E_F 以下的 $F(E)$ 當作 1，而在 E_F 之上當作零。

由 (5.18)、(5.19) 式，

$$j = N^* ev_F \cong ev_F D(E_F)\,\Delta E = ev_F D(E_F)\frac{dE}{dk}\,\Delta k \tag{5.20}$$

假設電子的能量與動量的關係像自由電子一樣

$$E = \frac{\hbar^2 k^2}{2m} \tag{5.21}$$

因此 $$v=\frac{1}{\hbar}\frac{dE}{dk}=\frac{\hbar k}{m}=\frac{mv}{m}\cong v_F \tag{5.22}$$

另外，動量的改變可以用下式表示，

$$F=m\frac{dv}{dt}=\hbar\frac{dk}{dt}=e\mathrm{E} \tag{5.23}$$

因此 $$dk=\frac{e\mathrm{E}}{\hbar}dt \tag{5.24}$$

注意此處，正寫的 E 代表電場，而斜寫的 E 代表能量。如果考慮電子兩次碰撞之間的時間，即鬆弛時間 τ，則（5.24）式成為

$$\Delta k=\frac{e\mathrm{E}}{\hbar}\Delta t=\frac{e\mathrm{E}}{\hbar}\tau \tag{5.25}$$

結合（5.20）、（5.22）、（5.25）式，得

$$j=e^2 v_F{}^2 D(E_F)\tau\mathrm{E} \tag{5.26}$$

最後，電子速度實際上是一個向量，由於電場是在 $-x$ 的方向，只有平行於 x 方向的電子速度才會對電流有貢獻。在 y 方向的速度分量都會成對的抵消，只有 v_F 在 x 方向的分量 $V_{FX}=v_F\cos\theta$ 才會產生電流。如果將 v_{FX} 對 θ 從 $-\pi/2$ 到 $\pi/2$ 作積分，得到

$$\int_{-\pi/2}^{\pi/2} v_{FX}^2 d\theta=\int_{-\pi/2}^{\pi/2} v_F^2\cos^2\theta\, d\theta=\frac{1}{2}v_F^2 \tag{5.27}$$

因此 $$j=\frac{1}{2}e^2 v_F^2 D(E)\,\tau\mathrm{E} \tag{5.28}$$

在三維 $\boldsymbol{k}$ 空間中，對於球型的費米面，也會得到類似的結果

$$j = \frac{1}{3} e^2 v_F^2 D(E_F) \tau \mathrm{E} \tag{5.29}$$

與（5.2）式 $j = \sigma \mathrm{E}$ 比較，σ 成爲

$$\sigma = \frac{1}{3} e^2 v_F^2 \tau D(E_F) \tag{5.30}$$

（5.30）式就是用量子理論得到的電導率。在一般情況下電導率都是由一個能帶中部分填滿的電子所得來的。這些電子的數目 n 在最簡單的自由電子能帶狀況下，可以用下式計算

$$n = \int_0^{E_F} D(E) F(E) \, dE = \int_0^{E_F} \frac{V}{2\pi^2} \left(\frac{2m}{\hbar^2}\right)^{3/2} E^{1/2} dE = \frac{V}{3\pi^2} \left(\frac{2m}{\hbar^2}\right)^{3/2} E_F^{3/2} \tag{5.31}$$

在（5.31）式中，假設了 $F(E)$ 可以用 $T = 0$ 時的狀況來近似。由於

$$D(E) = \frac{V}{2\pi^2} \left(\frac{2m}{\hbar^2}\right)^{3/2} E^{1/2} \tag{5.32}$$

因此

$$n = \frac{2}{3} E_F D(E_F) \tag{5.33}$$

（5.30）式因此可以寫成

$$\sigma = \frac{1}{3} e^2 v_F^2 \tau D(E_F) = \frac{1}{3} e^2 \tau \left(\frac{2E_F}{m}\right) D(E_F) = \frac{ne^2\tau}{m} \tag{5.34}$$

因此用量子理論導出的電導率與經典理論導出的電導率，在最簡單的情況下，其形式仍然是相同的，但是在理論上有更深一層的意義。依（5.30）式，金屬的電導率主要須視在費米面附近的電子密度而定。單價的金屬，如銅、銀、金等，其價帶只是部分填滿的，在費米能量附近電子密度很大，因此也有較大的電導率。二價的金屬，其特色爲上下能帶有重疊，而在能帶的底部其電子密度很小，因此費米能量附近的電子密度也很小，這使得其電導率較

低。半導體和絕緣體，因爲有完全填滿的能帶，因此除非有摻雜的雜質原子和其他因素如熱能的激發，否則能夠參與電傳導的電子數目很少，所以半導體和絕緣體，其電導率偏低。

5.4 金屬與合金的電導現象

5.4.1 金屬

在討論金屬的電導時，常常會用到電阻率 ρ 這個參數，ρ 是電導率 σ 的倒數，即 $\rho = \frac{1}{\sigma}$。金屬的電阻率常隨著溫度的降低而呈線性的降低，直到在低溫時達到一個極限，如圖 5.4 所示。熱能會使晶格原子相對於其平衡位置作振動，也就是形成了聲子，聲子會對電子造成非相干性的散射（incoherent scattering），這就是熱能所導致的電阻率，稱爲 ρ_{th}，也稱爲理想電阻率，因爲這是晶體在理想狀態下最低可能的電阻率。晶體中的不完整處，包括雜質原子和缺陷，諸如位錯（dislocation）、空穴（vacancy）、堆錯（stacking fault）、晶粒界（grain boundary）等，都可以對電子波造成散射而形成電阻，這種電阻率與溫度無關。當溫度下降時，仍然不會消失，因此稱爲剩餘電阻率 ρ_{res}。由於這些不同的電阻率都是由於獨立的散射過程所引起的，因此馬賽厄森（Matthiessen）規則認定總和的電阻率是由各個不同的電阻率相加而成，即

$$\rho = \rho_{th} + \rho_{res} = \rho_{th} + \rho_{imp} + \rho_{def} \tag{5.35}$$

其中剩餘電阻 ρ_{res} 又可細分爲由於雜質原子而來的電阻率 ρ_{imp} 和由於晶格缺陷而來的電阻率 ρ_{def}。ρ_{th} 只與溫度有關，而剩餘電阻率則與溫度無關。在一個特定的金屬或合金中，雜質原子的數目已經固定，但是晶格缺陷還可以經由熱處理而改變。

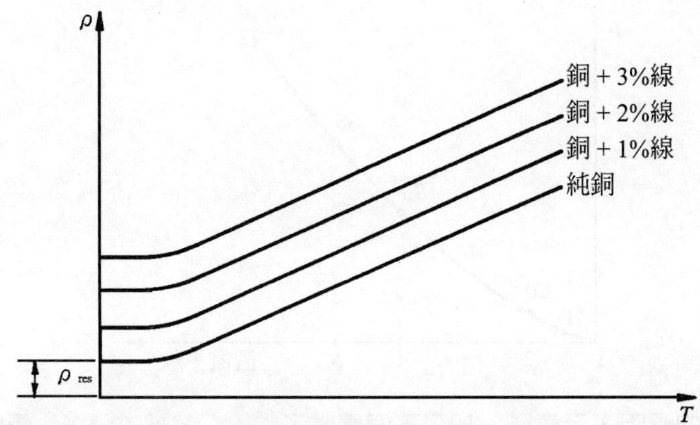

圖 5.4　銅和許多銅一鎳合金電阻率與溫度的關係，ρ_{res} 是殘餘電阻率

5.4.2　合金

合金的電阻率隨著溶質（solute）原子成分的增加而增加。對於不同的溶質成分，電阻率隨溫度變化的斜率仍然維持常數。只是依照馬賽厄森定律。剩餘電阻率增加了，整個電阻率的曲線向上做了一個位移，如圖 5.4 所示。

至於加入不同價電子的溶質原子，依圖 5.5 所舉銀合金的例子，電阻率隨著多出的電子數目之平方而增加。這種電阻率增加的方式，其原因是有兩種機理都造成電阻率增加。首先，不同的原子有不同的大小，因此會改變晶格距離造成電子散射。另外，不同的價電子數目會造成局部的電荷分布差異，也會增加電子的散射。

溶質原子在溶劑晶格中一般是混亂分布的。因此，隨著溶質原子的增加，非相干散射會增加，這時候電阻率也會增加，如圖 5.6 所示金銅合金的狀況。電阻率在兩種混合成分呈 50% 與 50% 比例時，達到極大值，因爲這代表晶格結構最大可能的混亂狀況。可是如果溶質原子在晶格中有秩序地安排，則電子波會有相干性的散射。舉例來說，如果一個 A 原子與 B 原子各占 50% 的合金，兩種原子互相有次序的排列，這會造成電阻率的降低和平

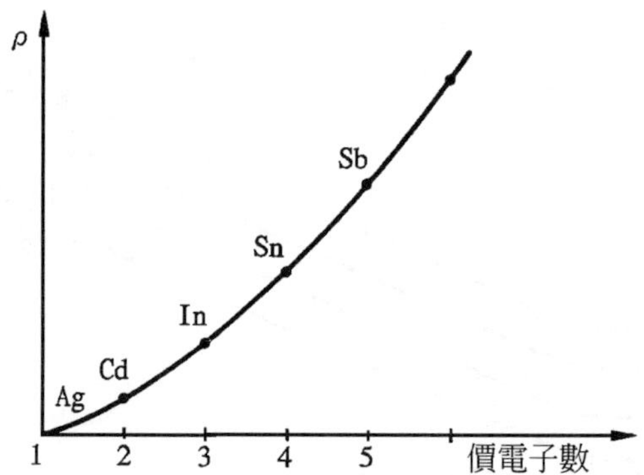

圖 5.5 銀合金的電阻率示意圖，加了不同價電子數 1% 溶質成分後，電阻率的改變

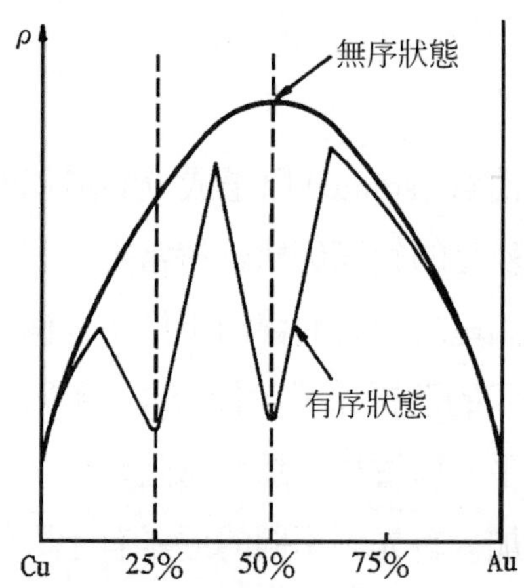

圖 5.6 有序和無序銅－金合金電阻率的示意圖

均自由程的增加，如圖 5.6 所示金銅合金的狀況。這種長程有序排列（1ong range order）只會在某些合金，如 Cu_3Au、CuAu、Au_3Mn 等合金中看到。要得到這種有序狀態，可以把適當組成的合金，在一個臨界溫度之下退火，或者在這個臨界溫度之上緩慢的冷卻下來而得到。

有些合金，在某一個有序排列溫度之下退火，它的電阻率可以得到小幅度的降低，這種效應稱作短程有序排列（short range order）。這種現象是由於原子在一些小區域中作有秩序排列的緣故。其原因是在這種短程有序排列中，A 與 B 原子之間的作用比 $A-A$ 之間和 $B-B$ 原子之間的作用稍強。

習題

1. 銀的費米能量為 5.48eV，其電導率為 $\sigma = 6.21\times10^{7}\Omega^{-1}\mathrm{m}^{-1}$，試計算其電子平均自由程和兩次碰撞之間所需的時間。
2. 金屬鈉的電導率為 $2.11\times10^{7}\Omega^{-1}\mathrm{m}^{-1}$，其弛豫時間為 3.1×10^{-14}s，試求其電子密度。
3. 半導體中電子的遷移率會受到晶格振動即聲子碰撞的限制。如果遷移率與聲子的數目成反比，試計算由於聲子碰撞而得到的遷移率在 300K 及 500K 的比例：(a) 對於能量為 0.001eV 的聲學波聲子、(b) 對於能量為 0.03eV 聲學波聲子，試分別計算之。
4. 當金屬加上電場時，有較多電子沿著電場反方向移動，當電場移去時，這個電流很快的趨向於零。對於銅金屬，試估計電流趨向於零的時間。銅的電導率為 $5.88\times10^{7}\Omega^{-1}\mathrm{m}^{-1}$，其電子密度為 $8.45\times10^{28}/\mathrm{m}^{3}$。
5. 對於一個一維的晶體，晶格常數為 a，其 E 與 k 的關係可以寫成下式：

$$E(k) = E_1 - E_2\cos ka \text{，} E_1 > E_2 \text{，} \frac{-\pi}{a} \le k \le \frac{\pi}{a}$$

(a) 畫出 E 與 k 的關係。

(b) 電子速度的極大值是什麼？在何處發生？

(c) 在 $k=0$ 和 $k=\dfrac{\pi}{a}$，有效質量等於多少？

6. 一個一維晶體的電子能帶關係式可以寫成

$$E(k)=\frac{\hbar^2}{ma^2}\left[\frac{9}{10}-\cos ka+\frac{1}{10}\cos 3ka\right]$$

其中 a 是晶格常數。試求：(a) 能帶寬度、(b) 電子速度。

7. 金屬鉀的電阻率爲 $\rho = 7.19 \times 10^{-8}\Omega\text{-m}$，其原子量爲 39.09 克，密度爲 0.86g/cm^3，試求其 (a) 電子密度、(b) 弛豫時間、(c) 在一個 100V/m 電場中的平均電子速度。

8. 砷化鎵半導體的電子有效質量爲 $0.067m_o$，電子遷移率爲 $8500\text{cm}^2/\text{V} \cdot \text{s}$。試求電子的平均弛豫時間。

本章主要參考書目

1. C. Kittel, Introduction to Solid State Physics (1986).
2. R. Hummel, Electronic Properties of Materials (1985).
3. N. Ashcroft and N. Mermin, Solid State Physics (1976).
4. L. Azaroff and J. Brophy, Electronic Processes in Materials (1963).

第六章

半導體

6.1 本徵半導體

我們在 3.10 節討論過，半導體在絕對溫度零度時，有一個填滿的價帶和一個完全空虛的導帶。半導體與絕緣體不同之處在於半導體的價帶和導帶之間的能隙（energy gap）比較小。在溫度升高的時候，有一定數量的電子可以從價帶激發進入導帶。進入導帶的電子和留在價帶的電洞，都可以造成某種程度的電導，使得半導體具有介於金屬和絕緣體之間的導電性質。電洞的觀念我們在下面還要進一步解釋。而電子和電洞我們都稱爲半導體中可以產生電流的載子（carriers）。

因此半導體和絕緣體並沒有絕對的不同，不同的只是能隙的大小。普通能隙在 5 電子伏以下的都可以稱之爲半導體。一般在室溫之下，半導體的電阻率約在 10^{-2} 到 $10^{9}\Omega$-cm 之間。一些常見的半導體性質可見附錄 7。

在 3.10 節討論過，四價的元素可以形成半導體，如矽、鍺。它們的原子以共價鍵聯繫在一起。化學式爲 *AB* 形式的化合物，*A* 爲週期表三族元素，*B* 爲五族元素，平均起來每個原子有四個價電子，也可以形成半導體，稱之爲三五族化合物半導體，但它們的結合鍵由於第五族元素有較高的電子負電性（electronegativity），它們原子之間的鍵帶有 5% 到 10% 的離子性。一般講來，三五族化合物半導體比相近的元素型半導體有著較大的能隙。它們的電子遷移率也比電洞的遷移率大很多。這可以從 Si、Ge、Sn 和它們在週期表上鄰近的三五族半導體 AlP、GaAs 和 InSb 比較看出來。

同理，四族元素與四族元素結合，二族元素和六族元素結合也可以形成半導體。前者的例子如 SiC。二六族的化合物半導體則包括 CdS、CdSe、ZnS 等。

半導體的導電性可以分爲本徵半導體（intrinsic semiconductor）和雜質半導體（extrinsic semiconductor）兩類。我們先討論本徵半導體。本徵半導體的定義就是導電的機理純粹是由晶體本身性質來決定的。下面我們計算本徵半導體中帶電的載子（carrier）數目和它的電導率。

本徵半導體的性質如 6.1 圖所示。半導體價帶和導帶之間的能隙是 E_g，價帶的頂端電子能位是 E_V，導帶的底端能位是 E_C。

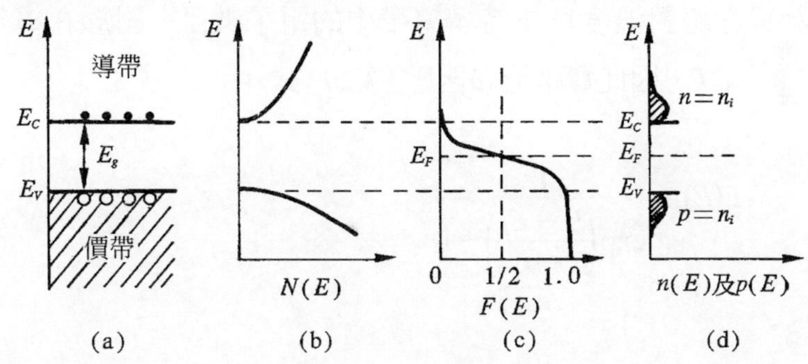

圖 6.1　本徵半導體：(a) 能帶示意圖、(b) 能態密度、(c) 費米分布函數、(d) 載子濃度

首先，我們要確定費米能量 E_F 的位置。在 4.1 節曾經定義費米能量是費米分布函數等於 1/2 時的能量。爲了簡單起見，以 $T = 0$ 的情況作例子。價帶中的任何能位，在 $T = 0$ 時，由電子所占據的或然率是 100%，即對 $E < E_V$，$F(E) = 1$。另一方面，導帶在 $T = 0$ 時是沒有電子的，因此費米函數 $F(E)$ 在 $E > E_C$ 時，必須爲零。在 $T \neq 0$ 時，本徵半導體導帶的電子完全來自價帶，因此在導帶的電子與價帶缺少的電子（亦即是電洞），其數目是相等的。這都說明，平均費米能量 E_F 的位置應該是在能隙的中間。詳細的證明會在後面看到。

原來在 $T = 0$ 時，導帶是完全沒有電子的。當絕對溫度不等於零時，在導帶的底端，$F(E)$ 就不完全等於零，而是有了一點點的電子分布。也就是 3.8 節所提到的波耳茲曼尾巴，把電子數函數 $N(E)$（3.43 式）從 E_C 起作積分而得的面積，就應該等於導帶中電子的數目。把價帶中的電子激發到導帶的能量，在平常的狀況之下都是由熱能而來的。這種從一個能帶到另外一個能帶的電子轉移叫做帶間躍遷（interband transition）。從上面的討論可以預料到，如果溫度愈高，以及躍遷所需要的能量愈小，也就是半導體的能隙 E_g 愈小的話，則導帶中的電子數目會愈多。

下面計算在絕對溫度為 T 時，導帶中的電子數目。對於在導帶中的電子，$E - E_F >> k_BT$，因此費米分布函數（3.29）式

$$F(E) = \frac{1}{\exp\left(\frac{E - E_F}{k_B T}\right) + 1} \tag{3.29}$$

可以簡化為

$$F(E) \cong \exp\left[\frac{-(E - E_F)}{k_B T}\right] \tag{6.1}$$

我們進一步假設在導帶的底端，電子能位密度符合 3.9 節所導出的拋物線關係（3.42）式，由於導帶是由 E_c 開始的，因此每單位體積的能位密度是

$$D_e(E) = \frac{1}{2\pi^2}\left(\frac{2m_e}{\hbar^2}\right)^{3/2}(E - E_C)^{1/2} \tag{6.2}$$

下標 e 均代表電子。導帶中每單位體積的電子數目因此是

$$\begin{aligned} n &= \int_{E_c}^{\infty} D_e(E) F_e(E)\, dE \\ &\cong \frac{1}{2\pi^2}\left(\frac{2m_e}{\hbar^2}\right)^{3/2} \int_{E_c}^{\infty} (E - E_C)^{1/2} \exp\left[-\frac{(E - E_F)}{k_B T}\right] dE \end{aligned} \tag{6.3}$$

從這個積分可以得到

$$n = 2\left(\frac{m_e k_B T}{2\pi\hbar^2}\right)^{3/2} \exp\left(\frac{E_F - E_C}{k_B T}\right) \tag{6.4}$$

下面我們將計算價帶中電洞 p 的數目。因為電洞代表缺少一個電子，因此電洞的分布函數 $F_h(E)$ 就是 $1 - F_e(E)$

$$F_h(E) = 1 - \frac{1}{\exp\left[\frac{(E-E_F)}{k_BT}\right]+1} = \frac{1}{\exp\left(\frac{E_F-E}{k_BT}\right)+1} \tag{6.5}$$

對於在價帶中的電洞 $(E_F - E) >> k_BT$，因此

$$F_h(E) \cong \exp\left(\frac{E-E_F}{k_BT}\right) \tag{6.6}$$

如果電洞的有效質量以 m_h 表示，每單位體積電洞的能位密度是

$$D_h(E) = \frac{1}{2\pi^2}\left(\frac{2m_h}{\hbar^2}\right)^{3/2}(E_V - E)^{1/2} \tag{6.7}$$

因此
$$p = \int_{-\infty}^{E_V} D_h(E)F_h(E)\,dE \cong 2\left(\frac{m_hk_BT}{2\pi\hbar^2}\right)^{3/2}\exp\left[\frac{(E_V-E_F)}{k_BT}\right] \tag{6.8}$$

把（6.4）式和（6.8）式相乘，並使用 $E_C - E_V = E_g$，得到下式

$$np = 4\left(\frac{k_BT}{2\pi\hbar^2}\right)^3 (m_e m_h)^{3/2}\exp\left(\frac{-E_g}{k_BT}\right) \tag{6.9}$$

在導出（6.9）式的過程中，並沒有假設半導體必須是本徵的，因此，它對於下節要敘述的雜質半導體也同樣成立。在本徵半導體的情形，因為電子與電洞的數目必須相等，由（6.9）式得知

$$n_i = p_i = 2\left(\frac{k_BT}{2\pi\hbar^2}\right)^{3/2}(m_e m_h)^{3/4}\exp\left(\frac{-E_g}{2k_BT}\right) \tag{6.10}$$

n_i、p_i 分別代表本徵半導體電子和電洞的數目。

如果令（6.4）式和（6.8）式相等，則得到

$$E_F = \frac{E_C + E_V}{2} + \frac{3}{4} k_B T \ln\left(\frac{m_h}{m_e}\right) = E_i \tag{6.11}$$

E_i 是本徵半導體的費米能位。

如果 $m_h = m_e$，則費米能量精確的在能隙的中間。如果 m_h 不等於 m_e，這第二項的改變也很小，在大部分的情況下都可以忽略。這證明了在本節開始時所做的推論，即費米能量的位置是在能隙的中間。

我們常把（6.4）和（6.8）寫成一種簡化的形式，在（6.4）式中，定義

$$N_C = 2\left(\frac{m_e k_B T}{2\pi\hbar^2}\right)^{3/2} = 2\left(\frac{2\pi m_e k_B T}{h^2}\right)^{3/2} \tag{6.12}$$

N_C 稱爲導帶的有效能位密度，對室溫的矽半導體，$N_C = 2.8 \times 10^{19} \text{cm}^{-3}$。因此（6.4）式可以寫成

$$n = N_C \exp\left(-\frac{E_C - E_F}{k_B T}\right) \tag{6.13}$$

同理，在（6.8）式中定義

$$N_V = 2\left(\frac{m_h k_B T}{2\pi\hbar^2}\right)^{3/2} = 2\left(\frac{2\pi m_h k_B T}{h^2}\right)^{3/2} \tag{6.14}$$

N_C 稱爲價帶的有效能位密度，對室溫的矽 $N_V = 1.04 \times 10^{19} \text{cm}^{-3}$。（6.8）式可以寫爲

$$p = N_V \exp\left(-\frac{E_F - E_V}{k_B T}\right) \tag{6.15}$$

（6.13）和（6.15）兩式相乘，可得

$$np = N_C N_V \exp\left(\frac{-E_g}{k_B T}\right) \tag{6.16}$$

對於本徵半導體，可以在（6.13）和（6.15）式中，讓 $E_F = E_i$，同時因爲 $n = p = n_i$，因此

$$n_i = N_C \exp\left(-\frac{E_C - E_i}{k_B T}\right) = N_V \exp\left(-\frac{E_i - E_V}{k_B T}\right) \tag{6.17}$$

再用（6.13）、（6.15）和（6.17）式，可得

$$n = n_i \exp\left(\frac{E_F - E_i}{k_B T}\right) \tag{6.18}$$

和

$$p = n_i \exp\left(\frac{E_i - E_F}{k_B T}\right) \tag{6.19}$$

（6.18）式和（6.19）式用本徵載子濃度 n_i 和本徵能位 E_i 來表示 n 和 p，有時比（6.13）式和（6.15）式方便。（6.13）、（6.15）、（6.18）和（6.19）式對本徵和摻雜半導體都是成立的。

從（6.4）式可以看出來，對於本徵半導體來說，由於 $E_C - E_F = \frac{E_g}{2}$，導帶中的電子數目是溫度和能隙的函數。而且，溫度增高對 n 的影響主要來自指數項，而較少來自 $T^{3/2}$ 項。在室溫之下，矽的本徵電子密度是 $1.45\times10^{10}/cm^3$（6.10 式）。每單位體積的原子數 N_a，可以用 $N_a = \frac{N_o d}{W}$ 式表示，N_o 爲阿弗加德羅數，d 爲密度，W 爲元素的原子量。矽每立方公分有 $5\times10^{22}/cm^3$ 個原子。因此每 3.4×10^{12} 個原子中，才只有一個原子提供一個電子到導帶。在雜質半導體中，因爲摻雜的關係，這個數字可以大很多。

有了電子和電洞的數目以後，我們可以計算本徵半導體的電導率。爲了表達電導率，常常用到一個參數叫做遷移率（mobility）μ，它的定義是每單位電場所導致的速度，即

$$\mu = \frac{|v|}{\mathrm{E}} \tag{6.20}$$

對於電子 $v_e = -\mu_e \mathrm{E}$，對於電洞 $v_h = \mu_h \mathrm{E}$，即雖然電子與電洞的速度方向不同，電子和電洞的遷移率都定義爲正的。由於（5.2）式 $j = \sigma E$ 和（5.5）式 $j = nev$，我們得到

$$\sigma = ne\frac{v}{\mathrm{E}} = ne\mu \tag{6.21}$$

整個的電導率是半導體中電子和電洞電導率之和。因此

$$\sigma = ne\mu_e + pe\mu_h \tag{6.22}$$

μ_e 和 μ_h 分別代表電子和電洞的遷移率。由於遷移率代表加上一定電場後，電子或電洞的速度。因此在電場不太大，（6.20）式的線性關係仍能成立的情況下，遷移率的大小往往代表利用某一種半導體材料作出來的電子元件，其速度的快慢。因此遷移率是徵別半導體材料優劣的一個很有用的參數。

6.2 雜質半導體

6.2.1 施主與受主

在上一節提到，在本徵半導體中，只有少量的電子和電洞（對於矽在室溫下爲 $10^{10}/\mathrm{cm}^3$ 的數量級）參與電流的傳導。然而，在半導體器件中，需要製作具有比這個數目大得多的帶電載子的區域。這些多出來的電子或電洞大多是由摻雜而來，即在半導體材料中放入少量的雜質。對於化合物半導體，有些化合物元素的成分與正確比例偏離的差異，也與放入雜質有類似的效果。本節只討論摻雜半導體。

我們以矽爲例子說明半導體的摻雜。由於矽有四個價電子，摻雜的原子

大多數都是週期表第三族和第五族的原子。它們以替代的（substitutional）的方式取代正常的矽原子。以在矽中放入少量的砷原子爲例，見圖 6.2(a)。砷有五個價電子，即比矽多一個電子。四個價電子與鄰近的矽原子形成正常的共價鍵，剩下的一個電子會與砷原子核心鬆散的連結在一起。連結的方式類似氫原子核外的電子，但它的束縛能卻很小，對於砷來說只有 0.054 電子伏特。與室溫時的熱能 k_BT（26 meV）屬於同樣的數量級，因此當溫度稍高時（譬如室溫），這個多餘的電子就可以跟它的原子核分離。當半導體加了一個外加電場時，這個電子就可以跟其他導帶電子一樣的漂移（drift）。能夠提供多餘電子的雜質原子，叫做「施主」（donor）。對於矽和鍺而言，第五族的原子像砷、磷和銻都可以作爲施主。但是由於其他製程方面的考慮像是雜質在矽半導體中的固溶率（solid solubility），雜質原子在矽當中的擴散速度等，都會限制施主元素的種類，使得能夠眞正使用的施主原子只有少數的幾種，如砷、磷等。由於施主所提供的電子帶負電，這種摻雜的半導體叫做 *n*- 型半導體。在 *n*- 型半導體中，電子比電洞多，電子稱爲 *n*- 型半導體的多數載子（majority carriers），電洞則是少數載子（minority carriers）。

類似情況也可以應用到週期表上第三族的雜質元素，如硼、鋁、鎵

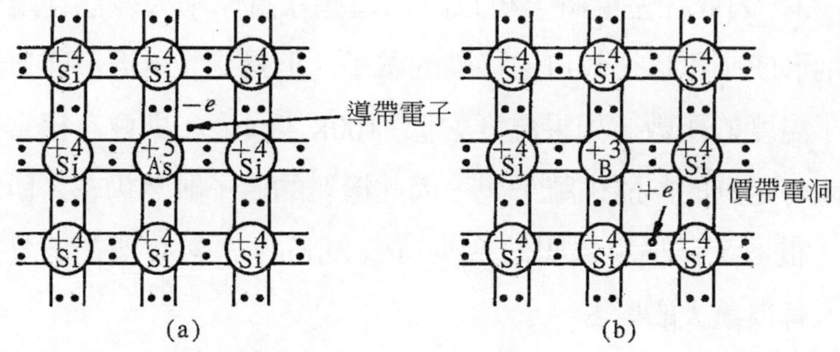

圖 6.2　(a) 有著砷施主雜質原子的 *n*- 型矽半導體，(b) 有著硼受主雜質原子的 *p*- 型矽半導體

等，見圖 6.2(b) 硼原子的情況。比起矽，它們少一個價電子，可以從價帶接受一個電子來完成與鄰近原子的四個共價鍵，因而在價帶留下了一個電洞。在用第三族雜質摻雜的半導體中，電洞遠比電子多，因此叫做 *p*- 型半導體，電洞也稱爲 *p*- 型半導體的多數載子，電子則是少數載子。無論是 *n*- 型半導體或 *p*- 型半導體，它們載子的數目都要符合（6.9）式的關係式。亦即是在一個固定溫度下，多數載子和少數載子的乘積是一個常數。能夠提供電洞的雜質原子叫做受主（acceptor）。由於前述的原因，能夠在矽半導體中使用的受主雜質很少，目前多用硼爲受主雜質。

6.2.2 載子數目與溫度的關係

在雜質半導體中，除了雜質原子提供的載子以外，以本徵方式從價帶激發到導帶的載子也同樣是存在的。因此，雜質半導體中載子的數目是這兩種方法產生載子數量之和。本徵方式產生的載子，依（6.10）式是溫度與能隙的函數。溫度愈高，能隙愈小，則本徵的載子數量愈多。

至於雜質原子產生的載子數目，則是離子化能量、溫度和摻雜原子數量的函數。雜質離子化能量（也就是束縛能量）比起能隙小得多，矽半導體常用的雜質，其離子化能量大多在 50 meV 左右，鍺中雜質離子化能量則多在 10 meV 左右。因此在室溫時，可以認爲這些雜質原子大多已經離子化了。也就是分別形成了可以比較自由移動的載子。但是到了低溫，雜質離子化的數量就成了溫度的函數，如果溫度太低（100K 以下），則會有相當一部分的雜質原子沒有足夠的熱能來離子化，因此摻雜的原子雖然仍在，所能提供的載子卻少了很多，這種現象叫做冷凍（freeze out），對必須在低溫操作的半導體器件，有很重大的影響。

精確導出雜質半導體載子數目比較複雜，我們在此只列出最後的結果。如果假設沒有受主雜質，一個 *n*- 型半導體中摻雜導致的電子數目，在低溫的情形 $k_BT << E_d$ 下，則是

$$n \cong \frac{1}{\sqrt{2}}(N_C\, N_D)^{1/2} \exp\left(-\frac{E_d}{2k_BT}\right) \tag{6.23}$$

N_D 是施主雜質的濃度，E_d 是雜質的離子化能量，$E_d = E_C - E_D$，E_D 是施主能位。前面提到過，施主多出來的電子是像氫原子核外的電子一樣，束縛於施主離子的。它的離子化能量可以在氫的離子化能量中 $\frac{-e^4m_0}{2(4\pi\epsilon_0\hbar)^2}$，以矽的介電常數 $\epsilon_r\epsilon_0$ 取代 ϵ_0，ϵ_r 爲矽的相對介電常數，用有效質量 m_e 取代電子質量 m_0，得到一個大致的估計，因此雜質原子的離子化能量 E_d 是

$$E_d = \frac{e^4m_e}{2(4\pi\,\epsilon_r\,\epsilon_0\,\hbar)^2} \tag{6.24}$$

這個公式所得到的離子化能量與實際量得的數據符合得還不錯。一些雜質的離子化能量見圖 6.3。注意一個雜質原子可能有不只一個能位。

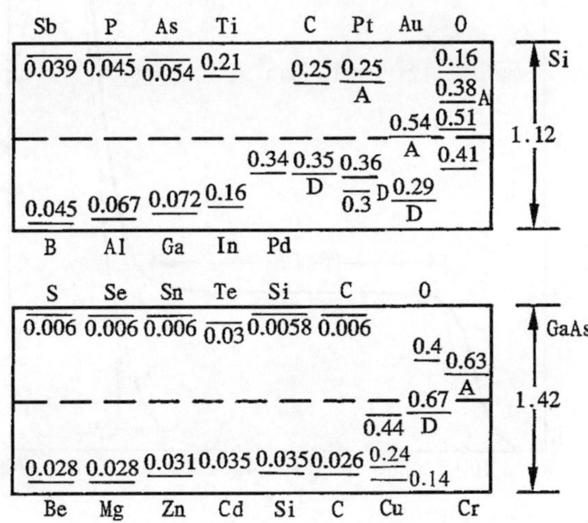

圖 6.3　在矽和砷化鎵中各種雜質原子的激活能量（單位為 eV）（資料來源：參考書目 III －8）

現在來看一看本徵和雜質兩種來源載子總和的情形。以一個中度摻雜的

n- 型半導體爲例，如圖 6.4 所示，在溫度很低的時候（100K 以下），熱能還不足以激發所有雜質原子，因此有「冷凍」的現象。電子數目隨著溫度的上升而增加，當溫度足夠高時，幾乎所有的雜質原子都已經離子化，半導體的電子數目進入一個較爲平坦的區域，因爲雜質原子都已經離子化了，在相當長的一個溫度範圍內，電子的數目幾乎維持不變。跨過能隙本徵激發的電子雖然也增加，但是在這個範圍內比起摻雜的電子數量要小很多。這個區域叫作摻雜區域。等到溫度相當高的時候（大於 500K），摻雜的原子早已完全激發不再增加，而本徵激發的電子仍在繼續增加，因此高溫時的電子數目主要由本徵電子濃度來決定，叫做「本徵區域」。類似情況也同樣可以應用到 p-型半導體。

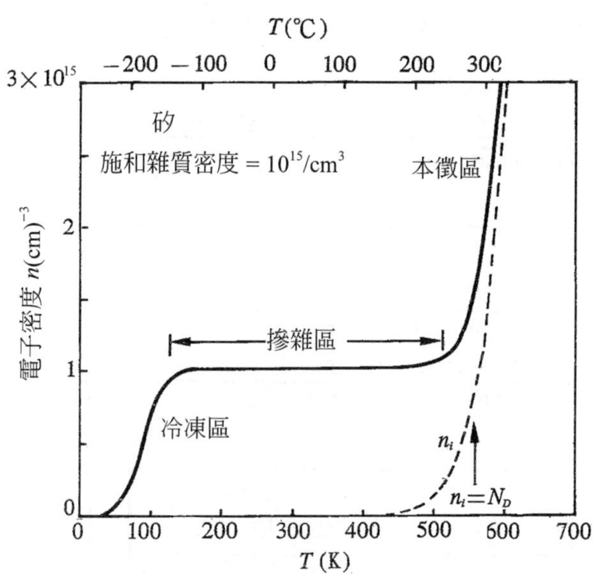

圖 6.4 對於一個有 $10^{15}cm^{-3}$ 施主雜質濃度的矽半導體，其電子濃度與溫度的關係（資料來源：參考書目 III －8）

在一個 n- 型半導體中，由於摻雜的關係，導帶的電子比價帶的電洞爲多。低溫時，本徵電子和電洞不容易激發的時候尤其如此。由於費米能位的定義是電子占據的或然率爲 1/2 處的能量，因此，低溫時的費米能量必須在施主能位和導帶底之間（見圖 6.5）。當溫度上升後，隨著本徵式跨越能隙激發的電子電洞數目增加，雜質半導體的電性就愈來愈趨向於本徵半導體。費米能量也因而趨向於純粹本徵半導體時的值，即在能隙的中間。同樣的，一個 *p*- 半導體的費米能量隨著溫度的上升而上升，從受主能位和價帶之間上升到整個能隙的中間。注意：隨著溫度的上升，原子與原子之間的距離加大，導致能隙本身也有少量的縮小。

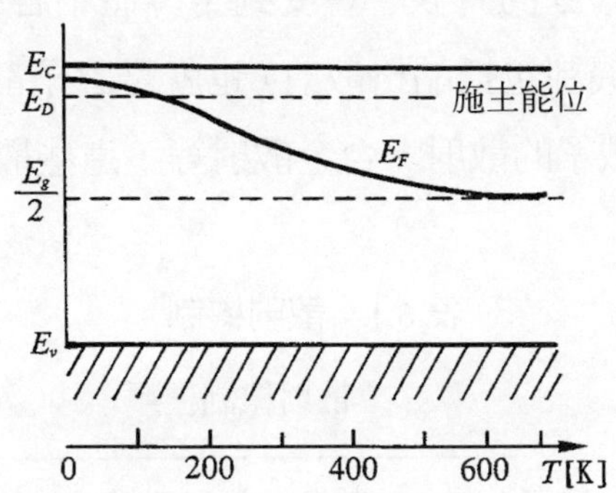

圖 6.5　一個 *n*- 型半導體的費米能位與溫度的關係，$N_D \cong 10^{22}$（原子／米^3）

6.2.3　電導率

雜質半導體的電導率也可以用（6.22）式同樣的方法計算。由於在雜質半導體中，多數載子的數目比少數載子多很多，因此在（6.22）式中只需要考慮多數載子即可。因此，對於 *n*- 型半導體而言

$$\sigma = ne\mu_e \cong N_D e\mu_e \tag{6.25}$$

由於雜質原子的離子化能量與室溫時的熱能屬於同樣的數量級，在室溫時可

以假設大多數的施主原子都已經離子化。所以電子的數目可以用施主原子的數目來近似，須注意這種近似在低溫時是要依照（6.23）式修正的。

（6.20）式中的遷移率則是一個與多項因素有關的參數。因爲前面都假設電子是在一個完美的晶體當中移動，而實際上晶體中卻會有雜質原子、晶格振動、錯位、缺陷、差排等不完整處，這些都會造成對電子的散射，從而降低了遷移率，也改變了電導率。

6.3 載子散射

載子在半導體中移動的時候，會受到半導體中各種散射（seattering）機制的影響。這些散射機制包括晶格散射（也就是聲子散射）、雜質散射、晶體缺陷散射、載子與載子的散射、合金散射等，這些散射機制可見下表：

表 6.1 散射機制

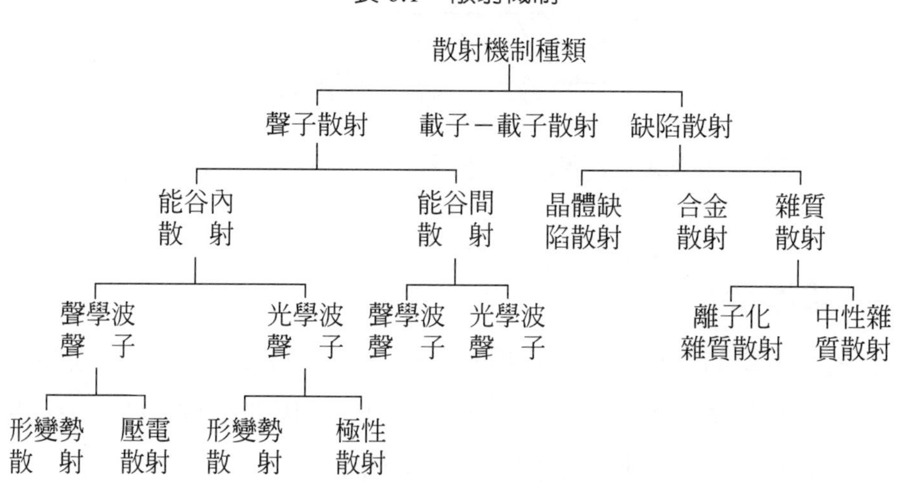

這些不同的散射機制中，最重要的兩種就是聲子散射和雜質散射。

1. 由於離子化雜質原子引起的散射

當半導體中存在帶正電的施主離子和帶負電的受主離子時，由於這些正離子和負離子的庫倫電場作用，引起電子和電洞的散射。這種電離雜質散射是含雜質較多的半導體中主要的散射機制。對於純度高的晶體，在低溫下它也起主要作用。由離子的庫倫電場引起的電子散射和 α 粒子的拉瑟福（Rutherford）散射一樣，可以用類似的經典力學方法計算，其散射勢能就是庫倫能量

$$\Delta U(r) = \frac{\pm Zq^2}{4\pi\epsilon r}$$

其中 Zq 是離子電荷，**r** 是離子與載子的距離。而遷移率計算的結果是

$$\mu_i \infty (m^*)^{-\frac{1}{2}} N_I^{-1} T^{3/2} \tag{6.26}$$

其中 N_I 為電離雜質原子濃度。

2. 由聲學波聲子引起的形變勢散射（deformation potential scattering）

矽、鍺和砷化鎵等的晶格，每個基本單胞都有兩個原子，因此聲子的色散關係（dispersion relation）分為聲學波和光學波兩支。跟電離雜質散射相比起來，在聲子引起的散射占主導作用的溫度範圍內（100K 以上），如果聲子的能量為 $\hbar\omega$，可以認為聲學波聲子 $\hbar\omega << k_B T$，而光學波聲子 $\hbar\omega >> k_B T$，根據聲子分布的玻色－愛因斯坦（Bose-Einstein）統計，波矢為 q，角頻率為 ω 的聲子數為

$$n_q = \frac{1}{\exp(\hbar\omega / k_B T) - 1} \tag{6.27}$$

依上面的近似，

$$n_q \cong \frac{k_B T}{\hbar\omega_{ac}} \quad \text{（聲學波聲子）} \tag{6.28}$$

其中 ω_{ac} 爲聲學波聲子的角頻率，而

$$n_q \cong \exp(-\hbar\omega_{op}/k_B T) \quad （光學波聲子） \tag{6.29}$$

ω_{op} 爲光學波聲子的角頻率。

當縱聲學波聲子在晶體中傳播時，會在晶體中產生週期性的壓縮和膨脹，在被壓縮的區域原子間距變小，半導體矽的禁帶寬度變大，在膨脹的區域則正好相反，禁帶寬度變小。因此導帶底的能量會隨著聲波的傳播而產生正弦波形狀的起伏，如此引起的對電子波散射，可以看做是電子與聲子的碰撞。這種形變勢散射的散射勢能 $\Delta U(r, t)$，應該與晶體應變成正比，即

$$\Delta U(\mathbf{r}, t) = E_{de}\nabla \cdot \mathbf{u}(\mathbf{r}, t) \tag{6.30}$$

$\mathbf{u}(\mathbf{r}, t)$ 代表 $\mathbf{r}$ 點的位移，E_{de} 是一個常數。橫聲學波聲子的傳播不伴隨體積的變化，所以不發生由形變引起的勢能場起伏。

這樣計算出來的遷移率爲

$$\mu_{de} \cong (m^*)^{-5/2} T^{-3/2} \tag{6.31}$$

3. 聲學波壓電散射（piezoelectric scattering）

在砷化鎵等不具有中心反映對稱性的離子晶體中，由聲學波聲子引起的晶體應變，可以造成離子極化，它的靜電勢場會引起電子散射。壓電散射的散射勢能也與晶體應變 $\nabla \cdot \mathbf{u}(\mathbf{r}, t)$ 成正比。

4. 由光學波聲子引起的形變勢散射

光學波聲子的形變勢散射與聲學波形變勢散射類似，但在光學波的情況，單胞中的兩類原子作相對運動，由此而來的能帶端變化造成的散射勢能與兩類原子的相對位移成正比，即

$$\Delta U(\mathbf{r}, t) = D\delta u\,(\mathbf{r}, t) = D(u_1 - u_2) \tag{6.32}$$

其中 D 是形變勢常數。

對於非極性半導體如矽和鍺，光學波聲子散射引起的鬆弛時間 τ_{op} 可以表以下式

$$\frac{1}{\tau_{op}(E)} = \frac{E_{1op}^2}{E_1^2}\frac{x_o}{2(e^{x_o}-1)}\frac{(2E/m_e^*)^{1/2}}{l_{oc}}\left\{\left(1+\frac{h\omega_{op}}{E}\right)^{1/2} + e^{x_o}\left(1-\frac{h\omega_{op}}{E}\right)^{1/2}\right\} \tag{6.33}$$

其中 $\hbar\omega_{op}$ 為光學波聲子的能量，$x_o = \hbar\omega_{op}/k_BT$，$E_{1op}$ 為對應於光學波聲子的形變勢常數，l_{oc} 為聲學波聲子散射的平均自由程，E_1 為畸變勢常數，而電子遷移率可由 $\mu = \frac{e\tau}{m^*}$ 算出。

5. 極性光學波聲子散射（polar optical phonon scattering）

由於光學波聲子在砷化鎵等極性半導體中會引起極化，電子和光學波聲子通過極化電場相互作用，所以會產生比形變勢能更強的散射，其散射勢能也與相對位移 δu 成正比。由極性光學波聲子散射決定的電子遷移率，在 $h\omega_{op} >> k_BT$ 的溫度範圍內為

$$\mu_{op} \propto (m^*)^{-3/2}\omega_{op}^{-1/2}\left\{\exp\left(\frac{h\omega_{op}}{k_BT}\right) - 1\right\} \tag{6.34}$$

6. 中性雜質散射

在溫度很低的時候，施主雜質和受主雜質原子多呈電中性狀態，而且半導體中聲子數量很少，這時候中性雜質散射可以起重要作用。與離子化雜質散射比較起來，中性雜質散射弱得多，但是卻較複雜。其散射可以用類似氫原子對低能量電子散射的方法來討論，其散射勢能可以用下式近似

$$\Delta U(\mathbf{r}) \cong \frac{\hbar^2}{m^*}\left(\frac{r_B}{r^5}\right)^{1/2} \tag{6-35}$$

其中 r_B 是雜質原子基態的波爾半徑，而計算得到鬆弛時間 τ_n 的結果是

$$\frac{1}{\tau_n}=\frac{20\epsilon N_n\hbar^3}{m_e^{*2}e^2} \tag{6-36}$$

ϵ 為介電常數，N_n 為中性雜質原子密度。

7. 載子與載子的散射

載子間的散射可以分為兩種，具有相同電荷載子之間的散射，和具有相反電荷載子之間的散射。同一種載子之間的散射雖然會使參與載子的動量和能量發生改變，但是載子總體的動量和能量卻沒有改變，因此對於載子的遷移率很少有直接的影響，但是因為它會與其他散射機制連在一起作用，因此還是會有間接的作用。

不過，具有不同電荷載子之間的散射可以產生重要影響。兩種載子在電場中獲得的動量方向相反，散射可以導致兩種載子動量的弛豫，使得遷移率變小。在本徵半導體中，電子電洞間的散射會減低兩者的遷移率。

電子與電離雜質和各種形式聲子的散射，基本上可以看作是各個獨立的過程，因此總和的遷移率 μ 可以寫為

$$\frac{1}{\mu}=\left(\frac{1}{\mu_i}+\frac{1}{\mu_j}+\cdots\cdots\right) \tag{6.37}$$

如果聲學波聲子散射和電離雜質是最重要的兩種，那麼與溫度的關係成為

$$\mu=aT^{-3/2}+bT^{3/2} \tag{6.38}$$

實驗得到的結果與此式的確很符合（見圖 6.6）。最純的矽樣品，只看到聲子的關係，即 $\mu\infty T^{-3/2}$。而較為不純的樣品，低溫時可以看到 $\mu\infty T^{3/2}$ 的關係。同時，雜質濃度愈高，遷移率也愈小，如（6.26）式所示，實驗的結果可見圖 6.7。

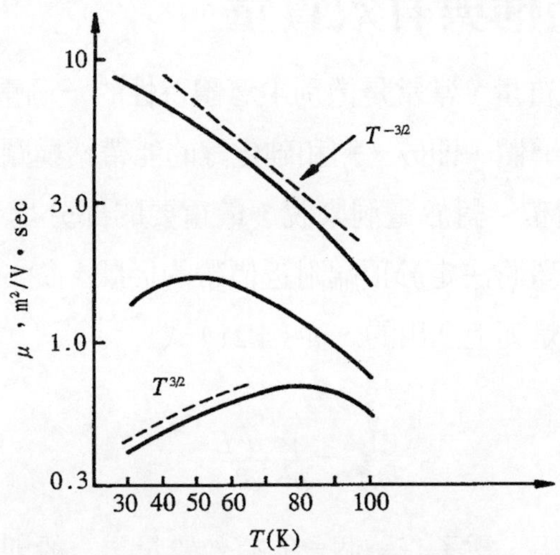

圖 6.6　純的樣品（上面的曲線）顯示由於聲子散射而來的 $T^{-3/2}$ 趨勢，而較不純的樣品（下面的兩個曲線）在低溫顯示出離子化雜質散射特有 $T^{3/2}$ 的關係

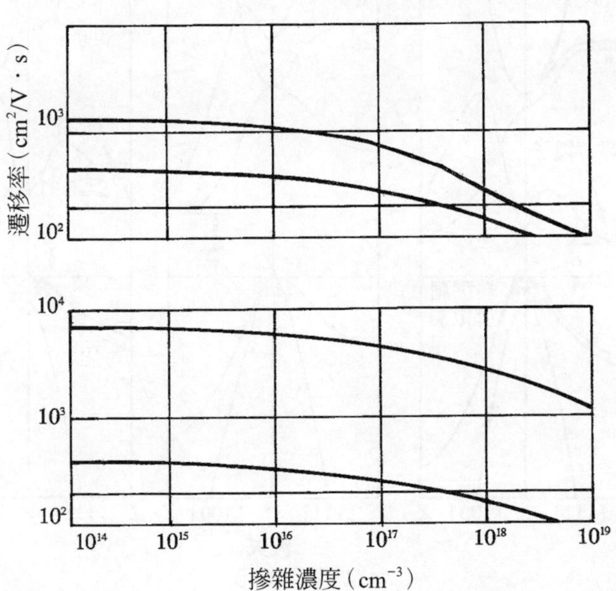

圖 6.7　鍺、矽和砷化鎵在 300K 時的漂移遷移率與雜質濃度的關係（資料來源：參考書目 III －1）

6.4 能帶結構與有效質量

半導體的有效質量，常常是徵別半導體特性的一個重要參數。圖 6.8 顯示三種最常見的半導體，即矽、鍺和砷化鎵的能帶結構圖。

首先看矽的價帶。對於電洞來說，最重要的部分是 Γ 點附近價帶的頂端，因爲電洞的性質將決定於頂端附近價帶的形狀。從 6.8 圖可知，在 Γ 點附近，能帶的曲率是朝上凸出的，從（4.21）式

$$\frac{1}{m^*}=\frac{1}{\hbar^2}\frac{d^2E}{dk^2} \tag{4.21}$$

可知，在這種情形下，電子有一個負的有效質量，一般則以電洞來描述價帶

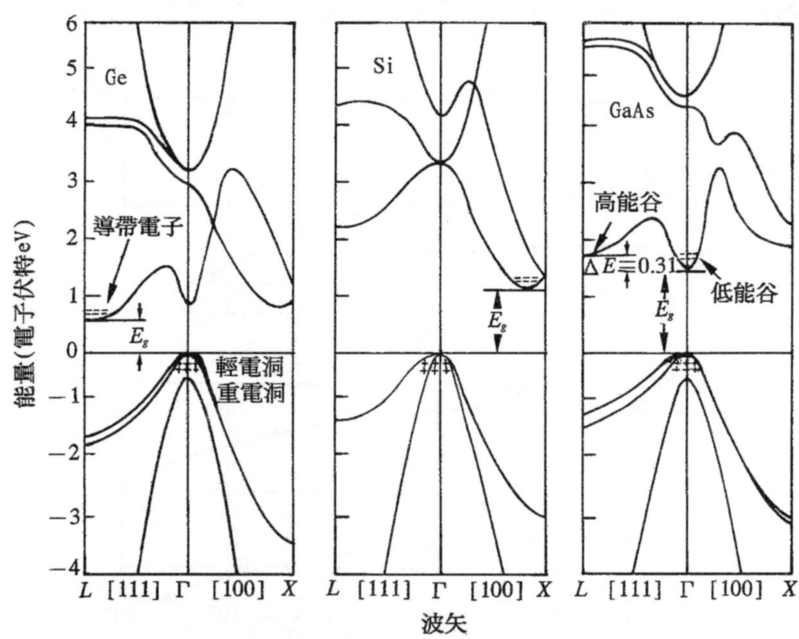

圖 6.8 鍺、矽和砷化鎵的能帶結構，其中 E_g 為能隙（資料來源：Chelikowsky and Cohen, Phys Rev. B14, 556 (1976)）

頂端的性質。因為電洞有效質量的符號與電子相反，因此價帶頂端電洞的有效質量是正的。對於矽來說，最外層的電子是 $3s^2 3p^2$，共有四個價電子。由於能帶的雜化，半導體的價帶和導帶都是由 s- 和 p- 能位的電子混合組成的。$3s$ 有二個能位、$3p$ 有六個能位，一共有八個能位。當原子間的距離由分立的狀態縮短時，$3s3p$ 首先混合成為一個能帶，當原子間距離再繼續縮短為矽晶體的原子間距時，這個能帶分開為兩個 $(s + p)$ 能帶，分別是價帶和導帶，見圖 6.9。每一個均由一個 s- 及三個 p- 能位組成。一共可以容納四個電子。因此，價帶可以容納 $4n$ 個電子，n 為原子的數目。因為矽原子有四個價電子，因此價帶由電子完全填滿，而導帶是空的。其大致的能帶結構見圖 6.10。因此，除了占較低能位的 s 帶之外，其他三個 p 帶，其曲率都是朝上凸出的。由於它們曲率不同，這些能帶的電洞也有不同的有效質量。其中兩個是由原子的 $p_{3/2}$ 能位來的，我們由其有效質量的大小稱之為輕電洞和重電洞。另外還有一個能帶由原子的 $p_{1/2}$ 能位而來，在 Γ 點由於自旋－軌道交互作用（spin-orbit interaction），而與前兩個 $P_{3/2}$ 能帶分開。

矽的導帶中最重要的部分就是能量最低的能帶。這一個能帶從 Γ 點到 X 點的方向，在接近 X 點處有一個極小值，從這點到價帶頂端的能量差距就是能隙。在這裡曲率是朝下凸出的，電子的有效質量是正的。由於 $\Gamma - X$ 是向著 [100] 方向，因此，矽在導帶的等能位表面是六個 [100] 方向的橢圓體。這造成矽的電子有效質量分為縱向和橫向的有效質量 m_l^* 和 m_t^*。

6.8 圖所示的矽、鍺、砷化鎵三種半導體能帶結構中，最大的不同就是對於砷化鎵而言，價帶的最高點和導帶的最低點都處於同樣的波矢 k 值（即 Γ 點）。而對矽和鍺，這卻發生在不同的 k 值處。前者稱為直接的能隙，後者稱為非直接的能隙。如圖 6.11 所示。直接能隙材料的光躍遷只需要光量子的參與，就能夠維持動量的平衡。而非直接能隙的材料，光躍遷必須要有光量子和聲子兩者的參與才能發生，因為價帶頂點和導帶底端在 k 空間有差距，必須要有聲子的參與才能維持動量的守恆。進一步的討論，可見8.3節。

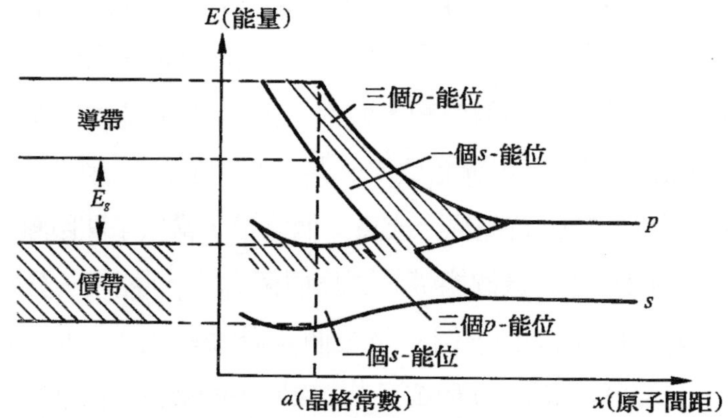

圖 6.9　對於共價鍵元素，單一的能位隨著原子間距離的減少變寬成為能帶，能帶並且有交疊

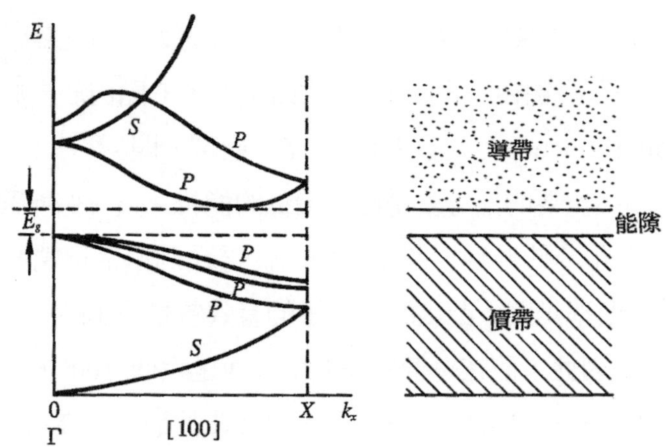

圖 6.10　矽在 k_x 方向的能帶示意圖（資料來源：參考書目 II －1）

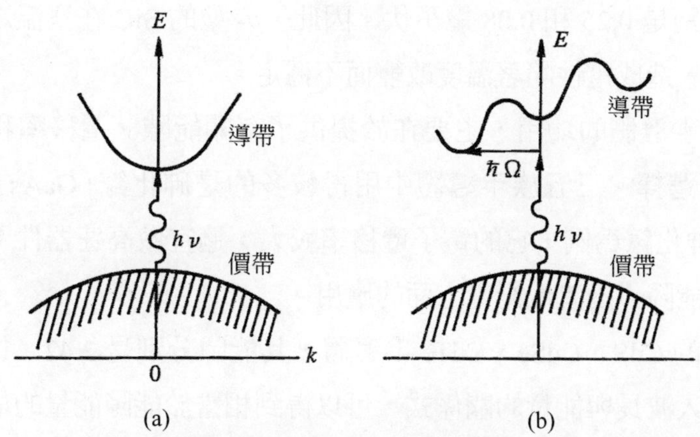

圖 6.11　(a) 導帶的最低點和價帶的最高點位於同樣的 k 值，(b) 導帶底和價帶頂在 k 空間中有距離，因此會牽涉到另外一個聲子

6.5　化合物半導體

前面的討論，大部分以半導體矽爲例子。因爲矽和鍺是最常見的元素型半導體，矽也是應用最廣的半導體。除了矽和鍺以外，同屬第四族元素的碳和錫，也能形成半導體（見附錄 7）。碳可以形成多種同素異形體，其中金剛石在室溫的能隙是 5.48 電子伏。由於一般的半導體器件，能夠操作的溫度範圍，在高溫區受限於本徵式的激發，當本徵激發的載子濃度超過器件製作摻雜的載子濃度時，器件就失去效應了。因此，能隙大的半導體適合做高溫使用的器件。金剛石由於價格過高，不適合商業用途。但近年來，疊積的多晶金剛石薄膜已經成爲一個研究項目。

碳化矽（silicon carbide）也可以形成多種同素異形體。SiC 除了形成立方晶系的閃鋅礦（zincblende）結構以外，也可以形成許多六角晶系的結構，其中 α-SiC 和 β-SiC 分別有 2.8 和 1.9 電子伏的能隙。以 SiC 製成的器件可以操作到 500℃。普通用鋁作爲 p- 型雜質、用氮作爲 n- 型雜質。它們的離子化能量分別是 0.25 和 0.08 電子伏。因此，p- 型的 SiC 在室溫之下雜質離子化不完全，造成電性隨著溫度改變而不穩定。

三五族半導體的功用，主要在於提供了有關能隙、遷移率和能帶結構方面較多的選擇。三五族半導體中用得較多的是砷化鎵（GaAs）和磷化銦（InP）。以砷化鎵爲例，它的電子遷移率較大，適宜做高速器件。它的能帶結構是直接能隙，適宜做光電方面的應用。

二六族的 CdS、CdSe、CdTe 半導體，其能隙分別是 2.42、1.70 和 1.56 電子伏。代入波長與能量的關係式，可以得到相當於能隙能量的最長波長，也就是激發電子電洞對的最低能量

$$\lambda = \frac{hc}{E_g} = \frac{1.24}{E_g(\text{eV})} \quad (\lambda \text{ 以 } \mu\text{m 爲單位}) \tag{6.39}$$

CdS、CdSe 和 CdTe 半導體的能隙都相應於可見光的範圍，因此可以做爲可見光的偵測器。

四六族的半導體 PbS、PbTe，其能隙爲 0.41 和 0.31 電子伏，可以有紅外光方面的應用。

習題

1. 砷化鎵半導體的 $m_e^* = 0.067m_0$，$m_h^* = 0.5m_0$，能隙 $E_g = 1.42\text{eV}$，試計算其室溫下的 N_C、N_V 和 n_i 的值。
2. 鍺的 $N_C = 1.04 \times 10^{19}/\text{cm}^3$，$N_V = 6.0 \times 10^{18}/\text{cm}^3$，$E_g = 0.66\text{eV}$。如果鍺半導體中摻有施主雜質 $N_D = 1 \times 10^{16}/\text{cm}^3$，受主雜質 $N_A = 1 \times 10^{10}/\text{cm}^3$，試求在室溫下，(a) 電子濃度 n 和 (b) 本徵載子濃度 n_i 爲多少？
3. 如果鍺中摻雜的情況與上題相同，即 $N_D = 10^{16}/\text{cm}^3$，$N_A = 10^{10}/\text{cm}^3$，而溫度上升到 500K，假設 m_e、m_h、E_g 隨溫度的改變可以忽略，試求 (a) 本徵載子濃度 n_i、(b) 電子濃度 n 和 (c) 電洞濃度 p 分別爲多少？

4. 在某個 p 型矽材料中，每十億個矽原子中有一個受主雜質原子，試計算在室溫之下，多數載子和少數載子各爲多少？

5. 假設在矽半導體中，分別有 $10^{15}/cm^3$、$10^{17}/cm^3$ 和 $10^{19}/cm^3$ 的施主雜質，先假定雜質原子完全電離，試計算在室溫下的費米能位。得到 E_F 後，再核對一下上述完全電離的假設是否能夠成立。假定施主雜質的能位在導帶底下 0.05eV 處，即 $E_C - E_D = 0.05eV$，並且知道施主雜質電離的程度符合下列方程式

$$N_D^+ = N_D\left[1 - \frac{1}{1 + \frac{1}{g}\exp\left(\frac{E_D - E_F}{kT}\right)}\right]$$

其中 g 爲雜質原子基態的簡併數，假定 $g = 2$。

6. 有一個 n 型半導體，施主濃度 $N_D = 10^{15}/cm^3$，半導體的能隙爲 $E_g = 1.12$ eV，$m_e^* = m_o$，$m_h^* = 0.5m_o$。試計算當溫度上升到什麼程度時，半導體會變成本徵式的，列出溫度 T 的方程式即可。

7. 假設在矽中每 10^7 個原子有一個雜質原子，在室溫狀況下 (a) 如果雜質是施主原子，則矽的電阻率爲多少？ (b) 如果雜質是受主原子，則矽的電阻率爲多少？

8. 在室溫狀況，矽的 $n_i = 1.5\times10^{10}/cm^3$，$\mu_n = 1500cm^2/V\cdot s$，$\mu_p = 450cm^2/V\cdot s$，試求純矽在室溫下的電阻率。

9. 假設在矽中摻入施主雜質 $N_D = 3\times10^{11}/cm^3$，受主雜質 $N_A = 7\times10^{10}/cm^3$，兩者相去不遠，試計算 (a) 矽的電導率 σ，(b) 在加了 10V/cm 的電場後，通過矽半導體的電流密度 J。

10. 假設某半導體的遷移率不隨載子濃度的改變而變化，試證明當電導率最小時，電子濃度 $n = n_i\sqrt{\frac{\mu_p}{\mu_n}}$，電洞濃度 $p = n_i\sqrt{\frac{\mu_n}{\mu_p}}$。

11. 由氫原子模型得到半導體雜質離子化能量爲 $E_d = \frac{e^4 m_e}{32\pi^2\epsilon_r^2\epsilon_o^2\hbar^2}$，計算在矽

和砷化鎵中，施主雜質的離子化能量。

本章主要參考書目

1. S. Sze, Physics of Semiconductor Devices (1981).
2. R. Smith, Semiconductors (1978).
3. J. McKelvey, Solid State Semiconductor Physics (1966).
4. C. Wolfe, N. Holonyak and G. Stillman, Physical Properties of Semiconductors (1989).

第七章

絶緣體

1 導論
2 離子電導
3 介電性質
4 非線性介電質
5 非晶態材料

7.1 導論

在 3.10 節已經討論過，絕緣體的特性是價帶與導帶之間的能隙比較大，在室溫之下，很少電子能有足夠的能量，可以從價帶激發到導帶，因此當加上一個電場時，也無法產生足夠的電流，所以電阻率很高。雖然絕緣體中可能會有雜質原子，但是一般來說這些雜質的能位距離導帶或價帶的邊緣太遠，在室溫之下，這些雜質原子所能提供的載子有限，所以由此而來的電導率是可以忽略的。絕緣體的電導率在室溫一般言之在 $10^{-9}\Omega^{-1}$-cm^{-1} 以下，比起一個優良的金屬如鋁（$\sigma = 3.65 \times 10^5\Omega^{-1}$-cm^{-1}），差了十四個數量級以上。但是絕緣體的電導率雖然很小，卻不是零。在一般的絕緣體中，仍然有電傳導的機理存在，這就是我們要討論的離子電導（ionic conductivity），絕緣體薄膜還有一些其他的導電機理，會在第十五章討論。

另外一種描述絕緣體特性的方式是，認爲絕緣體的電子在一般溫度下，與原子核結合得如此之緊，以至於無論是熱能振盪或者平常的電場都無法把電子移開。晶體中每一個原子正電荷和負電荷的中心，在不加電場時，都可以認爲是在同一點。由於沒有電導，因此這些局限的電荷將永遠停留在原地。但是當加上一個電場時，正電荷的中心點會朝向電場的方向，稍稍作一點移動。同樣的，負電荷的中心點也會朝著電場的反方向，稍稍作一點移動。這就在晶體中造成了局部的電偶（dipole），每單位體積中的平均電偶矩量（dipole moment），就是晶體的極化強度（polarization）。

有些晶體即使在不加電場的情況下，也因爲晶體結構本身的非對稱性，而有永久性的電偶矩量。這種極性晶體（polar crystal）的極化強度是溫度的函數，因爲熱能會擾亂電偶矩量的排列方向。在不同的溫度範圍下，這種極性晶體會顯示出各種不同的極化現象，如鐵電性（ferroelectricity）或順電性（paraelectricity）等。

7.2 離子電導

我們在此節將主要討論絕緣體的電導性質。

絕緣體往往是以離子鍵結合的。在離子性晶體中，原子之間彼此交換電子而形成了帶正電的陽離子和帶負電的陰離子。離子電導是由於帶負電或帶正電的離子在電場作用之下，由晶格的一處跳躍到晶格的另一處而得來的。由於沒有自由電子，因此，促成電導的是離子運動，而非電子的運動。離子電導率可由下式表達

$$\sigma_{\text{ion}} = N_{\text{ion}} e \mu_{\text{ion}} \tag{7.1}$$

這與半導體的電導率在形式上是一樣的。在離子電導的情形，N_{ion} 爲單位體積內可以改變其位置的離子數目，μ_{ion} 爲這些離子的遷移率。

離子要在晶體中移動，必須要有足夠的能量跨越一個能量障礙（見圖 7.1）。一個離子要換到另外的位置，有幾種可能的方式（見圖 7.2）。

1. 兩個原子互換，這個過程需要相當大的能量，如圖 7.2(a)。

2. 一個晶格原子移到晶格間塡隙（interstitial）的位置，同時產生一個空穴。這種晶格缺陷稱爲法蘭克（Frenkel）缺陷，如圖 7.2(b)。

3. 一個原子移到鄰近的空穴（vacancy）。晶體中晶格的空穴，稱爲蕭基（Schottky）缺陷，如圖 7.2(c)。

不論是採用那一種方式，實驗上都可以觀察到，離子導電性與擴散理論有關，同時這個擴散係數可以寫爲

$$D = D_o \exp(-Q/k_B T) \tag{7.2}$$

其中 D_o 是一個晶體常數，Q 是擴散過程的活化能（activation energy）。離子的遷移率，根據愛因斯坦方程式，與擴散係數的關係是

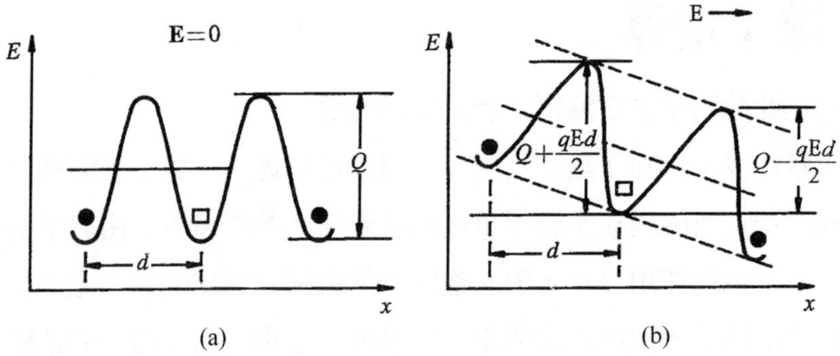

圖 7.1　一個晶格原子（●）要與一個空穴（□）交換位置所需要克服的能障，(a) 沒有外加電場的情況，(b) 有外加電場的情況，d 為兩個相鄰晶格位置的距離，Q 為激活能量

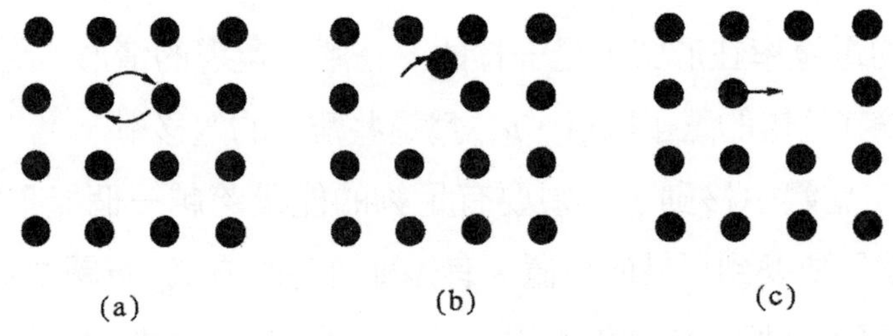

圖 7.2　三種擴散的基本機理：(a) 對一個中點的旋轉交換，(b) 經過原子間隙位置的移動，(c) 原子經過空位的位置交換

$$\mu_{\text{ion}} = \frac{De}{k_B T} \tag{7.3}$$

把方程式（7.1）、（7.2）、（7.3）連起來，得到

$$\sigma_{\text{ion}} = \frac{N_{\text{ion}} e^2 D_o}{k_B T} \exp\left(-Q/k_B T\right) \tag{7.4}$$

（7.4）式可以簡寫為

$$\sigma_{\text{ion}} = \sigma_o \exp(-Q/k_B T) \tag{7.5}$$

而 σ_o 等於（7.4）式前的係數。（7.5）式稱爲阿亨尼斯（Arrhenius）方程式。用 $\ln\sigma$ 對 $\frac{1}{T}$ 作圖，從它的斜率應該可以得到活化能 Q。7.3 圖顯示鹼金屬鹵化物（alkali halide）的阿亨尼斯作圖。可以注意到圖上有兩個不同的溫度區域，其斜率不等，代表兩種不同的活化能。在高溫區，熱能足夠產生空穴，因此活化能代表產生空穴和讓原子移動到空穴這兩種活化能之和。這個溫度區域叫做本徵（intrinsic）區。而在低溫區，活化能較小，熱能只能剛剛好讓原子跳躍進入已經存在的空穴位置，由於空穴的存在一般與外加雜質原子有關，這個溫度區域叫做外加（extrinsic）區。對於氯化鈉來說，高溫區的活化能爲 1.80 電子伏，低溫區則爲 0.77 電子伏。

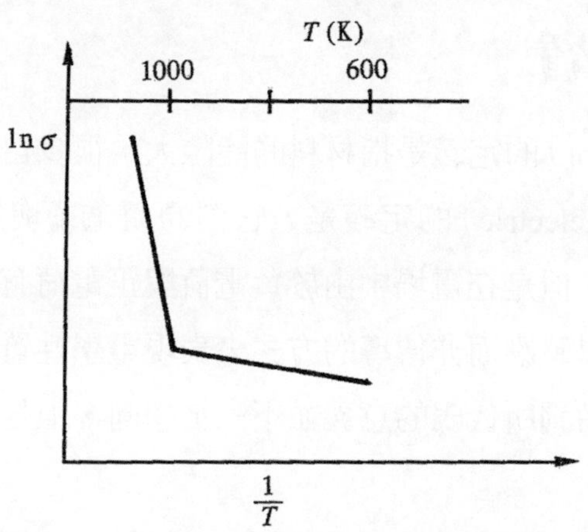

圖 7.3　在氯化鈉中鈉離子的 $\ln\sigma$ 對 $\frac{1}{T}$ 的關係

因此，離子電導與晶體中空穴的濃度有關。晶體中某一晶格位置成爲空穴的或然率在熱平衡狀態下，是與波耳茲曼因數成正比的，空穴數目可以寫爲

$$n \cong N\exp\left(\frac{-E_v}{k_B T}\right) \tag{7.6}$$

其中 E_v 是把一個原子從晶格位置移到晶體表面所需的能量，N 是總共的原子數。因此，溫度增加時，空穴數目會增加。

另外，形成空穴時，必須維持晶體整個的電荷平衡。當一個正離子和一個負離子同時從晶格中移開時，電荷是平衡的。更多數的情況是，由於帶著不同電荷的雜質原子進入離子型晶體，爲了維持電中性，而產生了空穴。舉例來說，用一個二價的離子取代一個單價的離子。在這種情形下，爲了維持電荷的平衡，需要引進一個帶正電的空穴。比如說，如果用一個二價的 Ca^{2+} 離子取代一個單價的 Na^+ 離子，就必須移開另外一個 Na^+ 離子，才能保持電中性。鹼金屬鹵化物的離子電導率發現與加入的二價金屬原子成比例，其原因就是引進二價金屬原子造成空穴，而空穴的增加提高了離子的電導。

7.3 介電性質

絕緣體（insulator）的定義是指材料的能隙大，很少自由電子，因此電阻率高。而電介質（dielectric）的定義是，它們的價電子與原子核緊密連結，不能形成自由電子，但是在電場中由於負電荷與正電荷有相對位移，產生極化的現象，它們是以感應而非傳導的方式來表現電學性質。所以從嚴格的意義上來講，這兩個名詞所代表的意義並不完全相同，但是在實際上，它們常常互換使用。

兩個電荷量相同、但符號相反的電荷，分開一個小距離，就形成一個電偶（dipole）。電偶矩量（dipole moment），簡稱電矩，其定義是 $q\mathbf{d}$，q 爲各自的電荷，$\mathbf{d}$ 爲兩者之間的距離。如果正負電荷對於原點的座標向量爲 $\mathbf{r}_+$ 及 $\mathbf{r}_-$，則電偶矩量可以寫成爲 $q\mathbf{d} = q(\mathbf{r}_+ - \mathbf{r}_-)$，而這與原點所在的位置無關，如圖 7-4(a) 所示。如果有許多電偶，則整個的電偶矩量爲 $\mathbf{p} = \sum q_n\mathbf{d}_n$，也與原點的位置無關。在電磁學中可以證明，位於原點的電偶，在真空中任何一點 $\mathbf{r}$ 處所引起的電位 ϕ 爲

$$\phi = \frac{\mathbf{p} \cdot \mathbf{r}}{4\pi\epsilon_0 r^3} \tag{7.7}$$

由此而來的電場強度爲

$$\mathbf{E} = -\nabla\phi = \frac{1}{4\pi\varepsilon_0}\left(\frac{3(\mathbf{p} \cdot \mathbf{r})\mathbf{r}}{r^5} - \frac{\mathbf{p}}{r^3}\right) \tag{7.8}$$

如圖 7.4(b) 所示。

一個電偶 $\mathbf{p}$ 放在一個外加電場 $\mathbf{E}_{\text{ext}}$ 中，其位能爲：

$$U(\mathbf{r}) = -\mathbf{p} \cdot \mathbf{E}_{\text{ext}} \tag{7.8a}$$

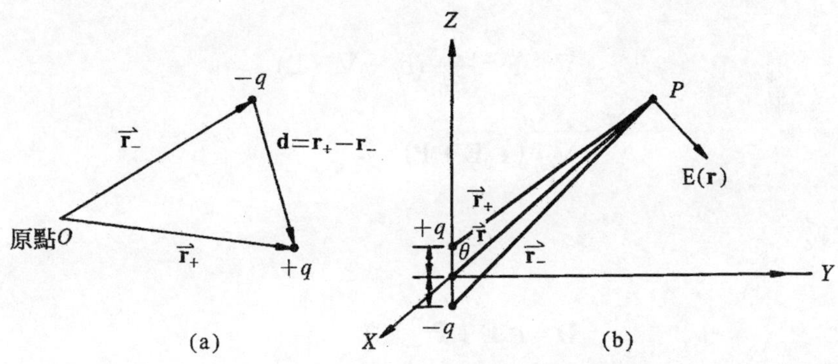

圖 7.4　(a) 電偶極矩，(b) 電偶的電場

材料的介電性質常用極化強度 $\mathbf{P}$ 來表示，極化強度的定義就是每單位體積的電偶矩量

$$\mathbf{P} = \lim_{\Delta V \to 0} \frac{\sum_i \mathbf{p}_i}{\Delta V} = \frac{\mathbf{p}}{V} \tag{7.9}$$

如果電偶分布是均勻的話，可以寫成後式。

當極化強度不均勻時，對於一個固定的體積單位而言，在極化的狀態下，電荷的位移會造成在這個體積中電荷的不平衡。從電磁學可以知道，這個由於極化而來的體積電荷密度 ρ_p 為

$$\rho_p = -\nabla \cdot \mathbf{P} \tag{7.10}$$

在電介質材料中，如果把庫倫定律

$$\nabla \cdot \mathbf{E} = \frac{\rho}{\epsilon_0} \tag{7.11}$$

中的電荷 ρ 分為自由電荷 ρ_f 與極化電荷 $-\nabla \cdot \mathbf{P}$，則（7.11）式可以寫成為

$$\nabla \cdot \mathbf{E} = \frac{1}{\epsilon_0}(\rho_f - \nabla \cdot \mathbf{P})$$

或

$$\nabla \cdot (\epsilon_0 \mathbf{E} + \mathbf{P}) = \rho_f \tag{7.12}$$

如果定義

$$\mathbf{D} = \epsilon_0 \mathbf{E} + \mathbf{P} \quad (\mathrm{S})$$

$$\mathbf{D} = \mathbf{E} + 4\pi \mathbf{P} \quad (\mathrm{G}) \tag{7.13}$$

D 稱為電位移（displacement）

則

$$\nabla \cdot \mathbf{D} = \rho_f \quad (\mathrm{S})$$

$$\nabla \cdot \mathbf{D} = 4\pi \rho_f \quad (\mathrm{G}) \tag{7.14}$$

這就是麥克斯韋方程式中常見的形式。注意國際單位制（SI）和高斯制（Gaussian）在這裡有重大不同。在國際單位制中，**D** 與 **P** 的單位相同（coul/

m^2），而與電場 **E** 不同，電場是（volt/m）。而在高斯制中，**D**、**E**、**P** 三者單位全相同，都是（statvolt/cm）。本書以國際制爲主，兩種制度方程式並列時，國際制的方程式用 S 代表、高斯制用 G 代表。

在大多數的情況下，介質都是各向同性（isotropic）的，**P** 因而與電場 **E** 平行而且成正比，因此 **P** 可以寫爲

$$\mathbf{P} = \chi_e \epsilon_0 \mathbf{E} \quad \text{(S)}$$

$$\mathbf{P} = \chi_e \mathbf{E} \quad \text{(G)} \qquad (7.15)$$

χ_e 稱爲電極化率（electric susceptibility），以別於磁學中的磁化率（magnetic susceptibility）χ_m。將（7.15）式代入（7.13）式，得到

$$\mathbf{D} = \epsilon_0 \mathbf{E} + \mathbf{P} = \epsilon_0 \mathbf{E} + \chi_e \epsilon_0 \mathbf{E}$$

$$= (1 + \chi_e)\, \epsilon_0 \mathbf{E} = \epsilon_r\, \epsilon_0 \mathbf{E} = \epsilon \mathbf{E} \quad \text{(S)} \qquad (7.16)$$

$$\mathbf{D} = \mathbf{E} + 4\pi \mathbf{P} = \mathbf{E} + 4\pi \chi_e \mathbf{E}$$

$$= (1 + 4\pi\chi_e)\mathbf{E} = \epsilon \mathbf{E} \quad \text{(G)} \qquad (7.16)$$

其中

$$\epsilon = \epsilon_r\, \epsilon_0 = (1 + \chi_e)\, \epsilon_0 \quad \text{(S)}$$

$$\epsilon = 1 + 4\pi\chi_e \quad \text{(G)} \qquad (7.17)$$

ϵ_0 是眞空中的電容率（permittivity），或眞空的介電常數。ϵ_r 稱爲相對電容率，或稱相對介電常數，是一個沒有單位的純數字。ϵ則是絕對電容率，或絕對介電常數，也簡稱電容率或介電常數。對於初學者，這些名詞與不同單位之間的差異，造成許多困難，應該留意。同時，介電常數 ϵ 實際上也並不是常數，在變動的電場中，是電場頻率 ω 的函數。

分子的極化強度一般有四個來源：

1. 電子的位移極化

由於電場的作用，電子與原子核發生相對位移，產生極化。如果用 μ_e 代表電子的電矩，E 爲電場，則 $\mu_e = \alpha_e E$，其中 α_e 稱爲電子極化率。

2. 離子的位移極化

由於電場的作用，分子中正負離子發生相對位移，產生離子極化或稱原子極化。如果用 μ_i 代表離子極化的電矩，則 $\mu_i = \alpha_i E$，其中 α_i 稱爲離子極化率。

3. 固有電距的轉向極化

有些分子會有固有電矩，在沒有電場的時候，由於電矩的方向混亂，互相抵消而使整個電距爲零。加了電場之後，這些電矩趨向排齊而有了總和的極化強度，這種現象與第九章的磁矩情況類似，詳細的推導第九章再討論。此處只列出結果，即固有電矩的轉向極化率 $\alpha_d = \frac{\mu^2}{3k_B T}$，$\mu$ 爲分子的固有電矩，α_d 是溫度的函數，因爲溫度的增加會使得電偶的排列方向趨於混亂，因而減低了電矩。

4. 空間電荷極化，也稱爲界面極化

這是常常發生在介電材料中有低電阻相存在的情況。當可以活動的帶電載子由於有實際的界面阻礙不能移動的時候，電荷在阻礙旁邊累積，就形成了材料局部的空間電荷極化。界面極化率用 α_s 表示。這四種極化機理的示意圖，見圖 7.5。

如果現在所加的電場是一個交流電場，則這四種不同極化機理反應的速率都不同。電子極化的反應最快，一直可以跟隨交流電場的頻率到約 10^{16} 赫。離子或原子極化的反應速率次之，可以達到原子振動的頻率約 10^{13} 赫。

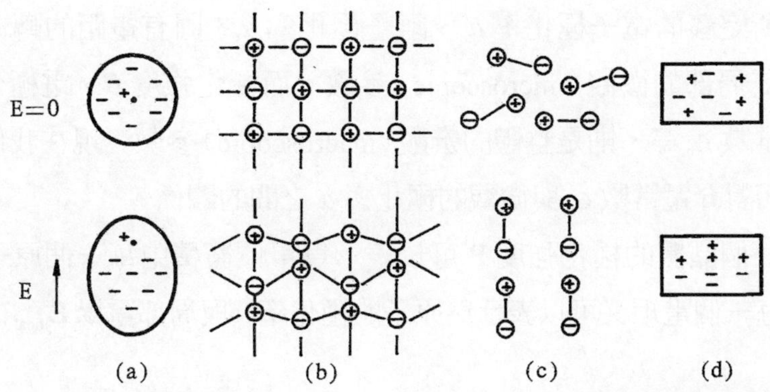

圖 7.5 四種不同的極化機理：(a) 電子極化，(b) 原子極化或離子極化，(c) 固有電矩的轉向極化，(d) 空間電荷極化

永久電距的轉向極化再次之，約在 10^3 至 10^{12} 赫的範圍。空間電荷極化速率最慢，在 10^{-3} 到 10^3 赫的範圍。這些極化機理隨頻率變化的情形可見圖 7.6。

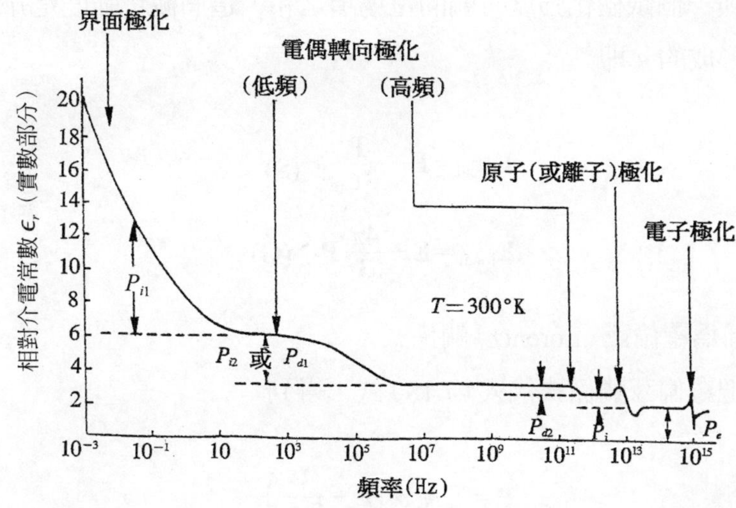

圖 7.6 介電質中不同極化機理與頻率的關係（以介電常數為代表量）（資料來源：參考書目 II －26）

前面所定義的電子極化率 α_e、離子極化率 α_i、固有電距的轉向極化率 α_d 等，都是局部的微觀（microscopic）參數。而極化強度 P、電極化率 χ_e、相對介電常數 ϵ_r 等，則是整體的宏觀（macroscopic）參數。現在我們希望建立宏觀的相對介電常數 ϵ_r 與微觀的極化率 α 之間的關係。

假設一個晶體的極化強度 **P** 可以表示為單位體積中每一個原子的電矩之和，而每一個電矩又可以表示為原子的極化率 α 與局部電場 $\mathbf{E}_{\text{local}}$ 的乘積，即

$$\mathbf{P} = \sum_j N_j \vec{\mu}_j = \sum N_j \alpha_j \mathbf{E}_{\text{local}} \tag{7.18}$$

對於氣體來說，分子間的作用很小，外加電場 **E** 和局部電場 $\mathbf{E}_{\text{local}}$ 可以看作是相同的。但是對於固體的介電材料來說，介電質中的極化強度會影響局部電場的大小。電磁學的結果顯示：在一個均勻的介電材料中，局部電場等於外加電場與一個跟極化強度有關的電場項之和，這個極化強度是介電質中其他原子所形成的。即

$$\mathbf{E}_{\text{local}} = \mathbf{E} + \frac{\mathbf{P}}{3\epsilon_0} \quad \text{(S)}$$

$$\mathbf{E}_{\text{local}} = \mathbf{E} + \frac{4\pi}{3}\mathbf{P} \quad \text{(G)} \tag{7.19}$$

（7.19）式稱為羅倫茲（Lorentz）關係式。

如果把羅倫茲關係式代入（7.18）式，得到

$$\mathbf{P} = \sum N_j \alpha_j \left(\mathbf{E} + \frac{\mathbf{P}}{3\epsilon_0}\right)$$

因此可以求出電極化率 χ_e 為

$$\chi_e = \frac{P}{\epsilon_0 E} = \frac{\frac{\Sigma N_j \alpha_j}{\epsilon_0}}{1 - \frac{\Sigma N_j \alpha_j}{3\epsilon_0}} \tag{7.20}$$

由於 $\epsilon_r = 1 + \chi_e$，整理後可得

$$\frac{\epsilon_r - 1}{\epsilon_r + 2} = \frac{1}{3\epsilon_0} \sum_j N_j \alpha_j \tag{7.21}$$

這就是克勞休斯—莫索締（Clausius-Mossotti）方程式。這個方程式描述了材料的相對介電常數 ϵ_r 與每一種可極化種類的極化率（polarizability）α_j 及可極化種類之數目 N_j 間的關係。前面已經提到過，在最廣義的情況，有四種可能的極化機理，因此（7.21）式的和應該把這四種機理都包括在內。但是對於不同的交流電場頻率，往往只有某些極化機理產生作用。譬如說，在可見光的頻率範圍（10^{14}Hz 的數量級），只有電子極化起作用，而折射率與相對介電常數的關係爲 $n^2 = \epsilon_r$（相關討論見第八章），因此，

$$\frac{n^2 - 1}{n^2 + 2} = \frac{1}{3\epsilon_0} \Sigma N_e \alpha_e \tag{7.22}$$

（7.22）式中的和只代表各個原子的電子極化率之和。

7.4　非線性介電質

上節所討論的介電質，極化強度與電場呈線性關係。本節所討論的介電材料，這個關係則是非線性（nonlinear）的。在 32 種晶體種類或稱點群（point group）中，有十一種具有與中心對稱（centrosymmetric）的性質，因此不會有自發的極化強度。在剩下的 21 種中，有 20 種受到外加應力時會呈現極化現象，這種性質稱爲壓電性（piezoelectricity）。壓電性因此純粹是與晶體對稱有關的性質。壓電性晶體在加應力時呈現極化現象，反過來說，如果

在壓電晶體加上電場，晶體中的電距會順著電場的方向作調整，調整所引起的原子位移會造成晶體的延長或壓縮，因而有了應變。

在這 20 種壓電晶體中，有 10 種具有自發的極化強度，即不加電場也會有極化強度，但是這種極化現象常爲表面附著的電荷所掩蓋，當晶體加熱時，原子間的距離以一種不對稱的方式增加，極化現象也就顯現出來，這種性質稱爲熱電性（pyroelectricity）。與壓電性一樣，熱電性質也純粹是晶體結構的反映，可以從晶體結構推導出來。在熱電晶體中有一個次群，它們的極化強度方向可以用外加電場來反轉，這種性質稱爲鐵電性（ferroelectricity）。與壓電性和熱電性不同，鐵電性質不能由晶體結構推導出來，必須要經由電性量測來確認。鐵電性的命名，則是由於這種現象與磁性材料中的鐵磁性（ferromagnetism）非常相似而來，這些鐵電材料其實並不一定含鐵。壓電性材料、熱電性材料和鐵電性材料的相屬關係因此顯示如圖 7.7。

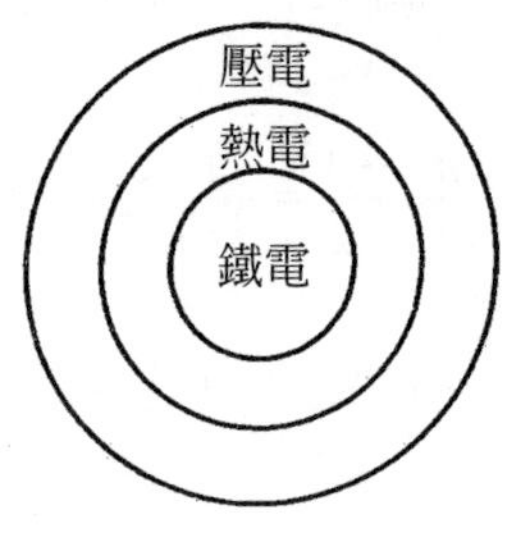

圖 7.7　壓電材料、熱電材料與鐵電材料之間的相屬關係

鐵電性是由於晶體有自發性的電偶而來，這些電偶可以自動排齊同時又可以隨著電場反轉。鐵電性質往往只在某一個溫度範圍內存在，因爲在這個範圍內，鐵電材料以一種非中心對稱的晶體結構存在。在一個臨界溫度 T_C 以上，T_C 稱爲居里溫度，晶體會轉變成一個具有中心對稱的晶體結構，這時候材料就不再具有鐵電性，只有加上電場時，才會有極化強度，這種晶體結構就是順電性（paraelectric）的了。因此，伴隨著從鐵電性到順電性的轉

變，在晶體結構上會有一次相變（phase transformation）。

鈦酸鋇（barium titanate）$BaTiO_3$ 是鐵電材料相變的一個很好的例子。一個鈦酸鋇的正方晶體結構見圖 7.8。這種 ABO_3 形式的分子結構稱爲鈣鈦礦石（perovskite），是由 $CaTiO_3$ 礦而得名。鋇離子（Ba^{2+}）在正方形單胞的角上，氧離子（O^{2-}）在正方面心，鈦離子（Ti^{4+}）在正方中心。在 120℃ 以上，鈦酸鋇是立方晶系（cubic），如圖 7.8(a) 所示，沒有電偶，因此是順電性的。在 120℃ 到 5℃，鈦酸鋇變成四方晶系（tetragonal），在晶體的 [100] 方向有自發極化強度。在 5℃ 到 −80℃，晶體轉變成正交晶系（orthorhombic），極化強度在 [110] 方向，而到了 −80℃ 以下，晶體再轉變成菱面晶系（rhombohedral），極化強度順著晶體的 [111] 方向。因此，鈦酸鋇在 120℃ 以下，分別有三種不同的具有鐵電性質的相。其電偶的來源是由於鈦原子最低能位的位置不是在中心，於是產生了永久性電偶的緣故。在溫度高於 120℃的臨界溫度時，晶格是立方晶系，而且由於有足夠的熱能，鈦原子可以混亂的移動，因此沒有固定的不對稱。在外在電場下才有電矩產生，因此是順電性的。

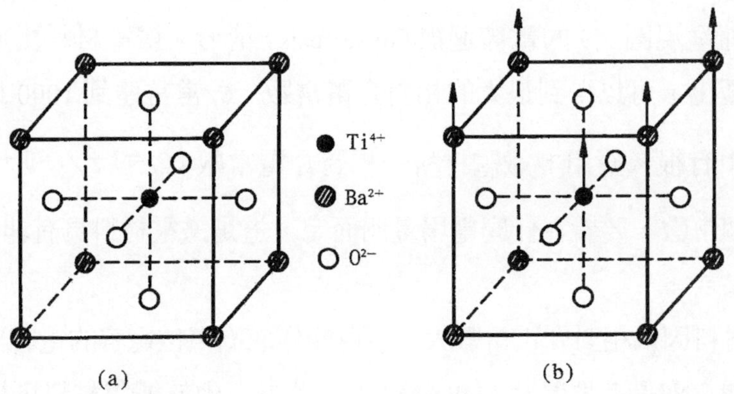

圖 7.8　鈦酸鋇的晶體結構：(a) 在居里溫度以上，(b) 在居里溫度以下

鐵電性材料中有電疇（domain）的存在，即在每個電疇區域內，其極化強度都是順著同一方向的。而相鄰的電疇，極化強度則可能在不同的方向。整體看來有沒有淨極化強度，就要視不同電疇數目的多少和極化強度的方向而定。當有了外加電場時，極化強度順著電場方向的電疇，其體積變大，而反方向的電疇則體積縮小，總的極化強度因而增加。

鐵電材料的極化強度與外加電場的關係因而如圖 7.9 所示。假設在沒有外加電場的時候，極化極度彼此相反的電疇數目接近相等，則總和的極化強度爲零。在加上電場後，由於鐵電電疇的轉換，極化強度增加得很快。等到了高電場強度時，由於幾乎所有的電疇都已與電場對齊，極化強度因而趨向飽和。與鐵磁性質不同的是，如果電場繼續增加，在電疇都已對齊後，還可以把晶格繼續扭曲，使得每單位的極化強度還會有些增加，所以 P-E 曲線並不完全飽和。當電場減小爲零時，極化強度不會回到零，而是停留在一個固定的值，稱爲殘留極化強度 P_r。把高電場的曲線延伸回到零電場，可以得到自發極化強度 P_s。如果沒有一個反方向的電場，已經排齊的電疇就無法回到原先混亂的狀態。這時候必須要加一個反向電場 E_c，才能使極化強度回到零。這個 E_c 電場稱爲矯頑電場（coercive field）。鐵電材料極化強度與電場的關係因而呈現圖 7.9 的電滯迴線（hysteresis）情形。鐵電材料由於電偶自動排齊的極化，可以得到很大的相對介電常數，ϵ_r 常常達到 1000 以上，在電子器件中有很多應用。鐵電材料的相對介電常數 $\left(\epsilon_r = 1 + \chi_e = 1 + \dfrac{P}{\epsilon_0 E}\right)$ 自然不是一個常數，要看在什麼電場量測而定，這是鐵電材料具有非線性 P-E 關係的結果。

鐵電材料因爲相對介電常數大，有可能作成高單位電容的電容器，使用於動態隨機存取儲存器晶片（DRAM）上。此外，由於鐵電材料可以經過不同的偏壓，處於 $+P_r$ 或 $-P_r$ 的狀態，因此也可以作爲非揮發性記憶元件（non-volatile memory）使用，兩者都是目前熱烈研究中的項目。

前述的壓電性材料，由於其獨特的電性以及與機械的耦合性能，在壓力傳感器、擴音器，繼電器等方面有廣泛的應用。

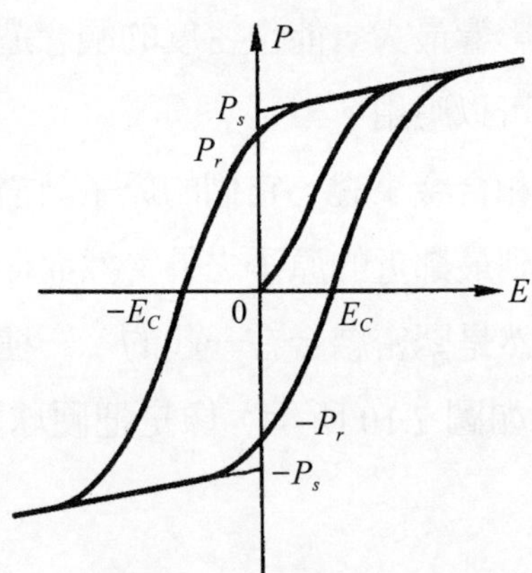

圖 7.9　鐵電材料的電滯迴線

7.5　非晶態材料

非晶態材料，依其摻雜的程度，可以有不同的電導率。在此把它放在絕緣體這一章，是因爲沒有摻雜的非晶態材料，其電導率很低。非晶態材料嚴格說來，應該是指完全沒有什麼晶體結構，沒有週期性，原子完全混亂安排的材料。然而，實際上這樣完全混亂的原子分布是不存在的。因爲原子之間一直都有結合的力量存在。在非晶態材料中，原子安排的規律只及於最近的原子。非晶態材料因此仍有短程秩序（short-range order），而較遠的原子，其確實位置就難以預測。因此沒有長程秩序（long-range order）。實驗上，非晶態材料的 X 光繞射圖形是發散的圓圈，而多晶態材料則有清楚定義的布拉格圓圈。如果材料中有不只一種成分，而不同成分的原子如果在晶格位置上混亂安排，這種成分上的混亂安排叫做組成的失序（compositional disorder）。

由於非晶態固體沒有長程的晶體週期性，我們不能應用布洛赫理論，電子的能位也無法用定義清楚的 **k** 值來描述。但是由於能位密度和能量的關係受到近程電子鍵結構的影響最大，能位密度的觀念還是可以應用的，因此能帶和能隙的觀念也仍然可以應用。

對於非晶態的金屬和合金來說，它們的原子結構基本上沒有方向性。它們的短程秩序不會延伸到最鄰近的原子之外。然而從實驗上所觀察到的密度可知，非晶態的原子仍然是緊密結合在一起的。一種理想的非晶態材料模式是柏納（Bernal）模型，如圖 7.10 所示，像是把硬球緊密而混亂的堆積在一起的情形。

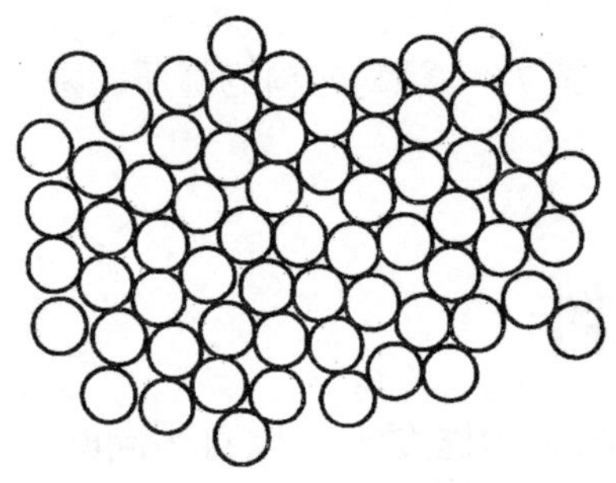

圖 7.10　柏納模型——硬球緊密而混亂的堆積

在非晶態半導體中，原子的安排方式不同，不是以緊密堆積方式排列的。半導體是以共價鍵結合的。因此，非晶態半導體的原子常以一種混亂但卻連續的網絡結構安排。一個原子與距離最近的第三個、甚至第四個原子，都還有某種程度的關聯性，如圖 7.11 所示的非晶矽原子。圖上顯示的矽原子分別有一個或兩個的懸鍵（dangling bond）。

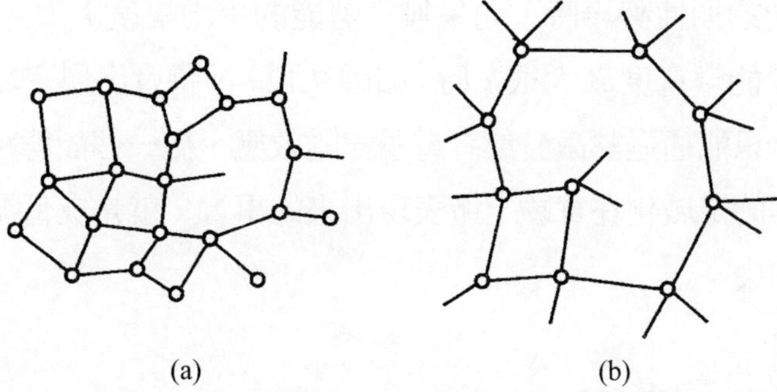

圖 7.11　非晶態半導體中連續而混亂的網絡結構中的缺陷：(a) 有一個懸鍵，(b) 有兩個懸鍵

在非晶態材料中，由於沒有長程秩序，已經不再能使用布洛赫函數。但是因爲非晶態材料仍然保存了短程秩序，因此能帶和能隙的觀念，經過一些修正，仍然可以應用。對於非晶態金屬來說，重要的仍是費米能位相對於能帶的位置。如果費米能位在能帶之中，就有金屬性，如果費米能位在能隙之中，就成爲半導體或絕緣體。對於非晶態金屬來說，雖然費米能位在導帶，有電子可以參與傳輸，但是因爲非晶態材料的無序狀態很嚴重，因此電子的平均自由程很短，只有原子間距離的數量級。因此非晶態金屬的電阻率也比晶態金屬要高得多。對於晶態金屬來說，我們可以把電阻率分成由於聲子碰撞而來的電阻率和由於晶格缺陷而來的電阻率（見第五章）。但是對於非晶態金屬來說，這樣的分法已經不適用。雖然對於大部分的情況來說，電阻率仍然隨著溫度有緩慢上升。

由於非晶態半導體在非晶態材料應用中的重要性，以下討論均以非晶態半導體爲主。在晶態半導體中，電子的分布可以清楚分爲價帶和導帶，而在價帶與導帶之間有明顯的能隙。在能帶之內的電子態是擴展態（extended states），即代表電子的波函數是占據整個晶體體積的。安德森（Anderson）在 1958 年提出了定域態（localized states）的觀念。即在薛丁格方程式中，如果勢能中的無序足夠大，會產生在空間中局限的解。他推導出當一個無序勢能加到三維的週期性勢場時，如果無序勢能的平均幅度 V_o 比晶體理想的週期性勢場電子能帶寬度 B 大很多時（如圖 7.12），將會出現定域態。處於定域態的電子，只能通過熱激發或者電子穿隧效應，從一個能態跳到另外一個能態。電子態的定域化在實驗上所表現出來的事實，就是在低溫的時候，直流電導率的消失。

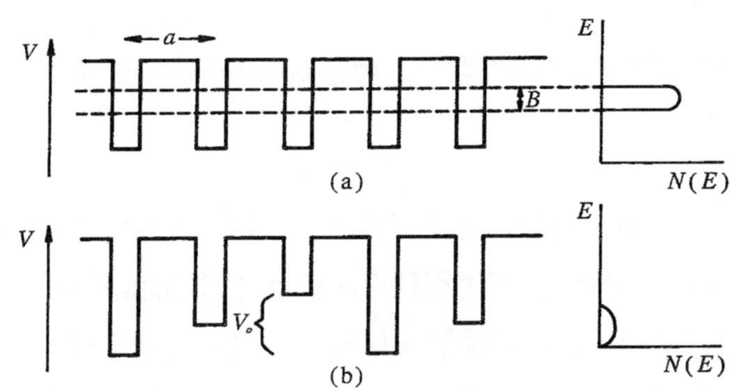

圖 7.12　(a) 一個晶體晶格的位能井，(b) 安德森晶格的位能井，右邊是能位密度 $N(E)$ 示意圖

在安德森的理論基礎上，莫特（Mott）論證，在非晶態材料中由於結構無序所引起的勢能變化，可以導致定域態的形成。這些定域態並不占據能帶中的能量，而是在正常能帶的上面或下面形成一個尾巴，即在價帶頂上或導帶底下形成尾巴態。在擴展態和定域態之間，應該有一個明確的邊界。處於一個區域的定域態電子在溫度為零度時，不會擴散到具有相同勢能的其他區域。

由於實驗的結果指出，許多非晶態半導體的費米能位是被釘扎（pinned）於能隙的中央，而且跟隨溫度的變化不大。為了說明這些電學性質，不同的研究者提出了不同的模型。

1. CFO 模型

這是科恩（Cohen）、弗里徹（Fritzche）和奧弗辛斯基（Ovshinsky）提出的模型，故簡稱 CFO 模型。因爲是基於莫特以前提出的擴展態與定域態有分開的臨界能量理論，因此也稱爲莫特—CFO 模型。在這個模型中，勢能的起伏變化足以在價帶頂和導帶底形成定域的尾巴態，這些尾巴態一直延伸到能隙中，而且彼此交疊，使得在能隙中間有一個可觀的能態密度，如圖 7.13(a) 所示。源自導帶的能態，沒有電子占據的時候是電中性的，而源自價帶的能態，有電子占據的時候才是電中性的。由於兩種定域的尾巴態在能隙中的交疊，使得有些通常填滿的價帶尾巴態能量，高於通常沒有填滿的導帶尾巴態能量，這就必然會發生電子的重新分布，形成在費米能階之上有帶正電的能位，而在費米能階之下有帶負電的能位，這就使得費米能階被釘扎在能隙中央的地方。這個模型的另外一個主要特色是，在能帶之尾存在著「遷移率邊」（mobility edge）的臨界能量。即從擴展態轉變到定域態時，遷移率會下降幾個數量級，因此會出現有遷移率隙的現象。對於在可見光和紅外光區爲透明的非晶態半導體來說，現在看來，CFO 模型的交疊尾巴態大概是不成立的。

2. 有能隙的戴維斯—莫特（Davis-Mott）模型

依照這個模型，定域態尾巴是比較窄的，只伸入能隙之中零點幾個電子伏特，如圖 7.13(b) 所示。由於無序網絡結構的缺陷，如懸鍵和空位等，在靠近能隙中央，還存在一個部分填滿了的缺陷能位帶，中間的能位帶還可能分裂成爲一個施主帶和一個受主帶，這樣它們也會把費米能階釘扎在中間，如圖 7.13(c) 所示，在 E_A 與 E_C 之間和在 E_B 與 E_V 之間是定域態。從擴展態到定域態，遷移率有一個急降。E_C 與 E_V 之間的能量間隔，可以定義爲遷移率隙。圖 7.13(d) 顯示一個有缺陷態的實際玻璃能態示意圖。能態密度不是一直減少地延伸進入能隙，而是有很多個可以彼此分離的峰値。

如果假設了上述的戴維斯—莫特模型，在討論非晶態材料的直流電導率時，就會有三種不同的傳導渠道。

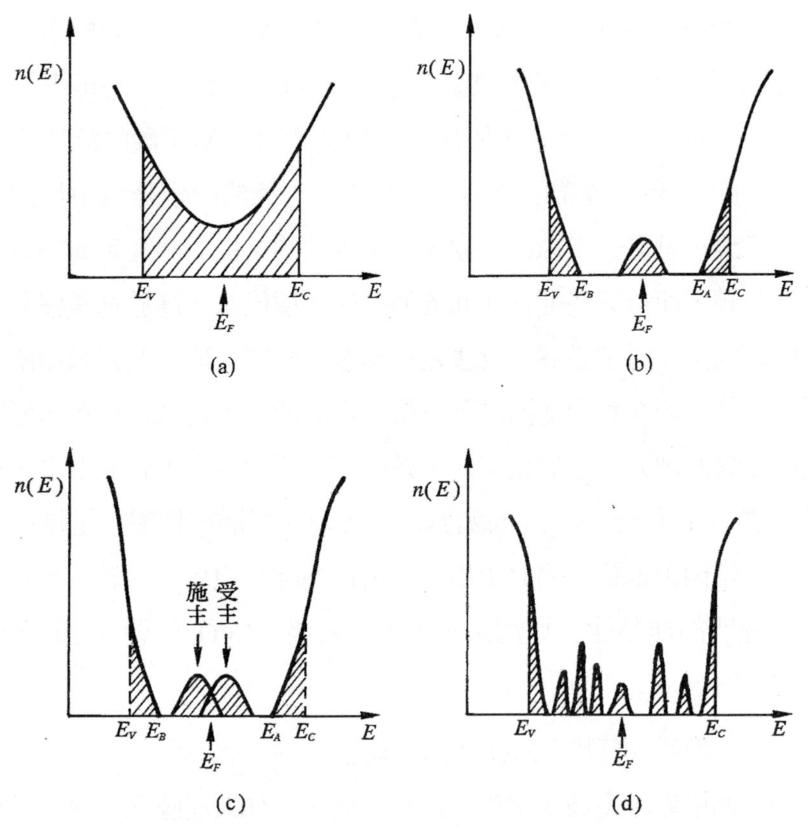

圖 7.13　非晶態半導體能位密度示意圖：(a)CFO 模型，(b) 戴維斯—莫特模型，(c) 修正的戴維斯—莫特模型，(d) 有缺陷態的實際玻璃

(1) 擴展態中的電導

當溫度足夠高時，有足夠的熱能可以把電子激發到遷移率邊以上的擴展態。由於戴維斯—莫特模型中，費米能階位於靠近能隙中央的地方，因此與 E_C 相距足夠遠，可以用波耳茲曼統計來描述電子分布的狀況。電子的電導

率可以表示爲

$$\sigma=\sigma_{\min}\exp\left[-\frac{E_C-E_F}{kT}\right] \tag{7.23}$$

其中 $\sigma_{\min}$ 爲激活過程即將開始，費米能量正好在 E_C 處時的電導率最小值。如果取 $\sigma_{\min}=150\text{ohm}^{-1}\text{cm}^{-1}$，算出來的遷移率約在 $20\text{cm}^2/\text{V.s}$ 左右。

(2) 帶尾的電導

當溫度稍高，熱能剛好足夠將電子激發到接近遷移率邊的定域態。因爲波函數是定域化的，電導要靠熱激發的跳躍來產生，通過熱協助穿隧效應從一個定域態跳到另一個定域態。電子每次跳躍都需要與聲子交換能量。由這種機理得到的電導率與溫度有下列關係

$$\sigma=\sigma_o\frac{kT}{\Delta E}C_1\exp\left[-\frac{(E_A-E_F+W)}{kT}\right] \tag{7.24}$$

其中

$$C_1=1-\exp\left(-\frac{\Delta E}{kT}\right)\left[1+\left(\frac{\Delta E}{kT}\right)\right] \tag{7.25}$$

式中 E_A-E_F 代表把電子激發到能量爲 E_A 的定域態所需要的能量，W 是穿隧跳躍過程中所需的激發能，$\Delta E=E_C-E_A$。推論出來的遷移率在 $10^{-2}\text{cm}^2/\text{V}\cdot\text{s}$ 的數量級，比擴展態的遷移率至少下降 100 倍。

(3) 費米能階附近的定域態傳導

在戴維斯－莫特模型中，費米能階是位於定域態能帶之中，載子只能經由聲子協助的穿隧效應在這些能態之間運動。在一個電子被聲子從一個定域態散射到另一個定域態的情況下，跳躍的頻率 ν 由下面三個因子決定：

① 找到一個能量等於 W 聲子的機率，由波耳茲曼因數 $e^{-W/kT}$ 得到。

② 參與跳躍過程的聲子頻率 ν_{ph}。

③ 電子從一個態轉移到另一個態的機率，這與波函數的交疊程度有

關，由 $\exp(-2\alpha\bar{R})$ 式給出。$\bar{R}$ 是平均跳躍距離，α 則是表示波函數在某一個位置衰減速率的代表量。如果 R 是跳躍距離，

$$\bar{R}=\frac{\int_0^R r^3dr}{\int_0^R r^2dr}=\frac{3}{4}R \tag{7.26}$$

而電子跳躍的頻率 ν 可以表示為

$$\nu=\nu_{ph}\exp\left(-2\alpha\bar{R}-\frac{W}{kT}\right) \tag{7.27}$$

由於愛因斯坦關係式，

$$\mu=\frac{De}{kT} \tag{7.28}$$

根據擴散理論

$$D=\frac{1}{6}\nu R^2 \tag{7.29}$$

電導率因此可以寫為

$$\sigma=\frac{1}{6}e^2\nu R^2D(E_F) \tag{7.30}$$

其中 $D(E_F)$ 是費米能階附近的態密度，在（7.30）式中用了 $D(E_F)kT$ 代表對電導率有貢獻的電子數。將（7.27）式代入（7.30）式，可以得到電導率為

$$\sigma=\frac{1}{6}e^2R^2\nu_{ph}D(E_F)\exp(-2\alpha\bar{R})\exp(-W/kT) \tag{7.31}$$

當溫度下降時，聲子的數目和能量減少，電子為了找到比近鄰更強而有力的束縛位置，而趨向於跳躍更大的距離，這種機理稱為變程跳躍（variable range hopping）。爲了要求出最可能的跳躍距離，可以作下列估計：如果 $D(E)$ 是每單位體積每單位能量間隔內的態密度，那麼與某一特定原子相距 R 範圍內，具有能量差爲 W 的能態數目爲 $\frac{4\pi}{3}R^3D(E)W$。電子只有在至少有一個它可以進入的能位時，才能離開原來的位置，因此在費米能階附近，能態之間平均的能量間隔可以估計爲

$$W=\frac{1}{\frac{4\pi}{3}R^3D(E_F)} \tag{7.32}$$

跳躍機率因而可以寫爲

$$\nu=\nu_{ph}\exp\left\{-2\alpha\bar{R}-\left(\frac{4}{3}\pi D(E_F)R^3kT\right)^{-1}\right\} \tag{7.33}$$

要求得最可能的跳躍距離，可以把上式的指數當作 R 的函數，求其極小值，可得

$$R=\frac{3^{1/4}}{[2\pi\alpha D(E_F)kT]^{1/4}} \tag{7.34}$$

將（7.32）、（7.34）式代入（7.31）式，可得

$$\sigma=\sigma_0\,(T)\,\exp\left[-\left(\frac{T_0}{T}\right)^{1/4}\right] \tag{7.35}$$

T_0 爲一個數值因子。上式代表當溫度足夠低，電子通過跳躍到距離較遠、但能量間隔較小的定域態，而對電導率的貢獻。這種變程跳躍的特點是具有 $\exp\left[-\left(\frac{T_0}{T}\right)^{1/4}\right]$ 的溫度關係。不過，這個變程跳躍的推導包含許多簡化的假定，實驗與理論的結果還有一些出入。

習題

1. 一個由兩個同心金屬球所組成的電容器，其半徑分別爲 2 公分及 4 公分，中間由相對介電常數 ϵ_r 爲 22 的材料所填滿，試求電容器的電容爲多少？
2. 假設蒸氣狀態的 NaCl 分子由 Na^+ 和 Cl^- 離子組成，兩者的距離爲 2.5Å。NaCl 蒸氣分子的電偶極矩爲多少？
3. 一個氣體分子電偶極矩是 5×10^{-29}coul・m，試計算：(a) 這個電偶極矩在 2×10^5V/m 電場中的位能，(b) 在室溫之下 kT 的能量與這個位能的比例。
4. 如果在 600K 量測得到的 NaCl 電導率爲 $10^{-4}\Omega^{-1}\cdot m^{-1}$，假設只有 Na^+ 離子對於 NaCl 的電導有貢獻，試求在 NaCl 中，鈉離子的擴散係數爲何？
5. 一個長度非常長的平行板電容器，兩片板上各有每單位面積爲 $+\sigma$ 和 $-\sigma$ 的表面電荷密度，兩片板中間填有一個電極化率爲 χ、極化強度爲 P 的均勻各向同性介電質。試求介電質中的 (a) 極化電場強度、(b) 總和電場強度。
6. 一個平行板電容器中填滿了相對介電材料爲 $\epsilon_r = 6$ 的材料，其原子密度爲 $3.67\times10^{28}/m^3$，(a) 計算這種材料的原子極化率 α，(b) 如果平行板上的電荷產生了一個 2×10^3V/m 的電場，計算在介電質原子處的局部電場，(c) 在這個電場中的原子電偶極矩。
7. Na^+ 離子的電子極化率 α_e 爲 3.47×10^{-41}F-m^2，Cl^- 離子的電子極化率爲 3.41×10^{-40}F-m^2，而 NaCl 離子對的離子極化率 α_i 爲 3.56×10^{-40}F-m^2，(a) 使用克勞休斯—莫索締方程式求 NaCl 的相對介電常數。NaCl 的晶體是面心立方結構，其晶格常數爲 5.63Å。(b) 如果加上一個 1200V/m 的電場，NaCl 離子對的局部電場是多少？
8. 一個極性分子每分子有 3.5×10^{-26}C・m 的永久電偶極矩，其分子密度爲 1.6×10^{28} 分子/m^3，假設朗之萬（Langevin）的轉向極化理論可以成立，(a) 計算飽和極化強度，(b) 室溫下，在一個 2.5×10^4V/m 的電場中的極化強

度 P。

9. 一種呈面心立方結構的金屬，也可以形成非晶態材料。如果其非晶體材料的密度比晶態材料低 15%，假設這兩種材料最近的原子距離是相同的，試求非晶態材料原子填充空間的體積百分比。

本章主要參考書目

1. C. Kittel, Introduction to Solid State Physics (1986).
2. J. Christman, Fundamentals of Solid State Physics (1988).
3. A. Dekkar, Solid State Physics (1957).
4. N. Mott and E. Davis, Electronic Processes in Non-crystalline Materials (1979).

第八章

光學性質

1 電磁波的傳播
2 光學性質的原子理論
3 光學性質的量子理論

8.1 電磁波的傳播

光學性質的基本原理是光與材料中價電子的作用，因此前面幾章所討論的固體電子理論也同樣是光學性質的基礎，我們先用一種原子理論來解釋觀察到的光學性質，再用量子力學，特別是能帶理論，來補正原子理論未能正確解釋的部分。光波也是一種電磁波，所以要討論材料的光學性質時，需要先從電磁波在固體中的傳播討論起。

首先，我們要定義一些光學常數。

8.1.1 折射率

當光由一個光學上講比較「疏」的材料，進入一個光學上比較「密」的材料時，可以觀察到，在這個比較密的材料中，折射光與表面法線方向夾角，也就是折射角 r 比入射角 i 爲小（見圖 8.1），這稱爲史耐爾（Snell）定律。我們定義一個折射率（index of refraction）n 來顯示材料的折射性能

$$\frac{\sin i}{\sin r}=\frac{n_2}{n_1} \tag{8.1}$$

在最簡單的狀況，如果「疏」的材料是眞空，而且把眞空的折射率定義爲 1，則

$$\frac{\sin i}{\sin r}=n \tag{8.2}$$

由於空氣的折射率 1.0003，因此只要精確度不要到小數點第三位以下，空氣的折射率可以看作是 1。

把材料放在一個電場中的時候，電場會在材料中導致電偶（electric dipole）的產生，而電偶所形成的電場，其作用是與外加電場相反的。電場傳動的速度因而減低。電場傳動的方向也有一個相應的改變，這種稱爲折射的現

象，對所有的電磁波都是成立的。對於光波來說，折射是由於在兩種不同物質中，不同光速造成的

$$\frac{\sin i}{\sin r}=\frac{c_{\text{vac}}}{c_{\text{med}}} \tag{8.3}$$

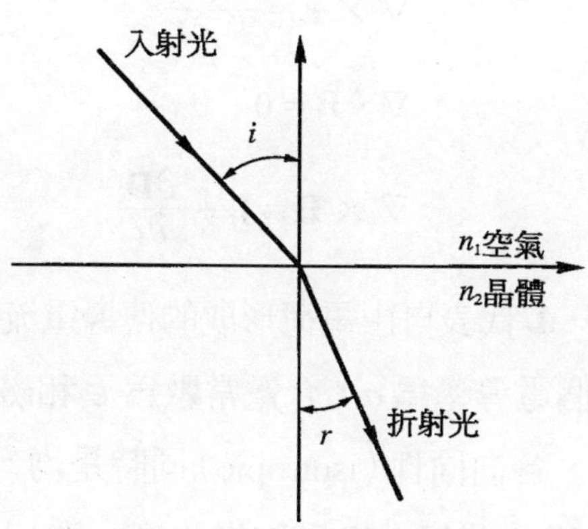

圖 8.1　光的入射示意圖

c_{vac} 和 c_{med} 分別是光波在眞空中和材料中的速度。

因此，當光由眞空中進入物質中時，

$$n=\frac{c_{\text{vac}}}{c_{\text{med}}}=\frac{c}{v} \tag{8.4}$$

折射率的大小與入射光的波長有關，這種性質叫做色散（dispersion）。

8.1.2 電磁波方程式

麥克斯韋方程式的普遍形式為

$$\nabla \cdot \mathbf{D} = \rho_f \tag{8.5}$$

$$\nabla \times \mathbf{E} = -\frac{\partial \mathbf{B}}{\partial t} \tag{8.6}$$

$$\nabla \cdot \mathbf{B} = 0 \tag{8.7}$$

$$\nabla \times \mathbf{H} = \mathbf{J}_f + \frac{\partial \mathbf{D}}{\partial t} \tag{8.8}$$

其中 ρ_f 代表自由電荷，$\mathbf{J}_f$ 代表自由電荷形成的傳導電流。

如果電磁波在一個電導率為 σ，介電常數為 ϵ 和磁導率為 μ 的物體中傳播，假設材料是線性，各向同性（isotropic）同時是均勻的。依照電磁學，**B** 為磁通量密度，**M** 為磁化強度，**H** 為磁場強度。進一步的討論，可見第九章。這時

$$\mathbf{D} = \epsilon_0 \mathbf{E} + \mathbf{P} = \epsilon_r \epsilon_0 \mathbf{E} = \epsilon \mathbf{E} \tag{8.9}$$

$$\mathbf{B} = \mu_0 (\mathbf{H} + \mathbf{M}) = \mu_r \mu_0 \mathbf{H} = \mu \mathbf{H} \tag{8.10}$$

（8.9）式和（8.10）式的 ϵ 和 μ 就只是一個標量（scalar）。其中 ϵ_r 為相對介電常數，或稱相對電容率（relative permittivity），μ_r 為相對磁導率（relative permeability）。如果是導體，則

$$\mathbf{J}_f = \sigma \mathbf{E} \tag{8.11}$$

討論電磁波在材料中的傳播時，就需要把麥克斯韋方程式和顯示材料性質的方程式（8.9）、（8.10）、（8.11）結合起來。如果把（8.9）、（8.10）和（8.11）式代入麥克斯韋方程式，可以得到

$$\nabla \cdot \mathbf{E} = \frac{\rho_f}{\epsilon} \tag{8.12}$$

$$\nabla \times \mathbf{E} = -\frac{\partial \mathbf{B}}{\partial t} \tag{8.13}$$

$$\nabla \cdot \mathbf{B} = 0 \tag{8.14}$$

$$\nabla \times \mathbf{B} = \mu \sigma \mathbf{E} + \mu \epsilon \frac{\partial \mathbf{E}}{\partial t} \tag{8.15}$$

現在如果假設討論的材料中沒有自由電荷 $\rho_f = 0$，則 $\nabla \cdot \mathbf{E} = 0$。在（8.12）至（8.15）式中消去 **B** 或 **E**，可以得到電磁波的傳播方程式。對（8.13）式作 $\nabla \times (\nabla \times \mathbf{E})$ 的運作，再將（8.15）式代入，由於 $\nabla \times (\nabla \times \mathbf{E}) = \nabla(\nabla \cdot \mathbf{E}) - \nabla^2 \mathbf{E}$ 得到

$$\nabla^2 \mathbf{E} - \mu \sigma \frac{\partial \mathbf{E}}{\partial t} - \mu \epsilon \frac{\partial^2 \mathbf{E}}{\partial t^2} = 0 \tag{8.16}$$

對 **B** 也可以得到完全相同的方程式，

$$\nabla^2 \mathbf{B} - \mu \sigma \frac{\partial \mathbf{B}}{\partial t} - \mu \epsilon \frac{\partial^2 \mathbf{B}}{\partial t^2} = 0 \tag{8.16a}$$

（8.16）式和（8.16a）式是決定光波在物質中傳播的重要方程式。大部分的光學材料都是非磁性的，因此，可以用 $\mu = \mu_r \mu_0 = \mu_0$ 來近似。如果要清楚看到極化強度和傳導電流對電磁波的影響，可以用 $\mu = \mu_0$ 和 $\epsilon \mathbf{E} = \epsilon_0 \mathbf{E} + \mathbf{P}$ 以及 $\mathbf{J} = \sigma \mathbf{E}$，將（8.16）式寫爲

$$\nabla^2 \mathbf{E} = \mu_0 \frac{\partial \mathbf{J}}{\partial t} + \mu_0 \epsilon_0 \frac{\partial^2 \mathbf{E}}{\partial t^2} + \mu_0 \frac{\partial^2 \mathbf{P}}{\partial t^2}$$

即

$$\nabla^2 \mathbf{E} - \frac{1}{c^2} \frac{\partial^2 \mathbf{E}}{\partial t^2} = \mu_0 \frac{\partial \mathbf{J}}{\partial t} + \mu_0 \frac{\partial^2 \mathbf{P}}{\partial t^2} \tag{8.17}$$

其中使用了

$$c^2=\frac{1}{\mu_0\epsilon_0}$$

的關係式，(8.17)式右邊的兩項，分別代表材料中傳導電流和極化強度的影響。在非導體材料中，重要的是 $\mu_0\dfrac{\partial^2\mathbf{P}}{\partial t^2}$，許多光學現象包括色散、吸收等，都與此有關。在金屬材料中，重要的是 $\mu_0\dfrac{\partial\mathbf{J}}{\partial t}$，金屬的不透明性和高反射率，都可由此得到解釋。對於半導體，兩項都必須列入考慮。所得到的結果相當複雜。半導體光學性質比較精確的討論，因此要用到量子理論。

8.2 光學性質的原子理論

在上一節討論光學常數時所提出的討論，對於物質的結構並沒有做任何假設，也就是說，這些理論只考慮了宏觀的數量，是一種連續介質理論。這樣導出的方程式，其適用範圍只有在物質的原子結構並不扮演任何角色時才能成立。所以，從經驗得到的哈根－魯本斯(Hagen-Rubens)方程式，即反射率 $R\cong 1-\dfrac{2}{n}\cong 1-\sqrt{\dfrac{8\omega\epsilon_0}{\sigma}}$ 可以由連續介質理論推出，而且在遠紅外光區域與實驗結果頗爲符合，然而，進入較高的頻率範圍，即到了近紅外光和可見光範圍，當頻率增加時，實驗所得的反射率就比哈根－魯本斯方程式所預測降低的要快(見圖 8.2)。因此，在可見光和近紅外光區就需要改進理論來解釋光學性質。在此應該指出，10^{13}sec^{-1} 的遠紅外光，其波長爲 30 微米，可見光的波長則在 0.6 微米左右。波長愈短，與原子間距的數量級愈接近，表示物質的原子結構愈不能忽略了。

杜魯德(Drude)提出的自由電子理論爲解釋光學現象邁出了一大步。假設金屬中的價電子可以視爲自由電子，而且這些自由電子可以由一個外加電場加速。如果考慮到晶格並不是完全完美的，電子在運動中會與一些金屬原子發生碰撞的現象也包括進去，那麼這個杜魯德模型可以進一步得到改進。

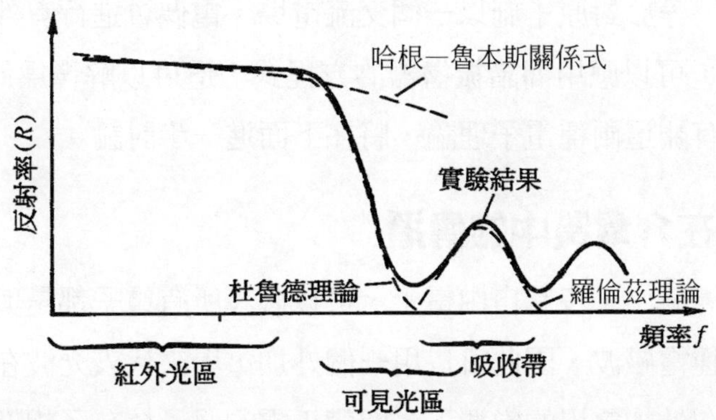

圖 8.2　金屬反射率與頻率關係示意圖，顯示實驗和三種不同模型的結果，實驗結果以實線表示（資料來源：參考書目 II －1）

光是一種電磁波，在晶體中可以產生交流電場，電子在這個交流電場中會進行週期性的運動。晶格中的不完美處與電子運動的碰撞可以用一個類似摩擦力的作用來代表。光學常數作為頻率的函數，這個方程式的形式與熟知的振動方程式類似，在計算中使用一個阻尼項來代表電子與原子間的作用，這個阻尼項假設為與電子的速度成正比。這種自由電子理論，對於光學常數的色散現象，比不討論原子現象的連續介質理論解釋得要好。這可以從圖 8.2 上看出來。圖 8.2 顯示某一種金屬材料的反射率光譜效應。連續介質理論的哈根－魯本斯關係式只能解釋實驗結果到 $10^{13}sec^{-1}$ 左右。而杜魯德理論則可以正確描述反射率的光譜效應，直到可見光區域。在更高的頻率，實驗得到的反射率有起伏，這樣的吸收帶，用杜魯德自由電子理論也無法解釋，必須再引用更進一步的理論，那就是羅倫茲（Lorentz）束縛態電子理論。

羅倫茲假設電子應該可以認為是與它們的原子核連結在一起，外加的電場會把電子雲的負電荷與原子核的正電荷中間，造成一個位移。換言之，一個原子在外加電場之下，變成了一個電偶（electric dipole）。同時，還會有一個回復力（retracting force），要消除這些電荷的相對位移。因此，如果對一個固體照光，等於對原子施以一個交流電場，電偶會進行有外力的振盪，在這種情形下，可以應用簡諧振盪器的方程式，這可以解釋爲什麼圖 8.2 上會有吸收帶。有關這兩種電子理論，將在下面進一步討論。

8.2.1 光波在介電質中的傳播

在一個非導體中，沒有自由電子，可以假設所有電子都是與原子緊密連結的。光是一種電磁波，因此可以用一個外加電場來代表光波在介質中傳播的影響。電子在外加電場的影響下，與帶正電的原子核有了相對的位移。電荷分離後，會有一個靜電力企圖阻止這種位移。電子因此可以假設爲在受力下做振盪。在經典理論中，因而可以用簡諧振盪器的方程式來描述電子的運動，而電子與原子核的相對位移，就導致了極化。

如果電子的位移用 $\mathbf{r}$ 表示，電子的電荷爲 $-e$，每單位體積的電子數爲 N，則極化強度可以寫爲

$$\mathbf{P} = -Ne\mathbf{r} \tag{8.18}$$

如果靜電的回復力用 $\eta\,\mathbf{r}$ 代表，η 是一個回復力係數，電子的運動方程式可以寫爲

$$m\frac{d^2\mathbf{r}}{dt^2} + m\gamma\frac{d\mathbf{r}}{dt} + \eta\mathbf{r} = -e\mathbf{E} \tag{8.19}$$

其中 $m\gamma\frac{d\mathbf{r}}{dt}$ 代表振盪器的一個阻尼（damping）力，與電子的速度成比例。如果電場可以表示爲 $\mathbf{E} = \mathbf{E}_0 e^{i(\mathbf{k}\cdot\mathbf{r} - \omega t)}$，而電場傳播的方向是 z 方向，那麼 $\mathbf{E}$ 可以表示爲

$$\mathbf{E} = \mathbf{E}_0 e^{i(kz - \omega t)} \tag{8.20}$$

其中 k 代表波矢，ω 爲角頻率。假設電子的運動也與電場有相同的頻率，從(8.19)式可得

$$(-m\omega^2 - i\omega m\gamma + \eta)\mathbf{r} = -e\mathbf{E} \tag{8.21}$$

所以，由(8.18)式，

$$\mathbf{P} = \frac{Ne^2}{(-m\omega^2 - i\omega m\gamma + \eta)}\mathbf{E} \tag{8.22}$$

(8.22)式一般寫爲

$$\mathbf{P} = \frac{Ne^2/m}{\omega_0^2 - \omega^2 - i\omega\gamma}\mathbf{E} \tag{8.23}$$

其中 ω_0 定義爲

$$\omega_0 = \sqrt{\frac{\eta}{m}} \tag{8.24}$$

是束縛電子的共振頻率。

從(8.23)式，可以利用

$$\mathbf{P} = \chi_e \epsilon_0 \mathbf{E} \tag{8.25}$$

得到相對介電常數 ϵ_r。

$$\epsilon_r = 1 + \chi_e = 1 + \frac{\mathrm{P}}{\epsilon_0 \mathrm{E}} = 1 + \frac{Ne^2}{m\epsilon_0} \cdot \frac{1}{(\omega_0^2 - \omega^2 - i\omega\gamma)} \tag{8.26}$$

這裡很明顯的，如果 ω 不爲零，則 ϵ_r 成爲一個複數，複數的 ϵ_r 如果用 $\hat{\epsilon}_r$ 代表，$\hat{\epsilon}_r$ 可以寫成

$$\hat{\epsilon}_r(\omega) = \epsilon_1(\omega) + i\epsilon_2(\omega) \tag{8.27}$$

$\epsilon_1(\omega)$ 和 $\epsilon_2(\omega)$ 分別是 $\hat{\epsilon}_r$ 的實數和虛數部分，也都是頻率 ω 的函數。

在另一方面，極化對光波傳播的影響可以從方程式（8.16）導出。對於介電質，可以讓 $\mu_0 \dfrac{\partial \mathbf{J}}{\partial t}$ 項爲零，同時 **P** 正比於 **E**，而且介電質中沒有自由電荷 $\rho_f = 0$，$\nabla \cdot \mathbf{E} = 0$。由於 $\nabla \times (\nabla \times \mathbf{E}) = \nabla(\nabla \cdot \mathbf{E}) - \nabla^2\mathbf{E}$，（8.17）式成爲

$$\nabla^2\mathbf{E} = \frac{1}{c^2}\left[1 + \frac{Ne^2}{m\epsilon_0}\left(\frac{1}{\omega_0^2 - \omega^2 - i\gamma\omega}\right)\right]\frac{\partial^2\mathbf{E}}{\partial t^2} \tag{8.28}$$

把假設的 **E**（8.20）式代入（8.28）式，電場的傳播是在 z 方向，得到

$$k^2 = \frac{\omega^2}{c^2}\left[1 + \frac{Ne^2}{m\epsilon_0}\left(\frac{1}{\omega_0^2 - \omega^2 - i\gamma\omega}\right)\right] \tag{8.29}$$

因爲（8.29）式的分母有複數項，因此波矢 k 也是一個複數，如果讓

$$k = \alpha + i\beta \tag{8.30}$$

α 和 β 均爲實數。

則（8.20）式要寫成爲

$$\mathbf{E} = \mathbf{E}_0 e^{-\beta z} e^{i(\alpha z - \omega t)} \tag{8.31}$$

由於電磁波的能量與 $|\mathbf{E}|^2$ 成正比，因此光強度在進入介電質後，隨 $e^{-2\beta z}$ 而下降。

電磁波在眞空中的傳播，其方程式爲

$$\nabla^2\mathbf{E}=\mu_0\,\epsilon_0\,\frac{\partial^2\mathbf{E}}{\partial t^2} \tag{8.32}$$

所以光波的速度 c 爲

$$c=(\mu_0\,\epsilon_0)^{-\frac{1}{2}} \tag{8.33}$$

在一個非導體中，$\sigma=0$，由（8.16）式可以看出，電磁波傳播的方程式相同，只是速度 v 成爲

$$v=(\mu\,\epsilon)^{-\frac{1}{2}} \tag{8.34}$$

光波在眞空中和在材料中的速度之比，亦即是折射率 n，因此是

$$n=\frac{c}{v}=\left(\frac{\mu_r\mu_0\epsilon_r\epsilon_0}{\mu_0\epsilon_0}\right)^{\frac{1}{2}}=(\mu_r\epsilon_r)^{\frac{1}{2}} \tag{8.35}$$

對於大部分非磁性的材料，可以讓 $\mu_r=1$，因此折射率等於相對介電常數的平方根

$$n=\sqrt{\epsilon_r} \tag{8.36}$$

現在根據（8.26）式，ϵ_r 在廣義的狀況是一個複數，因此 n 廣義的說，也要寫成一個複數。如果我們用大寫的 $\hat{N}$ 代表複數的折射率，

$$\hat{N}=n(\omega)+iK(\omega) \tag{8.37}$$

請注意，此處的 K 爲大寫，與前面小寫的 k 是波矢不同。

同樣的情形也可以從 $n=\frac{c}{v}$ 的關係推論出來。因爲 k 爲複數，而光波的速度寫成 $v=\frac{\omega}{k}$，也可以寫爲複數，因此

$$\hat{N}=\frac{c}{v}=\frac{c}{\omega/k}=\frac{ck}{\omega}=\frac{c}{\omega}(\alpha+i\beta) \tag{8.38}$$

比較（8.37）和（8.38）式，

$$n(\omega)=\frac{c}{\omega}\alpha \tag{8.39}$$

$$K(\omega)=\frac{c}{\omega}\beta \tag{8.40}$$

由於 $K(\omega)$ 與 β 成正比，與光進入材料後的消減有關，因此稱爲消光係數（extinction coefficient）。

而（8.36）式 $n=\sqrt{\epsilon_r}$ 在更廣義的情況下，當兩者都是複數時，也是成立的，即

$$\hat{N}^2=\hat{\epsilon}_r \tag{8.41}$$

根據（8.38）式和（8.29）式，

$$\hat{N}^2=[n(\omega)+iK(\omega)]^2=1+\frac{Ne^2}{m\epsilon_0}\left(\frac{1}{\omega_0^2-\omega^2-i\gamma\omega}\right)=\hat{\epsilon}_r \tag{8.42}$$

因此可以得到

$$\epsilon_1(\omega)=n^2(\omega)-K^2(\omega)=1+\frac{Ne^2}{m\epsilon_0}\left[\frac{\omega_0^2-\omega^2}{(\omega_0^2-\omega^2)^2+\gamma^2\omega^2}\right] \tag{8.43}$$

$$\epsilon_2(\omega)=2n(\omega)K(\omega)=\frac{Ne^2}{m\epsilon_0}\left[\frac{\gamma\omega}{(\omega_0^2-\omega^2)^2+\gamma^2\omega^2}\right] \tag{8.44}$$

可以用這兩個式子得到光學參數 $n(\omega)$ 和 $K(\omega)$。

對於實際的材料，這些束縛的電子在不同的地方可能會有不同的振盪頻率，（8.42）式要推廣爲

$$\hat{N}^2 = 1 + \frac{Ne^2}{m\epsilon_0}\sum_j\left(\frac{f_j}{\omega_j^2 - \omega^2 - i\gamma_j\omega}\right) \tag{8.42a}$$

f_j 稱爲振盪器強度（oscillator strength），或稱振子強度。

8.2.2　光波在導體中的傳播

在一個導體中，有自由電子。自由電子的運動，仍然會有阻尼的摩擦力項 $m\gamma\dfrac{d\mathbf{r}}{dt}$。但是因爲自由電子不是束縛住的，因此沒有靜電回復力項。導體電子的運動方程式因此更爲簡單，可以寫成

$$m\frac{d^2\mathbf{r}}{dt^2} + m\gamma\frac{d\mathbf{r}}{dt} = -e\mathbf{E} \tag{8.45}$$

因此其解由（8.20）式可得爲

$$(-m\omega^2 - i\omega m\gamma)\mathbf{r} = -e\mathbf{E} \tag{8.46}$$

極化強度爲

$$\mathbf{P} = \frac{-Ne^2}{m\omega^2 + i\omega m\gamma}\mathbf{E} \tag{8.47}$$

複數的相對介電常數 $\hat{\epsilon}_r$ 因而是

$$\hat{\epsilon}_r = 1 - \frac{Ne^2/\varepsilon_0}{m\omega^2 + im\omega\gamma} \tag{8.48}$$

另一方面，如果將（8.20）式代入（8.16）式的普遍形式，可得

$$k^2 = \omega^2\mu\epsilon + i\omega\mu\sigma \tag{8.49}$$

如果讓　$k = \alpha + i\beta$

可得

$$\alpha=\omega\sqrt{\frac{\mu\epsilon}{2}}\left[\sqrt{1+\left(\frac{\sigma}{\omega\epsilon}\right)^2}+1\right]^{1/2}$$

$$\beta=\omega\sqrt{\frac{\mu\epsilon}{2}}\left[\sqrt{1+\left(\frac{\sigma}{\omega\epsilon}\right)^2}-1\right]^{1/2} \tag{8.51}$$

當 $\sigma=0$ 時，$\alpha=\omega\sqrt{\mu\epsilon}=\omega/v$，$\beta=0$，即非導體的狀況。

從（8.48）式和 $\hat{N}^2=\hat{\epsilon}_r=[n(\omega)+iK(\omega)]^2$，可以得到

$$\epsilon_1(\omega) = n^2(\omega)-K^2(\omega) = 1-\left(\frac{Ne^2}{m\epsilon_0}\right)\frac{1}{\omega^2+\gamma^2} = 1-\frac{\omega_p^2}{\omega^2+\gamma^2} \tag{8.52}$$

$$\epsilon_2(\omega) = 2\,n(\omega)\,K(\omega) = \left(\frac{Ne^2}{m\epsilon_0}\right)\frac{1}{\omega^2+\gamma^2}\left(\frac{\gamma}{\omega}\right) = \frac{\omega_p^2}{\omega^2+\gamma^2}\cdot\left(\frac{\gamma}{\omega}\right) \tag{8.53}$$

其中 $\omega_p=\sqrt{\dfrac{Ne^2}{m\epsilon_0}}$ 稱爲電漿頻率（plasma frequency），或等離子體頻率。

在以上討論中，我們假定非導體的電子是束縛住的，而導體有自由電子。對於不良導體和半導體而言，兩者的影響都要包括進來，如果自由電子的阻尼項用 γ' 代表，以示分別，在這種情形下，複數的折射率在經典理論中可以表示爲

$$\hat{N}^2=1-\frac{\omega_p^2}{\omega^2+i\omega\gamma'}+\frac{Ne^2}{m\epsilon_0}\sum_j\left(\frac{f_j}{\omega_j^2-\omega^2-i\gamma_j\omega}\right) \tag{8.54}$$

8.3 光學性質的量子理論

在前一節，用假設電子作用起來像粒子的方式解釋光學現象。問題是，對於金屬和頻率較低的紅外光範圍，使用了金屬中的電子像是自由電子這樣的觀念。而對於介電質和更高頻率的可見光和紫外光範圍的吸收帶，卻

要用束縛態電子的簡諧振盪器來解釋。不容易了解為什麼電子在低頻時像是自由電子，而在高頻時像是束縛的電子。這個問題只能用量子力學才能得到滿意的解釋。

8.3.1 光吸收所引起的能帶間電子躍遷

在量子理論中，是以晶體有能帶結構來解釋光學性質的。當有足夠能量的光子照在固體上時，只要有未占滿的高能位，晶體中的電子可以激發到較高的能位。對於這種躍遷，電子和光子的總動量必須維持固定。在光波的頻率範圍，一個光子的動量，比起電子要小得多。因此它的波矢，也比電子的小得多。因此 k_{photon} 比起布里淵區的直徑要小很多。舉個例就可以說明這一點，光子的動量為 $p = \hbar k_{\text{photon}}$，而 $k_{\text{photon}} = \frac{2\pi}{\lambda}$，對於 600nm 的可見光，$k_{\text{photon}}$ 因此是在 10^5cm^{-1} 的數量級，而電子的波矢與布里淵區的直徑 $\frac{2\pi}{a}$ 屬於同一個數量級，對於晶格間距為數個 Å 的晶體來說，電子的波矢應該是 10^8cm^{-1} 的數量級。因此光子的動量比電子的動量小很多。所以在圖 8.3 的能帶圖上，光子的波矢 k_{photon} 比布里淵區的直徑小很多。電子從低能位到高能位的躍遷，如果維持 k 值固定，叫做「直接能帶間躍遷」(direct interband transition)，在8.3圖上，是垂直的躍遷。金屬的光譜即主要是由直接能帶間躍遷組成。

金屬中也可以有「非直接能帶間躍遷」(indirect interband transition)。如圖 8.4 所示。這種躍遷要牽涉到聲子。因為電子躍遷前和躍遷後的波矢不同，為了波矢(或動量)的守恆，需要引進聲子的作用。聲子的能量 $\hbar\omega$ 很小，在矽、鍺和砷化鎵中，ω 均在 10^{12}Hz 的數量級，能量只有幾十個 meV，與金屬和半導體躍遷能量在 eV 的數量級比較起來，聲子只能吸收很小的能量。但是聲子動量(或波矢)卻與電子的動量屬於相同數量級(兩者的波矢都具有與布里淵區寬度 $\frac{2\pi}{a}$ 相樣的數量級)，因此聲子可以吸收很大

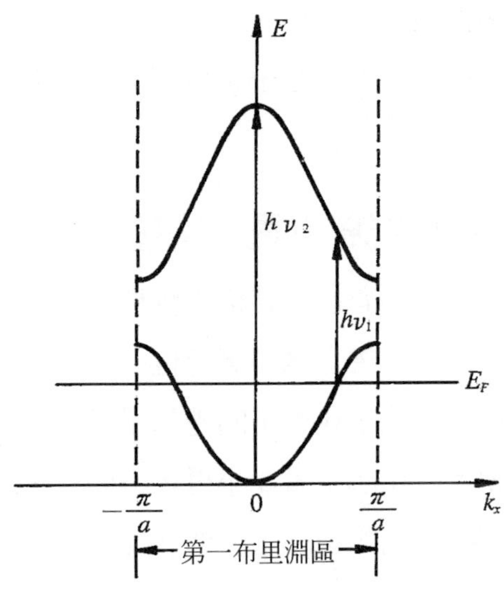

圖 8.3　縮減能區法的能帶和電子直接能帶間躍遷

的、與電子動量相若的動量。在非直接能帶間躍遷中，多餘的動量（或波矢）轉給了晶格，或者說轉給了其他的聲子。但是，這種非直接能帶間躍遷在解釋金屬光譜時可以忽略，因爲它們牽涉到聲子的轉換，它們的躍遷或然率因此比直接能帶間躍遷要小兩個到三個數量級。只有在沒有直接躍遷時才能觀察到。在半導體的情況中，非直接躍遷比起直接躍遷同樣也小很多，這就是爲什麼在光電元件中，一般均使用具有直接能帶間躍遷的三五族半導體，如砷化鎵或磷化銦等爲基片的道理。不過，某些非直接躍遷，雖然在性質上比較弱，但是在實際應用上，仍然有其重要性，像矽半導體跨過能隙的躍遷（$E_g = 1.12$eV）是一個非直接躍遷，但因矽半導體在製程方面的優越性，仍然廣泛的用爲可見光和近紅外光的偵測器元件。

在 8.3 圖上，由下面的能帶到上面的能帶，在這個模型中直接能帶間躍遷所能吸收的最小光子能量是 $h\nu_1$，即由當 $T = 0$K 時，擁有最高能量費米能位 E_F 的電子所吸收。而能帶間躍遷可能的最大能量是 $h\nu_2$，即由下面能帶最低能位躍遷到上面能帶的最高能位。在 $h\nu_1$ 和 $h\nu_2$ 之間，可以有許多不同能量的能帶間躍遷。能帶間躍遷也可以越過一個或多個能帶進行。這就會牽涉到吸收了更大能量的電子。

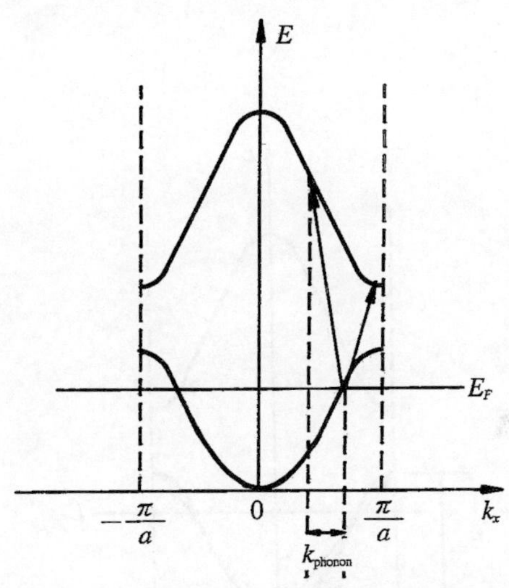

圖 8.4　電子非直接能帶間躍遷

8.3.2　光吸收所引起的能帶內電子躍遷

另外一種電子躍遷，叫做能帶內躍遷（intraband transition），這種情形如圖 8.5 所示。在一個聲子參與的情況下，光子可以把電子激發到同一個能帶上較高的能位。注意：這種躍遷只有在能帶結構中具有未填滿能帶的情況下才可以進行，因爲由於包利（Pauli）的不相容原則，電子只能被激發到未填滿的能位。只有金屬才有未填滿的能帶。因此，這種能帶內躍遷只有在金屬中才能觀察到。能帶內躍遷相當於用經典的原子理論解釋光學性質時自由電子的情況，也即是相當於經典的紅外光吸收，即能量小的光子也能激發電子到更高的能位。如圖 8.5 所示，能帶內躍遷所能吸收的最大能量，是由能帶內的最低能位到最高能位 E_{max}，所有比 E_{max} 小的能量，都是可以連續吸收的。從以上的討論可以明顯看出，絕緣體和半導體因爲沒有未填滿的能帶，因此就沒有能帶內躍遷，也就是沒有經典式的紅外光吸收。這就解釋了爲什麼絕緣體（像石英晶體）在可見光範圍是透明的理由，或者應該比較精確一點的說，在沒有能帶間躍遷、同時也沒有能帶內躍遷的情況下，而成爲透明的。

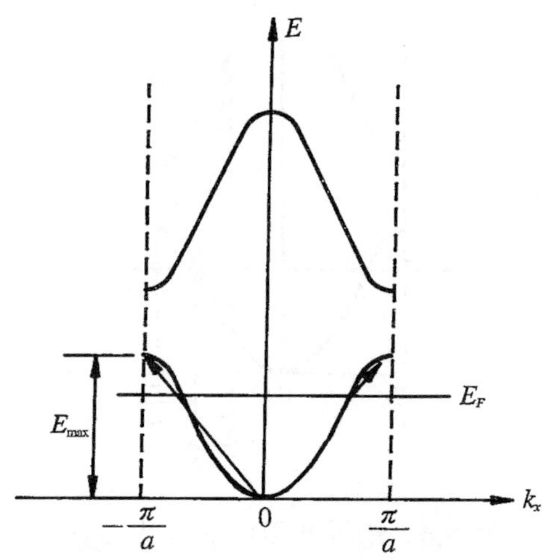

圖 8.5　電子能帶內躍遷

總之，在低光子能量時，能帶內躍遷如果可能的話，是優先的光吸收機理。能帶內躍遷是不會量子化的。而且只有金屬中才有。在某一個臨界的光子頻率以上，開始有能帶間躍遷，在這種情形下，就只有某些能量和某些能量範圍（energy intervals）的光子才能被吸收了。這種吸收的開始要看能帶之間的差距而定。能帶間躍遷在金屬、絕緣體、半導體中都可以發生。它相應於前節討論束縛態電子的光激發。

8.3.3　**色散關係**

以上都是用敘述的方式來討論用量子力學的觀念，特別是用固體中能帶結構的觀念來解釋光學現象。比較進一步數量化的計算，則要用到量子力學中的微擾理論（perturbation theory）。光是一種電磁波，在固體中會產生一個交流電場，因此可以說在固體中原來的勢能 V_0 之上，又加上一個微擾勢能 V'，即

$$V = V_0 + V' \tag{8.55}$$

如果考慮平面極化的光，光的電場可以用下式表示

$$E = A\cos\omega t \tag{8.56}$$

其中 A 是電場強度的極大值，因此這個微擾勢能可以寫爲

$$V' = e\mathrm{E}x = eAx\cos(\omega t) \tag{8.57}$$

x 代表位移。因爲現在勢能隨著時間改變，我們需要使用與時間有關的薛丁格方程式，見（2.1）式

$$i\hbar\frac{\partial\Psi}{\partial t} = -\frac{\hbar^2}{2m}\nabla^2\Psi + V\Psi \tag{2.1}$$

詳細的計算在此省略，有興趣的讀者可以參閱光學物理方面專著。在此只列出一部分最後的結果

$$\epsilon_1 = n^2 - K^2 = 1 + \frac{4Ne^2}{\hbar}\sum a_{ni}^2\frac{\nu_{ni}}{\nu_{ni}^2 - \nu^2} \tag{8.58}$$

這就是量子力學導出的光學性質方程式，與經典原子理論導出的（8.43）式在 γ 很小時頗爲類似，比較經典理論和量子力學的結果，可以對了解經驗上引進的振盪器強度 f_i 這個參數有幫助

$$f_i = \frac{4\pi m}{\hbar} a_{ni}^2 \nu_{ni}$$

其中 ν_{ni} 是由第 n 個能帶躍遷到第 i 個能帶的頻率。而 a_{ni} 則是與電子從第 n 個能帶躍遷到第 i 個能帶的或然率成正比的。

習題

1. 一個角頻率爲 $\omega = 7.2\times10^{12}$rad/s 的光，照射到一片厚度爲 0.01mm 的材料上。材料的折射係數爲 11.7，其消光係數爲 8.5。試計算：(a) 在材料中的波速，(b) 波在進入材料之前和進入材料之後的波長，(c) 在穿過材料之前和之後，光強度的比例，(d) 相對介電常數的實數部分和虛數部分，各爲多少？
2. 某材料的相對介電常數爲 12。如果對於波長爲 1 微米的光，其反射率爲 50%，試求其消光係數爲多少？如果這個吸收是由於自由載子而引起的，其電導率爲多少？
3. 某材料其吸收係數α（即$\frac{I}{I_o}=e^{-\alpha x}$式中的$\alpha$）在3000Å的波長時爲$10^6$cm^{-1}，如果其相對介電常數爲 9，試求其反射率 R。
4. 穿過一片薄金片鈉光（光波長 λ = 589nm）的光強度爲入射強度的 30%。金的消光係數爲 3.2。試求：(a) 金的吸收係數 α，(b) 金片的厚度。
5. 金的折射係數爲 0.21，消光係數爲 3.24，對於 600nm 的光，金的反射率爲多少？
6. 如果定義一個材料的光伸入深度爲光強度降低到 $\frac{1}{e}$ 時的深度。試求鋁對於波長爲 589nm 鈉光的伸入深度。鋁的消光係數爲 6.0。
7. 類似於第 6 題，試求某種消光係數爲 1.5×10^{-7} 的玻璃之伸入深度。
8. 一片厚度爲 lcm 的玻璃，對於波長爲 589nm 的光穿透率爲 89%。如果玻璃的厚度增加爲 2cm 時，穿透率爲多少？

9. 計算鉀和鋰金屬的電漿頻率爲多少？

10. 對於一個在晶體動量 $k = 0$ 處有 1.5eV 直接能隙的簡併半導體，其電子濃度爲 $4\times10^{19}/cm^3$，其 $m_e^* = 0.2m_o$，$m_h^* = 0.5m_o$。試求其 (a) 最小的非直接吸收能量，和 (b) 最小的直接吸收能量。

11. 磷光與時間的函數關係常有一個冪次的衰退關係式。如果在任一時刻，有 N 個自由電子和 N 個空穴，磷光強度 $I = \alpha N^2$，α 爲一比例常數。試導出磷光隨時間衰退的關係式爲

$$I(t) = \frac{\alpha N_o^2}{(N_o \alpha t + 1)^2}$$

N_o 爲 N 在 $t = 0$ 的值。

本章主要參考書目

1. G. Fowles, Introduction to Modern Optics (1968).
2. C. Kittel, Introduction to Solid State Physics (1986).
3. R. Hummel, Electronic Properties of Materials (1985).
4. J. Pankove, Optical Process in Semiconductors (1971).

第九章

磁學性質

9.1 磁學參數

磁與電的現象常常是相似而且有對應性的。但是磁學現象與電學現象有一個很大的不同是，電的基本單位是帶電的粒子，如電子、質子等。當不同電荷的中心位置不重合在一起的時候，會產生電偶矩量（electric dipole moment）。但是在磁學現象中，卻迄今未能找到類似電子、質子之類的帶磁單位，所有磁學的討論都是從磁偶矩量（magnetic moment）或磁矩開始的。

如果把物質放入一個不均勻的磁場（使 $\frac{dH}{dx}$ 不爲零），物質會受到磁場的吸引或排斥。依其反應的不同，我們可以把物質分類爲擁有五種不同的磁學性質，分別是抗磁性（diamagnetism）、順磁性（paramagnetism）、鐵磁性（ferromagnetism）、反鐵磁性（anti-ferromagnetism）和亞鐵磁性（ferrimagnetism）。詳細情形將在下面章節中分別討論。

磁學現象是由於原子有磁偶矩量或簡稱磁矩（magnetic moment）$\vec{\mu}$ 而來。原子磁矩的來源有三個：(1) 電子在軌道上繞著原子核運行而有角動量，有角動量就會有磁矩，其關係是 $\vec{\mu}=-\frac{e}{2m}\mathbf{L}$，$\mathbf{L}$ 爲角動量。由此而來的磁矩叫做軌道磁矩，或簡稱軌矩。(2) 電子有自己的自旋，自旋也產生自旋角動量，由於電子自旋而來的磁矩叫做自旋磁矩，或簡稱自旋矩。(3) 加上一個外加磁場後，軌道磁矩會產生一些改變，這種改變也對磁矩產生影響。前兩個會造成順磁性，第三種對磁矩的影響會造成抗磁性。各種磁性就看這三種磁矩的有無和大小而定。

如果 $\vec{\mu}_m$ 代表每個原子的磁矩，$\mathbf{m}$ 爲材料整個的磁矩，$\mathbf{m}=N\vec{\mu}_m$，N 爲原子數。用 $\mathbf{M}$ 代表在材料中每單位體積的磁矩，即

$$\mathbf{M}=\lim_{\Delta V\to 0}\frac{\sum_i \mathbf{m}_i}{\Delta V}=\frac{\mathbf{m}}{V} \tag{9.1}$$

M 稱爲材料的磁化強度（magnetization），在材料均勻的情況下，可以得到後式，*V* 是材料的體積。

空間中的磁場強度用 **B** 代表，稱爲磁通量密度（magnetic flux density），或者稱爲磁感應強度（magnetic induction）。磁學的名詞在使用上有一些混亂。一方面是因爲有不同的單位系統，有國際單位制（SI）、高斯（Gaussian）制、esu 制、emu 制等。另一方面是由於歷史的原因，對於 **B** 和 **H** 這兩個物理量的了解與當初設計的不同。本書將盡量使用國際單位制，特殊方程式國際單位制和高斯制並列。對於 **B** 和 **H** 這兩個向量，將採用 **B** 爲基本物理量，而 **H** 爲輔助物理量的觀點。因此空間中的磁場強度用 **B** 代表，而在介質中，由於有了介質的磁化強度 **M**，介質中的磁場強度以 **H** 代表，**H** 稱爲磁場強度（magnetic field intensity）。**H** 與 **B** 和 **M** 的關係爲：

$$\mathbf{H} = \frac{1}{\mu_0}\mathbf{B} - \mathbf{M} \quad (S)$$

$$\mathbf{H} = \mathbf{B} - 4\pi\mathbf{M} \quad (G) \tag{9.2}$$

μ_0 爲眞空中的磁導率（permeability），$\mu_0 = 4\pi \times 10^{-7}$H/m 或 $4\pi \times 10^{-7}$N/A^2。類比於電偶矩量 **P** 和電場 **E** 的關係 $\mathbf{P} = \chi_e \epsilon_0 \mathbf{E}$，如果材料是均勻且各向同性（isotropic）的，則磁化強度 **M** 應該定義爲與 **B** 成正比，但是由於歷史的緣故，這個關係式由 **M** 與 **H** 之間的關係來定義，**M** 與 **H** 的比例爲

$$\chi_m = \frac{M}{H} \tag{9.3}$$

χ_m 叫做磁化率（magnetic susceptibility），它表示物質對於所加磁場的反應有多強。如果材料不是各向同性的，則 χ_m 成爲一個張量（tensor）。順磁性材料的磁化率是正的，抗磁性材料的磁化率是負的，其值都很小，且與磁場強度

H 無關。對於鐵磁質，磁化率很大，而且是磁場強度 **H** 的函數。

介質中的磁場強度由 **H** 代表，包含了 **B** 和 **M** 的作用，與電學性質的關係相較，**B** 相當於 **E** 是基本物理量，而 **M** 相當於 **P**，**H** 相當於 **D**。其定義的方程式由於歷史原因，相當於把 **H** 當作基本物理量，而把 **B** 當作輔助量的形式

$$\mathbf{H} = \frac{1}{\mu_0}\mathbf{B} - \mathbf{M} \quad 即 \quad \mathbf{B} = \mu_0(\mathbf{H} + \mathbf{M}) \quad (S)$$

$$\mathbf{H} = \mathbf{B} - 4\pi\mathbf{M} \quad 即 \quad \mathbf{H} = \mathbf{H} + 4\pi\mathbf{M} \quad (G)$$

將（9.3）式代入

$$\mathbf{B} = \mu_0(\mathbf{H} + \mathbf{M}) = \mu_0(1 + \chi_m)\mathbf{H} = \mu_0\,\mu_r\mathbf{H} = \mu\mathbf{H} \quad (S)$$

$$\mathbf{B} = \mathbf{H} + 4\pi\mathbf{M} = (1 + 4\pi\chi_m)\mathbf{H} = \mu\mathbf{H} \quad (G) \qquad (9.4)$$

把式中的 $\mu = \mu_0(1 + \chi_m)$（國際單位）稱爲磁導率（permeability），而 $\mu_r = 1 + \chi_m$ 稱爲相對磁導率。因此

$$\mu = \mu_0(1 + \chi_m)，\mu_r = 1 + \chi_m \quad (S)$$

$$\mu = 1 + 4\pi\chi_m \quad (G) \qquad (9.5)$$

對於抗磁性材料，χ_m 小而負，故 μ_r 稍小於 1。對於順磁性和反鐵磁性材料，χ_m 也小，但是是正的，故 μ_r 稍大於 1。對於鐵磁性和亞鐵磁性材料，χ_m 和 μ_r 都是大而正的。除了抗磁性材料以外，磁性常數都是與溫度有關的。

9.2 抗磁性

公元 1834 年，倫茲（Lenz）發現如果拿著一根磁棒向一個線圈移近或移出，線圈上會產生電流。這個電流接著會造成一個磁矩，而這個磁矩與原先磁棒上的磁矩作用是相反的。抗磁性（diamagnetism）因而可以說是原子中楞次定律的結果，可以解釋爲外加磁場造成了原子內部電流的改變。也就是說，外加磁場對於在軌道上旋轉的電子有加速或減速的作用。或者說，旋轉價電子的反應，抵消了外磁場的作用，因而對內部的電子起了遮蔽的作用。

如果把電子圍著原子核所做的軌道運動所引起的磁矩叫做 $\vec{\mu}_m$。根據電磁學，電流所引起的磁矩 $\vec{\mu}$ 是

$$\vec{\mu} = \frac{1}{2}\int \mathbf{r} \times \mathbf{J}(\mathbf{r})\, d\tau \tag{9.6}$$

J 爲電流密度。如果是在一個平面上環狀線圈中的電流，則磁矩 $\vec{\mu}$ 可以簡化，由電磁學可知，$\mathbf{J}d\tau = Id\mathbf{l}$，$d\mathbf{l}$ 爲環狀線圈的一個長度單元，則 $\vec{\mu} = \frac{I}{2}\int \mathbf{r} \times d\mathbf{l}$，而在一個平面上 $\frac{1}{2}(\mathbf{r} \times \mathbf{dl}) = d\mathbf{A}$，$d\mathbf{A}$ 爲面積的單元，故積分後得

$$\vec{\mu} = IA\hat{\mathbf{n}} \tag{9.7}$$

其中 I 爲線圈中的電流，A 爲線圈的面積，$\hat{\mathbf{n}}$ 爲垂直於線圈面的單位向量。磁矩的方向爲依右手螺旋規則決定，當握起右手時，拇指的方向爲磁矩的方向，並與線圈的平面垂直。此處用經典力學的方法來討論軌道電子的抗磁性，對於在軌道上運動的電子來說

$$\mu_m = I \cdot A = \frac{q}{t}A = \frac{qA}{2\pi r/v} = \frac{ev\pi r^2}{2\pi r} = \frac{evr}{2} \tag{9.8}$$

其中 e 爲電子電荷，r 爲電子軌道的半徑，v 爲電子的速度。

外加磁場導致一個電場，這個電場會對在軌道上運動的電子產生一個靜電力

$$F = ma = \mathrm{E}e = m\frac{dv}{dt} \tag{9.9}$$

其中 E 是電場強度，m 爲電子的質量。

E 可以近似爲感應所生的電壓 V_e 與軌道長度 $L = 2\pi r$ 之比，即

$$\mathrm{E} = \frac{V_e}{L} \tag{9.10}$$

而外加磁場的改變會導致一個電動勢，這個電動勢，根據法拉第電磁感應定律，可以寫爲

$$V_e = -\frac{d(BA)}{dt} \tag{9.11}$$

因此 $$\frac{dv}{dt} = \frac{\mathrm{E}e}{m} = \frac{V_e e}{Lm} = -\frac{eA}{Lm}\frac{dB}{dt} = \frac{-e\pi r^2}{2\pi rm}\frac{dB}{dt} = \frac{-er}{2m}\frac{dB}{dt} \tag{9.12}$$

如果磁場強度由 0 變到 B，造成電子速度由 v_1 變到 v_2，而 $v_2 - v_1 = \Delta v$

$$\int_{v_1}^{v_2} dv = -\frac{er}{2m}\int_0^B dB \tag{9.13}$$

或 $$\Delta v = \frac{-er}{2m}B \tag{9.14}$$

由 (9.8) 式，這個電子速度的改變隨即造成一個磁矩的改變

$$\Delta\mu_m = \frac{er\Delta v}{2} = -\frac{e^2r^2B}{4m} \tag{9.15}$$

在上面的計算中，假設這個磁場是與電子運動軌道的平面是垂直的。實際上，這個軌道平面相對於外加磁場的方向，一直都是在改變中的，因此需要找到$\Delta \mu_m$的平均值。因爲當外加磁場方向與軌道平面平行時，$\Delta \mu_m$會變成零。因此平均起來，$\Delta \mu_m$的平均值應該比（9.15）式爲小。詳細的計算結果爲

$$\overline{\Delta\mu_m} = -\frac{e^2\overline{r^2}B}{6m} \tag{9.16}$$

如果在體積 V 內有 N 個原子，每個原子有 Z 個電子，則這個磁矩改變所引起的磁化強度爲

$$M = \frac{\mu_m}{V} = -\frac{e^2NZ\overline{r^2}B}{6m\text{V}} = -\frac{e^2nZ\overline{r^2}B}{6m} \tag{9.17}$$

其中 n 爲每單位體積的原子數，因此根據（9.3）式，磁化率爲

$$\chi_m = \frac{M}{H} = \frac{\mu M}{B} \cong \frac{\mu_0 M}{B} = -\frac{\mu_0 e^2 nZ\overline{r^2}}{6m} = -\frac{\mu_0 e^2 Z\overline{r^2}}{6m} \cdot \frac{N_0\, d}{W} \tag{9.18}$$

其中 N_0 = 阿伏加德羅（Avogadro）數，d = 密度，W = 原子量，$\frac{N_0\, d}{W}$ 爲每單位體積的原子數，代入實際數字得到的 χ_m 值，在 -10^{-5} 和 -10^{-7} 之間，與實驗所得的結果符合。方程式（9.18）的數量，基本上都是不隨溫度改變的，這與實驗結果也是符合的。（9.18）式的抗磁性稱爲朗之萬（Langevin）抗磁性。

應該要注意，所有的原子都有這種抗磁性，即使在完全的電子層中，磁化率也有這種分量。對於順磁性和鐵磁性的材料，要減去這個抗磁性分量，才能得到磁化率精確的值。但是一般言之，小於 10^{-5} 的磁化率應該是可以忽略的。

以上討論的電子，都是束縛於它們各自原子核的電子。金屬除此以外，還有接近自由的電子，在有了外加電場後，電子會形成螺旋形的軌道，

同時電子能位也形成高度簡併(degenerate)的能位，叫做朗道(Landau)能位。由於這種原因，會造成另外一種抗磁性分量，稱爲朗道抗磁性。

$$\chi_m = \frac{M}{H} = -n\frac{\mu_B^2}{2E_F} = -n\frac{\mu_B^2}{2k_BT_F} \tag{9.19}$$

其中 n 是每單位體積的原子數，$\mu_B = \dfrac{eh}{4\pi m} = 9.27\times10^{-24}$J/T（國際制），$\mu_B = \dfrac{eh}{4\pi mc} = 9.27\times10^{-21}$erg/Oe(高斯制)，是玻爾磁子(Bohr megneton)。對於自由電子，朗道抗磁性的磁化率 χ_m 可以證明在數值上爲 9.3.2 節所討論的包利電子自旋順磁性磁化率的三分之一，即 $\chi_{\text{Landau}} = -\dfrac{1}{3}\chi_{\text{Pauli}}$。

9.3 順磁性

在 9.1 節開始時就提到過，原子磁矩的來源有三個：軌道磁矩、自旋磁矩和外加磁場對軌道磁矩的改變。最後一種會造成抗磁性，已在 9.2 節介紹了。現在要討論軌矩和自旋矩對順磁性(paramagnetism)的作用。

在 9.1 節也提到過，對於順磁性材料，磁化率 χ_m 是小而正的。實驗上，許多順磁性材料的磁化率與溫度 T 的倒數成正比，而且有下面的關係

$$\chi_m = \frac{C}{T} \tag{9.20}$$

這稱爲居里(Curie)定律，其中 C 是居里常數。對於一些其他材料，一個更普遍的方程式，稱爲居里－外斯(Curie-Weiss)定律，其形式如下

$$\chi_m = \frac{C}{T-\theta} \tag{9.21}$$

其中 θ 是另外一個與溫度單位相同的常數，可能是正的，也可能是負的。

9.3.1　軌矩順磁性

軌矩順磁性（electron orbit paramagnetism）的經典理論也是朗之萬發展出來的，因此也稱爲朗之萬順磁性。

假設電子的磁矩是物質順磁性的原因。晶體中電子的磁矩原來是朝著不同方向排列的，在沒有外加磁場時，這些磁矩是混亂安排的，因此會彼此抵消。當加上一個外加磁場時，這個外加磁場試圖要把各個磁矩 $\vec{\mu}_m$ 與磁場對準，因爲磁場中磁矩的能量是

$$E = -\vec{\mu}_m \cdot \vec{\mathbf{B}} = -\mu_m B\cos\theta \tag{9.22}$$

這個勢能因此隨著磁矩和磁場之間夾角的變小而變小，直到磁矩與磁場完全對準，這時候磁矩的能量爲極小值，磁矩的方向也達到平衡。

熱能激盪傾向於擾亂外加磁場所做的對準。這種擾亂的效果要符合波耳茲曼（Boltzmann）的統計定律。也就是說，電子擁有 E 這麼大能量的或然率與 $\exp(-E/k_BT)$ 成正比，k_B 是波耳茲曼常數，T 是絕對溫度。因此磁矩與磁場的方向夾角會有一個分布，$\cos\theta$ 也有一個平均值 $\langle\cos\theta\rangle$。

如果每一個原子的磁矩是 μ_m，每單位體積一共有 n 個原子，則磁化強度 M 應該是

$$M = n\mu_m\langle\cos\theta\rangle \tag{9.23}$$

假設電子位在一個球的中心，球的半徑是 1，磁矩的方向角 θ 可以朝著任何一個方向，如圖 9.1 所示，如果我們從 θ 起，取球面上一個小環帶，環帶的方向角分布爲 $d\theta$，端點在環帶中的磁矩都與磁場呈 $\theta + d\theta$ 之間的夾角，環帶的面積是

$$dA = 2\pi r^2 \sin\theta d\theta \quad 而 \quad r = 1 \tag{9.24}$$

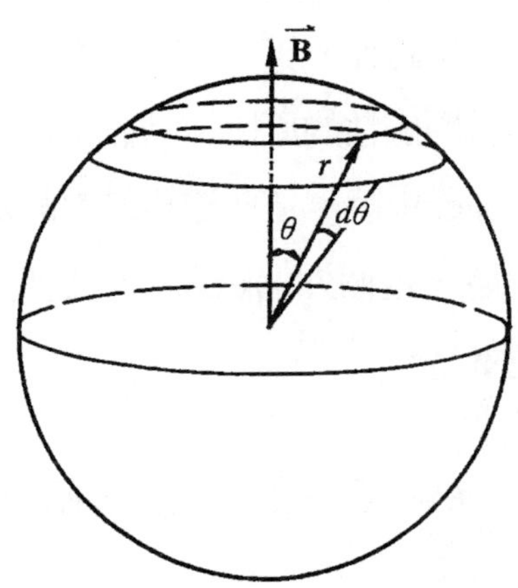

圖 9.1　電子位於中心的單位圓

因此對於方向角的平均，可以用對球面上面積的積分來代替，根據統計學，可以得到

$$\langle\cos\theta\rangle = \frac{\int \cos\theta \exp(-E/k_B T)dA}{\int \exp(-E/k_B T)dA} \tag{9.25}$$

將（9.22）式中的 E 和（9.24）式的 dA 代入，得

$$\langle\cos\theta\rangle = \frac{\int_0^\pi \cos\theta \sin\theta \exp(\mu_m B \cos\theta / k_B T)d\theta}{\int_0^\pi \sin\theta \exp(\mu_m B \cos\theta / k_B T)d\theta} \tag{9.26}$$

令 $a = \frac{\mu_m B}{k_B T}$，$x = \frac{\mu_m B}{k_B T}\cos\theta = a\cos\theta$，這個積分可以化簡爲

$$\langle\cos\theta\rangle = \frac{1}{a}\frac{\int_{-a}^{a} xe^x dx}{\int_{-a}^{a} e^x dx} = \frac{e^a + e^{-a}}{e^a - e^{-a}} - \frac{1}{a} = \coth\ a - \frac{1}{a} \tag{9.27}$$

這個函數稱爲朗之萬函數 $L(a)$。因此

$$M = n\mu_m L(a) = n\mu_m \left(\coth\frac{\mu_m B}{k_B T} - \frac{k_B T}{\mu_m B}\right) \tag{9.28}$$

在 $\frac{\mu_m B}{k_B T} = a << 1$ 時，也就是 B 很小和 T 很大的情況，朗之萬函數可以展開，因為

$$\coth a \cong \frac{1}{a} + \frac{a}{3} - \frac{a^3}{45} + \cdots\cdots$$

所以

$$L(a) \cong \left(\frac{1}{a} + \frac{a}{3} - \frac{a^3}{45} + \cdots\cdots\right) - \frac{1}{a} \cong \frac{a}{3} \tag{9.29}$$

由（9.23）式，磁化強度在這種情形下是

$$M = n\mu_m \cdot \frac{\mu_m B}{3k_B T} = \frac{n\mu_m^2 B}{3k_B T} \tag{9.30}$$

因此可以得到順磁性的磁化率為

$$\chi_m = \frac{M}{H} = \frac{\mu M}{B} \cong \frac{\mu_0 M}{B} = \frac{\mu_0 n \mu_m^2}{3k_B T} \tag{9.31}$$

與居里定律（9.20）式 $\chi_m = \frac{C}{T}$ 比較，可以得到居里常數為

$$C = \frac{\mu_0 n \mu_m^2}{3k_B} \tag{9.32}$$

當 a 很大時，$L(a)$ 趨向於飽和值 1，即

$$M = n\mu_m \tag{9.33}$$

我們看一下朗之萬磁性理論的結果。在固定溫度和一個小磁場強度的條件下，朗之萬順磁性理論得到的磁化強度是一個 B 的線性函數（見圖 9.2）。當磁場強度很大時，朗之萬函數會趨向一個飽和值，因此磁化強度 M 也會

趨向一個飽和值 M_s，代表當所有磁矩都對準以後，磁化強度趨近其飽和的最大值。這個模型所得到的磁化率與溫度的關係，跟某些材料，如自由原子（稀薄的氣體）、稀土元素、過渡元素的鹽（如鐵、鈷、鉻、錳的碳化物、氯化物或硫化物等），符合得很好。

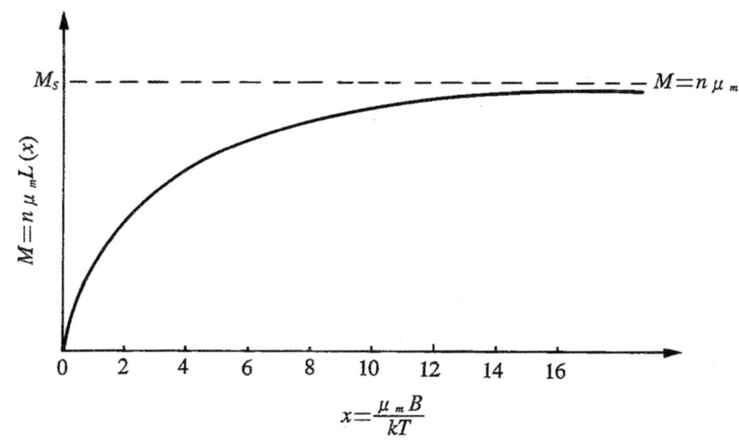

圖 9.2　朗之萬函數 $L(x)=\coth x-\frac{1}{x}$ 的示意圖

朗之萬的結果可以用量子理論加以改進。布里淵考慮到角動量在量子力學中是量子化的，即只有某些角動量的值是許可的。在 9.2 節，曾經計算出一個在軌道上運轉的電子，其磁矩爲

$$\mu_m=\frac{evr}{2} \tag{9.8}$$

從量子力學可以知道，電子的角動量 mvr 不是一個連續的變數，而只能作爲 $\hbar$ 整數倍不連續的改變，也就是說，

$$mvr=n\hbar=\frac{nh}{2\pi} \tag{9.34}$$

n 為正整數，

因此　$$\mu_m = \frac{neh}{4\pi m} \tag{9.35}$$

在 $n = 1$ 時的值，

$$\mu_B = \frac{eh}{4\pi m} = 9.27 \times 10^{-24} \text{J/T} = 9.27 \times 10^{-24} \text{A} \cdot \text{m}^2 \text{(S)} \tag{9.36}$$

是磁矩的基本單位，稱為玻爾磁子（Bohr magneton）。

把軌道磁矩和下節討論的電子自旋磁矩量子化的結果，得到用布里淵函數表示的磁化強度，使得理論與實驗的結果符合得更好。此處就略過了。

但是，有許多材料並不符合居里，或居里－外斯定律。特別是金屬，除了少數的例外，都不符合居里一外斯定律。它們的順磁性只與溫度稍稍有一點關係。這是因為在 9.1 節提到過的，還有另外一種順磁性的來源，即電子的自旋磁矩。而在晶體中，外層電子受到晶格中原子電場的強烈影響，使得電子在軌道上運動所產生的磁矩無法隨著外加磁場而轉向。這使得電子軌道運動不產生磁矩，在這種情形下，我們稱軌道磁矩是「熄滅」（quenched）或「抑制」了。例外的有稀土元素及其化合物，它們的 4*f* 層電子由於外層電子的遮蔽，不受晶體中相鄰原子的影響。因此，這些 4*f* 層電子的軌道磁矩還可以轉到外加磁場的方向，因而有電子軌道磁矩順磁性。

9.3.2　電子自旋順磁性

電子有自旋角動量，根據包利原則，每個電子能位只能有兩個電子，一個自旋為正，一個自旋為負，或者說，一個自旋向上，一個自旋向下。由於電子有自旋，也會有磁矩，其磁矩的大小為一個玻爾磁子 μ_B。

外加磁場要把方向不適宜的自旋轉到與磁場同一方向。如果電子自旋順磁性（spin paramagnetism）也與軌道順磁性一樣，那麼所得到的磁化率應該是

$$\chi_m \cong \frac{\mu_0 n \mu_B^2}{k_B T} \tag{9.37}$$

而實際上觀察到的電子自旋順磁磁化率基本上與溫度無關，而且數量大小也只有上式的百分之一左右。

包利用費米－狄拉克分布函數解釋了上述電子自旋順磁性的現象。我們可以用圖 9.3 來表示電子的自旋分布，電子能位的分布可以想像爲分成兩部分，一半由自旋向上的電子占有，另一半則由自旋向下的電子占有。現在，如果加上一個外加磁場，則外加磁場要把自旋方向不適宜的電子改變它們自旋的方向，使它們的自旋能夠順著磁場的方向。但是，依據費米分布，大部分有反向自旋的電子，都沒有辦法改變它們的方向，因爲順磁場方向的電子能位都已經塡滿了。只有在費米分布的最高處，大約 k_BT 範圍內的電子才有可能轉向，因此只有 $\frac{T}{T_F}$ 部分的電子才會對磁化率有作用。因此，大致上

$$\chi_m \cong \frac{\mu_0 n \mu_B^2}{k_B T} \cdot \frac{T}{T_F} = \frac{\mu_0 n \mu_B^2}{k_B T_F} \tag{9.38}$$

磁化率因而與溫度無關。

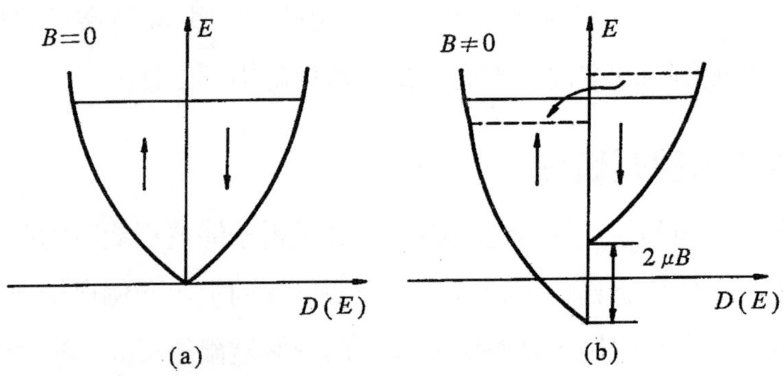

圖 9.3　包利順磁性，在 0°K：(a) 沒有磁場時，(b) 有磁場時，自旋向上和向下的電子數目會調整使得費米能位相等

依圖 9.3，有著順磁場方向磁矩的電子數目爲

$$N_+ = \frac{1}{2}\int_{-\mu_B B}^{E_F} dE\, f(E) D(E+\mu B)$$

$$\cong \frac{1}{2}\int_0^{E_F} dE\, f(E) D(E) + \frac{1}{2}\mu_B B D(E_F) \tag{9.39}$$

其中 $f(E)$ 爲費米函數，$D(E+\mu B)$ 爲能位密度函數，能量移動了 $-\mu_B B$，(9.39) 式的近似在 $k_B T << E_F$ 的條件下可以成立。

同理，有反磁場方向磁矩的電子數目爲

$$N_- = \frac{1}{2}\int_{\mu B}^{E_F} dE\, f(E) D(E-\mu B)$$

$$\cong \frac{1}{2}\int_0^{E_F} dE\, f(E) D(E) - \frac{1}{2}\mu_B B D(E_F) \tag{9.40}$$

磁化強度因此是

$$M = \mu_B (N_+ - N_-) \tag{9.41}$$

所以

$$M = \mu_B^2 B D(E_F) \tag{9.42}$$

由於

$$D(E_F) = \frac{3n}{2E_F} = \frac{3n}{2k_B T_F} \tag{9.43}$$

$$\chi_m = \frac{M}{H} = \mu_0 \mu_B^2 D(E_F) = \frac{3\mu_0 n \mu_B^2}{2k_B T_F} \tag{9.44}$$

加上郎道抗磁性的影響以後（爲上式的 $-\frac{1}{3}$），$\chi_m = \frac{\mu_0 n \mu_B^2}{k_B T_F}$。對於每個原子有不只一個外層電子的情況，要看電子的自旋磁矩會不會彼此相消。如果有一個完全塡滿的電子能帶，則自旋向上和自旋向下的電子同樣多，就會把自旋磁矩互相抵消掉了，因此最後沒有自旋順磁性。完全塡滿能帶的例子包括絕緣體、本徵半導體以及離子型晶體，像氯化鈉等。

沒有完全填滿的電子能帶，會有剩餘的電子自旋，電子自旋的安排是依照洪德（Hund）規則。這是從量子力學上使能量趨近於最低的情況下歸納出來的。電子自旋的安排，是要在不違反包利不相容原理之下，使得整個最後的電子自旋為最大。舉例來說，如圖 9.4 所示，一個原子有八個 *d*- 帶的價電子，對於 *d*- 帶，一共可容納 10 個電子，有五個不同的能位，為了使最後的電子自旋量最大，有五個電子自旋向上，三個電子自旋向下，抵消以後剩兩個電子自旋向上，這個原子因此有兩個單位的磁矩，也就是兩個玻爾磁子。

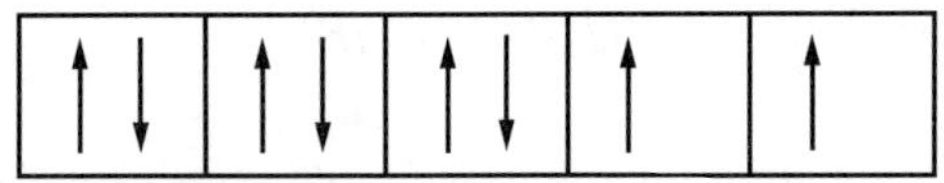

圖 9.4　由八個電子部分填滿的 *d*- 能帶中的自旋對齊示意圖（洪德規則）

了解了抗磁性、軌道順磁性與電子自旋順磁性，現在可以對材料會不會有順磁性或者抗磁性做一個比較全面的說明。各種順磁性、抗磁性的大小和溫度的關係，顯示於圖 9.5。抗磁性與順磁性是相反的，所有材料都或多或少有一些抗磁性。因此，材料究竟是屬於抗磁性還是順磁性，就要看各個分量的大小了。首先，軌道順磁性和自旋順磁性兩者都有的材料，由於這兩者合起來的磁化率遠較抗磁性的磁化率為大，因此自然是順磁性的。有著未填滿 4*f* 層電子的稀土金屬即屬此類。然而，對於大多數其他材料而言，軌道順磁性受到抑制而「熄滅」了，所以只剩下電子自旋順磁性。但是電子的自旋順磁性，也會因為電子有自旋向上和自旋向下的分別，會把自旋磁矩互相抵消，因此如果電子能帶是完全填滿的，電子的自旋磁矩就會完全抵消，最後沒有電子自旋順磁性，這種材料就成為抗磁性的。如果電子自旋磁矩沒有完全抵消掉，則要看電子自旋磁化率與抗磁性磁化率的大小，來決定材料是順磁性還是抗磁性。

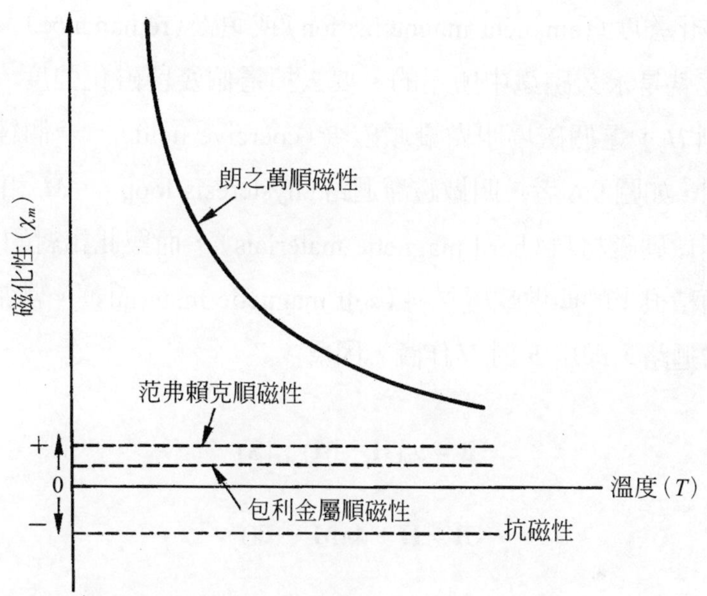

圖 9.5　抗磁性和順磁性材料的不同磁化率（資料來源：參考書目 I － 1）

9.4　鐵磁性

9.4.1　鐵磁性質

鐵磁性（ferromagnetism）物質，包括鐵、鈷、鎳、釓（Gd）、鏑（Dy）等元素及一些合金和氧化物，它們與順磁性和抗磁性物質最顯著的不同是有自發性的磁矩，即使在外加磁場為零的時候也仍然有磁矩。加上一個小磁場會引起很大的磁化強度，而且在除去外加磁場後，仍然有殘餘的磁化強度。

解釋鐵磁性物質的特性，常用磁滯迴線（hysteresis loop）表示，即用磁化強度 M 對外加磁場 H 作圖（圖 9.6）。當一個嶄新的鐵磁物質剛剛放進一個磁場時，磁化強度最初升得較慢，然後升得較快，最後 M 平緩下來，達到一個飽和值，叫做飽和磁化強度（saturation magnetization）M_s。當 H 下降時，磁化強度與上升時的曲線不相同，到 H 降為零時，仍保留一個正值，叫做殘留磁化強度（remanent magnetization）或頑磁（remanence）M_r。這個殘留磁化強度就是永久磁鐵中所用的。要去掉這個殘留磁化強度，磁場強度需要反轉到 H_c，這個磁場叫做矯頑磁場（coercive field）。一個經過正與負 H 值的週期，如圖 9.6 者，叫做磁滯迴路（hysteresis loop）。M_r 和 H_c 的值較大的材料叫做硬磁材料（hard magnetic materials），而與此相對的，在圖 9.6 中，迴路面積很小的叫做軟磁材料（soft magnetic materials）。常常也會看到第二種磁滯迴路，即用 B 對 H 作圖，因為

$$\mathbf{B} = \mu_0(\mathbf{H} + \mathbf{M}) \quad \text{(S)}$$

$$\mathbf{B} = \mathbf{H} + 4\pi\mathbf{M} \quad \text{(G)}$$

所以 **B** 的值不會飽和。在 **H** 為零時的殘餘磁感 B_r 叫做保磁性（retentivity）或稱頑磁性。完全去除 B_r 需要一個反向磁場，叫做矯頑（coercivity），這些名詞有時候交換使用。

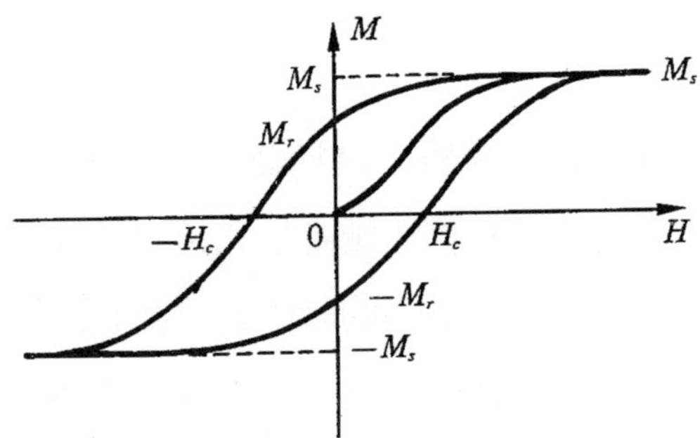

圖 9.6　鐵磁材料磁滯迴路示意圖

鐵磁性質是溫度的函數，在一個臨界溫度，也叫做居里溫度 T_c 以上，鐵磁質轉變成爲順磁質。而鐵磁質的飽和磁化強度隨著溫度的上升而下降，如圖 9.7 所示。表 9.1 列出一些材料的飽和磁化強度和居里溫度。

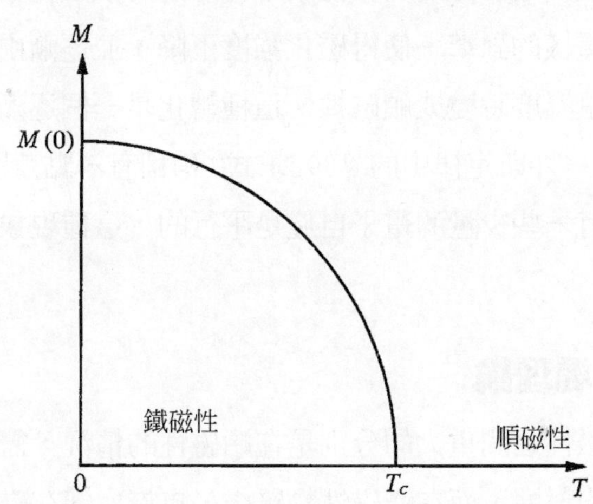

圖 9.7　鐵磁材料的飽和磁化強度與溫度的關係

表 9.1　一些鐵磁材料的居里溫度（T_C）和在 0°K 時的飽和磁化強度

材料	M_s (gauss)	T_C(K)
Fe	1752	1043
Co	1466	1388
Ni	510	627
Gd	1980	293
Dy	3000	85

爲了說明這些鐵磁現象，我們先做一些敘述性的解釋。在居里溫度之下，鐵磁物質是屬於有序的鐵磁相，在居里溫度以上，自發的磁化強度消失，鐵磁物質變成無序的順磁相。在鐵磁相的情形，鐵磁物質中沒有塡滿的 *d*- 能帶電子其自旋會自動對準。實際的材料則是由許多小的磁疇（domain）組成，在這些磁疇之內，即使沒有外加磁場，電子自旋也會自行對準。但是

由於每個磁疇的磁矩方向不一樣，平均起來，各個磁矩互相抵消，因此整個材料的淨磁化強度爲零。加上磁場以後，會使與磁場方向平行或接近平行的磁疇逐漸變大，而方向與外加磁場不平行的磁疇則逐漸縮小，這就使得磁化強度逐漸上升，直到所有磁疇均與磁場平行，這時候磁化強度就達到飽和。溫度增加會擾亂這樣的對準，使得磁化強度下降，並逐漸由鐵磁質向順磁質轉化，終於在居里溫度時變成順磁性。這種轉化是一個逐漸的過程，因此居里溫度 T_C 與居里－外斯定律中的 θ（9.21 式）稍稍有一點差別。在 T_C 之上稍高的溫度，仍然有一些少量的電子自旋是平行的，這種現象稱爲磁性的短距離有序排列。

9.4.2 分子磁場理論

鐵磁性與順磁性之間重大的分別是在順磁性的情況，需要一個外加磁場來完成自旋方向的對準，而在鐵磁性物質中，自旋對準在磁疇中是自發產生的。

外斯注意到有些材料只符合一個修改過的居里定律，即（9.21）式的居里－外斯定律。他因而假設電子或原子的磁矩可以彼此互相作用。可以設想作用在固體中一個磁矩上的整個磁場 H_t 由兩部分組成，即外加磁場 H_e 和一個分子磁場 H_m，即

$$H_t = H_e + H_m \tag{9.45}$$

而這個分子磁場與磁化強度成正比

$$H_m = \lambda M \tag{9.46}$$

式中 λ 稱爲分子磁場常數。分子磁場也稱爲交換磁場（exchange field）或外斯磁場。因爲分子磁場的來源多假設爲經由鄰近原子中電子的一種量子力學交

換作用而來的，這將在下節討論。

把（9.20）式 $\chi_m = \frac{C}{T}$，和（9.45）、（9.46）式合起來，得到

$$\chi_m = \frac{M}{H_t} = \frac{M}{H_e + \lambda M} = \frac{C}{T} \tag{9.47}$$

在（9.47）式中解 M，得

$$M = \frac{H_e C}{T - \lambda C} \tag{9.48}$$

但是實驗上所量的磁化率是 $\frac{M}{H_e}$ 之比，故

$$\chi_m = \frac{M}{H_e} = \frac{C}{T - \lambda C} = \frac{C}{T - \theta} \tag{9.49}$$

這就是居里－外斯定律的形式。如果 θ 是正的，磁化率會變大，各個磁矩是互相增強的，使得磁矩會互相平行。

我們現在用分子磁場理論（molecular field theory）來解釋鐵磁性。外斯假設分子磁場是電子自旋能夠自行對準的原因，把鐵磁性物質看作基本上是順磁性的，但是卻有一個很大的分子磁場。有了量子理論以後，把分子磁場基本上解釋成一種交換作用力。

在朗之萬順磁理論中，得到

$$M = n\mu_m L(a) \tag{9.28}$$

$$a = \frac{\mu_m B}{k_B T} = \frac{\mu_m \mu H}{k_B T}$$

假設現在沒有外加磁場，因此電子自旋只受到分子磁場 H_m 的影響，所以

$$a=\frac{\mu_m \mu H_m}{k_B T}=\frac{\mu_m \mu \lambda M}{k_B T} \tag{9.50}$$

整理一下，得到磁化強度為

$$M=\frac{k_B T}{\mu_m \mu \lambda} a \tag{9.51}$$

(9.51)式代表在這種情形下，磁化強度與變數 a 呈線性關係，而斜率則正比於溫度。在任何一個固定溫度下，(9.51)式的 M 線與(9.28)式的交點(見圖 9.8)代表在這個溫度的自發磁化強度。當溫度增加時，(9.51)式的斜率也增加，因而降低了交點，也減低了自發磁化強度的數值。最後，在居里溫度 T_C，沒有交點了，也就沒有了自發磁化強度。這種分子磁場理論因而對鐵磁性有某種程度的解釋。

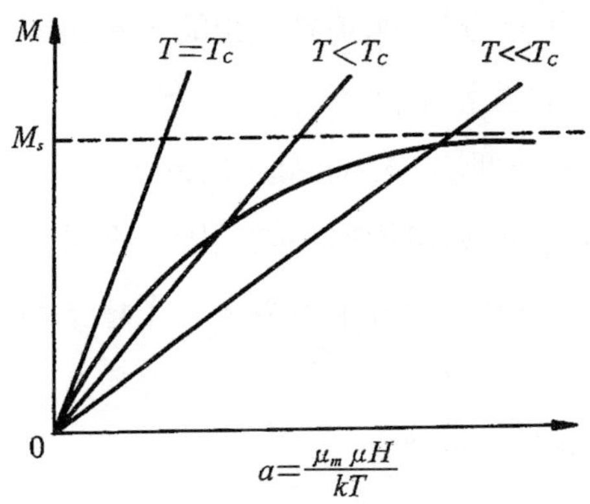

圖 9.8　朗之萬函數在三種不同溫度的作圖

這個分子磁場的大小，可由下述方法估計出來。在居里溫度 T_C 時，(9.51)式的斜率應該與朗之萬函數(9.28)式在原點的斜率相等。當 a 很小時，從(9.29)式可知

$$M \cong n\mu_m \frac{a}{3} \tag{9.30}$$

因此得到

$$\frac{k_B T_C}{\mu_m \mu \lambda} = \frac{n\mu_m}{3} = \frac{M_s}{3} \tag{9.52}$$

由於 $n\mu_m$ 是所有電子自旋全都對準時的飽和磁化強度 $M_s = n\mu_m$，由（9.52）式可以估計

$$H_m = \lambda M_s = \frac{3k_B T_C}{\mu_m \mu} \tag{9.53}$$

代入後計算，這個分子磁場 H_m 的大小爲高斯制的 10^7Oe 左右，比在實驗室能夠製造出來的穩定磁場要大好幾個數量級。這個分子磁場理論雖然能夠對鐵磁性做某種解釋，卻不能指出那一種材料是鐵磁性的，進一步的探討要用到量子理論。

9.4.3　交換作用

上面已經提到分子磁場非常大，在經典理論中找不到能夠解釋這麼大磁場的機理。當兩個原子靠得很近時，它們的電子或然率函數已經有重疊，這個時候這些價電子已經不能認爲是原來的原子所有，而是同時屬於兩者，而處在一個更低能量的狀態。

海森堡（Heisenberg）假設兩個有 S_1 及 S_2 自旋的電子，其交換能量爲

$$E_{ex} = -2I_{ex}\mathbf{S}_1 \cdot \mathbf{S}_2 \tag{9.54}$$

其中 I_{ex} 爲交換積分（exchange integral）。當 $I_{ex} > 0$ 時，如果兩個電子自旋互相平行，可以得到最低的能量。如果 $I_{ex} < 0$，則兩個電子自旋反向，會得到

較低的能量。因爲鐵磁性質在電子自旋平行的時候才會有，因此要有鐵磁性，I_{ex} 需要大於零。

一個交換積分的代表形式如下

$$I_{ex} = \int \psi_a(1)\ \psi_b(2)\ \psi_a(2)\ \psi_b(1) \left[\frac{1}{r_{ab}} - \frac{1}{r_{a2}} - \frac{1}{r_{b1}} + \frac{1}{r_{12}}\right] d\tau \qquad (9.55)$$

其中 a 與 b 代表兩個原子核，它們之間的距離爲 r_{ab}，1 與 2 代表兩個電子，相互之間的距離爲 r_{12}，它們與兩個原子核之間的距離分別爲 r_{a1}、r_{b1}、r_{a2}、r_{b2}，如圖 9.9 所示。因此從（9.55）式可知，如果 r_{12} 變小，或 r_{a2} 和 r_{b1} 變大，都傾向於使 I_{ex} 變正。

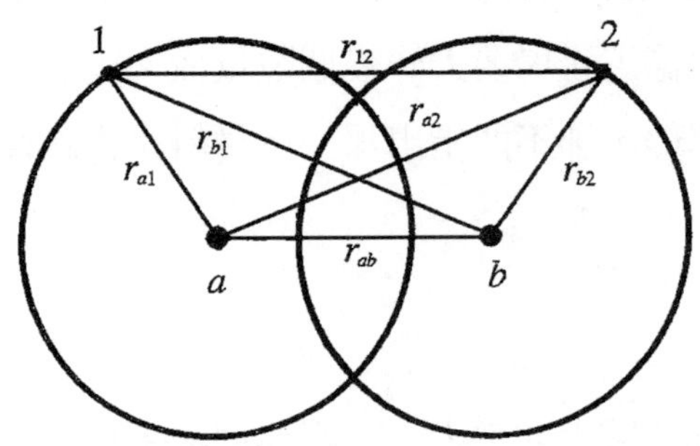

圖 9.9　交換作用（exchange interaction）示意圖

史雷特（Slater）和貝塔（Bethe）計算的結果，將 I_{ex} 對原子間距 r_{ab} 和未塡滿的 d- 層電子半徑 r_d 的比例作圖，得到圖 9.10 的結果。這個曲線很正確的把鐵磁性的鐵、鈷、鎳以及不是鐵磁性的錳、鉻分開了，這個曲線還對解釋這些材料居里溫度的相對大小有幫助。從圖上可以看出，居里溫度的大小應該依照鈷、鐵、鎳的順序，這的確也是實驗上得到的結果（見表 9.1）。

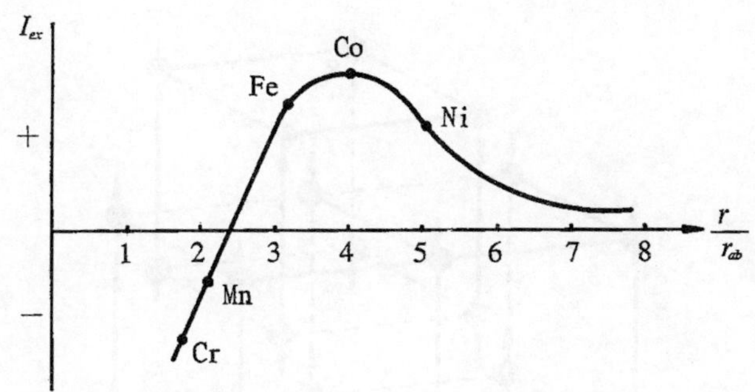

圖 9.10　交換積分 I_{ex} 與原子間距 r_{ab}、未填滿 d- 層半徑 r_d 長度之比的作圖

貝塔－史雷特曲線的解釋雖然也只是半經驗半理論的，但是對於解釋合金的鐵磁性和非鐵磁性卻頗有幫助。

9.5　反鐵磁性

反鐵磁性（anti-ferromagnetism）材料與鐵磁性材料一樣，在某一個臨界溫度以下，也有自動對準的磁矩。對於反鐵磁質，這個臨界溫度叫做尼爾（Neel）溫度。但是，與鐵磁質不同的是，反鐵磁質中與磁性有關的原子，它們的電子自旋是以反向平行的方式對準的。因此，當自旋方向相反的原子數目一樣多時，磁矩彼此抵消，材料就成爲反鐵磁質了。我們可以把反鐵磁質的晶體看做是兩個互相交叉的超晶格（interpenetrating superlattices），每一個電子自旋都是自動對準的，但是兩者彼此方向相反。圖 9.11 顯示一個錳化合物電子自旋安排的狀況。*A* 與 *B* 兩組原子，電子自旋方向相反。注意只有錳離子的自旋對於反鐵磁性起作用。

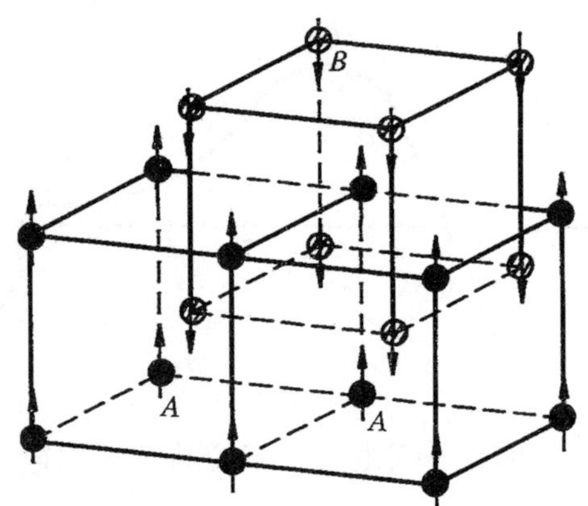

圖 9.11　反鐵磁質在 0°K 自旋對齊的示意圖，MnF_2 中錳離子自旋對齊的三維結構（氟離子未畫出來），顯示兩種錳的超晶格 A 和 B，有著反向平行對齊的磁矩

反鐵磁質在尼爾溫度（T_N）以上是順磁性的，這也與鐵磁質相同，即溫度會擾亂晶體原子自旋的排列，使它成爲順磁性的。反鐵磁質的順磁性與溫度的關係，有一個負的 θ 值，即

$$\chi_m=\frac{C}{T-(-\theta)}=\frac{C}{T+\theta} \tag{9.56}$$

反鐵磁質在尼爾溫度之下，如果加上一個磁場，看磁場方向與磁矩的方向是垂直還是平行，會得到不同的磁化率 $\chi_{\perp}$ 及 $\chi_{/\!/}$。一般觀察到的是兩者的平均，總磁化率會隨著溫度的下降而減低。尼爾溫度常常在室溫之下。多數的反鐵磁性物質是離子化合物，都是絕緣體或半導體。到目前爲止，反鐵磁物質還沒有實際應用。

9.6　亞鐵磁性

亞鐵磁質與反鐵磁質很類似，也有反向平行的磁矩，但是與反鐵磁質不同的是，它們反向平行的磁矩數量並不相等。因此，會有剩餘的磁矩。這種不平衡的電子自旋會產生一個自發的磁矩，與鐵磁質一樣。亞鐵磁質的磁性與鐵磁質很像，也形成磁疇，會有磁化強度飽和的現象，也會有磁滯迴路，但與鐵磁質不同的是，幾乎沒有自由電子，因此其電阻率在室溫比金屬要高十六個數量級左右。這種高電阻值對於高頻的應用是很有利的，譬如可以在線圈的中心防止渦電流。在臨界的居里溫度以上，亞鐵磁質也變成順磁性的，同時符合居里－外斯定律。

像反鐵磁物質一樣，亞鐵磁質也是由兩個互相穿透的次晶格所組成。每個次晶格也有電子自旋互相平行的離子，只是每個次晶格包含不同數量的磁性離子，因而有剩餘的磁矩。亞鐵磁質因此可以說是不完全的反鐵磁質。

含有鐵和另外一種金屬的雙重氧化物叫作鐵氧體（ferrite）。具有亞鐵磁性，因此也有了亞鐵磁性（ferrimagnetism）這個名詞。如果以鎳鐵氧體（nickel ferrite）爲例子，其成分爲 $NiO \cdot Fe_2O_3$。在鎳鐵氧體晶格中，有兩種位置可以讓金屬離子占用，把它叫做 *A* 位置與 *B* 位置。氧原子對於磁矩沒有貢獻。Fe^{3+} 離子平均的分布在 *A* 位置和 *B* 位置，因爲 *A* 位置和 *B* 位置的離子會顯示反方向的自發磁化強度，因此 Fe^{3+} 離子的電子自旋會互相抵消，詳細一點的說，鐵原子的電子安排是 $6d^64s^2$，Fe^{3+} 離子少了三個電子，還剩五個電子，依照洪德規則，可以有五個電子自旋磁矩（見圖 9.12）。

鎳原子的電子結構是 $3d^84s^2$。Ni^{2+} 離子少了兩個電子，因此剩下八個電子。依照洪德規則，它們安排之後可以剩下兩個電子磁矩。所有的鎳原子都處於 *B* 位置。鎳鐵氧體因此估計可以有兩個沒有抵消的電子自旋磁矩，即兩個玻爾磁子，這與實際上觀察的基本上符合。

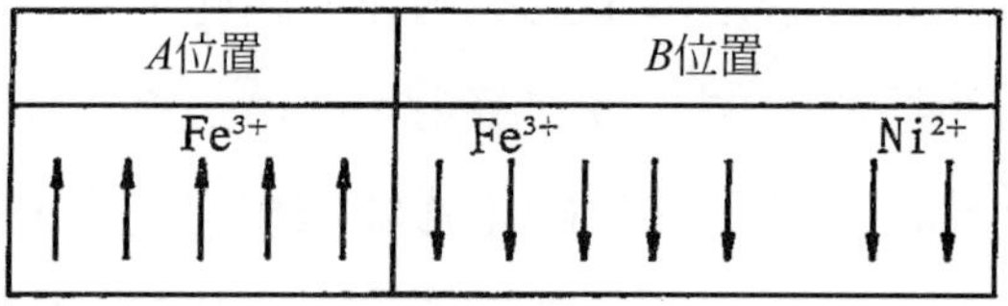

A位置	B位置
Fe^{3+} ↑↑↑↑↑	Fe^{3+} ↓↓↓↓↓ Ni^{2+} ↓↓

圖 9.12 反尖晶石 $NiO \cdot Fe_2O_3$，自旋在 A 和 B 位置的分布，在每一個位置的自旋安排依照洪德規則。鐵離子平均分布於 A 和 B 位置，鎳離子只分布於 B 位置

習題

1. 螺線環(solenoid)內的磁場強度 H 爲 $H=\frac{In}{l}$(SI 制)，其中 I 是電流，n 是螺線環的圈數，l 是螺線環的長度。以高斯制表示，$H=\frac{4\pi}{10}\frac{In}{l}$。如果電流爲 5 安培，圈數 n 爲 1000，長度 l 爲 0.1m。試求磁場強度爲多少？如果用高斯制表示，磁場強度是多少？
2. 鍺的原子半徑是 1.37Å，試求其抗磁性磁化率。
3. 一個順磁性材料，假設每立方米有 10^{29} 個磁偶，而每個磁偶的磁矩爲 $\mu_m=\mu_B$，試求在室溫下的順磁性磁化率。
4. 鐵原子的 $\mu_m=2.22\mu_B$，居里溫度 T_c 爲 1043K，試計算其分子磁場 H_m。
5. 一個順磁性金屬在 0K 時，每一立方公分的材料在費米能階附近的能位密度是每焦耳有 5×10^{41} 個能位，試計算其順磁性磁化率。
6. 金屬銫的密度是 1.87g/cm^3，原子量是 132.9 克。假設每個電子的磁矩爲 μ_B，試求其順電性磁化率。
7. 一個磁性材料具有長方形的磁滯曲線，假設 $H_c=1.5$Oe，$B_S=10$kG，其體積爲 0.5cm^3。試計算在經歷一整個磁滯迴路後，所消耗的能量爲多少？用高斯制和用 SI 制計算是否能得到同樣的答案？

本章主要參考書目

1. C. Kittel, Introduction to Solid State Physics (1986).
2. R. Hummel, Electronic Properties of Materials (1985).
3. J. Christman, Fundamentals of Solid State Physics (1988).
4. B. Cullity, Introduction to Magnetic Materials (1972).

第十章

熱學性質

1 熱學參數
2 熱容量的經典理論
3 熱容量的量子理論
4 熱傳導
5 熱膨脹

10.1 熱學參數

熱學性質在許多應用上都是很重要的，在做道路、建築工程以及精密工具時，材料的熱膨脹是必須要考慮的。在隔熱應用上，熱傳導性質非常重要。在製作加熱器和冷卻器時，必須要了解材料的熱學性質。有一些基本事實，已經從實驗得知。比如說，有些材料像銅是優良的熱傳導體，有些材料像木材，就是不良的熱傳導體，而好的電傳導體一般也是好的熱傳導體。公元 1853 年，維德曼（Wiedemann）和夫蘭茲（Franz）發現，熱導率與電導率之比，再除以溫度，對於所有金屬基本上都是一個常數。

在進一步討論物質的熱學性質之前，讓我們看一下一些有關熱學的基本觀念和定義。

10.1.1 熱能

當兩個具有不同溫度的物體放在一起時，熱能（heat energy）Q 就從較熱的物體流到較冷的物體。這個熱能的單位過去用的是卡（calorie），卡的定義是把一克的水從 14.5℃升到 15.5℃所需要的熱量。1948 年，國際上規定統一使用 SI 單位中的焦耳（joule）為能量的單位，包括熱能在內。新的定義卡就是

$$1\text{卡} = 4.184\text{焦耳} \tag{10.1}$$

10.1.2 熱容量

不同物質需要不同數量的熱能來把它們的溫度提高至某一個固定的溫度。舉例來說，把一克的水提高 1K 需要一卡，但是同樣熱能可以把一克的鐵提高 9K。換言之，水的熱容量（heat capacity）比鐵為大。因此，熱容量 C 的定義是把物質的溫度提高至某一個溫度範圍所需要輸送的熱能 Q。可能

的熱容量單位有 cal/K 或 J/K。

熱容量的定義並不是唯一的，這是因為熱容量隨著熱能加入這個系統的情況不同而有異。雖然不同的熱容量有很多種，一般只有兩種需要注意，即在固定體積之下的熱容量 C_v 和在固定壓力之下的熱容量 C_p。C_v 是比較基本的數量，但 C_p 卻是實驗上比較容易取得的數量。

固定體積之下的熱容量定義是

$$C_v = \left(\frac{\partial E}{\partial T}\right)_v = \left(\frac{dQ}{dT}\right)_v \tag{10.2}$$

C_v 與 C_p 之間下列的關係可以由熱力學導出

$$C_v = C_p - \frac{\alpha^2 TV}{k} \tag{10.3}$$

其中 α 是材料的體膨脹係數，k 是壓縮系數（compressibility），V 是材料的體積。因此 C_v 和 C_p 之間的差別在低溫時趨近於零，在室溫時也只占 5% 左右。因此在大多數情況下，可以認為

$$\mathrm{C}_p \cong \mathrm{C}_v \tag{10.4}$$

10.1.3　比熱

比熱（specific heat）是每單位質量的熱容量，用小寫的 c 代表

$$c = \frac{C}{m} = \frac{\Delta Q}{m\Delta T} \tag{10.5}$$

比熱是一個材料的常數，並且與溫度有關。比熱的單位是 cal/g·K 或 J/kg·K。一些有代表性的比熱值列在表 10.1。關於比熱的理論，在本世紀之初對於固態理論的發展有重大影響，後面會有進一步討論。

表 10.1　在室溫和大氣壓下，不同材料的實驗熱學參數

材料	比熱 $\left(\frac{cal}{g \cdot K}\right)$	比熱 $\left(\frac{J}{g \cdot K}\right)$	分子量 $\left(\frac{g}{mol}\right)$	摩爾熱容量（C_P）$\left(\frac{cal}{mol \cdot K}\right)$	摩爾熱容量（C_P）$\left(\frac{J}{mol \cdot K}\right)$	摩爾熱容量（C_v）$\left(\frac{cal}{mol \cdot K}\right)$
Al	0.215	0.899	27.0	5.80	24.3	5.5
Fe	0.110	0.460	55.9	6.15	25.7	5.9
Ni	0.109	0.456	58.9	6.42	26.8	5.9
Cu	0.092	0.385	63.5	5.84	24.4	5.6
Pb	0.031	0.130	207.0	6.42	26.9	5.9
Ag	0.056	0.236	108	6.05	25.5	5.8
石墨	0.216	0.904	12.0	2.60	10.9	2.2
水	1.000	4.184	18	18	75.3	

（資料來源：參考書目 II －1）

（10.5）式也可以表示爲

$$\Delta Q = mc\Delta T \tag{10.6}$$

即輸送到一個物體的熱能 ΔQ 等於物體質量 m，增加的溫度 ΔT，和比熱 c 三者的乘積。

10.1.4　摩爾熱容量

摩爾熱容量（molar heat capacity）是物質每個摩爾的熱容量，簡稱摩爾熱容。它比較有著同樣分子數目的物質，摩爾熱容量可以用比熱（c_v 或 c_p）乘以分子量 W 而得。如果用 C_v 爲例

$$C_v\ (\text{每摩爾}) = c_v \cdot W \tag{10.7}$$

摩爾熱容量的單位是 cal/mol · k 或 J/mol · K。一個摩爾有 6.02×10^{23} 個分子。從表 10.1 可知，對許多固體來說，固定體積之下的摩爾熱容量，在室溫大約都是 6 cal/mol · K 或 25 J/mol · K。這是杜隆（Dulong）和柏蒂（Petit）公元 1819 年在實驗中發現的，也稱爲杜隆－柏蒂定律。

圖 10.1 顯示一些材料的摩爾熱容量與溫度的關係。有些材料像鉛，在很低的溫度就達到了杜隆－柏蒂的值 6 cal/mol · K，而一些其他物質像金剛石，只有到了高溫，它的摩爾熱容量才會趨近 6 cal/mol · K。

此處用了同樣的符號 C_v 和 C_p 來代表摩爾熱容量和熱容量，不過從單位就可以知道代表的是那一個，下面討論的都是摩爾熱容量。

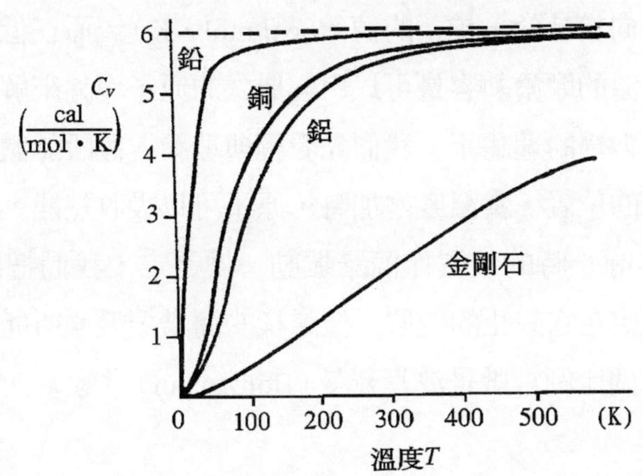

圖 10.1 不同材料的摩爾熱容量與溫度的關係（資料來源：參考書目 II －1）

10.1.5 熱導率

當兩個物體接觸以後，熱能由熱的物體到冷的物體之傳輸稱爲熱傳導。以一個長度爲 x 的棒型材料爲例，兩端放在不同的溫度上，每單位時間每單位面積通過這個棒子的熱能稱爲熱通量 J_Q。而 J_Q 是與溫度的梯度 $\frac{dT}{dx}$

成正比的。我們把這個比例常數稱爲熱導率（thermal conductivity）K。因此 K 由下式定義

$$J_Q = -K\frac{dT}{dx} \tag{10.8}$$

式中的負號代表熱是從熱的一端傳到冷的一端。熱通量 J_Q 的單位是 cal/m^2．s 或 J/m^2．s。熱導率 K 的單位是 cal/m．s．K 或 J/m．s．K 或者 W/m．K。

10.2 熱容量的經典理論

10.1 圖已經顯示了摩爾熱容量與溫度的關係，我們看到在高溫的時候，摩爾熱容量都趨向於杜隆－柏蒂的值（6 cal/mol．K）。而在低溫的時候，都逐漸的降低。高溫的摩爾熱容量可以用經典式的原子理論來解釋，低溫情況就必須用到量子力學的理論了。我們先看經典理論。假設晶體中的每個原子都束縛於晶格上的位置，當溫度增加時，原子可以吸收熱能，而且在吸收熱能後，相對於其靜止時的位置作簡諧振動。換言之，我們把原子比爲一個球，球用彈簧固定在它靜止的位置。像這樣的簡諧振盪器所能吸收的熱能與溫度成正比。這個比例常數是波耳茲曼（Boltzmann）常數 k_B。這個振盪器的平均能量因此是

$$<E> = \frac{\int_0^\infty Ee^{-E/k_BT}dE}{\int_0^\infty e^{-E/k_BT}dE} = k_BT \tag{10.9}$$

物體都是三維的。原子在三維每個方向的振動，都可以用一個振盪器來代表。每一個都吸收 k_BT 的能量。因此一個原子平均的總共能量爲

$$E = 3k_BT \tag{10.10}$$

用另外一種經典理論，即氣體運動理論，也可以得到相同的結果。從氣體動力學可以知道，每一個粒子在一個方向的動能是 $\frac{1}{2}k_BT$。現在假設晶體中原子的振動像一個粒子，因爲振動是三維的，則其動能爲

$$E_{\text{kin}} = \frac{3}{2}k_BT \tag{10.11}$$

這種彈性振動不但有動能，而且還有勢能。勢能的平均值與動能相等。一個振動的晶格原子，其整個能量因此是

$$E = 2 \cdot \frac{3}{2}k_BT = 3k_BT \tag{10.12}$$

因此，也得到同樣的結果。

每一摩爾有 N_0 個分子。N_0 是阿伏加德羅數，每個分子運動如一個整體，因此與上面所討論的一樣，每個分子也有 $3k_BT$ 的能量，因此每摩爾整個的內部能量爲

$$E = 3N_0k_BT \tag{10.13}$$

由（10.2）式和（10.13）式，得

$$C_v = \left(\frac{dE}{dT}\right)_v = 3N_0\,k_B \tag{10.14}$$

將 N_0 和 k_B 的值代入（10.14）式，得到 C_v 的值爲 5.98 cal/mol · K 或 25 J/mol · K。這就是杜隆－柏蒂定律的值，比較圖 10.1，也與材料在高溫時的實驗結果相當符合。

但是這個結果卻明顯地不能在低溫時使用。因爲（10.14）式計算的摩爾熱容量與溫度無關，同時也跟什麼材料無關。這個理論計算與實際觀察到的

結果之間的差異則是很令人困惑的。然而在二十世紀之初，它也為進一步發展固態理論提供了重大線索。

10.3 熱容量的量子理論

10.3.1 愛因斯坦模型

為了要解釋熱容量，愛因斯坦首先假設上面所述晶格原子的振盪或者說彈性波（elastic wave），它們的能量應該是量子化的。量子力學是由普朗克（Planck）假設黑體輻射的電磁波能量是量子化的開始，電磁波的量子叫做光子（photon）。與此類似的，愛因斯坦把彈性波的量子稱為聲子（phonon），這些聲子的能量可以寫為

$$E=\left(n+\frac{1}{2}\right)\hbar\omega \tag{10.15}$$

n 是一個整數，式中的 $\frac{1}{2}\hbar\omega$ 代表振動模式在最低能位的能量。（10.15）式這個能量關係式對聲子和光子都同樣是成立的，在一般的討論，往往可以忽略 $\frac{1}{2}\hbar\omega$ 這個零點能量（zero-point energy）。

光子與聲子有很多類似的地方。光子是電磁波的量子，用光子來描述經典理論的光，而聲子是晶格原子振動彈性波的量子，聲子描述經典理論中的聲音。

聲子也有粒子與波的二重性，根據德布羅意（de Broglie）關係式，聲子也有一個動量 $p=\frac{h}{\lambda}$。聲波在晶體中以聲速傳播。因為晶格原子的振動可以有縱向或橫向模式的振動，聲子也可以分為縱向和橫向的聲子。

愛因斯坦假設溫度增加時，會產生更多的聲子，每一個都有同樣的能量 $\hbar\omega$。聲子的分布，符合一個稱為玻色－愛因斯坦（Bose-Einstein）分布函

數。即在一個固定溫度下，平均的聲子數目 N_{ph} 是

$$N_{ph}=\frac{1}{e^{\hbar\omega/kT}-1} \tag{10.16}$$

符合玻色－愛因斯坦統計的叫做玻色子（boson），例如聲子、光子等。而符合費米－狄拉克統計的，稱爲費米子（fermion），例如電子。

對於高聲子能量 $\hbar\omega$，即當 $\frac{\hbar\omega}{k_B T}>>1$ 時，（10.16）式中的指數項比 1 大很多，（10.16）式可以簡化爲

$$N_{ph}\cong e^{-\hbar\omega/k_B T} \tag{10.17}$$

因此在高聲子能量時，聲子的統計可以用經典熱力學的波耳茲曼統計來近似。而當溫度 T 趨近於零時，（10.16）式變得很小，即聲子的數目在低溫時變得很少。

一個晶格振動振盪器的平均能量因此是每個振盪器的平均聲子數目乘上聲子的能量，如果我們忽略（10.15）式中的 $\frac{1}{2}$，可以得到

$$E_{\text{osc}}=N_{ph}\hbar\omega=\frac{\hbar\omega}{e^{\hbar\omega/kT}-1} \tag{10.18}$$

因爲每個摩爾的物質可以認爲有 $3N_0$ 個振盪器，每個摩爾的熱能因此可以寫爲

$$E=3N_0\frac{\hbar\omega}{e^{\hbar\omega/kT}-1} \tag{10.19}$$

由（10.19）式可以計算摩爾熱容量爲

$$C_v = \left(\frac{dE}{dT}\right)_v = 3N_0\, k_B \left(\frac{\hbar\omega}{k_B\, T}\right)^2 \frac{\exp\left(\frac{\hbar\omega}{k_B\, T}\right)}{\left[\exp\left(\frac{\hbar\omega}{k_B\, T}\right) - 1\right]^2} \tag{10.20}$$

當溫度高時，$\frac{\hbar\omega}{k_B\, T} \ll 1$，(10.20)式趨近於 $3N_0k_B$，與經典的杜隆－柏蒂值符合。而在低溫時，$\frac{\hbar\omega}{k_B\, T} \gg 1$，$C_v$ 隨著 $\left(\frac{\hbar\omega}{k_B\, T}\right)^2 \exp\left(-\frac{\hbar\omega}{k_B\, T}\right)$ 下降，在 $T = 0$ 時爲零。

圖 10.2 顯示愛因斯坦模型（Einstein model）所得到的摩爾熱容與實驗所得結果的比較。從圖上可以看出來，愛因斯坦所引進的量子化理論，比經典理論所得到的常數值摩爾熱容量已經改進了一大步。但是 C_v 曲線的下降，實驗值在低溫時與溫度的關係是 T^3，而愛因斯坦模型則主要是 $\exp\left(-\frac{\hbar\omega}{k_B\, T}\right)$。更進一步的改善，則由德拜（Debye）完成。

在（10.20）式中，只有一個變數，那就是 ω。因此，與實際的摩爾熱容量數値相比，可以確定角頻率，稱之爲愛因斯坦角頻率 ω_E。一個特定溫度，稱爲愛因斯坦溫度 θ_E，也可以定義爲 $\theta_E = \frac{\hbar\omega_E}{k_B}$。對於銅而言，計算出來的愛因斯坦角頻率爲 $\omega_E = 2.5 \times 10^{13} s^{-1}$，而愛因斯坦溫度 $\theta_E = 240\text{K}$。θ_E 的代表值在 20K 到 240K 之間。

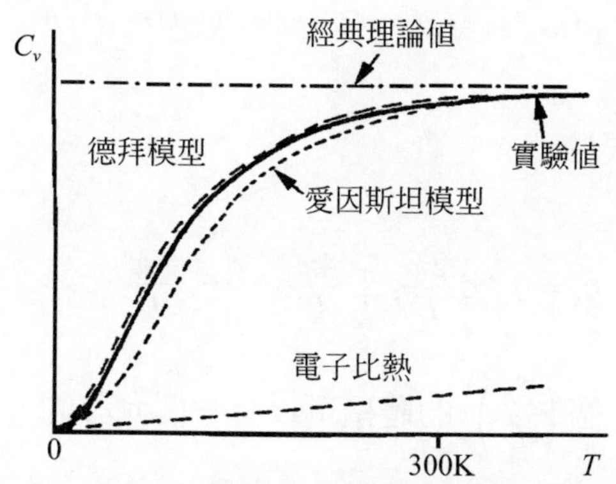

圖 10.2　摩爾熱容量與溫度的關係，實驗值和各種模型的結果

10.3.2　德拜模型

在愛因斯坦模型中，只考慮了一個振盪頻率 ω_E，而且這些振盪器彼此也互相獨立。德拜（Debye）把晶體之中原子間的互相作用包括進來，在這種情形下會有更多的頻率存在。假設這些振盪模式也都同樣的量子化，那麼晶體中原子的振動能量應該把所有的振動模式加在一起計算。愛因斯坦假設有 $3N_0$ 個振盪器，每個有相同的頻率 ω_E。德拜則假設有許多頻率，頻率的分布由零到一個切斷頻率 ω_D。振動的模式有一個分布的函數，叫做能位密度（density of states），更好一點的說法，應該叫做振動模式密度 D(ω)。其定義是 $D(\omega)d\omega$ 代表頻率在 ω 到 $\omega + d\omega$ 之間時，振動模式的數目。

對於一個連續的介質，這個振動模式密度為

$$D(\omega) = \frac{3V}{2\pi^2}\frac{\omega^2}{v^3} \tag{10.21}$$

其中 v 為聲速。（10.21）式的導出，在這裡敘述如下：由於晶格振動的振幅是有週期性的，假設一個每邊長度為 L 的立方中有 n^3 個單胞，聲子的波矢 $\mathbf{q}$ 要符合下列邊界條件，

$$e^{i(q_x x+q_y y+q_z z)}=e^{i[q_x(x+L)+q_y(y+L)+q_z(z+L)]}$$

也就是說 q_x 等的值限於

$$q_x=0,\ \pm\frac{2\pi}{L},\ \pm\frac{4\pi}{L},\ \cdots\cdots,\ \frac{n\pi}{L}$$

因而在 **k** 空間，每一個 $\left(\frac{2\pi}{L}\right)^3$ 的體積可以有一個允許的 **q** 值。波矢小於 q 的晶格振動模式數目因而是

$$N=\frac{\frac{4}{3}\pi q^3}{\left(\frac{2\pi}{L}\right)^3}=\frac{V}{6\pi^2}q^3=\frac{V}{6\pi^2}\left(\frac{\omega}{v}\right)^3 \tag{10.22}$$

其中 $V=L^3$，此處假設了一個 ω 與 q 的線性關係，即 $\omega=vq$。振動模式密度因此是

$$D(\omega)=\frac{dN}{d\omega}=\frac{V\cdot\omega^2}{2\pi^2 v^3} \tag{10.23}$$

在晶格振動中，對於每一個允許的 q 值，可以有三個不同的振動模式，即一個縱振動和兩個橫振動。因此上式要乘 3，總共的振動模式密度爲（10.21）式

$$D(\omega)=\frac{3V}{2\pi^2}\frac{\omega^2}{v^3} \tag{10.21}$$

如果晶體一共有 N 個單胞，共有 $3N$ 個振動模式，德拜假設最高的聲子頻率稱爲切斷頻率 ω_D

則
$$\int_0^{\omega_D}D(\omega)d\omega=\int_0^{\omega_D}\frac{3V}{2\pi^2}\frac{\omega^2}{v^3}d\omega=3N$$

所以
$$\frac{V}{6\pi^2}\frac{\omega_D^3}{v^3}=N \tag{10.24}$$

可以得到切斷頻率爲

$$\omega_D=v\left(\frac{6\pi^2 N}{V}\right)^{1/3} \tag{10.25}$$

V 爲晶體的體積。ω_D 也稱爲德拜頻率。

固體中所有振動模式的能量是

$$E=\int E_{\text{osc}}D(\omega)d\omega \tag{10.26}$$

E_{osc} 是每個振盪器的能量，見（10.18）式。把（10.18）、（10.21）式代入（10.26）式，得

$$E=\frac{3V}{2\pi^2 v^3}\int_0^{\omega_D}\frac{\hbar\omega^3}{\exp\left(\frac{\hbar\omega}{k_B T}\right)-1}d\omega \tag{10.27}$$

把（10.27）式對溫度微分就可以得到摩爾熱容量 C_v，其結果是

$$C_v=\frac{3V\hbar^2}{2\pi^2 v^3 k_B T^2}\int_0^{\omega_D}\frac{\omega^4\exp\left(\frac{\hbar\omega}{k_B T}\right)}{\left[\exp\left(\frac{\hbar\omega}{k_B T}\right)-1\right]^2}d\omega \tag{10.28}$$

如果用 $x=\frac{\hbar\omega}{k_B T}$ 作爲新的變數，同時定義一個參數 θ_D

$$\frac{\hbar\omega_D}{k_B T}\equiv\frac{\theta_D}{T} \tag{10.29}$$

上式的 θ_D 與溫度有同樣的單位，因此叫做德拜溫度。θ_D 的值可以用（10.28）式與實驗值比較得到。這些值列於 10.2 表。（10.28）式可以寫爲下列形式

$$C_v = 9k_B N_0 \left(\frac{T}{\theta_D}\right)^3 \int_0^{\theta_D/T} \frac{x^4 e^x}{(e^x - 1)^2} dx \tag{10.30}$$

在低溫時，當 $T << \theta_D$，(10.30) 式的積分上限可以用無限大來取代。(10.30) 式的積分變成一個可以計算的定積分，其結果是

$$C_v = \frac{12\pi^4}{5} N_0 k_B \left(\frac{T}{\theta_D}\right)^3 \tag{10.31}$$

從 (10.27) 式可以看出，C_v 在低溫的時候，以 T^3 的比例下降，這個結果與實驗符合得很好。

表 10.2　不同材料的德拜溫度

材料	θ_D(K)
Pb	95
Au	170
Ag	230
W	270
Cu	340
Fe	360
Al	375
Si	650
C	1850

總結來說，這兩個模型之間的主要分別是愛因斯坦模型只假設了一個頻率，德拜模型 (Debye model) 則把低頻的振動模式也包括了進來。不過，(10.28) 式也仍然只是一個近似，因為這個模型還沒有把一個晶格中原子排列的週期性包括進去。而且詳細的德拜模型對於特定材料要使用實際的模式密度函數 $D(\omega)$。雖然這麼說，如圖 10.2 所示，德拜模式的 (10.28) 式與實驗結果符合得已經相當好。

10.3.3 電子熱容

前面所討論的愛因斯坦模型和德拜模型都是聲子，也就是晶格振動對熱容的貢獻。晶體中的電子也會對熱容量有貢獻。這部分的熱容叫做電子熱容。下面我們會看到，電子熱容比聲子熱容小很多。

對於電子的熱容量來說，首先，提高溫度的時候，只有自由電子的動能是可以因為溫度提高而增加的。因為只有金屬和合金有自由電子，所以也只有金屬和合金有電子熱容。其次，電子熱容比完全用自由電子模型來計算的小很多。早期，這曾經是固態理論的一大困惑，因為依照經典理論，每一個粒子應該有 $3k_B$ 的熱容（10.12 式），如果 N 個原子每個有一個自由電子，則總共的電子熱容應該有 $3NK_B$，但實際上量測到的只有這個值的百分之一左右。而它的原因是由於包利不相容原理，只有那些處在費米能階附近 k_BT 之內的電子，才有可能被激發到較高的能位，因為只有這些電子在激發之後才能找到空的能位，見圖 10.3。這些電子每個得到 k_BT 的能量。如果一共有 N 個電子，只有接近 $\frac{T}{T_F}$ 這麼一部分的電子可以被激發，其中 T_F 是費米溫度 $kT_F = E_F$，所以整個電子的熱能大約為

$$E \cong N\left(\frac{T}{T_F}\right)k_BT \tag{10.32}$$

因而，電子熱容為

$$C_{el} = \left(\frac{\partial E}{\partial T}\right)_v \cong Nk_B\frac{T}{T_F} \tag{10.33}$$

C_{el} 與溫度成正比，這與實驗結果在性質上和數量上都是符合的。

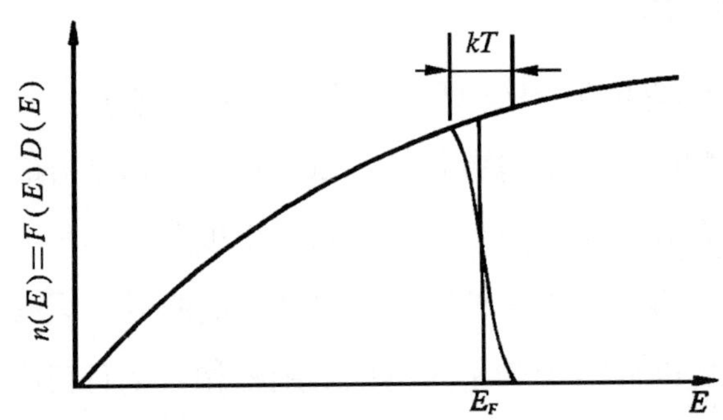

圖 10.3　對三維的自由電子，能位密度與能量的關係

比較嚴格的計算，用圖 10.3 可以看出，應該是用溫度爲 T 時的能量減去溫度爲零時的能量

$$\Delta E = E(T) - E(0) = \int_0^{\infty} ED(E)F(E)dE - \int_0^{E_F} ED(E)dE \tag{10.34}$$

其中 $D(E)$ 是能位密度函數。然後 C_{el} 可以由

$$C_{el} = \frac{d(\Delta E)}{dT} \tag{10.35}$$

而得。計算結果得到的精確電子熱容爲

$$C_{el} = \frac{\pi^2}{3} D\,(E_F) k_B^2 T = \frac{1}{2}\pi^2 N k_B \frac{T}{T_F} \tag{10.36}$$

與（10.33）式的估計很接近。

整個金屬晶體的摩爾熱容應該是聲子熱容與電子熱容之和。在溫度比德拜溫度和費米溫度都低很多的低溫範圍，金屬的摩爾熱容因而可以寫爲（10.31）式和（10.36）式之和

$$C_v = C_{el} + C_{\text{phonon}} = \gamma T + \beta T^3 \tag{10.37}$$

其中 γ 和 β 分別為(10.36)式和(10.31)式前面的係數。我們如果比較(10.37)式中的兩項，βT^3 項一般比 γT 項大很多。在室溫，電子熱容占整個熱容不到百分之一。但是在非常低溫的區域，$T < 5\text{K}$，電子熱容可能占一個比較重要的百分比。

如果把 C_v 寫成下列形式

$$\frac{C_v}{T} = \gamma + \beta T^2 \tag{10.38}$$

把 $\frac{C_v}{T}$ 對 T^2 作圖，其斜率為 β，與縱軸的交點則為 γ，可見圖 10.4。

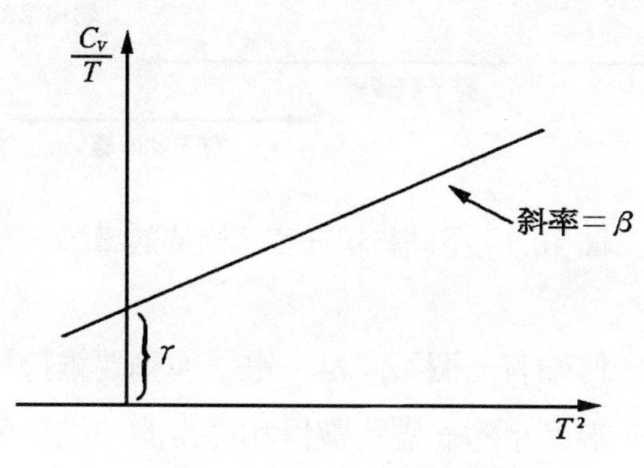

圖 10.4　$\frac{C_v}{T}$ 對 T^2 的實驗作圖

10.4　熱傳導

10.4.1　熱傳導的經典理論

在 10.1 節，曾經介紹熱導率 K，現在要討論熱傳導中所涉及的機理。

圖 10.5 顯示在室溫之下，一些材料熱導率的大小。可以看到，固態中的熱傳輸可以藉著自由電子和聲子達成。在絕緣體中，因為沒有自由電子，熱完全是由聲子來傳導的。而在金屬和合金中，熱傳導可以由自由電子和聲

子兩者來傳導，但是以自由電子爲主，因爲金屬中有大量的自由電子。物質的熱導率上下只變化四個數量級左右，這與電導率的變化很不相同。如圖 5.1 所示，電導率上下變化二十五個數量級。因爲電傳導主要是經由自由電子來完成的，絕緣體沒有自由電子，所以電導率非常小。而熱傳導則可以經由自由電子和聲子兩者來完成，絕緣體雖然沒有自由電子，卻可以經由聲子完成相當程度的熱傳導。

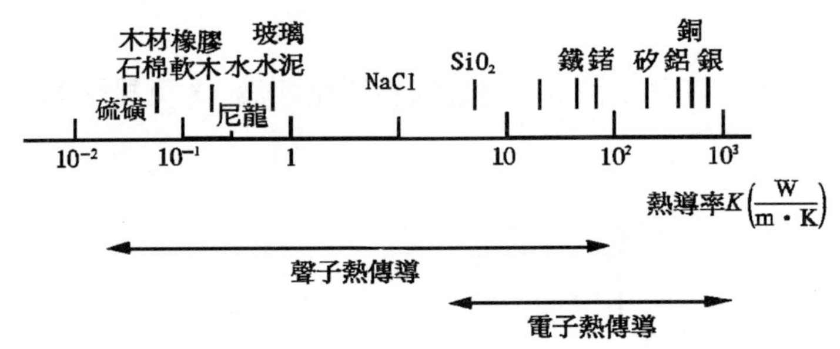

圖 10.5　不同材料在室溫時的熱導率

電子傳輸與聲子傳輸有一個不同是，電子傳輸要維持電中性。在一個金屬中，電子從熱的一端到冷的一端的數目和從冷的一端到熱的一端的數目，應該是一樣的，否則會造成電性的不平衡。但是，在熱的一端，電子有較高的能量，在冷的一端，電子的能量較低。因此，經過電子的傳輸，熱能可以由熱的一端傳到冷的一端，而且傳輸的熱能與電子能量的差異成正比。聲子傳輸的情形則不同，在熱的一端，聲子的數目較多，因此熱傳輸牽涉到聲子由物體熱的部分到冷的部分的淨輸送。物體中電子的數目是固定的，但聲子的數目卻可以由溫度的增減而變化，是不守恆的。

現在，我們用氣體動力學的基本理論來導出物質熱導率的表示法。假設在一個三維晶體當中，傳熱粒子（電子或者是聲子）一共有 n 個，往正 x 方向通過的粒子數量是 $\frac{1}{2}n$，另一半向反 x 方面移動，所以粒子往正 x 方的通量（flux）是 $\frac{1}{2}n\langle v_x\rangle$，其中 $\langle v_x\rangle$ 代表在正 x 方向的平均粒子速度。

如果用 c 代表粒子的熱容，從一個溫度爲 $T+\Delta T$ 的地方移到溫度爲 T 的地方，一個粒子會釋出 $c\Delta T$ 能量。在氣體動力學中，需要討論粒子之間的碰撞。兩次碰撞之間平均走過的距離稱爲平均自由程，以 l 代表。兩次碰撞之間的平均時間以 τ 代表，稱爲弛緩時間（relaxation time）。在碰撞的兩端，如果溫度差爲 ΔT，則

$$\Delta T = \frac{dT}{dx}l_x = \frac{dT}{dx}v_x\tau \tag{10.39}$$

粒子所傳輸的能量因此是

$$J_Q = -n\langle v_x\rangle c\Delta T \tag{10.40}$$

J_Q 爲熱能的通量。因爲正向移動的粒子和反向移動的粒子都可以傳輸同樣的能量。把（10.39）式代入（10.40）式

$$J_Q = -n\langle v_x\rangle \cdot c\langle v_x\rangle\tau\frac{dT}{dx} = -nc\tau\langle v_x^2\rangle\frac{dT}{dx} \tag{10.41}$$

由於在單一 x 方向的速度平方爲整體速度平方的 $\frac{1}{3}$，$\langle v_x^2\rangle = \frac{1}{3}\langle v^2\rangle$，所以

$$J_Q = -\frac{1}{3}nc\tau\langle v^2\rangle\frac{dT}{dx} = -\frac{1}{3}C\langle v\rangle l\frac{dT}{dx} \tag{10.42}$$

其中 $C=nc$，$l=\langle v\rangle\tau$。最後與（10.8）式比較，得到

$$K=\frac{1}{3}Cvl \tag{10.43}$$

從（10.43）式可以知道，如果有更多的粒子參與熱傳導，如果它們的速度愈大，如果兩次碰撞之間的平均自由程愈大，則熱導率就愈大，這個結果因而是相當合理的。

電子和聲子都對熱傳導有作用，因此，總共的熱導率為對電子的（10.43）式和對聲子的（10.43）式兩項之和，即

$$K=\frac{1}{3}C_v^{el}v_{el}l_{el}+\frac{1}{3}C_v^{ph}v_{ph}l_{ph} \tag{10.44}$$

對一般純金屬來說，電子熱導率遠大於聲子熱導率。但在不純的金屬和無序的合金中，這兩種熱導率相去不遠。而對於絕緣體說，因為沒有自由電子，自然就只剩下聲子熱導率了。

對於電子熱導率來說，（10.43）式的三個變數都是溫度的函數。其中 C_v^{el} 隨溫度的增加而增加，見（10.36）式，l 則隨溫度的增加而減小，v 也隨溫度的增加而減小，不過減得較少。因此 K 應該與溫度變化不大，實驗上所觀察到的也的確如此。但是在低溫時，由於這三個變數變化得較大，K 有相當大的改變。

10.4.2 金屬熱傳導的量子理論

由圖 10.3 可以知道，只有接近費米能量附近的電子，才能參與熱傳導的過程。因此（10.43）和（10.44）式中的電子速度應該基本上是費米速度 v_F，其關係為

$$E_F=\frac{1}{2}mv_F^2 \tag{10.45}$$

在（10.43）式中的 C_{el} 應用量子力學所得的結果（10.36）式代入

$$C_{el}=\frac{1}{2}\pi^2 Nk_B\frac{T}{T_F} \tag{10.36}$$

其中電子數目 N，應該由費米能階處的電子密度 $N(E_F)$ 來決定。但是在初步的近似中，可以用每單位體積的自由電子數 n 來代替。將（10.36）式代入（10.43）式，並且用 $l=\tau v_F$，$kT_F=\frac{1}{2}mv_F^2$，（10.43）式可以簡化爲

$$K_{el}=\frac{\pi^2}{3}\cdot\frac{nk_B^2T}{mv_F^2}\cdot v_F\cdot l=\frac{\pi^2 nk_B^2 T\tau}{3m} \tag{10.46}$$

由第五章，我們得到金屬的電導率爲

$$\sigma=\frac{ne^2\tau}{m}$$

金屬熱導率和電導率的比例因此是

$$\frac{K}{\sigma}=\frac{\pi^2 nk_B^2\tau T/3m}{ne^2\tau/m}=\frac{\pi^2}{3}\frac{k_B^2}{e^2}T \tag{10.47}$$

$\frac{K}{\sigma}$ 的比例，除了一個常數以外，與溫度 T 成正比。所以好的電導體也是好的熱導體，這是維德曼（Wiedemann）和夫蘭茲（Franz）於公元 1853 在實驗中發現的結果。如果這個關係式成立，則

$$\frac{K}{\sigma T}=\frac{\pi^2}{3}\left(\frac{k_B}{e}\right)^2=L \tag{10.48}$$

應該是一個常數，稱爲羅倫茲數（Lorenz number）。計算出來的羅倫茲數爲 2.45×10^{-8}watt-ohm/deg^2 或寫爲 $2.45\times10^{-8}J^2/C^2\cdot K^2$，表 10.3 列出了實驗上得到的羅倫茲數的值。可以看出，理論與實際符合得相當好。在低溫的時候（$T<<\theta_D$），羅倫茲數有減少的趨勢，原因是電導率和熱導率計算過程中所使用的碰撞參數，像弛緩時間 τ，可能不再相等。

表 10.3　不同材料的羅倫茲數

L×10^{8}watt-ohm/deg^2			L×10^{8}watt-ohm/deg^2		
金屬	0℃	100℃	金屬	0℃	100℃
Ag	2.31	2.37	Au	2.35	2.40
Cd	2.42	2.43	Cu	2.23	2.33
Mo	2.61	2.79	Pb	2.47	2.56
Pt	2.51	2.60	Sn	2.52	2.49
W	3.04	3.20	Zn	2.31	2.33

（資料來源：參考書目 I－1）

10.4.3　電介質中的熱傳導

絕緣體沒有自由電子，絕緣體中的熱傳導因而是由聲子傳導完成的。熱的一端比冷的一端有更多的聲子，聲子因此隨著溫度的梯度而移動，熱導率根據（10.43）和（10.44）式爲

$$K=\frac{1}{3}C_v^{ph}v_{ph}l \tag{10.49}$$

其中 C_v^{ph} 是由於聲子而來的每單位體積的晶格熱容量，v_{ph} 爲聲子的速度，l 是聲子平均自由程。聲子速度的代表值是聲速，在 5×10^{5}cm/s 左右，與溫度的變化不大。聲子的平均自由程主要受到晶體幾何因素（包括缺陷、邊界）散射，以及其他聲子散射的影響。由於與其他聲子的散射，聲子的平均自由程與溫度變化很大，會上下幾個數量級，譬如說，可以從室溫的 10nm 變到 20K 時的 10^{4}nm。聲子在移動中可以與晶格缺陷、物體的邊界和其他聲子起作用。這些作用形成了熱阻，與電阻的情況非常類似。

在低溫的時候，平均自由程變大，而且往往只受到樣品大小的限制，因此，平均自由程與樣品大小差不多。在低溫，只有少量聲子，熱導率的變化因此主要視熱容量 C_v^{ph} 而定，而依（10.31）式，C_v^{ph} 是隨著溫度的立方而增

加的。

在較高溫度時，聲子的數目增加了，聲子和聲子發生碰撞的機會也增多了，聲子的平均自由程會降低。也就是說，因爲聲子的數目在高溫時與 T 成正比〔見（10.16）式，令 T 變大〕，且因聲子碰撞的次數與聲子的密度成正比，平均自由程因而與溫度成反比，即 $l \propto \frac{1}{T}$ 。根據（10.49）式，聲子熱導率也會在高溫時下降。因此，熱導率會在低溫上升，在較高溫下降，中間會形成一個極大値，如圖 10.6 所示。不過這個轉換的溫度相當低，聲子熱導率的極大値往往在 20K 到 50K 左右。

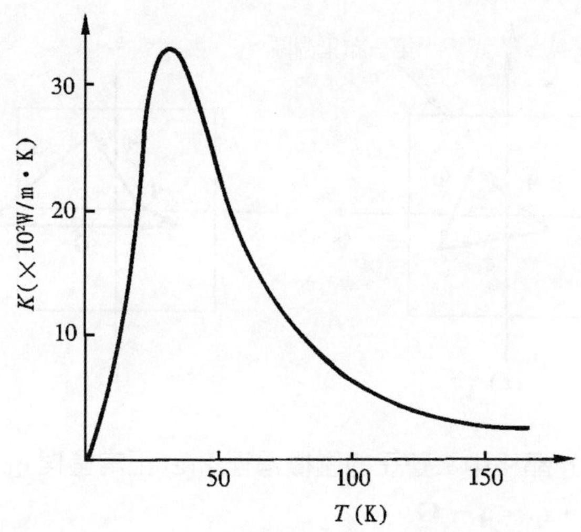

圖 10.6　介電材料的熱導率與溫度的關係

要完全解釋熱導率，除了平均自由程受限的因素之外，還必須要包括使聲子分布在晶體中達成平衡的機理。即聲子在高溫端的分布與聲子在低溫端的分布達成平衡。在討論聲子碰撞的時候，可以設想聲子的動量像電子的動量一樣，也在 **k** 空間中移動，也使用布里淵區，來顯示聲子動量發生作用的區域。當兩個聲子碰撞的時候，會產生一個第三聲子，其可能的形式之一如

圖 10.7(a) 所示。在這種情形，

$$\mathbf{q}_1 + \mathbf{q}_2 = \mathbf{q}_3 \tag{10.50}$$

$\mathbf{q}_1$ 和 $\mathbf{q}_2$ 是發生碰撞的兩個聲子的波矢，$\mathbf{q}_3$ 是碰撞後形成聲子的波矢。在圖 10.7(a) 中，這三個波矢都完全處在第一布里淵區之內，這種碰撞過程叫做正常過程（normal process），這樣的過程不能夠解釋熱導率（或者更容易了解一點的說，不能夠解釋熱阻率），因爲在正常碰撞過程中，聲子的總動量沒有改變，動量的方向也與原先相同，因此無法形成熱阻。

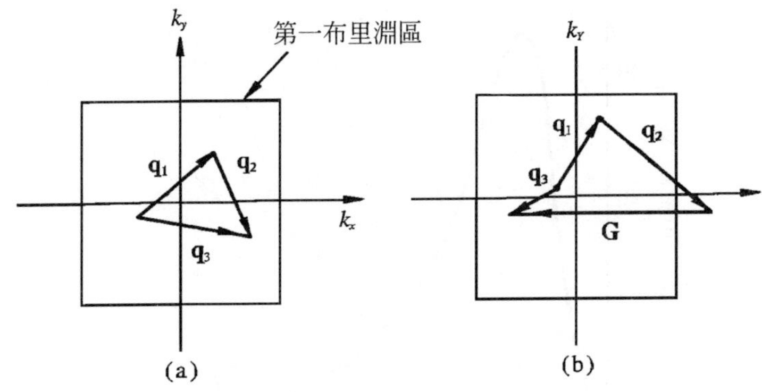

圖 10.7　在一個正方晶格中，聲子的碰撞過程：(a) 正常過程 $\mathbf{q}_1 + \mathbf{q}_2 = \mathbf{q}_3$，(a) 倒逆過程 $\mathbf{q}_1 + \mathbf{q}_2 = \mathbf{q}_3 + \mathbf{G}$

一個可以形成熱阻的聲子碰撞過程，則如圖 10.7(b) 所示。其形式爲

$$\mathbf{q}_1 + \mathbf{q}_2 = \mathbf{q}_3 + \mathbf{G} \tag{10.51}$$

$\mathbf{q}_1$、$\mathbf{q}_2$ 和 $\mathbf{q}_3$ 的意義仍如上述，$\mathbf{G}$ 是一個倒晶格矢量（reciprocal lattice vector）。在第三章的討論中曾經提過，倒晶格矢量 $\mathbf{G}$ 可以在任何晶體動量守恆的方程式出現。

在這個過程中，$\mathbf{q}_1$ 和 $\mathbf{q}_2$ 的向量和已經超出了第一個布里淵區，但加上了倒晶格矢量 $\mathbf{G}$，可以把聲子最後的動量 $\mathbf{q}_3$ 又引回到第一個布里淵區之內。這種過程叫做倒逆過程（umklapp process），「umklapp」是德文反轉的意思。

在倒逆過程中，碰撞後聲子的動量方向與原先聲子的方向相反，因此可以形成熱阻。

10.5 熱膨脹

物質的長度 L 會隨著溫度的增加而變長，在一個相當寬的溫度範圍內，長度的增加 ΔL 與溫度的增加 ΔT 是成正比的。這個比例常數叫做膨脹係數 α。這個現象可以用下面的關係式來表示

$$\frac{\Delta L}{L} = \alpha \, \Delta T \tag{10.52}$$

因為線膨脹係數是體膨脹係數的三分之一，從熱力學可以導出

$$\alpha = \frac{\gamma C_v}{3BV} \tag{10.52}$$

其中 γ 為格林納森（Gruneisen）常數，B 為體積彈性模量（bulk modulus），V 為體積，C_v 是摩爾熱容。因此線膨脹係數與摩爾熱容成正比。可以預料的到，線膨脹係數與溫度的關係和 C_v 與溫度的關係很類似。實際上所觀察到的也的確如此。即 α 在 $T >> \theta_D$ 時，趨近於一個常數，而在 T 趨近於零時，依 T^3 下降。如果是金屬，因為有自由電子，在極低的溫度時（$T < 5$K），與 T 成比例，在其他的溫度範圍，則應該與聲子熱容和電子熱容的和成比例。

熱膨脹也可以用原子理論的觀點從另一方面來了解。假設兩個相鄰的原子，如果把一個原子的位置當作是固定的，看另外一個原子，它的位能隨著原子核之間距離而變化。如果以離子型晶體為例，離子之間有庫倫引力，但

當原子核的距離非常近時，彼此之間會有很強的排斥力，此外還有幅度較小的范得瓦耳斯(van der Waals)引力。如果把這些都加起來，原子的勢能應該如圖 10.8 所示。在 $T = 0$K 時，勢能的最低點，就是原子的平衡位置 r_0。當溫度增加，晶格原子在吸收熱能後，會相對於其平衡位置作振盪。如果原子的勢能相對於其平衡位置是對稱的，則當溫度增加的時候，位置比 r_0 大的原子和位置比 r_0 小的原子將一樣多，平均起來，將沒有原子間距的改變，因此也就沒有熱膨脹。只有當勢能曲線是不對稱的情形下，才會有熱膨脹，這就如同圖 10.8 所示，勢能對於平衡位置 r_0 是不對稱的，當溫度增加時離子作振動，其平均的距離將會轉移到比 r_0 為大的位置。離子之間的距離加大了，因而導致熱膨脹。

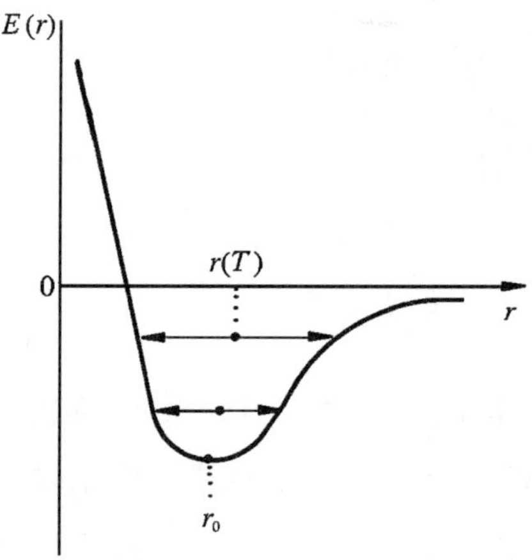

圖 10.8　兩個相鄰原子的勢能與原子核之間距離 r 的關係

有少數材料的性質與上述的相反，它們當溫度增加時收縮，往往這只有在很窄的一個溫度範圍內是如此，這是因為熱能可以激發縱向和橫向的振動。如果橫向振動占主導地位的話，晶格就會收縮。

習題

1. 對於一個金屬而言，在費米能量 E_F 附近 k_BT 能量範圍內有多少電子？用這些電子的數目與整個電子的數目比例來表示。假設 E_F = 4eV，溫度為 300K。
2. 假設某一個材料的愛因斯坦溫度為 300K，使用愛因斯坦模型，試計算溫度在 600K 時的 C_v 值。
3. 對於一個費米能量為 4eV 的金屬，試計算其在 300K 的電子熱容。這個值與高溫熱容值 25J/mol · K 的比例如何？
4. 如果一個金屬在 4K 所量得的電子熱容是 6.27×10^{-3}J/mol · K，試求其在費米能量的能位密度。
5. 對於一個費米能量為 4eV 的金屬，它的電子熱容理論上要在什麼溫度才能等於杜隆－柏蒂定律的值？
6. 某一個金屬，其電子密度為 $5\times10^{28}/m^3$，電子弛豫時間 $\tau = 3\times10^{-14}$s，試計算其室溫下的熱導率。
7. 試從 k_B 和 e 的數量，計算羅倫茲數的值。
8. 為什麼介電材料的熱導率要比金屬小兩、三個數量級？
9. 為什麼一般材料的熱導率上下只差四個數量級，而一般材料的電導率卻上下相差了約二十五個數量級？

本章主要參考書目

1. C. Kittel, Introduction to So1id State Physics (1986).
2. R. Hummel, Electronic Properties of Materials (1985).
3. J. Christman, Fundamentals of Solid State Physics (1988).
4. L. Azaroff and J. Brophy, Electronic Processes in Materials (1963).

第十一章

金屬的應用

從本章起，我們將討論電子材料，包括金屬、絕緣體、半導體等的應用。特別是在微電子工程方面的應用。

11.1 薄膜的導電性

在許多電子元件的製備過程中，電子材料都是以薄膜形式出現的。由於微電子器件都是以晶片做爲開始的材料，因此元件的製作都是平行於晶面，一層一層地疊積上去或者蝕刻掉的。什麼樣厚度的膜可以稱之爲薄膜呢？這並沒有一個固定的界限，普通在應用上，1 微米（μm）以下的膜都可以稱爲薄膜，1 微米以上的膜有時候就叫做厚膜了。即使是 1 微米厚的薄膜，也有差不多四千個原子層，應該具有與塊形材料相似的結構和特性。

薄膜與塊材不同之處，主要是當薄膜的厚度與某些物理特定長度接近時，這時候與塊材不同的性質就會出現了。這就是薄膜的尺寸效應（size effect）。舉例來說，電子的平均自由程是隨著溫度和材料中的雜質和缺陷多少而改變的。在一些無序的非金屬膜中，電子平均自由程只有 50Å 左右，這時候 1 微米厚的薄膜，它的特性與一個塊材接近。但是當電子平均自由程增加到幾百、甚至幾千 Å 時，薄膜的厚度大小就會影響物質的特性了。

此外，薄膜由於製作方式不同，可以形成單晶、多晶或非晶態的結構。我們在前十章的討論中，除了特別指出者以外，都假設考慮中的材料是以晶體形式存在的。而微電子工業所使用的薄膜卻包括了單晶、多晶態和非晶態等材料在內，因此必須考慮這些不同結構形式對材料特性的影響。即使是單晶的薄膜，由於表面的影響，所造成的應力也會延伸到幾十個甚至上百個原子層中。這都是在考慮薄膜特性時必須注意到的。

我們從十二章到十四章討論半導體的應用，在十五章討論絕緣體的應用。在本章中，則主要討論金屬薄膜在微電子方面的應用。對於一個大小長短定義清楚，同時兩邊端點都有歐姆接觸的金屬薄膜來說，其電阻爲：

$$R=\rho\frac{l}{A}=\frac{\rho l}{tw} \tag{11.1}$$

其中 ρ 是電阻率，l 爲長度，A 爲薄膜的截面積，如果截面積是方形的話，則 $A = tw$，其中 t 是薄膜的厚度，w 是薄膜的寬度。薄膜的尺寸見圖 11.1。對於一個長度與寬度一樣的膜，即 $l = w$ 的情形，

$$R=\frac{\rho}{t} \tag{11.2}$$

R 稱爲一個薄膜的片電阻（sheet resistance），其單位爲每方電阻（ohm per square），即每一個方形面積薄膜所有的電阻。$\frac{l}{w}$ 稱爲電阻的「方數」，「方數」是一個沒有單位的純數字。但是在設計電阻圖案時，卻很有用。

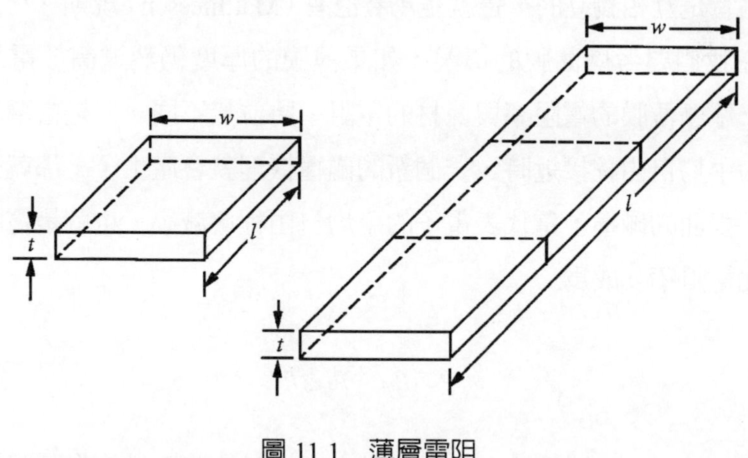

圖 11.1　薄層電阻

在第五章已經討論過，材料的電導率有下列的關係

$$\sigma_b=\frac{ne^2\tau}{m}=\frac{1}{\rho_b} \tag{11.3}$$

在此，我們用下標 b 代表塊材中的值。其中 n 爲自由電子的濃度，τ 是弛緩

時間（relaxation time）或碰撞時間（collision time），

$$\tau = \frac{l}{v} \tag{11.4}$$

其中 l 為電子的平均自由程，v 為電子的速度，σ_b 的倒數是電阻率 ρ_b。

普通金屬的電阻率在室溫時，電子與聲子碰撞的影響最大，而在非常低溫時，因為聲子很少了，與晶格不完整處的碰撞，如雜質原子和晶格缺陷的碰撞就成為電阻的最大來源，因此，總共的電阻率為兩者之和

$$\rho = \rho_{ph} + \rho_i \tag{11.5}$$

其中 ρ_{ph} 為由於聲子碰撞而來的電阻率，ρ_i 則為由雜質和晶格缺陷而來的電阻率，兩者是互相獨立的，這就是馬賽厄森（Matthiessen）規則。

現在我們要考慮薄膜的情況，如果薄膜的厚度仍然遠高於電子的平均自由程，那麼薄膜的電阻率與塊材的電阻率將並無不同。但是當薄膜的厚度與電子的平均自由程接近時，一個新的碰撞機理就會產生了，那就是電子與薄膜上下表面的碰撞，這代表電子的平均自由程會減小，也就是電阻率會增加，因此電阻率 ρ 成為

$$\rho = \rho_{ph} + \rho_i + \rho_s \tag{11.6}$$

ρ 又多了 ρ_s 一項，ρ_s 相當於電子與薄膜表面的碰撞。電子的表面碰撞可以分為兩種，一種是鏡面反射（specular scattering）式的，一種是漫散射（diffuse scattering）式的。漫散射表示電子在散射之後，沒有任何特別選擇的方向性。而鏡面反射則有固定的方向。

湯姆生（Thomson）導出一個純粹由幾何關係而來的關係式。其情形如圖 11.2 所示。可以把電子分成三群，第一群的電子入射角度在 $0 < \theta < \theta_1$ 之

間，它們在沒有走到一個平均自由程之前就已到達薄膜表面，第二群入射角在 $\theta_1 < \theta < \theta_2$ 之間，它們可以走過一個平均自由程以上，第三群的入射角為 $\theta_2 < \theta < \pi$，這些電子也是在沒有走完一個平均自由程就要碰到薄膜表面。湯姆生得到的總共平均自由程為

$$\lambda = \frac{t}{2}\left(\frac{3}{2} + \ln\frac{l_0}{t}\right) \tag{11.7}$$

l_0 為塊材中電子的平均自由程，故薄膜的電導率為

$$\sigma = \frac{te^2n}{2mv}\left(\frac{3}{2} + \ln\frac{l_0}{t}\right) \tag{11.8}$$

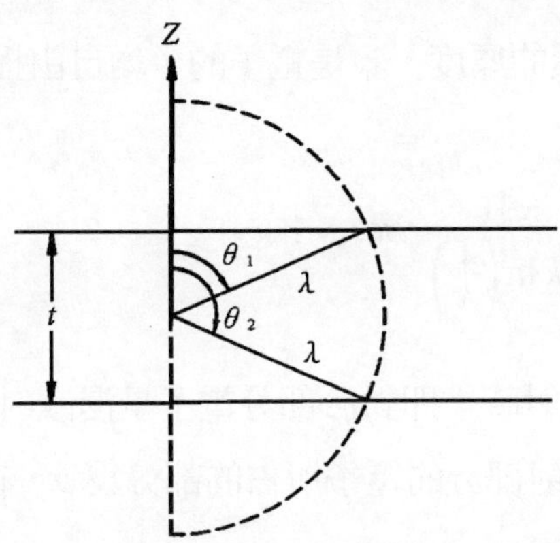

圖 11.2　薄膜電導率的尺寸效應

從這個理論得到，如果薄膜的厚度與塊材的平均自由程 l_0 相等，則薄膜的電導率為塊材的 75%。但是這個理論過於簡單，得到的結果也與實驗不合。舉例來說，在（11.8）式中，當 t/l_0 趨近於∞時，σ 並不趨近於 σ_b。

較為精確的模型是由福荷斯（Fuchs）和桑德海默（Sondheimer）等人發展出來的。他們的方法利用波耳茲曼（Boltzmann）的傳輸（transport）方程式。這個方程式討論電子的分布函數 f，由於外加力和碰撞過程所引起的，

對於時間和空間變化所產生的影響。

電阻的產生是由於電子受到晶格、雜質原子和晶格中缺陷的散射。當電子的平均自由程與薄膜的厚度接近時，電子在表面的散射將對電阻產生影響。在福荷斯等人的模型中，如果是鏡面反射，則電子在電場方向的速度分量將不受影響，散射不影響電阻率的大小。如果是漫散射，則電阻率會受到影響。

福荷斯模型的結果顯示，在薄膜兩面均是漫散射的情況下，對於很厚的膜有下列的關係

$$\frac{\sigma_b}{\sigma_f}=\frac{\rho_f}{\rho_b}=1+\frac{3}{8k}\text{，}k>>1 \tag{11.9}$$

其中 $k=\frac{t}{\lambda_0}$，t 爲薄膜的厚度，λ_0 是電子的平均自由程。而對於很薄的膜

$$\frac{\sigma_b}{\sigma_f}=\frac{\rho_f}{\rho_b}=\frac{4}{3k\ln\left(\frac{1}{k}\right)}\text{，}k<<1 \tag{11.10}$$

當散射不是完全漫散射時，即對於部分電子是漫散射，對於其他電子是鏡面反射時，假設鏡面反射部分的電子所占的部分爲 p，在這種情形下

$$\frac{\sigma_b}{\sigma_f}=\frac{\rho_f}{\rho_b}=1+\frac{3}{8k}(1-p)\text{，}k>>1\text{（厚膜情況）} \tag{11.11}$$

和 $$\frac{\sigma_b}{\sigma_f}=\frac{\rho_f}{\rho_b}=\frac{4}{3}\cdot\frac{1-p}{1+p}\cdot\frac{1}{k\ln\frac{1}{k}}\text{，}k<<1\text{（薄膜情況）} \tag{11.12}$$

當薄膜上、下兩面的散射不相同時，譬如說，薄膜與基片的接面就很可能與薄膜與空氣的接面不同，則其鏡面反射的分量在上、下面就會不同，如果這個分量分別以 p 和 q 代表，對於厚膜情況（$k>>1$），得到

$$\frac{\sigma_b}{\sigma_f}=\frac{\rho_f}{\rho_b}=1+\frac{3}{8k}\left(1-\frac{p+q}{2}\right),\ k>>1 \tag{11.13}$$

對於很薄的膜，

$$\frac{\sigma_b}{\sigma_f}=\frac{\rho_f}{\rho_b}=\frac{4}{3}\frac{1-pq}{(1+p)(1+q)\,k\ln\frac{1}{k}},\ k<<1 \tag{11.14}$$

11.2　非連續金屬薄膜的電導率

當金屬薄膜的厚度逐漸減小時，薄膜的電導率在某一個厚度會突然降低好幾個數量級。這個厚度相當於薄膜變成不連續的情況。因爲當金屬膜較薄的時候，其結構是由呈島狀的顆粒組成的，稱爲非連續薄膜。

但是這樣的非連續薄膜仍然有一定的電導率，雖然它的電導率比一般的塊材要小好幾個數量級。同時，它的電導率與溫度的關係也與塊材不同。這顯示對於不連續的薄膜，其電導率是與熱能相關的機理有關。事實上，其電導的機理主要是經過熱發射（thermionic emission）和穿隧發射（tunneling）完成的。

在這種不連續的，呈島狀顆粒結構的金屬薄膜，其導電的機理可以略述如下：

1. 熱發射

一個島狀顆粒中的電子由於熱能激發，得到足夠的能量，跨越金屬島之間的勢壘而進入另外一個島狀顆粒。熱發射與顆粒之間的勢壘高度有關。當顆粒很靠近時，由於鏡像力（image-force）勢場的重疊，勢壘高度會顯著減小，因而電導率會增加，其關係式爲

$$\sigma=\frac{AeT}{k}\,d\exp\left(-\frac{\psi-Be^2/d}{kT}\right) \tag{11.15}$$

其中 A 是薄膜的特徵常數，T 是絕對溫度，e 是電子電荷，k 是波耳茲曼常數，d 是顆粒間距，ψ 是塊材金屬的功函數。Be^2/d 項代表鏡像力的影響，其中 B 是常數。當 d 足夠小時（幾個 Å 的大小），則有效功函數 $\psi_{eff} = (\psi - Be^2/d)$ 可以變得相當小。

如果兩個顆粒島之間有電場 E 存在，則有效功函數會進一步減小成爲

$$\psi_{eff}=\psi-\frac{Be^2}{d}-Ce^{3/2}\sqrt{\mathrm{E}}$$

其中 C 爲常數。這就是稱爲蕭基（Schottky）效應的效果。因此，有蕭基效應的熱散射，其電導率與絕對溫度有 $\exp\left(-\frac{1}{T}\right)$ 的關係。在低電場時呈歐姆特性，而在高電場時，呈 $\exp\sqrt{\mathrm{E}}$ 的特性。

2. 穿隧發射

從兩個金屬顆粒中間隔著一個介電層的穿隧效應，可以得到下面的式子，即電子穿過一個隔層的穿隧或然率 D 可以寫爲

$$D=\frac{\sqrt{2m\phi}}{h^2d}\exp\left[-\frac{4\pi d}{h}\sqrt{2m\phi}\right] \tag{11.16}$$

其中 h 是普朗克常數，ϕ 是兩個金屬粒子間的勢壘，d 仍是金屬顆粒之間的距離，m 是電子質量。在外加電場很弱，可以滿足 $kT >> \mathrm{eV}$ 的條件下，可以得到

$$\begin{aligned}\sigma=ne\mu&=\frac{3}{2}Ge^2D\frac{d^2}{r}\exp\left(-e^2/4\pi\epsilon rkT\right)\\&=\frac{3}{2}Ge^2\frac{d}{r}\frac{\sqrt{2m\phi}}{h^2}\exp\left(-e^2/4\pi\epsilon rkT-4\pi d\sqrt{2m\phi}/h\right)\end{aligned} \tag{11.17}$$

其中 G 爲一與傳輸有關的常數，r 爲顆粒的半徑，ϵ 爲介電常數。

由（11.17）式可以看出，導電率 σ 與溫度呈指數關係，還與金屬顆粒的

大小 r 及顆粒之間的距離 d 有關。$\frac{e^2}{4\pi\epsilon r}$ 是把電子移到無窮遠處的活化能量，把電子由一個顆粒移動到另一顆粒所需的能量較少，爲

$$E=\frac{e^2}{4\pi\epsilon r}-\frac{e^2}{4\pi\epsilon(d-r)} \tag{11.18}$$

在低電場下，電導率 σ（11.17）式遵從歐姆定律。在高電場下，則與歐姆定律有偏離，原因是電場降低了活化能量，這是由於電荷沿電場方向的運動增加了能量，同時也因爲勢壘的改變增加了電子的激發。如果 E 是兩個顆粒之間的電場，有效的活化能量爲

$$E_{eff}\cong\frac{e^2}{4\pi\epsilon r}-\frac{2e^{3/2}\mathrm{E}^{1/2}}{\epsilon^{1/2}}+re\mathrm{E} \tag{11.19}$$

在高電場時，（11.19）式的第二項會導致電導率與歐姆定律偏離，並顯示 $\exp\sqrt{\mathrm{E}}$ 的特性。第三項在 r 很小和中等電場以下可以忽略，在高電場時，會導致電導率趨向飽和。其實際的意義是，在高電場時電子移走得比熱能產生的爲快。

這兩種發射機理，當顆粒分開的距離 d 較大（$d > 100$Å），熱發射占優勢。當 d 下降到 $d = 20$—50Å 的範圍，金屬的功函數約在 4 到 5 電子伏的情況，在溫度 $T < 300$K 時，穿隧發射是電子傳輸的主要機理。

11.3　歐姆接觸

半導體晶片上的元件需要以低電阻的金屬連線連接起來，而連線與半導體的連接則需要歐姆接觸。金屬與半導體之間的接觸，如果是歐姆接觸的話，其電阻與半導體內部的電阻比較起來，應該要是可以忽略的。在電性上說，歐姆接觸應該有線性的電流一電壓特性。對於零電壓的原點而言，電流電壓特性應該是對稱的。歐姆接觸的電阻對每單位接觸面積一般應該在幾個

$\mu\Omega \cdot cm^2$ 左右。

金屬與半導體的接觸特性，在理想狀況下與兩者的功函數有關，如果功函數的大小使得金屬與半導體的接觸形成蕭基二極體，在理想狀態下，蕭基二極體的電流一電壓特性與 *p-n* 結類似，都呈整流特性

$$I = I_0(e^{qV/kT} - 1) \tag{11.20}$$

其中 I_0 是二極體的飽和電流，是一個常數。它的電流－電壓特性因此不是線性的，蕭基二極體會在十二章詳細討論。要做爲一個歐姆接觸使用，必須在一個限定的電壓範圍以內，能夠讓 *I-V* 特性接近線性。使用電流密度 J 作爲參數，歐姆接觸的比電阻（specific contact resistance）可以定義爲

$$R_C = \left(\frac{dJ}{dV}\right)^{-1}_{V=0} \tag{11.21}$$

因此整個接觸電阻可以寫爲

$$r_C = \frac{R_C}{A} \tag{11.22}$$

其中 A 是接觸面積，R_C 的單位是 Ω-cm^2，r_C 的單位是 Ω。如果半導體的摻雜程度較低，在 10^{17}/cm^3 以下，則金屬半導體接觸的電流機理主要是由熱激發（thermionic-emission）而來的（見圖 11.3a），電流密度是

$$J = A^{**}\, T^2\, e^{-q\phi_B/kT}\, (e^{qV/kT} - 1) \tag{11.23}$$

其中 A^{**} 是理查遜常數（Richardson constant），ϕ_B 以伏特表示，$q\phi_B$ 是蕭基勢壘（Schottky barrier）的高度。歐姆接觸比電阻 R_C 因而是

$$R_C = \left(\frac{dJ}{dV}\right)^{-1}_{V=0} = \left(\frac{k}{qA^{**}\, T}\right) e^{q\phi_B/kT} \tag{11.24}$$

因此，要得到低的比電阻，需要使用低蕭基勢壘的金屬材料。

在實際的歐姆接觸製作上，大多採用半導體高度摻雜的方法，能帶的情況如圖 11.3(b) 所示，這時候電流的機理主要是通過穿隧作用。這時比電阻的特性就成為

$$R_C \propto \exp\left(\frac{q\phi_{Bn}}{E_{oo}}\right) = \exp\left[\frac{2\sqrt{\epsilon_s m^*}}{\hbar}\left(\frac{\phi_{Bn}}{\sqrt{N_D}}\right)\right] \tag{11.25}$$

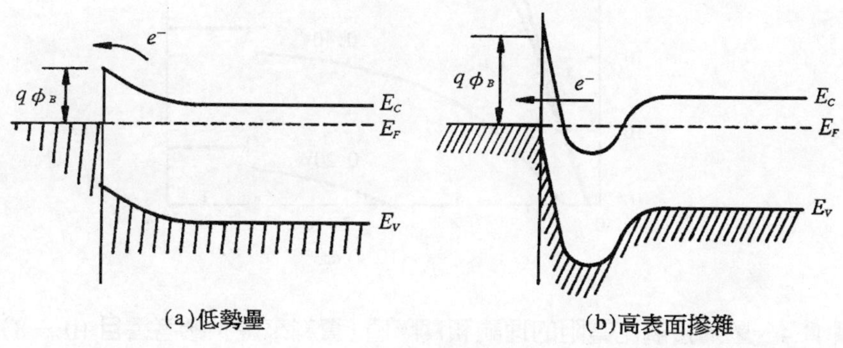

圖 11.3　歐姆接觸情況

其中ϵ_s 是半導體的介電常數，m^* 是載子的有效質量，N_D 是半導體的摻雜濃度，這裡假設了 *n*- 型半導體。從此式可以看出，在高摻雜的情況下（一般在 $10^{19}/cm^3$ 以上），比電阻和 ϕ_{Bn} 和 N_D 都有關，其比電阻的值，見圖 11.4。

歐姆接觸的性質與所使用的金屬蕭基勢壘有關，無論在低濃度和高濃度的摻雜情況下都是如此。對於常用的矽和砷化鎵兩種半導體來說，一些常見的金屬，其蕭基勢壘高度見表 11.1。勢壘的大小影響接觸比電阻甚大，這在低摻雜濃度的情形下，尤其顯著。以（11.24）式為例，一個具有 0.85V 勢壘高度的金屬，其歐姆接觸的比電阻，比一個勢壘高度為 0.25V 的金屬要大 10 個數量級。對於有較高能隙的半導體來說（砷化鎵的情形就是如此），找不到有低蕭基勢壘的金屬，因此在砷化鎵上製作歐姆接觸，都採用使半導體形成高摻雜的 n^+ 或 p^+ 區的做法。更由於在砷化鎵中用擴散法形成高摻雜區

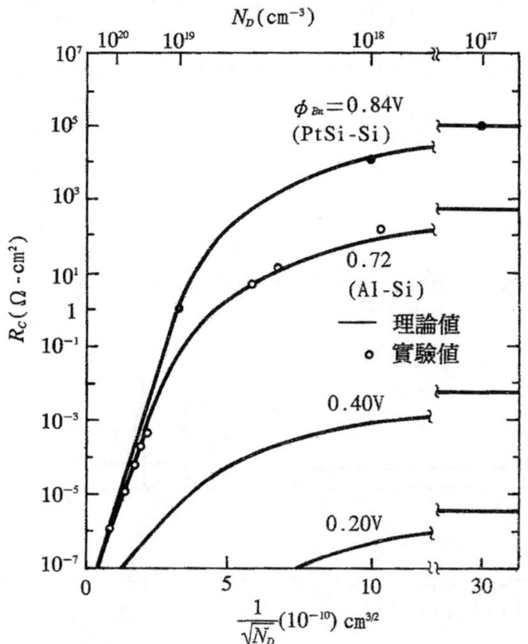

圖 11.4　歐姆接觸比電阻的理論和實驗值（資料來源：參考書目 III －8）

表 11.1　常見金屬的蕭基勢壘高度

金屬	勢壘高度（V）			
	n-Si	p-Si	n-GaAs	p-GaAs
Ag	0.78	0.54	0.93	0.44
Al	0.72	0.58	0.8	0.63
Au	0.8	0.35	0.95	0.48
Cr	0.61	0.50		
La	0.4	0.7		
Mo	0.68	0.42		
Pt	0.9		0.94	0.48
Ti	0.50	0.61		
W	0.67	0.45	0.77	
Y	0.4	0.7		

（資料來源：參考書目 III －1 及 IV －2）

並不容易，因此，在歐姆接觸的金屬層中預先加入摻雜雜質。對於砷化鎵，現在常用金與鍺的共熔（eutectic）合金（88% Au 加 12% Ge）。另外，也常使用 Au-Ge-Ni 的三元合金。對於需要淺接面的歐姆接觸，以 Au-Ge-Ag 和 Pd-Ge 等使用較多。

11.4　金屬連線

在微電子工程上，薄膜金屬層應用得最廣的就是做爲積體電路的連線。作爲連線之用，首先要考慮的因素就是金屬薄膜材料的電阻率。一些常見的金屬材料，它們的電阻率可見表 11.2。

表 11.2　金屬材料的電阻率

材料	電阻率（$10^{-6}\Omega$-cm）	
	塊材值	薄膜值
鋁（Aluminum）	2.6	2.7 ～ 3
銅（Copper）	1.7	
金（Gold）	2.4	3.4 ～ 5
鉬（Molybdenum）	5.8	
鈀（Palladium）	11	
鉑（Platinum）	10.5	
多晶矽（Polysilicon）		1000
摻雜矽（Diffused silicon）		1000
銀（Silver）	1.6	
鉭（Tantalum）	15.5	
鈦（Titanium）	47.8	
鎢（Tungsten）	5.5	11 ～ 16

（資料來源：參考書目 IV －2）

11.4.1　鋁金屬連線

在這些金屬中，鋁是最便宜也最容易使用的材料，因爲鋁有下列優點：(1) 低電阻率；(2) 鋁與二氧化矽（SiO_2）的附著性質好；(3) 製程簡單。但是鋁作爲金屬連線，也有下列幾件事情要防止：

1. 鋁與金的接觸，在較高溫使用時，會產生帶有色彩的金屬化合物，最後導致失效，這種現象俗稱爲「紫色瘟疫（purple plague）」。解決的辦法或是降低使用的溫度，或是使用全鋁或全金的金屬連接系統。

2. 鋁的穿透現象（spiking），這是因爲矽在鋁中，在相當低的溫度就可以有很高的溶解度（solubility），因此在鋁與矽的接觸面，有大量的矽可以溶入鋁中而形成坑洞。如果鋁穿越了 *p-n* 結，就會造成短路。解決辦法是在作爲連線的鋁中，事先放入約 1% 的矽。

3. 由於超大型積體電路的發展，元件尺寸愈益縮小，*p-n* 結的結深往往降到 0.1 微米左右，所以必須防止鋁的穿透。目前常使用一些材料，如 TiN 和 TiW 等薄膜，作爲在鋁與矽之間防止滲透的擴散阻止層（diffusion barrier）。

4. 對於多層的金屬連線，需要減小鋁金屬層的突起（hillocks），這些突起如果不加防止，會造成上下金屬層的短路，因此需要在鋁中加入矽。

5. 由於金屬連線線寬的縮小，電流密度大增，可以高到 $10^5 A/cm^2$ 的數量級，而一般電線其電流密度不過在 $10^3 A/cm^2$ 的數量級，可見積體電路上金屬連線受到的電流密度相當高。在這種情形下，會發生電致移動（electromigration）的現象。這在下一節中將會作較詳細的討論。在鋁中加入銅或用鋁－矽合金，都能加強鋁金屬層對電致移動的阻抗力。加入銅能夠增加對電致移動阻抗力的原因，推測是由於形成了有較高阻抗力的 {111} 結構和改進了的晶粒大小。此外，也可能是由於提高了鋁擴散活化能量的緣故。除了銅以外，有類似作用的元素還有 Ni、Cr、Mg 和氧等。

11.4.2 階梯披覆

在經過多道積體電路的工序之後，晶片表面往往有高低不平的起伏。

其表面不平的程度可以達到數千埃至一微米，如圖 11.5 所示，而金屬薄膜連線的厚度也只有 1 微米左右，金屬連線在通過階梯的時候，必須要維持不能中斷。斜度平滑的表面容易由薄膜金屬所披覆，但是有外懸（overhang）的表面，卻幾乎無法由一般物理方法疊積的金屬薄膜所披覆，因而會造成金屬層變薄，甚至斷路的現象。解決這個問題的辦法，稱做階梯披覆（step coverage），可以從下面幾點著手：

圖 11.5　積體電路製程中氧化層的階梯形態

1. 在薄膜疊積過程中，將晶片加熱到 300℃左右的溫度，使得疊積的金屬原子有較高的表面移動率，因而減低表面不平的影響。

2. 由於物理方法疊積的薄膜，其疊積的方向往往是呈一條直線的。如果將晶片放置在與疊積原料呈球形的表面上，可以使得疊積較為對稱。使用原料面積較大的疊積方法，如磁控濺鍍（magnetron sputtering），可以改進披覆的問題。使用電漿的濺鍍方法，比起熱蒸鍍和電子槍蒸鍍，濺鍍出來的金屬原子，其方向性較為混亂，因此對改進階梯披覆也有幫助。

3. 對於披覆來說，最理想的疊積方式，應該是化學氣相疊積（chemical vapor deposition）了。由於化學氣相疊積法所疊積的原子是以擴散的方法疊積到晶片表面，因此其疊積的形態是隨形（conformal）的，可以進入即使像圖 11.5 外懸狀態下的表面，因而可以達成順著晶片表面幾何形狀均勻的疊積。但是並非所有的材料均可用化學氣相疊積法來疊積。因此，這也並不是解決所有問題的辦法。

4. 用表面平坦化製程消除階梯。這種製程往往用在多層金屬層的製程中，其次序是先疊積一層較正常需要爲厚的介電層，一般約厚兩倍左右，然後再在晶片表面覆蓋上一層相當厚的光阻，因爲光阻較厚，可以把晶片表面平坦的蓋住，然後再以電漿蝕刻的方法，用同樣的蝕刻速度來蝕刻光阻和介電層，從而達到一個平坦的介電層表面。最近更開始採用機械式的拋光技術來完成晶片表面平坦化的目標。這些平坦化的製程都相當複雜，對於製程技術的精確度要求很高。

11.5 電致移動

電致移動（electromigration）是金屬連線中的原子由於電子與金屬離子碰撞所產生的動量交換，造成金屬原子順著電子流方向的移動。因此金屬原子會逐漸在連線帶正電位的一端疊積形成突起，而在負電位的一端造成空洞和缺口。這都會造成線路可靠性的問題。

從理論上可以推出，移動離子的漂移速度 v 爲

$$v = j\rho \frac{qZ^*}{kT} D_0 e^{-Q/kT} \tag{11.26}$$

其中 j 是金屬連線中的電流密度，ρ 是連線的電阻率，Z^*q 是金屬離子的有效電荷，k 是波耳茲曼常數，T 爲絕對溫度，$D_0e^{-Q/kT}$ 是金屬的自擴散係數（self-diffusion coefficient），其中 D_0 爲指數前係數，Q 爲擴散的活化能量。經由這個公式，可以得到失效的平均時間（median time to failure，MTF），其定義爲在一定的測試情況下，50% 的元件受到影響而失效所需要的時間

$$\text{MTF} \propto j^{-n} e^{Q/kT} \tag{11.27}$$

其中 n 是一個介於 1 與 3 之間的常數。

MTF 的量測顯示這個參數與金屬薄膜疊積的方法，疊積時晶片的溫

度、金屬中的成分、薄膜的厚度，以及金屬連線的長度等都有關。薄膜因為有晶粒界、差排，以及其他結構缺陷的存在，與塊材比較，電致移動可以在更低的溫度發生。

對於鋁連線來說，電致移動的活化能量在 0.4 和 0.8eV 之間。與此相比較的是：鋁塊材中的擴散活化能量為 1.4eV，表面移動活化能為 0.28eV，晶粒界擴散活化能為 0.4 到 0.5eV，晶粒界再加上塊材內的擴散為 0.62eV，有缺陷的塊材擴散活化能在 0.62eV 和 1.4eV 之間。鋁連線的擴散活化能量因而在純晶粒界擴散活化能和晶粒界加上塊材內的擴散活化能之間。這顯示鋁連線的電致移動與薄膜的晶粒結構和晶粒大小有關。

實驗結果顯示一個經驗的公式，即平均失效時間 MTF 與連線的結構有下列關係

$$\mathrm{MTF} \propto \frac{S}{\sigma^2}\log\left(\frac{I_{111}}{I_{200}}\right)^2 \tag{11.28}$$

式中 S 代表晶粒的大小，σ 代表晶粒大小分布的範圍，I 則代表相應的 X 光繞射尖峰的強度。因此，較大的晶粒，晶粒大小分布較為均勻，以及 {111} 方向的晶粒結構均有助於增強對電致移動的阻抗。前面已經提到過，在鋁連線中加入銅，能夠增強對電致移動的阻抗力，就是因為鋁－銅合金能夠增加 {111} 晶粒結構，改進晶粒尺寸的分布。另外一種可能是，加入銅也增加了鋁原子自擴散的活化能量。

11.6　金屬矽化物

由於積體電路的發展，元件的尺寸不斷縮小，金屬線寬也變窄，使得連線電阻增加。如果不做適當的處理，會導致訊號的 RC 延遲。由於廣泛使用的多晶矽，其片電阻在高摻雜濃度下為每方 30 到 60Ω，電阻率比多晶矽低一個數量級左右的金屬矽化物（metal silicides），因此是一個很有用的連線

材料。

除了較低的電阻率之外，金屬矽化物的優點還包括對電致移動較高的阻抗力，在較高的溫度下，仍然能夠維持穩定，而且因為可以在多晶矽柵極之上形成金屬矽化物，因此在改進多晶矽連線的電阻時，可以保留多晶矽柵極金氧半電晶體的特性。

大多數金屬都能與矽形成金屬矽化物，有的還能形成好幾種不同的矽化物。但是由於各種不同的原因，諸如在空氣中容易潮解，或者金屬本身過於容易氧化，或是有些矽化物的金屬原子在矽中擴散太快等因素，只有少數幾種矽化物可以應用於積體電路上。一些金屬矽化物的特性列於表 11.3。

高摻雜的多晶矽，其電阻率在 10^{-2} 至 $10^{-3}\Omega$-cm 左右，因此矽化物的電阻率比起多晶矽至少要低一個數量級或更多。使用金屬矽化物作為連線，自然會改進積體電路的速度。在許多種的矽化物中，以 $TaSi_2$ 和 $TiSi_2$ 最被看好。如果在金屬連線製程之後的溫度可以降低，則 $CoSi_2$、$NiSi_2$、PtSi 等也有希望。

使用金屬或金屬矽化物，有一個很重要的考慮是在半導體矽和二氧化矽表面上的穩定程度。其中，Al 和 TiN 在 SiO_2 表面上穩定性最佳。這是因為 Al 和 Ti 可以消除（reduce）SiO_2，並形成界面的金屬氧化物鍵，因而增加了附著力和穩定性。這種性質與金屬氧化物的形成熱量（heat of formation）有關。金屬氧化物相對於 SiO_2 的穩定性，要看金屬氧化物對每一氧原子的平均形成熱量與 SiO_2 的每一氧原子的形成熱量，兩者的相對大小而定。數據顯示，IV_A 組的 TiO_2、ZrO_2、HfO_2 最穩定，V_A 族的 V_2O_5、Nb_2O_5，Ta_2O_5 次之，而 VI_A 族的 CrO_3、MoO_3、WO_3 則較 SiO_2 為不容易形成。W 和 Mo 因為不能消除 SiO_2，因此與 SiO_2 表面附著力不佳。WSi_2、$MoSi_2$、$CoSi_2$、PtSi 可以附著在 SiO_2 表面，但是在氧化環境中會分解，形成 SiO_2 和金屬。如果再繼續氧化，會形成 SiO_2 和金屬氧化物。而 $TiSi_2$ 和 $TaSi_2$ 處於氧化環境中，在矽表面則會先形成金屬氧化物和矽，如果再繼續氧化，會形成金屬氧化物

和 SiO_2。

表 11.3　金屬矽化物和氮化物的特性

材料	電阻率 ρ（$\mu\Omega$-cm）	熔點 T_m（℃）	在矽表面的穩定溫度上限
Al	2.7 ～ 3.0	660	～ 250
Mo	6 ～ 15	2620	～ 400
W	6 ～ 15	3410	～ 600
$MoSi_2$	40 ～ 100	1980	> 1000
$TaSi_2$	38 ～ 50	～ 2200	≥ 1000
$TiSi_2$	13 ～ 16	1540	≥ 950
WSi_2	30 ～ 70	2165	≥ 1000
$CoSi_2$	10 ～ 18	1326	≤ 950
$NiSi_2$	～ 50	993	≤ 850
PtSi	28 ～ 35	1229	≤ 750
Pt_2Si	30 ～ 35	1398	≤ 700
HfN	30 ～ 100	～ 3000	450
ZrN	20 ～ 100	2980	450
TiN	40 ～ 150	2950	450
TaN	～ 200	3087	450
NbN	～ 50	2300	450

（資料來源：參考書目 IV －20）

習題

1. 有一金屬薄膜，其厚度為 2000Å，塊材的電子自由程為 10 微米，試利用福荷斯模型，計算薄膜電導率與塊材電導率的比例。
2. 某一個金屬和半導體的接觸，如果形成了蕭基勢壘，而 $\phi_B = 0.5V$。假設 $A^{**} = 110A/cm^2 \cdot K^2$，則接觸的比電阻 R_c 為多少？
3. 蕭基勢壘分別為 0.65V 及 0.25V 的金屬半導體接觸，其比電阻值相差多少？
4. 如果上述金屬和半導體形成了高摻雜的歐姆接觸，蕭基勢壘仍然維持為

0.65V 及 0.25V，半導體表面層的摻雜濃度為 $10^{19}/cm^3$，試求其比電阻的比例為多少？

5. 在電致移動現象中，鋁在塊材中的擴散活化能為 1.4eV，在晶粒界的擴散活化能為 0.5eV。如果在鋁連線中通過 $10^5 A/cm^2$ 的電流，而平均失效時間方程式中的冪次參數 n 假定為 2。試求因為兩種不同機理而失效的平均時間相差多少？
6. 在電致移動中，假定在鋁連線中通過的電流密度 $J = 10^5 A/cm^2$，連線電阻率 $\rho = 3\times10^{-6}\Omega\text{-cm}$，有效離子電荷為 e，如果假設 $D_o = 10^{-14} cm^2/s$，$Q = 0.5eV$，則理論上在室溫下移動離子的漂移速度為多少？

本章主要參考書目

1. L. Eckertova, Physics of Thin Films (1986).
2. 薛增泉、吳全德、李潔，薄膜物理（1991）。
3. S. Sze, VLSI Technology (1988).
4. W. Runyan and K. Bean, Semicorductor Integrated Circuit Processing Technology (1990).

第十二章

半導體的應用：*p-n* 結與雙極型電晶體

1 金屬—半導體接觸

2 *p-n* 結

3 雙極型電晶體

自從 1947 年發明電晶體以來，半導體的應用一日千里，到今天可以說，人類生活已經沒有哪一方面不受到半導體元件的影響。半導體元件是一個相當大的學域，在本書中，將僅針對半導體元件的原理，以及積體電路所使用的半導體元件和光電元件作一些介紹。我們將分三章來介紹半導體的應用，第十二章介紹 *p-n* 結和雙極型電晶體。第十三章介紹場效電晶體和電荷耦合元件。第十四章則介紹光電元件。

12.1 金屬—半導體接觸

12.1.1 蕭基勢壘

半導體應用的最簡單結構莫過於金屬與半導體的接觸。然而，金屬—半導體接觸實際上所牽涉到的內容卻相當的豐富。我們先從最理想的情形了解起。

當一個金屬和一個半導體還沒有接觸的時候，兩者的能帶圖可以由圖 12.1(a) 表示，這裡以 *n*- 型半導體爲例。功函數代表眞空能位（vacuum level）與費米能位之差。金屬的功函數在圖中用 $q\phi_m$ 表示。而半導體的功函數 $q\phi_s$ 則爲 $q(\chi + V_n)$，其中 $q\chi$ 是眞空能位與半導體導帶底端能位 E_C 的差，叫做電子親和勢（electron affinity），qV_n 則是 E_C 與半導體費米能位之間的距離。金屬與半導體兩者費米能位之差，也就是 $q\phi_m - q(\chi + V_n)$，稱爲接觸電位差（contact potential）。當金屬與半導體逐漸靠近而終於接觸時，兩者的費米能位必須要變成相同，在圖 12.1(a) 的情況中，假設半導體的費米能位較金屬的費米能位爲高，即 $\phi_m > \phi_s$，剛開始接觸時，半導體中的電子將會移動到金屬，金屬表面因而帶負電荷，而半導體中則會有一個相同數量的正電荷分布，這會改變半導體的能帶形狀。最後的結果將如圖 12.1(a) 最右方所示。很明顯的，金屬與半導體之間會有一個勢壘，它的大小 $q\phi_{Bn}$ 是

$$q\phi_{Bn} = q(\phi_m - \chi) \tag{12.1}$$

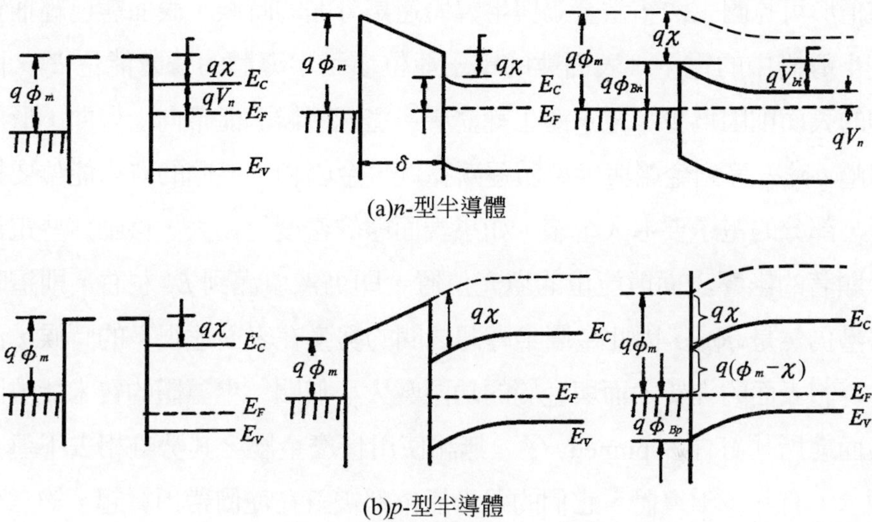

圖 12.1　金屬半導體接觸的能帶示意圖

等於金屬的功函數與半導體的電子親和勢之差。

對於一個理想的金屬與 *p*- 型半導體的接觸，如果$\phi_m < \phi_s$，則如圖 12.1(b) 所示，兩者之間的勢壘是

$$q\phi_{Bp} = E_g - q(\phi_m - \chi) \tag{12.2}$$

n- 型與 *p*- 型半導體的勢壘之和等於能隙，$q(\phi_{Bn} + \phi_{Bp}) = E_g$。這種勢壘稱爲蕭基勢壘（Schottky barrier）。在另外兩種情形下，即對於 *n*- 型半導體 $\phi_m < \phi_s$ 和對於 *p*- 型半導體 $\phi_m > \phi_s$，都會得到歐姆接觸。

上面所述的金屬一半導體接觸的情形，只有在半導體表面沒有表面態的條件下才成立。實際上由於半導體突然終止，會有許多懸鍵，半導體表面因而有很多表面態可以捕獲電子。在表面態很多的時候，半導體中的電荷改

變，均由表面態的多少和能位分布來決定，在這種情況下，金屬半導體接觸之間的勢壘與金屬的功函數無關，而僅與半導體的表面態和摻雜濃度有關。這種情形可見圖 12.2，當金屬與半導體還是分開的時候，表面態已經捕獲了一些半導體中的電子，表面態的電子能位填到半導體的費米能位 E_F，而半導體的表面則因為少了電子產生耗盡層。這個時候，能帶向上彎曲，形成一個勢壘 $q\phi_{Bn}$。等到金屬與半導體逐漸靠近，金屬和半導體的費米能位要拉成水平，部分的電子要進入金屬，如果表面態的密度足夠大，移動這些電荷不至於顯著的影響表面態能位的填充位置，即仍然填滿到 E_F 左右，則這時候的勢壘仍然是 $q\phi_{Bn}$，因此金屬半導體之間的勢壘在表面態很多的時候，決定於半導體表面的性質，而與金屬的功函數大小無關。半導體的費米能位因而被表面態所「釘住」(pinned) 了。無論使用什麼金屬，其勢壘相去不遠。實驗顯示，有許多半導體，它們的費米能位都被釘在從價帶頂算起，約三分之一能隙的位置。由於在半導體表面費米能位被釘住，n- 型基片和 p- 型基片的蕭基勢壘之和也等於能隙，即 $q(\phi_{Bn} + \phi_{Bp}) = E_g$。

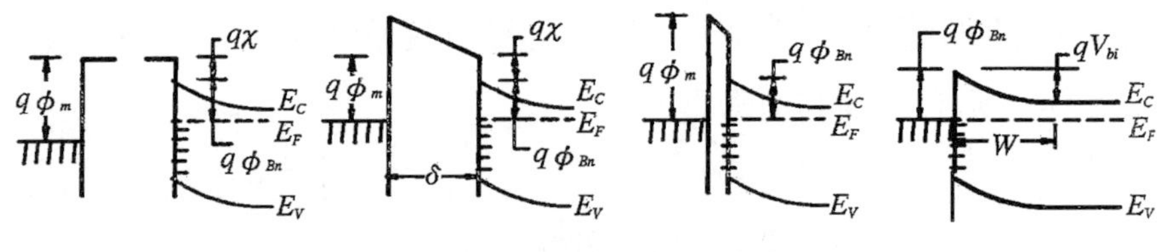

圖 12.2　有表面態時的蕭基勢壘示意圖

以上這兩種情況，能障的大小或者完全由金屬功函數和半導體的電子親和勢來決定，或者完全由半導體的表面態來決定，都是理想化的極端狀況。實際情形可能會介於兩者之間，即表面態是存在的，但也不能完全阻隔金屬功函數對半導體的影響。

矽和鍺斷裂 (cleaved) 的表面在能隙中都有很多表面態。而許多三五族的半導體，包括砷化鎵和磷化銦，在斷裂而且沒有台階的乾淨表面上，在能隙中原來是沒有表面態的。理論計算的結果顯示：如果以(110)面的砷化鎵爲例，表面原子因爲鬆弛(relaxation)的緣故，調整了它們垂直方向的位置，使得砷化鎵的表面態能位分布，成爲在價帶頂之下有一些完全填滿了的表面態，而在導帶底之上有一些完全虛空的表面態。因此在能隙之中並沒有表面態。在高眞空中對新斷裂的砷化鎵表面所做的實驗，顯示原來雖沒有表面態，但只要鍍上極薄的金屬，就會造成表面態。史派舍(Spicer)的「統合缺陷模型」(unified defect model)因而推論這些缺陷是由於金屬鍍在半導體上所造成的，這些缺陷所造成的表面態接著把半導體的費米能位釘住。

12.1.2　蕭基勢壘的電流電壓特性

無論勢壘的確實成因是那一種或者上述兩種成因的組合如何，勢壘的存在使得金屬半導體接觸的電流電壓特性成爲非線性的，有了整流的作用。

圖 12.1(a) 的金屬半導體結中，在金屬極處於正電壓的正向偏壓情況下，電子傳輸的機理有以下四種：

1. 從半導體通過勢壘之頂的熱發射。
2. 通過勢壘的量子力學穿隧。
3. 在半導體表面空間電荷區的電子電洞復合。
4. 在半導體內部電中性區的電子電洞復合。

如果第一項的傳輸機理占最大多數，則金屬半導體結的電流電壓特性接近理想所需。第二、三、四項均會造成與理想特性的偏離。在某些狀況下，譬如高摻雜或低溫的情況，穿隧電流就必須列入考慮。

在電子能越過勢壘進入金屬之前，必須從半導體的內部通過半導體表面的耗盡層。如圖 12.1(a) 所示，從半導體內部的導帶底到勢壘頂端的能障高度 qV_{bi} 爲

$$V_{bi} = \phi_{Bn} - V_n = \phi_m - \phi_s \tag{12.3}$$

其中 V_n 爲從費米能位到 E_C 的電位差，即 $qV_n = E_C - E_F$。而半導體表面耗盡層的寬度與一個單面突變的 *p-n* 結很類似，可以寫爲

$$W = \sqrt{\frac{2\epsilon}{qN_D}(V_{bi} - V)} \tag{12.4}$$

其中 N_D 爲 *n*- 型半導體的摻雜濃度，而 V 爲金屬半導體結所加的偏壓，金屬加正電壓時，$V > 0$。

電子在通過耗盡層的時候，其傳輸的機理仍然是在耗盡層電場中的擴散和漂移。當電子到了金屬與半導體的邊界時，它們進入金屬的速率決定於電子的發射。這兩個過程應該是串聯的，最後的電流要看那一個過程的阻礙較大而定。在金屬半導體結的理論發展過程中，威爾遜（Wilson）曾以量子穿隧來解釋，但電流的方向與大小都與實際不符。後來莫特（Mott）、蕭基（Schottky）和戴維多夫（Davydov）等人都發展過以擴散和漂移機理爲電流主要受限因素的理論。而貝塔（Bethe）則發展出以熱電子發射越過勢壘爲電流主要受限因素的理論。這兩種理論得到的電流方向正確，電流電壓方程式形式也類似，但熱電子發射的理論更能夠與實際結果符合。因此，我們在下面將只介紹貝塔的熱電子發射理論。

能夠越過勢壘的電子，必須在勢壘的方向有高過勢壘頂端的能量。假設勢壘是在 x 方向，電子的能量爲 E，電子的有效質量爲 m^*，則

$$E - E_C = \frac{1}{2} m^* v^2 = \frac{1}{2} m^* (v_x^2 + v_y^2 + v_z^2) \tag{12.5}$$

在一個能量 dE 的範圍內，電子的數目 dn 爲

$$dn = D(E)F(E)dE = \frac{4\pi(2m^*)^{3/2}}{h^3}(E - E_C)^{1/2}\exp[-(E - E_F)/kT]dE$$

其中 $D(E)$ 爲電子的能位密度，$F(E)$ 爲費米分布函數，此處用波耳茲曼近似代替。使用前式和代入 $E_C - E_F = qV_n$，可以得到

$$dn = 2\left(\frac{m^*}{h}\right)^3 \exp\left(-\frac{qV_n}{kT}\right)\exp\left(-\frac{m^* v^2}{2kT}\right)4\pi v^2\, dv$$

把 $4\pi v^2 dv = dv_x dv_y dv_z$ 然後積分，從半導體到金屬的電流密度 $J_{s\to m}$ 可以寫爲 $J_{s\to m} = q\int V_X dn$，即

$$J_{s\to m} = 2q\left(\frac{m^*}{h}\right)^3 \exp\left(-qV_n/kT\right)\int_{v_{ox}}^{\infty} v_x\, e^{-m^* v_x^2/2kT}\, dv_x \int_{-\infty}^{\infty} e^{-m^* v_y^2/2kT}\, dv_y \int_{-\infty}^{\infty} e^{-m^* v_z^2/2kT}\, dv_z$$

$$= \left(\frac{4\pi q m^* k^2}{h^3}\right) T^2 e^{-qV_n/kT}\, e^{-\frac{m^* v_{ox}^2}{2kT}} \tag{12.6}$$

由於 x 方向最低的速度 v_{ox} 需要符合下列條件

$$\frac{1}{2} m^* v_{ox}^2 = q\left(V_{bi} - V\right) \tag{12.7}$$

其中 V 爲偏壓。上式因而可以寫成爲

$$J_{s\to m} = \left(\frac{4\pi q m^* k^2}{h^3}\right) T^2 \exp\left[-\frac{q(V_n + V_{bi})}{kT}\right]\exp\left(qV/kT\right)$$

$$= A^* T^2 \exp\left(-\frac{q\phi_{Bn}}{kT}\right)\exp\left(\frac{qV}{kT}\right) \tag{12.8}$$

其中 $A^* \equiv \dfrac{4\pi q m^* k^2}{h^3}$，而 $\phi_{Bn} = V_{bi} + V_n$，A^* 稱爲理查遜（Richardson）常數。從金屬到半導體的電流，因爲金屬到半導體的能障不受到偏壓的影響，因此可以在上式取 $V = 0$，就可以得到 $J_{m\to s}$ 的值

$$J_{m\to s} = -A^* T^2 \exp\left(-\frac{q\phi_{Bn}}{kT}\right) \tag{12.9}$$

整個電流爲兩者之和，即

$$J = J_{s \to m} + J_{m \to s} = A^* T^2 \exp\left(-\frac{q\phi_{Bn}}{kT}\right)[\exp(qV/kT) - 1] \tag{12.10}$$

在導出（12.10）式的過程中，假設所有到達金屬半導體界面而又有足夠能量的電子都越過了勢壘。可是依照量子力學，即使能量超過勢壘的電子，也會有一部分因爲反彈的關係而從勢壘折回。即使是越過了勢壘的電子，也有可能因爲與聲子的碰撞而回到半導體。如果把這些因素考慮進去，理查遜常數 A^* 的值會改變，有時將改變的 A^* 寫爲 A^{**}。因爲（12.10）式主要的影響來自指數項，A^{**} 的影響並不太重要，而且 A^{**} 的值也不是一個常數，在實際上常爲其他效應所蓋過。

由於有金屬層的存在，會引起像力（image force）的修正。當導帶有電子的時候，勢壘的高度會因爲像力修正而稍稍有所降低。勢壘的像力修正稱爲蕭基效應，在 15.1 節會有較爲詳細的討論。所有上面方程式中所列入的勢壘高度，都應該把像力修正包括在內，像力的修正一般在幾十個毫電子伏左右。

在蕭基勢壘中，多數載子起主要作用，這有別於下節介紹的 *p-n* 結，*p-n* 結的擴散電流是由少數載子注入和復合形成的，從理論上講，蕭基二極體可以一直工作到半導體介電弛豫時間所決定的頻率（～ 10^{12}Hz），但實際上要受到器件串聯電阻和接觸電容決定的響應頻率的限制。

12.2 *p-n* 結

12.2.1 *p-n* 結原理

p-n 結是許多半導體元件的基礎。舉例來說，當半導體部分區域的摻雜濃度由施主雜質原子較多的情況改變到受主雜質原子較多的情況時，就形成了一個 *p-n* 結。爲了簡單起見，圖 12.3 顯示一個由濃度爲 N_D 的施主摻雜區

和濃度爲 N_A 的受主摻雜區所形成的 *p-n* 結。如果 *p-n* 結兩邊的摻雜濃度都是均勻的，稱爲台階式（step-junction）*p-n* 結，在數學上分析起來較爲容易。在了解了台階式 *p-n* 結的基本理論後，可以做一些修正，引申到非均勻摻雜的 *p-n* 結。

在 *p-n* 結的兩邊，*p-* 邊有很多電洞卻只有很少的電子，而在 *n-* 邊有很多的電子，只有很少的電洞。這樣一個載子的濃度梯度自然會造成載子的擴散。電洞會由 *p-* 邊擴散到 *n-* 邊，而電子會由 *n-* 邊擴散到 *p-* 邊，形成擴散電流（diffusion current）。但是這樣的擴散不會永遠繼續下去。因爲電洞由 *p-* 邊擴散到 *n-* 邊以後，會在 *p-* 邊留下沒有補償（uncompensated）的，帶負電的受主離子（N_A^-）。同樣的，電子由 *n-* 邊擴散到 *p-* 邊，會在 *n-* 邊靠近 *p-n* 結處留下沒有補償的，帶正電的施主離子（N_D^+）。電子和電洞是可以移動的，而受主離子和施主離子則被固定在晶格原子的位置上不能移動。這就在 *p-* 邊形成了由受主離子組成的負空間電荷區，和在 *n-* 邊形成了由施主離子組成的正空間電荷區。這個 *p-n* 結兩邊有雜質離子，但是沒有自由載子的區域，稱爲空乏區（depletion region），也稱爲耗盡區，或稱空間電荷區（space-charge region）。空乏區外兩邊的半導體，則是電荷平衡的中性區。在這個空間電荷區，由於兩邊分別有正電荷和負電荷，因此形成了一個電場，電場的方向是由正空間電荷朝向負空間電荷，如圖 12.3 所示，即一個單位正電荷所感受的電場。這個電場造成電子和電洞的漂移電流（drift current）。電荷移動的方向爲：電洞由右至左，而電子由左至右，兩者的方向均與擴散電流相反。圖 12.4 顯示，*p-n* 結載子流動和四種電流的方向，因爲電子的電荷是負的，因此，電子流的方向與電子電流的方向是相反的。

在平衡狀態下，因爲 *p-n* 結沒有淨電流，因此擴散電流與漂移電流應該互相抵消。而且，在 *p-n* 結的兩邊也沒有電子和電洞的累集，因此電子和電洞的擴散電流和漂移電流之和都應該分別等於零。

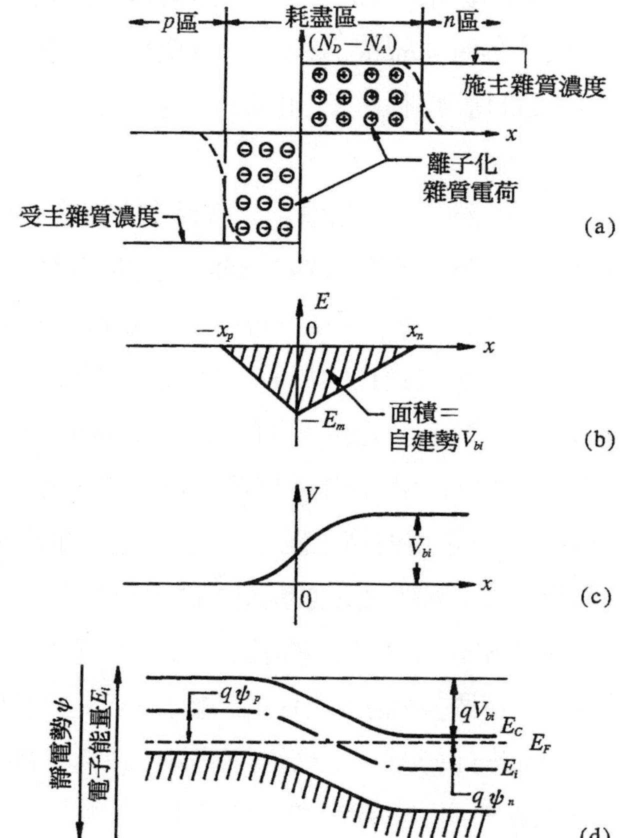

圖 12.3　熱平衡下的突變 *p-n* 結：(a) 空間電荷的分布，(b) 電場的分布，(c) 電位的變化，(d) 能帶圖

$$J_p = J_p(\text{drift}) + J_p(\text{diffusion}) = q\mu_p p\text{E} - qD_p \frac{dp}{dx} = 0 \tag{12.11}$$

$$J_n = J_n(\text{drift}) + J_n(\text{diffusion}) = q\mu_n n\text{E} + qD_n \frac{dn}{dx} = 0 \tag{12.12}$$

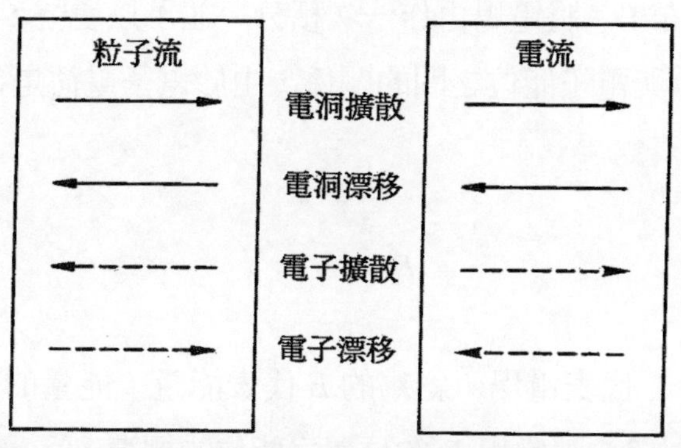

圖 12.4　*p-n* 結耗盡層中載子流動和四種電流的方向

由於擴散電流是由載子濃度高的一方擴散到濃度低的一方，因此（12.11）式的電洞擴散電流前面有一個負號。由於電子的電荷是負的，因此又加一個負號，（12.12）式的電子擴散電流前面因而是正號。

一維的泊松方程式（Poisson's equation）為

$$\frac{d^2\psi}{dx^2}=\frac{-\rho}{\epsilon_s} \tag{12.13}$$

ψ 是靜電勢（electrostatic potential），ϵ_s 是半導體的電容率（permittivity）。由於電場 E 與靜電位 ψ 有下列的定義關係

$$\mathrm{E}\equiv-\frac{d\psi}{dx} \tag{12.14}$$

因此（12.13）式可以寫成

$$\frac{d^2\psi}{dx^2}=-\frac{d\mathrm{E}}{dx}=\frac{-\rho}{\epsilon_s}=\frac{-q}{\epsilon_s}\left[N_D^+(x)-N_A^-(x)+p(x)-n(x)\right] \tag{12.15}$$

由（12.15）式可以知道，對於淨電荷分布作一次積分，乘上一個常數（即$\frac{q}{\epsilon_s}$）

可以得到電場分布 E。將電場再作一次積分，並予以變號，可以得到靜電勢 ψ。而靜電勢 ψ 與電子能位之間的關係，由於電子電荷是負的，等於 $-q$，電子能位 E 可以寫爲

$$E = -q\psi \tag{12.16}$$

注意此處正寫的 E 代表電場，斜寫的 E 代表能量。能量的零點可以任意指定，在 p-n 結的討論中，常用 E_i 的位置爲能位的標準，

$$\psi = -\frac{E_i}{q} \tag{12.17}$$

其中 E_i 爲半導體能隙的中點，也就是本徵能位（intrinsic level），在 p-n 結空乏區外的 p- 型電中性區域中，相對於費米能位的靜電勢 ψ_p，如圖 12.3(d) 所示，可以由下列假設求出。由第六章雜質半導體的討論可知

$$p = n_i e^{(E_i - E_F)/kT} \tag{6.19}$$

如果令 $p = p_{p0} = N_A$，則

$$\psi_p = -\frac{1}{q}(E_F - E_i)\Big|_{x \leq -x_p} = \frac{kT}{q}\ln\frac{p_{p0}}{n_i} = \frac{kT}{q}\ln\frac{N_A}{n_i} \tag{12.18}$$

同樣的，在 n- 型電中性區域中，相對於費米能位的靜電勢爲

$$\psi_n = -\frac{1}{q}(E_F - E_i)\Big|_{x \geq x_n} = -\frac{kT}{q}\ln\frac{n_{n0}}{n_i} = -\frac{kT}{q}\ln\frac{N_D}{n_i} \tag{12.19}$$

因此，在熱平衡狀態下，p- 型與 n- 型電中性區域整個靜電勢的差爲

$$V_{bi} = \psi_p + |\psi_n| = \frac{kT}{q}\ln\frac{p_{p0}\,n_{n0}}{n_i^2} \cong \frac{kT}{q}\ln\frac{N_A N_D}{n_i^2} \tag{12.20}$$

這個靜電勢的差稱為自建電位差（built-in potential）V_{bi}。

一個摻雜濃度由 p- 型陡然變成 n- 型的 p-n 結稱為突變結（abrupt junction），圖 12.3 所示的就是一個突變結。這樣的突變結在數學上較為容易處理，我們在此把它當作 p-n 結的一個最簡單的例子。在空乏區中，假設沒有自由載子，即 $p = n = 0$，而且假設所有的雜質原子都已經離子化，$N_D^+ = N_D$，$N_A^- = N_A$，因此（12.15）式成為

$$\frac{d^2\psi}{dx^2} = \frac{qN_A}{\epsilon_s}, \quad -x_p \le x < 0 \tag{12.21}$$

及

$$\frac{d^2\psi}{dx^2} = -\frac{qN_D}{\epsilon_s}, \quad 0 < x \le x_n \tag{12.22}$$

如果將（12.21）式及（12.22）式積分，同時利用邊界條件，即在 $x = -x_p$ 和 $x = x_n$，電場 E 均等於零，可以得到

$$\mathrm{E}(x) = -\frac{d\psi}{dx} = -\frac{qN_A(x + x_p)}{\epsilon_s}, \quad -x_p \le x < 0 \tag{12.23}$$

和

$$\mathrm{E}(x) = -\frac{d\psi}{dx} = \frac{qN_D(x - x_n)}{\epsilon_s} = -\mathrm{E}_m + \frac{qN_D x}{\epsilon_s}, \quad 0 < x \le x_n \tag{12.24}$$

E_m 是 $x = 0$ 時最大的電場強度，其值等於

$$\mathrm{E}_m = \frac{qN_D x_n}{\epsilon_s} = \frac{qN_A x_p}{\epsilon_s} \tag{12.25}$$

由於在半導體中必須維持電中性，在 p- 型半導體一邊的電荷必須與 n- 型半導體一邊的電荷相等，因此

$$N_A x_p = N_D x_n \tag{12.26}$$

而整個空乏區的寬度 W 為：

$$W = x_n + x_p \tag{12.27}$$

如果對（12.23）和（12.24）式再作一次積分，並且知道 *p-n* 結空乏區兩邊的靜電勢的差等於 V_{bi}，則

$$V_{bi} = -\int_{-x_p}^{x_n} \mathrm{E}\,(x)dx = \frac{qN_A x_p^2}{2\epsilon_s} + \frac{qN_D x_n^2}{2\epsilon_s} \tag{12.28}$$

而由圖 12.3(b) 可知，

$$V_{bi} = \frac{1}{2}\mathrm{E}_m W \tag{12.29}$$

結合上述（12.25）到（12.29）諸式消去 x_n 和 x_p，可得

$$W = \sqrt{\frac{2\epsilon_s}{q}\left(\frac{N_A + N_D}{N_A N_D}\right)V_{bi}} \tag{12.30}$$

在實際的半導體元件中，往往 *p-n* 結一邊的摻雜濃度比另外一邊要高很多，這種 *p-n* 結稱爲單邊突變結。在這種情形下，如果假設 $N_A >> N_D$，則（12.30）式可以簡化爲

$$W \cong \sqrt{\frac{2\epsilon_s V_{bi}}{qN_D}} \tag{12.31}$$

以上的討論都是屬於 *p-n* 結在沒有外加電壓的情形。如果有了外加偏壓，則 *p-n* 結變化的情形將如圖 12.5 所示。如果在 *p-* 邊加上正電壓 V_F，這種情形 *p-n* 結稱爲有正向偏壓，*p-n* 結兩邊的靜電勢減低了 V_F，成爲 $V_{bi} - V_F$。空乏區的寬度也因而減少，如圖 12.5(b) 所示。反之，如果在 *n-* 邊加上正電壓 V_R，*p-n* 結在這種情形下變成反向偏壓，*p-n* 結兩邊的靜電勢增加了 V_R，成爲 $V_{bi} + V_R$，空乏區的寬度也因而增大，如圖 12.5(c) 所示。上述

的情形可以用同一個方程式來表示，即：

$$W=\sqrt{\frac{2\epsilon_s}{q}\left(\frac{N_A+N_D}{N_AN_D}\right)(V_{bi}-V)} \tag{12.32}$$

對於單邊突變結，

$$W=\sqrt{\frac{2\epsilon_s(V_{bi}-V)}{qN}} \tag{12.33}$$

在正向偏壓情況，V 是正的。而對於反向偏壓，V 是負的。N 是單邊突變結中，濃度較低一邊的摻雜濃度。

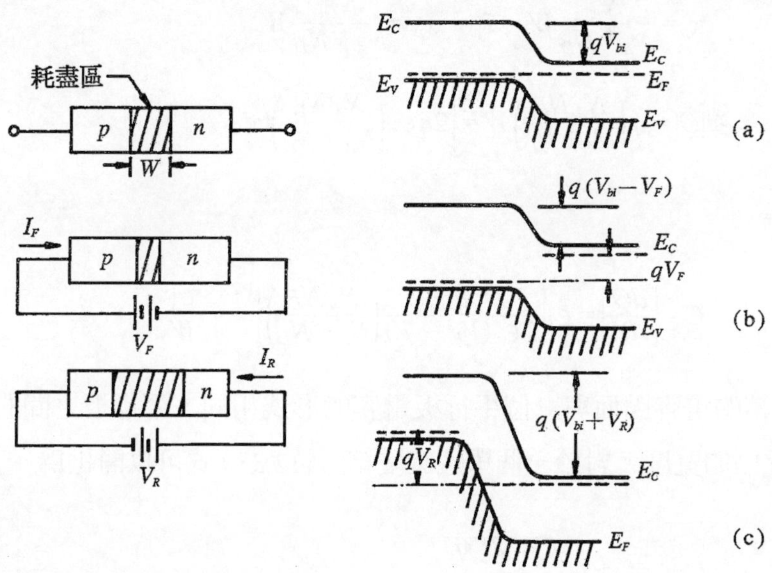

圖 12.5　有偏壓的 p-n 結能帶示意圖：(a) 熱平衡狀態，(b) 正向偏壓，(c) 反向偏壓

一個 p-n 結具有一定的電容，由於 p-n 結的電荷與偏壓的關係是非線性

的，因此需要用較普遍的定義

$$C=\left|\frac{dQ}{dV}\right| \tag{12.34}$$

來求出 p-n 結的電容。

p-n 結兩邊每單位面積未補償的離子電荷可以寫爲

$$|Q| = qx_nN_D = qx_pN_A \tag{12.35}$$

根據（12.26）式和（12.27）式，可以寫出

$$x_n=\frac{N_A}{N_A+N_D}W \quad \text{和} \quad x_p=\frac{N_D}{N_A+N_D}W \tag{12.36}$$

因此 $$|Q|=q\left(\frac{N_A N_D}{N_A+N_D}\right)W=\left[2q\epsilon_s\left(\frac{N_A N_D}{N_A+N_D}\right)(V_{bi}-V)\right]^{1/2} \tag{12.37}$$

由此可得

$$C=\left|\frac{dQ}{dV}\right|=\epsilon_s\left[\frac{q}{2\epsilon_s(V_{bi}-V)}\left(\frac{N_A N_D}{N_A+N_D}\right)\right]^{1/2}=\frac{\epsilon_s}{W} \tag{12.38}$$

p-n 結的電容因而與一個平行板電容的形式相同，平行板之間的距離相當於空乏區的寬度。對於一個單邊突變結，（12.38）式可以簡化爲

$$C=\frac{\epsilon_s}{W}\cong\sqrt{\frac{q\,\epsilon_s N}{2(V_{bi}-V)}} \tag{12.39}$$

N 與（12.33）式中的相同，爲單邊突變結中濃度較低一邊的摻雜濃度。

12.2.2 *p-n* 結的電流—電壓特性

我們在 12.2.1 節看到，p-n 結有電洞和電子，兩者的擴散和漂移共四種

電流。在沒有偏壓時，電洞的兩種電流和電子的兩種電流都分別相等而方向相反，因而互相抵消，整個 *p-n* 結的總電流爲零。

擴散電流是由 *p*- 區的電洞越過勢壘，擴散到 *n*- 區的電洞擴散電流和由原來在 *n*- 區的電子越過勢壘，擴散到 *p*- 區的電子擴散電流所組成。當加上正向偏壓時，這個勢壘由原來的 V_{bi}，減爲 $V_{bi} - V_F$，具有足夠能量，可以越過勢壘的載子增多了，因此有更多的擴散電流可以產生。當加上反向偏壓時，勢壘則增大爲 $V_{bi} + V_R$，擴散電流因而顯著減少，如圖 12.6 所示。

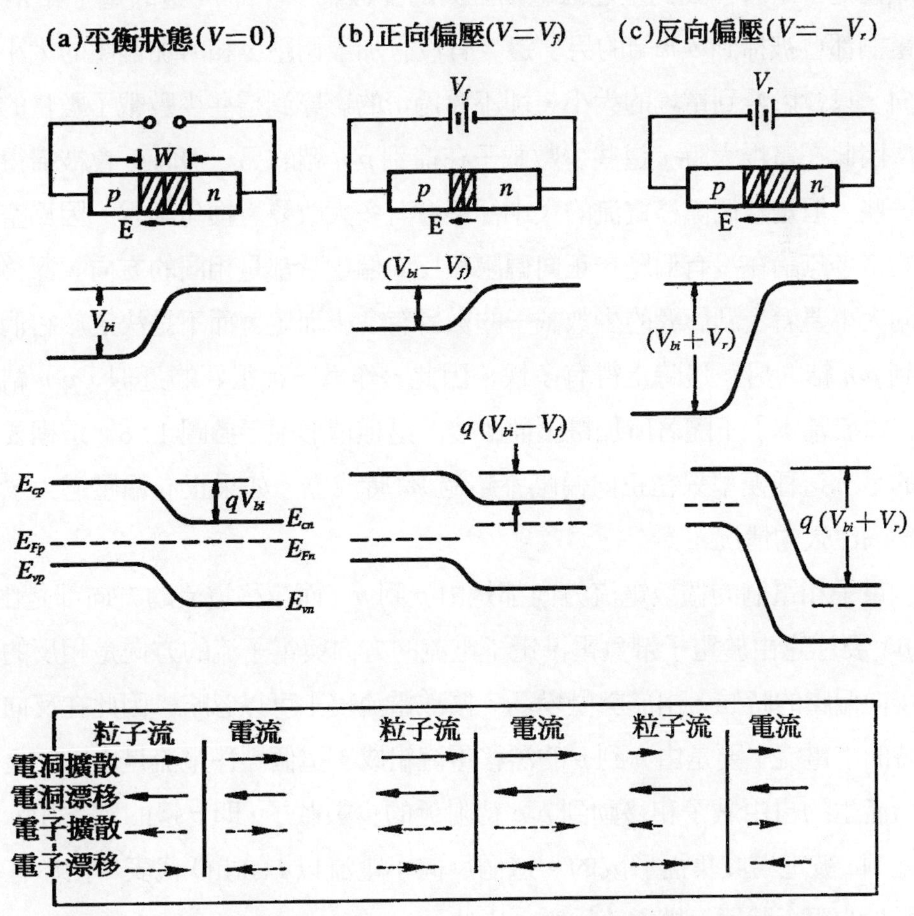

圖 12.6　*p-n* 結偏壓的效果：(a) 熱平衡，(b) 正向偏壓，(c) 反向偏壓

漂移電流是由在空乏區附近的載子，受到空乏區電場的影響，被電場掃到 *p-n* 結的另一邊所形成。譬如，移動到靠近空乏區 *p-* 邊的電子會被電場掃到 *p-n* 結的 *n-* 邊。同樣的，在靠近空乏區 *n-* 邊的電洞也會被電場掃到 *p-n* 結 *p-* 邊。這個電洞和電子的漂移電流數量，因爲 *p-* 邊的電子和 *n-* 邊的電洞都是少數載子，數量本來就很少，所以漂移電流都維持一個穩定而較少的數量。漂移電流比較不受到偏壓的影響。這個結果初看之下好像有點奇怪，因爲一般情況下，往往電場愈大，電流會愈大。*p-n* 結漂移電流不受偏壓影響的原因是，所有移動到空乏區電場之內的少數載子，即 *p-* 邊的電子和 *n-* 邊的電洞都會被掃到 *p-n* 結的另一邊，有沒有加上偏壓，和所加偏壓的大小和方向，只會影響到電場的大小，卻不會過份的影響到這些少數載子數量的多寡。因此在電場大時，這些少數載子在掃到 *p-n* 結的另一邊時，會被掃得更快一些，但是整個漂移電流的大小卻不會有多大改變。換句話說，因爲空乏區的電場無論在沒有偏壓、正向偏壓和反向偏壓時都是相同的方向，漂移電流的大小要看受到影響的少數載子的數目有多少而定，而不是決定於它們被掃到 *p-n* 結的另一邊時走得有多快。因此，作爲一種很好的近似，*p-n* 結的漂移電流基本上不隨著所加電壓而改變。這種情形顯示於圖 12.6。這裡要注意的是，這種模型只在正向偏壓不超過 V_{bi} 時成立。如果正向偏壓過大，就成爲高注入的情況了。

電子和電洞的擴散電流方向都是由 *p* 到 *n*，而漂移電流的方向都是由 *n* 到 *p*。要注意由於電子帶負電，電子電流的方向與電子流的方向是相反的，在反向偏壓的時候，由於勢壘變高，擴散電流變小可以忽略。因此在反向偏壓時的小電流主要是由 *n* 到 *p* 的漂移電流組成。這個漂移電流是由在空乏區內所產生的自由載子和移動到 *p-n* 結附近的少數載子（即 *p* 邊的電子和 *n* 邊的電洞）被電場收集而形成的。這個反向小電流以 *I*（drift）代表。由於在沒有電壓的平衡狀態，總電流爲零，因此

$$I = I(\text{diffusion}) - I(\text{drift}) = 0 \tag{12.40}$$

因此擴散電流和漂移電流的平衡值相等，用 I_0 代表。用一種描述式的方法來說，在正向偏壓的時候，由於勢壘降低，增加了多數載子跨越勢壘到達 *p-n* 結另外一邊的或然率，增大的因子爲 $\exp(qV_F/kT)$。因此正向偏壓的擴散電流等於平衡値乘上增大的因子，即 $I_0\exp(qV_F/kT)$。在反向偏壓時，擴散電流減少的因子爲 $\exp(-qV_R/kT)$，電流爲 $I_0\exp(-qV_R/kT)$。因此擴散電流可以用一個統一的式子表示，即等於：$I_0\exp(qV/kT)$。*p-n* 結的整個電流爲擴散電流與漂移電流之和，由於漂移電流與擴散電流反向，因此整個 *p-n* 結的電流可以用下式代表

$$I = I_0(e^{qV/kT} - 1) \tag{12.41}$$

要較爲嚴格一點的導出（12.41）式，需要討論 *p-n* 結的載子分布，這也是 *p-n* 結的理論基礎，在此敘述如下。

圖 12.7 顯示了 *p-n* 結在正偏壓和負偏壓時的能帶圖和載子數量的分布。根據電流密度方程式（current-density equation）

$$J_n = q\mu_n n\text{E} + qD_n\frac{dn}{dx} \tag{12.42}$$

和

$$J_p = q\mu_p p\text{E} - qD_p\frac{dp}{dx} \tag{12.43}$$

前一項爲漂移電流，後一項爲擴散電流。在 *p-n* 結兩邊的電中性區域內，因爲電場 E 爲零，所以（12.42）式和（12.43）式中的漂移電流項爲零。我們只要計算，在 *p-n* 結空乏區兩端的注入擴散電流，再加在一起，就可以得到流過 *p-n* 結的整個電流。由於流過 *p-n* 結的電流在任何一個截面都是相同的，這樣計算出來的電流就代表整個 *p-n* 結的電流。這樣的計算省略了許多考慮，最重要的一個就是空乏區內新產生的電子電洞對，它們所造成的電

流沒有包括進去。

如果用 n_{no} 和 n_{po} 代表 n- 邊和 p- 邊在熱平衡狀態之下的電子密度，用 p_{no} 和 p_{po} 代表 n- 邊和 p- 邊的平衡電洞密度。而且假設在熱平衡狀態，多數載子的密度與摻雜濃度接近相等，即

$$n_{no} \cong N_D，p_{po} \cong N_A \tag{12.44}$$

則（12.20）式可以寫為

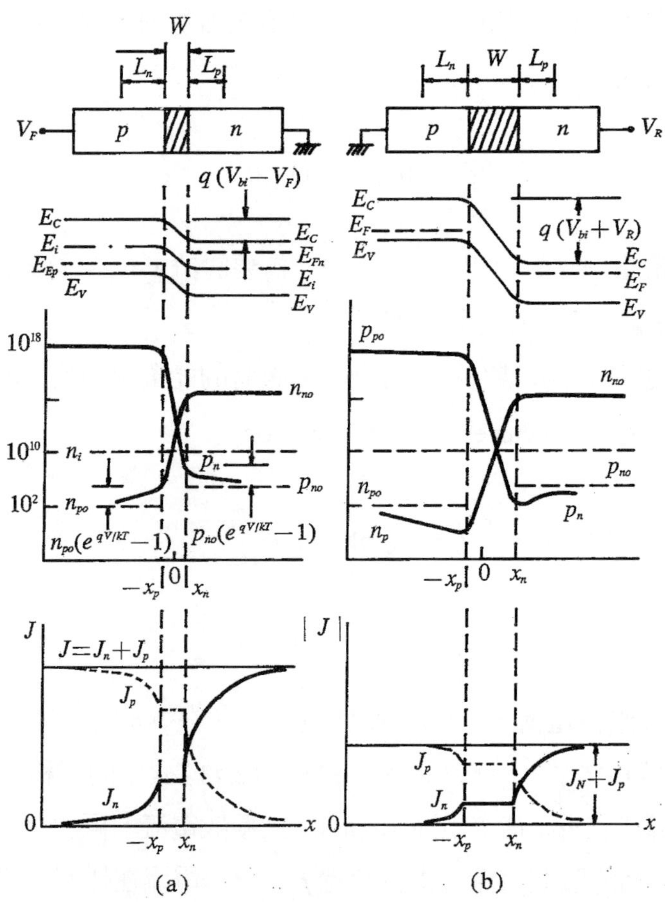

圖 12.7　p-n 結耗盡層的能帶圖，載子分布與電流分布：(a) 正向偏壓，(b) 反向偏壓（資料來源：Shockley, Electrons and Holes in Semiconductors (1950).）

$$V_{bi}=\frac{kT}{q}\ln\frac{p_{po}\,n_{no}}{n_i^2}=\frac{kT}{q}\ln\frac{N_A\,N_D}{n_i^2} \tag{12.45}$$

如果用 $p_{po}n_{po}=p_{no}n_{no}=n_i^2$ 的關係式，則（12.45）式可以改寫爲

$$V_{bi}=\frac{kT}{q}\ln\frac{n_{no}}{n_{po}}=\frac{kT}{q}\ln\frac{p_{po}}{p_{no}} \tag{12.46}$$

因此，得到

$$n_{no}=n_{po}\,e^{qV_{bi}/kT} \tag{12.47}$$

及

$$p_{po}=p_{no}\,e^{qV_{bi}/kT} \tag{12.48}$$

當有偏壓的時候，非平衡的載子密度可以修改爲

$$n_n=n_p\,e^{q(V_{bi}-V)/kT} \tag{12.49}$$

$$p_p=p_n\,e^{q(V_{bi}-V)/kT} \tag{12.50}$$

由於 $n_n\cong n_{no}$，從（12.47）式和（12.49）式兩式相除可得，

$$n_p=n_{po}e^{qV/kT} \tag{12.51}$$

兩邊各減 n_{po}，得到

$$n_p-n_{po}=n_{po}(e^{qV/kT}-1) \tag{12.52}$$

同理，可得

$$p_n=p_{no}e^{qV/kT} \tag{12.53}$$

$$p_n - p_{no} = p_{no}(e^{qV/kT} - 1) \tag{12.54}$$

（12.49）式到（12.54）式所顯示的是，在空乏區邊緣上 $x = x_n$ 及 $x = -x_p$ 處的值，（12.51）式和（12.52）式爲在 $x = -x_p$ 處的關係式，（12.53）和（12.54）爲在 $x = x_n$ 處的關係式。這四個式子是 *p-n* 結的重要關係式。爲了要計算（12.42）式和（12.43）式中的擴散電流，需要知道載子密度的梯度 $\frac{dp_n}{dx}$ 和 $\frac{dn_p}{dx}$。這可以由解與時間無關穩定態的連續方程式（continuity equation）而得，連續方程式的普遍形式爲

$$\frac{\partial n}{\partial t} = \frac{1}{q}\frac{\partial J_n}{\partial x} + (G_n - R_n) \tag{12.55a}$$

$$\frac{\partial p}{\partial t} = -\frac{1}{q}\frac{\partial J_p}{\partial x} + (G_p - R_p) \tag{12.55b}$$

其中 G_n、G_p 是電子和電洞的產生率；R_n、R_p 是電子和電洞的復合率。把（12.42）、（12.43）式代入（12.55）式，對 P_n 而言可得

$$\frac{\partial p_n}{\partial t} = -p_n \mu_p \frac{\partial \mathrm{E}}{\partial x} - \mu_p \mathrm{E} \frac{\partial p_n}{\partial x} + D_p \frac{\partial^2 p_n}{\partial x^2} + (G_p - R_p) = 0$$

由於在中性區沒有電場，並且假設 $G_n = G_p = 0$，電洞的復合率 $R_P = \frac{p_n - p_{no}}{\tau_p}$，在平衡狀態下，對 p_n 的方程式可以簡化爲

$$\frac{d^2 p_n}{dx^2} - \frac{p_n - p_{no}}{D_p \tau_p} = 0$$

其中 D_p 爲電洞的擴散係數，τ_p 爲電洞在 *n*- 型半導體中的存在時間常數（1ife time）。在（12.54）式 $x = x_n$ 時的關係式和距離 *p-n* 結很遠 $x = \infty$ 處 $p_n = p_{no}$ 的

邊界條件下，可得

$$p_n - p_{no} = p_{no}\,(e^{qV/kT} - 1)\, e^{-(x - x_n)/L_p} \tag{12.56}$$

其中 $L_p = \sqrt{D_p \tau_p}$，稱為 n- 型半導體中少數載子電洞的擴散長度。

由（12.56）式，現在可以計算在 $x = x_n$ 處電洞的擴散電流，

$$J_p(x_n) = -qD_p \left.\frac{dp_n}{dx}\right|_{x_n} = \frac{qD_p\, p_{no}}{L_p}\,(e^{qV/kT} - 1) \tag{12.57}$$

同理可得

$$J_n(-x_p) = +qD_n \left.\frac{dn_p}{dx}\right|_{-x_p} = \frac{qD_n\, n_{po}}{L_n}\,(e^{qV/kT} - 1) \tag{12.58}$$

通過 p-n 結的整個電流密度因此是（12.57）和（12.58）兩式之和

$$\begin{aligned} J = J_p(x_n) + J_n(-x_p) &= q\left(\frac{D_p\, p_{no}}{L_p} + \frac{D_n\, n_{po}}{L_n}\right)(e^{qV/kT} - 1) \\ &= J_s(e^{qV/kT} - 1) \end{aligned} \tag{12.59}$$

其中 J_s 代表飽和電流密度

$$J_s \equiv q\left(\frac{D_p\, p_{no}}{L_p} + \frac{D_n\, n_{po}}{L_n}\right) \tag{12.60}$$

這個方程式就是有名的蕭克萊（Shockley）二極體方程式，也稱為理想二極體方程式。

前面曾經提到過，在導出這個理想二極體方程式時，忽略了空乏區中載子的產生和復合。如果把這項因素考慮進去，一個普遍的二極體電流電壓方程式可以寫為

$$J = J_S(e^{qV/kT} - 1) + J_D(e^{qV/2kT} - 1) \tag{12.61}$$

其中 $J_D = \left(\frac{qn_i}{\tau_n + \tau_p}\right)(x_p + x_n)$，$J_D$ 代表空乏區產生－復合電流的飽和電流密度。

後面一項也稱爲薩－諾易斯－蕭克萊（Sah-Noyce-Shockley）電流，或稱空間電荷區產生－復合電流。對於一個 p^+-n 二極體，反向電流多了空乏區的產生電流（generation current），（12.61）式可以簡化成爲

$$J_R \cong q\sqrt{\frac{D_p}{\tau_p}}\frac{n_i^2}{N_D} + \frac{qn_iW}{\tau_g} \tag{12.62}$$

其中 τ_g 是載子的產生時間（generation time）。

正向電流則因爲多了空乏區的復合電流，經過一些此處忽略的簡化計算，（12.61）式可以寫成

$$J_F \cong q\sqrt{\frac{D_p}{\tau_p}}\frac{n_i^2}{N_D}e^{qV/kT} + \frac{qWn_i}{2\tau_r}e^{qV/2kT} \tag{12.63}$$

其中 τ_r 爲載子的復合時間（recombination time）。

蕭克萊理想二極體方程式對於能隙較小的半導體，如鍺，符合得很好（因爲 n_i 較大）。而對於能隙較大的半導體，如矽和砷化鎵（n_i 較小），就必須要把（12.61）式或者（12.62）式和（12.63）式的修正包括進去。

12.3 雙極型電晶體

12.3.1 雙極型電晶體原理

1947 年發明的雙極型電晶體（bipolar transistor），整個的改變了電子工業。雖然在七十年代中期以後，它的重要性逐漸爲場效電晶體所超過，但是在許多方面，仍然是非常重要的元件。

在雙極型電晶體中，電子和電洞都同時參與電晶體的運作，因此稱爲雙極型的電晶體。這有別於後述的單極型電晶體。在單極型電晶體中，只有一種載子在電晶體中起主要的作用。

雙極型電晶體是由兩個背靠背的 *p-n* 結連接而成。依結構的不同，可以有 *p-n-p* 電晶體和 *n-p-n* 電晶體兩種型式。由於電子的遷移率較大，故 *n-p-n* 電晶體使用較廣。但是因爲電洞移動的方向與電流的方向一致，了解起來較爲容易，故下面討論用 *p-n-p* 電晶體做例子。了解了 *p-n-p* 電晶體以後，*n-p-n* 電晶體的原理與 *p-n-p* 完全一樣，只是極性要換過來。

電晶體是一個有三個電極的元件，流過其中兩極的電流可以由第三極的電流或電壓來控制。這種特徵可以使得電晶體有兩種功能，一種是可以用於放大交流的小訊號，另一種是可以做爲大訊號的開關元件。圖 12.8 顯示

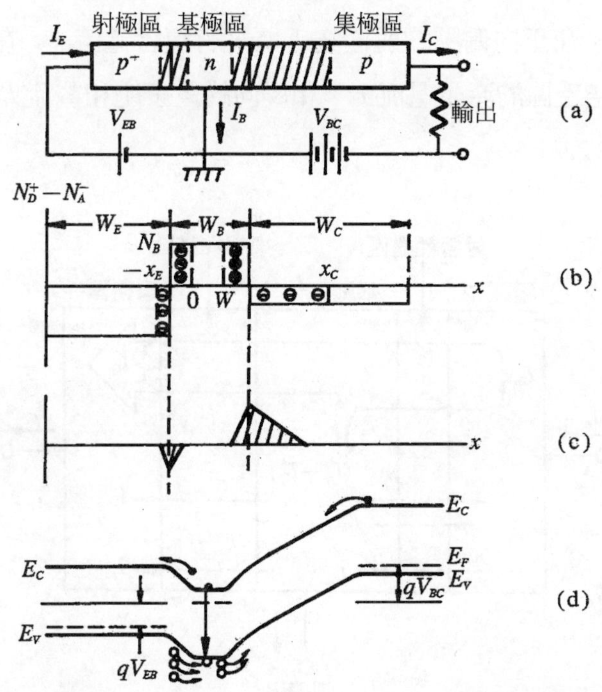

圖 12.8　(a) 在正向操作狀態的 *p-n-p* 電晶體，(b) 摻雜濃度分布和偏壓下的耗盡層，(c) 電場圖，(d) 偏壓下的能帶圖

一個 *p-n-p* 電晶體的結構，分為射極(emitter)、基極(base)和集極(collector)三區。一般在正常狀況，射極區的摻雜濃度最高，基極區次之，而集極區最淡。

在沒有偏壓的時候，費米能位是水平的，沒有淨電流通過。電晶體有兩個 *p-n* 結，因此偏壓的安排有四種，在正常做放大功能時，射極與基極之間的 *p-n* 結是正向偏壓，而基極與集極間的 *p-n* 結是反向偏壓。由於射極—基極是正向偏壓，大量的電洞由射極進入基極，這部分電流用 I_{Ep} 代表。也有少量的電子由基極進入射極，用 I_{En} 代表。進入基極的電洞會擴散到達集極，並且被基極和集極之間空乏區的電場掃到集極，假如基極的寬度足夠薄，那麼大部分的電洞都可以到達集極，這部分的電流稱為 I_{Cp}。在經過基極區時，有一部分的電洞會與電子復合。為了維持基極區的電中性，電子將通過基極的引線進入基極區，這部分的電流等於 $I_{Ep} - I_{Cp}$，此外，還有其他幾個比較小的電流分量。在正向偏壓的射極空乏區，有復合電流 I_r。在集極，因為是反偏，有集極空乏區的產生電流 I_g，和反向的電子飽和電流 I_{Cn}。這些電流分量都顯示於圖 12.9。

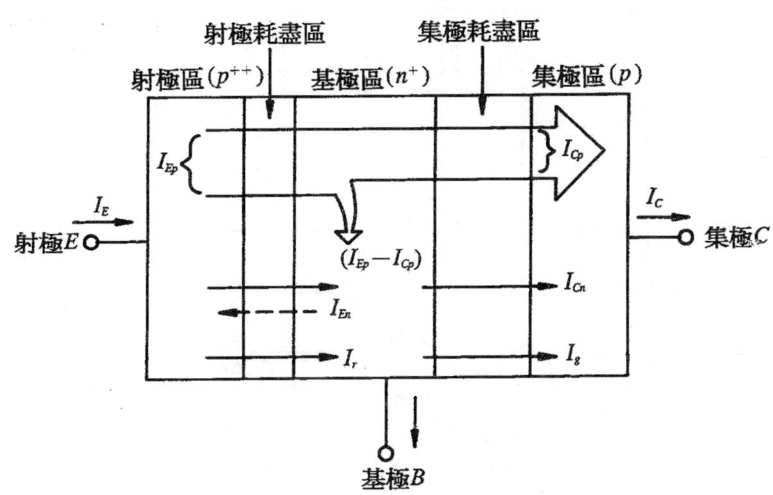

圖 12.9　*p-n-p* 電晶體的電流分量圖

因此，這些電流之間的關係式爲

$$I_E = I_{Ep} + I_{En} + I_r \tag{12.64}$$

$$I_C = I_{Cp} + I_{Cn} + I_g \tag{12.65}$$

$$I_B = I_E - I_C = I_{En} + (I_{Ep} - I_{Cp}) + I_r - I_{Cn} - I_g \tag{12.66}$$

而且，

$$I_E = I_B + I_C \tag{12.67}$$

一般情況下，I_r、I_g、I_{Cn} 都比較小。我們用 $I_{CO} = I_{Cn} + I_g$，而忽略 I_r。所以上面三式簡化成爲

$$I_E = I_{Ep} + I_{En} \tag{12.68}$$

$$I_C = I_{Cp} + I_{CO} \tag{12.69}$$

$$I_B = I_E - I_C = I_{En} + (I_{Ep} - I_{Cp}) - I_{CO} \tag{12.70}$$

爲了確定雙極型電晶體的功能，常常用到幾個電晶體的參數。分別敘述如下。第一個參數是共基極電流放大係數（common-base current gain）α。共基極電路就是把基極作爲輸入和輸出的公共端。α 定義爲

$$\alpha \equiv \frac{I_C}{I_E} \cong \frac{I_{Cp}}{I_E} \tag{12.71}$$

如果將（12.68）代入，得

$$\alpha = \frac{I_{Cp}}{I_{Ep} + I_{En}} = \left(\frac{I_{Ep}}{I_{Ep} + I_{En}}\right)\left(\frac{I_{Cp}}{I_{Ep}}\right) = \gamma\,\alpha_T \tag{12.72}$$

其中 γ 稱爲射極發射效率（emitter efficiency），其定義爲

$$\gamma \equiv \frac{I_{Ep}}{I_{Ep} + I_{En}} \tag{12.73}$$

它的物理意義是從射極注入到基極的電洞電流與整個射極電流的比例。(12.72)式的第二項 α_T，稱爲基極區運輸因子(base transport factor)，其定義爲

$$\alpha_T \equiv \frac{I_{Cp}}{I_{Ep}} \tag{12.74}$$

它的物理意義是到達集極的電洞電流與射極注入的電洞電流比例。實際上，α 的數值會略小於 1。

另外一個重要的參數是共射極電流放大倍數(common-emitter current gain) β。其定義爲

$$\beta = \frac{I_C}{I_B} \tag{12.75}$$

由(12.67)式可知，

$$\beta = \frac{I_C}{I_E - I_C} = \frac{\alpha}{1-\alpha} \tag{12.76}$$

在文獻上，有時用 α_o、β_o 代表直流的電流放大係數，而用 α、β 代表交流的放大係數。共射極電流放大倍數 β，也寫成 h_{FE}，同時用小寫的字母 h_{fe} 代表交流的放大倍數。一般情況下，h_{fe} 接近 h_{FE}。

由於 α 值接近於 1，因此 β 值可以相當大，一般在 30 到 150 之間。

電晶體的功能是因爲基極區可以做得很窄(現在大都在 0.1 微米左右)，因此從射極注入的電洞大部分都可以避免復合而到達集極。否則，如果基極很長，則一個電晶體將如同兩個背靠背的 *p-n* 結一樣，就會失去它的電晶體作用。至於電晶體的放大作用，則需要把電晶體放在一個輸入輸出電路中，

才能看得清楚。圖 12.10(a) 是一個共基極電路。對於一個輸入電壓 V_{BE}，會有一個基極直流電流 I_B 和集極直流電流 I_C。如果現在在輸入電壓上加上一個小的交流信號，基極電流對時間的變化將會如圖 12.10(b) 下方所示。這個變化會對集極電流造成一個相應的交流影響，使得 I_C 的變化如圖 12.10(b) 上方所示，不過 I_C 的交流變化卻是輸入電流 I_B 交流變化的 h_{fe} 倍。因此雙極型電晶體的電路把輸入的信號放大了 h_{fe} 倍。

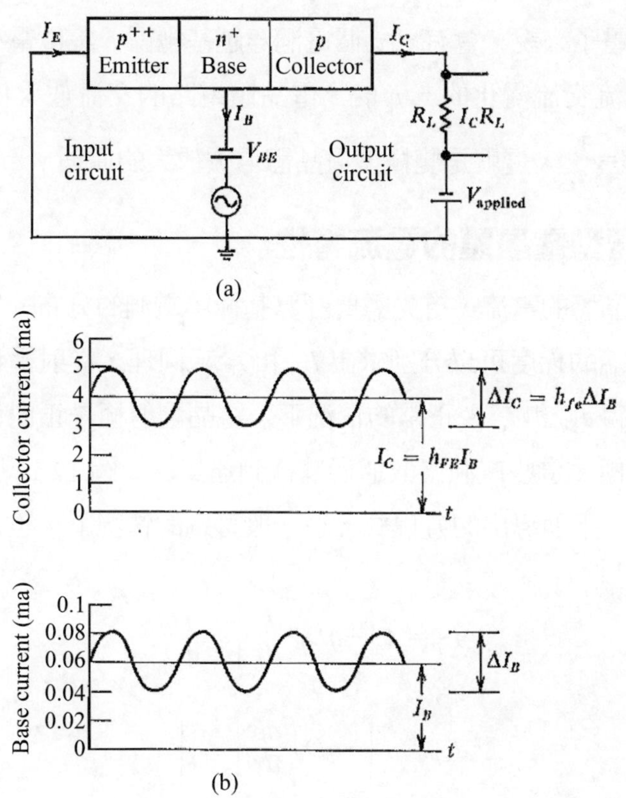

圖 12.10　*p-n-p* 電晶體放大功能原理圖（資料來源：參考書目 III-6）

現在我們從微觀上來了解這個雙極型電晶體的放大功能。*n*- 型半導體的基極區夾在兩個空乏區中，本身是電中性的，也就是正電荷的數量要等於負電荷的數量。當正偏壓的射極一集極 p^+n 結將許多電洞注入集極時，必須從基極的接頭引入同樣多的電子來平衡這些電洞。但是在基極區的電子和電洞卻有著很不相同的存在時間。注入基極區的電洞平均在基極區的時間是它穿越基極區所花的時間 τ_t。由於基極區的寬度作的很窄，這個穿越時間 τ_t 比基極區電洞的平均載子壽命 τ_p 要短很多。另一方面，由於電中性的關係，從基極區接頭引入的電子，在與電洞復合之前，會在基極區平均存在 τ_p 的時間。而在這段時間 τ_p 之內，已經有許多電洞從基極區穿越。對於每一個引入基極區的電子來說，會有 τ_p/τ_t 個電洞穿越基極區。集極電流的交流變化因此是基極電流交流變化的 τ_p/τ_t 倍，電晶體電路的交流放大倍數因此也是 τ_p/τ_t，也就是 $\beta=\frac{\tau_p}{\tau_t}$，這就是雙極型電晶體信號放大的原理。

12.3.2 雙極型電晶體的電流特性

要計算電晶體的電流，首先需要計算基極中電洞的分布。然後從電洞分布在基極區兩端的梯度可以分別求出 I_{Ep} 和 I_{Cp}。同理，從射極和集極的電子分布，可以求得 I_{En} 和 I_{Cn}。正常的情況下，電晶體射極是正向偏壓的，大量的電洞注入基極。這些電洞擴散通過基極到達集極。圖 12.11 顯示在各區少數載子的分布。下面導出的方程式，在一般普遍的情況下，也是成立的。

$$I_{Ep}=A\left\{-qD_B\frac{dp}{dx}\bigg|_{x=0}\right\} \tag{12.77}$$

$$I_{Cp}=A\left\{-qD_B\frac{dp}{dx}\bigg|_{x=W}\right\} \tag{12.78}$$

其中 A 爲電晶體的截面積。同樣的，

$$I_{En}=A\left\{qD_E\frac{dn}{dx}\bigg|_{x=-x_E}\right\} \tag{12.79}$$

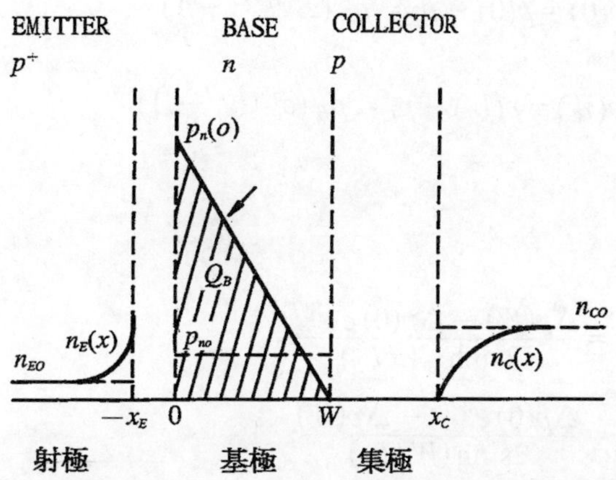

圖 12.11　在正向操作模式下的 p-n-p 電晶體不同區域的少數載子分布圖

$$I_{Cn}=A\left\{qD_C\frac{dn}{dx}\bigg|_{x=x_C}\right\} \tag{12.80}$$

因此求出 I_{Ep}、I_{Cp}、I_{En} 和 I_{Cn} 的問題就簡化成求出在基極區、射極區和集極區少數載子的分布。在基極區中的少數載子 p 的分布要符合沒有電場的連續方程式

$$D_B\left(\frac{d^2p}{dx^2}\right)-\frac{p-p_B}{\tau_B}=0$$

其解爲　$p(x)=p_B+C_1\,e^{x/L_B}+C_2\,e^{-x/L_B}$

的形式。其中 $L_B=\sqrt{D_B\tau_B}$ 是基極區中少數載子的擴散長度。p_B 是基極區中少數載子平衡時的濃度，即 $p_B=p_{no}$，如果定義 $\Delta p(x)\cong p-p_B$，在

$$p(0)=p_B\,e^{qV_{EB}/kT}$$

和

$$p\,(W)=p_B\,e^{qV_{CB}/kT}$$

的邊界條件下，即

$$\Delta p(0) = p(0) - p_B = p_B\,(e^{qV_{EB}/kT} - 1)$$

$$\Delta p(W) = p(W) - p_B = p_B\,(e^{qV_{CB}/kT} - 1)$$

得到

$$C_1 = \frac{\Delta p(W) - \Delta p(0)\, e^{-W/L_B}}{2\sinh(W/L_B)}$$

$$C_2 = \frac{\Delta p(0)\, e^{W/L_B} - \Delta p(W)}{2\sinh(W/L_B)}$$

故

$$p(x) = p_B + \left[\frac{\Delta p(W) - \Delta p(0)\, e^{-W/L_B}}{2\sinh(W/L_B)}\right] e^{x/L_B} + \left[\frac{\Delta p(0)\, e^{W/L_B} - \Delta p(W)}{2\sinh(W/L_B)}\right] e^{-x/L_B} \qquad (12.81)$$

在射極區中，$x < -x_E$，少數載子即電子的分布符合

$$D_E \frac{\partial^2 n}{\partial x^2} = \frac{n - n_E}{\tau_n}$$

的方程式。其邊界條件爲

$$x = -x_E\text{，}\ n = n_E\, e^{qV_{EB}/kT}$$

$$x = -\infty\text{，}\ n = n_E$$

n_E 爲射極區中少數載子平衡時的濃度。

其解爲

$$n(x) = n_E + \Delta n(-x_E)\, e^{(x+x_E)/L_E} \qquad (12.82)$$

同理可得在集極區中，$x > x_C$，少數載子的分布爲

$$n(x) = n_C + \Delta n(x_C)\, e^{-(x - x_C)/L_C} \tag{12.83}$$

其中 L_E 和 L_C 分別爲射極區和集極區中少數載子的擴散長度。

圖 12.11 顯示了在電晶體三個區中少數載子的分布，代入（12.77）式至（12.80）式可以得到電流。最後的結果可以寫爲

$$\begin{aligned} I_E &= I_{Ep} + I_{En} = AJ_p(x=0) + AJ_n(x=-x_E) \\ &= A\left(-qD_B \frac{\partial p}{\partial x}\bigg|_{x=0}\right) + A\left(qD_E \frac{\partial n}{\partial x}\bigg|_{x=-x_E}\right) \\ &= Aq\frac{D_B p_B}{L_B}\coth\left(\frac{W}{L_B}\right)\left[(e^{qV_{EB}/kT}-1) - \frac{1}{\cosh\left(\frac{W}{L_B}\right)}(e^{qV_{CB}/kT}-1)\right] \\ &\quad + Aq\frac{D_E n_E}{L_E}\,(e^{qV_{EB}/kT}-1) \end{aligned} \tag{12.84}$$

及
$$\begin{aligned} I_C &= I_{Cp} + I_{Cn} = AJ_p(x=W) + AJ_n(x=x_C) \\ &= A\left(-qD_B \frac{\partial p}{\partial x}\bigg|_{x=W}\right) + A\left(qD_C \frac{\partial n}{\partial x}\bigg|_{x=x_C}\right) \\ &= Aq\frac{D_B p_B}{L_B}\frac{1}{\sinh\left(\frac{W}{L_B}\right)}\left[(e^{qV_{EB}/kT}-1) - \cosh\left(\frac{W}{L_B}\right)(e^{qV_{CB}/kT}-1)\right] \\ &\quad - \left[Aq\frac{D_C n_C}{L_C}\,(e^{qV_{CB}/kT}-1)\right] \end{aligned} \tag{12.85}$$

同時　$I_B = I_E - I_C$

其中擴散係數 D，擴散長度 L 和少數載子濃度 p 和 n 的下標都代表在那一個區的參數。

根據（12.73）式 γ 的定義，再依（12.84）式和（12.85）式各電流分量的大小，射極發射效率 γ 可以寫爲

$$\gamma = \frac{I_{Ep}}{I_{Ep} + I_{En}} = \left[1 + \frac{n_E D_E L_B}{p_B D_B L_E} \tanh\left(\frac{W}{L_B}\right)\right]^{-1} \tag{12.86}$$

基極區運輸因子 α_T 可以寫為

$$\alpha_T = \frac{J_p(x=W)}{J_p(x=0)} = \frac{1}{\cosh\left(\frac{W}{L_B}\right)} \cong 1 - \frac{W^2}{2L_B^2} \tag{12.87}$$

而共射極電流放大倍數 β 在 α_T 接近於 1 的近似下，可以寫為

$$\beta = \frac{\gamma}{1-\gamma} = \frac{p_B D_B L_E}{n_E D_E L_B} \coth\left(\frac{W}{L_B}\right) \tag{12.88}$$

依照所加偏壓的不同，射極－基極間的 *p-n* 結，和集極－基極間的 *p-n* 結都可以加正向或反向偏壓，雙極型電晶體因而可以有四種不同的操作模式。一個 *p-n-p* 雙極型電晶體的不同操作模式和 *p-n* 結偏壓狀況，顯示於圖 12.12。一般在正常情況下，即電晶體在作放大功能的時候，射極 *p-n* 結是正向偏壓的，而集極 *p-n* 結是反向偏壓的。這也是 12.3.1 節所敘述的狀況。在這種情形下，$V_{EB} > 0$，而 $V_{CB} < 0$，這個操作模式稱為正向工作區（active region）或放大區。如果射極結和集極結都是正向偏壓，即 $V_{EB} > 0$，而且 $V_{CB} > 0$，則少數載子會在基極中累積，稱為飽和區（saturation region）。如果射極結和集極結都是反向偏壓，即 $V_{EB} < 0$，而且 $V_{CB} < 0$，稱為截止區（cutoff region）。如果射極結反偏，而集極結正偏，即 $V_{EB} < 0$，而 $V_{CB} > 0$，則電晶體如同在反向操作，稱為反向工作區（inverted region）。由於電晶體的各種參數都是為了正向工作而設計的，因此反向工作性能不佳，在實際應用上，也不會用到。

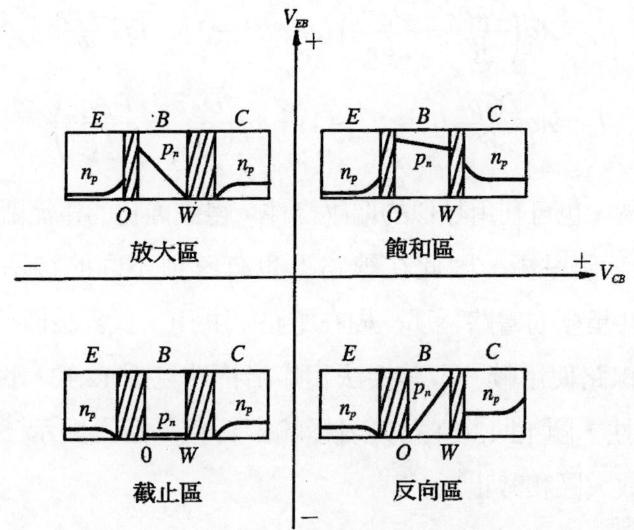

圖 12.12　一個 *p-n-p* 電晶體的不同操作模式

（12.84）式和（12.85）式所導出的電流方程式是普遍成立的，對於不同的操作區域，只要代入不同的偏壓條件，就可以得到簡化的電流方程式。譬如對於最常用的放大區，$V_{EB} > 0$ 而 $V_{CB} < 0$，在（12.84）式和（12.85）式中，$\exp(qV_{CB}/kT)$ 項趨向於零，因此

$$I_E = Aq\frac{D_B p_B}{L_B}\coth\left(\frac{W}{L_B}\right)\left[(e^{qV_{EB}/kT}-1)+\frac{1}{\cosh\left(\frac{W}{L_B}\right)}\right]$$

$$+Aq\frac{D_E n_E}{L_E}(e^{qV_{EB}/kT}-1)$$

$$I_C = Aq\frac{D_B p_B}{L_B}\frac{1}{\sinh\left(\frac{W}{L_B}\right)}\left[(e^{qV_{EB}/kT}-1)+\cosh\left(\frac{W}{L_B}\right)\right]+Aq\frac{D_C n_C}{L_C}$$

對於性能良好的電晶體，在往可以假設 $\frac{W}{L_B} << 1$，在 x 很小時，可以做 $\sinh x \cong x$，$\coth x \cong \frac{1}{x}$ 的近似，上式可以再簡化爲

$$I_E = Aq\left(\frac{D_B p_B}{W} + \frac{D_E n_E}{L_E}\right)(e^{qV_{EB}/kT} - 1) + Aq\frac{D_B p_B}{W}$$

$$I_C = Aq\frac{D_B p_B}{W}(e^{qV_{EB}/kT} - 1) + Aq\left(\frac{D_B p_B}{W} + \frac{D_C n_C}{L_C}\right)$$

在其他的操作區，也可利用類似的偏壓條件，得到簡化的電流關係式。

電晶體有三個電極，因此在線路上也有三種不同的接法，稱爲共基極，共射極和共集極的電路。那一極在電路上共用，代表該極接地。其中共基極和共射極線路使用較多，其接法和輸出特性見圖 12.13。圖 12.13(a) 爲共基極輸出特性，圖 12.13(b) 爲共射極輸出特性。圖上顯示三個不同的區域：飽和區、放大區和截止區。

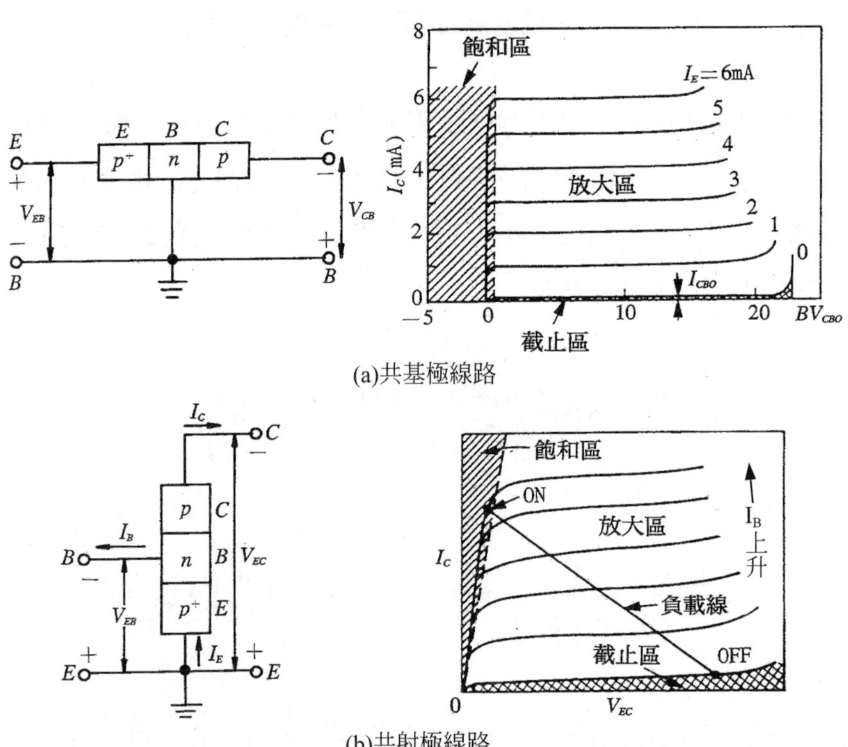

圖 12.13　*p-n-p* 電晶體的輸出特性：(a) 共基極線路，(b) 共射極線路

電晶體除了做放大的功用外，還可以有開關的功能。在圖 12.13(b) 上，畫了一條負載線。用控制一個小電流 I_B 的方法，可以改變一個大電流 I_C。電晶體可以在一個短時間內從高電流，低電壓飽和區轉換到低電流、高電壓的截止區。高電流低電壓代表線路處於「通」的狀態。而低電流高電壓則代表線路處於「斷」的狀態，因此電晶體的功能就像是一個開關。電晶體在做開關功能時，是一個大信號、暫態（transient）的過程，而在做放大功能時，則是對於小信號的作用。

12.3.3 異質結雙極型電晶體

異質結就是用兩種不同半導體形成的 *p-n* 結。異質結有許多特殊的性質，用同樣材料的半導體是很難做到的。用得最多的異質結就是砷化鎵（GaAs）與砷化鋁鎵（AlGaAs）之間的異質結。$Al_xGa_{1-x}As$ 的 x 分量可以由 0 到 1。這兩種材料容易做成異質結，因為 GaAs 的晶格常數在室溫 300K 是 5.6533Å，能隙是 1.42 電子伏，而 AlAs 的晶格常數是 5.6605Å，能隙是 2.17 電子伏。兩者的晶格常數極為接近，因此磊晶層很容易成長，而能隙卻有很大的改變。這種材料的性質造成了很多應用。異質結雙極型電晶體就是其中之一。由於使用的原理多是應用到能隙的改變，因此有人稱這些應用為能隙工程（bandgap engineering）。

為了使電晶體功能更好，射極的發射效率 γ 應該愈接近於 1 愈好，對於一個 *p-n-p* 電晶體來說，如果能使從基極注入到射極的電子愈少，也就是 I_{En} 愈小，則 γ 就會愈趨近於 1。因為實際應用上的多是使用 *n-p-n* 電晶體，對 *n-p-n* 電晶體來說，要使從基極區到射極區的電洞愈少愈好。如果是一個同質結，只能用減少基極區摻雜濃度的方法來減少電洞的注入。但是減低基極區的摻雜會增加基極區的電阻，對於電晶體的操作會有不良的影響，因此使用同質結的電晶體，這個問題很難解決。

使用異質結，則除了摻雜濃度外，還可以變化能帶結構。圖 12.14 顯示

了一個 n-p-n 電晶體的能帶結構。射極區由 $Al_xGa_{1-x}As$ 做成，而基極區和集極區則由 GaAs 做成。由於 GaAs 和 AlGaAs 的異質結，價帶之間的差異較大，電洞要由基極到射極就面臨一個較高的勢壘，因此其數量也就大大的減少，所以很容易的可以達到接近 1 的發射效率。由於發射效率不再是一個問題，可以提高基極區的摻雜濃度，降低基極區的電阻，這些對於電晶體的功能，都有極大的幫助。

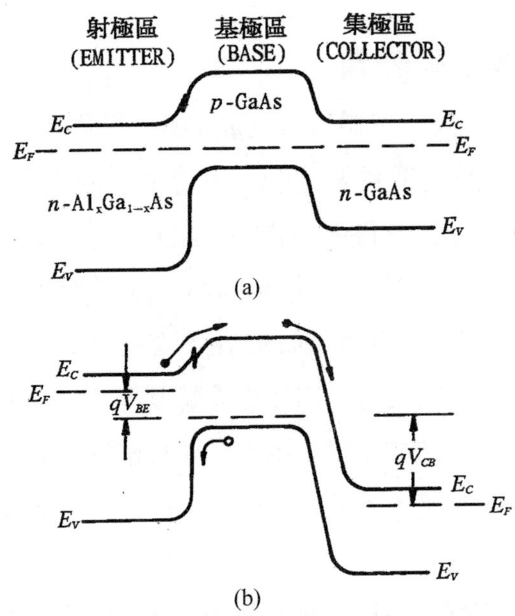

圖 12.14 (a) 一個熱平衡狀態下的異質結 n-p-n 雙極型電晶體的能帶圖，(b) 正向操作時的能帶圖

習題

1. 對於一個鋁金屬和 n 型矽半導體的接觸。試計算其在 300K 下蕭基勢壘反向電流密度的大小。假設金屬與 n 型半導體的蕭基勢壘符合 $\phi_{Bn} = 0.27\phi_m - 0.55$（伏特）的經驗公式，$\phi_m$ 爲金屬的功函數。

2. 對於一個矽 p^+-n 結，n- 型區的摻雜濃度爲 $N_D = 10^{16}/\text{cm}^3$，設 $\tau_n = \tau_p = 1\mu\text{s}$，試計算其反向電流密度的大小。

3. 如果 n 型矽半導體的摻雜程度由 $2\times10^{15}/\text{cm}^3$ 上升到 $3\times10^{18}/\text{cm}^3$，其功函數差異有多少？

4. 某金屬的功函數是 5eV，試計算該金屬與 n 型矽半導體的理想蕭基勢壘在零電壓下的電容。矽的摻雜濃度爲 $10^{16}/\text{cm}^3$，溫度爲 300K。

5. 一個矽 p^+-n 結，其 n 型區域的摻雜濃度爲 $N_D = 10^{16}/\text{cm}^3$，其截面積爲 10^{-4}cm^2。設 $\tau_p = 1\mu\text{s}$，$D_p = 10\text{cm}^2/\text{s}$，試求 p-n 結在正向偏壓爲 0.8V 時的電流。

6. 一個矽 p^+-n 結，其 n 型區域的摻雜濃度爲 $N_D = 10^{16}/\text{cm}^3$，其截面積爲 10^{-3}cm^2。試計算在反向偏壓 5V 時的結電容。

7. 試證一個 p-n-p 電晶體的射極發射效率 γ 可以寫成

$$\gamma = \left[1 + \frac{n_E}{p_B}\frac{D_E}{D_B}\frac{L_B}{L_E}\tanh\left(\frac{W}{L_B}\right)\right]^{-1}$$

8. 一個 n-p-n 電晶體，其射極、基極和集極的摻雜濃度分別爲 $10^{19}/\text{cm}^3$、$5\times10^{17}/\text{cm}^3$ 和 $10^{15}/\text{cm}^3$。基極的寬度爲 $0.7\mu\text{m}$，基極的少數載子擴散長度假設爲 $20\mu\text{m}$，射極的少數載子擴散長度假設爲 $2\mu\text{m}$，試計算電晶體的發射效率、基極區運輸因子及電流放大倍數。

9. 一個 n-p-n 電晶體，射極和基極區的摻雜濃度分別爲 $10^{19}/\text{cm}^3$ 和 $7\times10^{17}/\text{cm}^3$。基極區少數載子的擴散係數是 $7\text{cm}^2/\text{s}$，$\tau_n = 10^{-6}\text{s}$，基極區寬度是 $0.8\mu\text{m}$。射極區少數載子擴散係數是 $0.5\text{cm}^2/\text{s}$，$\tau_p = 10^{-8}\text{s}$。試求電晶體的 γ、α 和 β 等參數的值。

本章主要參考書目

1. S. Sze, Physics of Semiconductor Devices (1981).
2. E. Yang, Microelectronic Devices (1988).
3. B. Streetman, Solid State Electronic Devices (1990).
4. R. Muller and T. Kamins, Device Electronics for Integrated Circuits (1986).
5. S. Sze, Semiconductor Devices Physics and Technology (1985).

第十三章

半導體的應用：場效電晶體與電荷耦合元件

1 結型場效電晶體

2 金屬—半導體場效電晶體

3 金屬—氧化物—半導體場效電晶體

4 電荷耦合元件

13.1 結型場效電晶體

從本節起，我們將討論幾種單極型的電晶體。雙極型電晶體與單極型電晶體是電晶體的兩大類。前面已經提到過，在雙極型電晶體中，電子和電洞都參與傳導過程。而在單極型電晶體中，完成電晶體的主要傳導過程，形成電晶體電流的只有一種載子。單極型電晶體又可以分爲結型場效電晶體（JFET）、金屬—半導體場效電晶體（MESFET）和金屬—氧化物—半導體場效電晶體（MOSFET）三種。爲了簡化起見，以下我們將分別簡稱爲結型電晶體，金半電晶體和金氧半電晶體。其中金氧半電晶體已經成爲半導體電路中使用最多的元件。本節將先討論前兩種單極型電晶體。

13.1.1 結型場效電晶體

一個結型場效電晶體（junction field effect transistor）的結構圖見圖13.1。結型電晶體基本上是一個用電壓來控制的可變電阻，因而也可以控制流過這個可變電阻的電流。控制電阻的方法是使用反向偏壓的 *p-n* 結來調節電流可以通過面積的大小。這個結型電晶體有一個導通的溝道，兩邊各有一個歐姆接觸的電極，一個做爲源極（source），一個做爲漏極（drain）。在此，假設溝道是由 *n*- 型半導體構成，電子由源極流向漏極。在溝道的上下，都有一個反向偏壓的 *p-n* 結，*p-n* 結的 *p*- 區都連接在一起，成爲控制溝道大小的柵極。由於通過溝道形成電流的載子是電子，因此稱爲 *n*- 溝道結型電晶體。

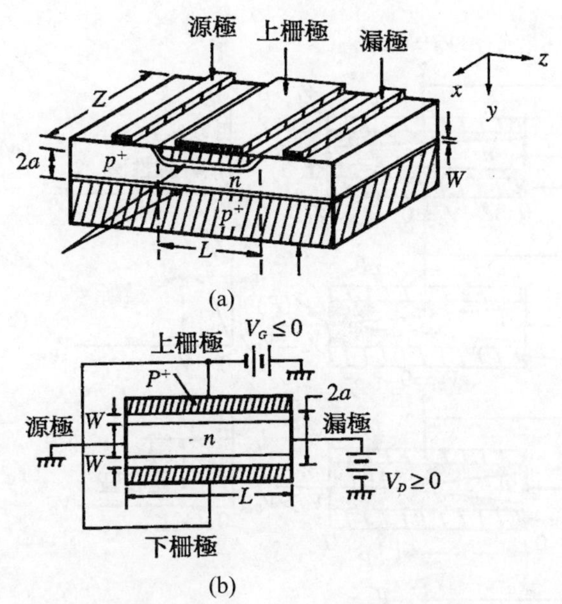

圖 13.1　(a) 結型場效電晶體，(b) 結型場效電晶體中央區域的切面圖

結型電晶體溝道中心的部分可以由圖 13.2 來表示，溝道的長度是 L，寬度是 Z（與紙面垂直），高度用 $2a$ 代表，因爲以溝道的中心爲準，上下是對稱的。這樣分析起來比較簡單。在正常操作情況下，源極是接地的，漏極接正電壓（$V_D \geq 0$），而柵極因爲需要反偏，所以要接負電壓（$V_G < 0$）。當柵極電壓爲零，而 V_D 較小時，溝道像是一個電阻，電流電壓的關係也是接近線性的。對於任何一個 V_D 值，由於溝道中的電壓沿著溝道的方向，從靠近源極處的零電位到接近漏極處的 V_D 逐漸在增加，因此對於柵極和漏極間的 p-n 結而言，反偏電壓（$V_D - V_G$）逐漸增加（注意 V_G 是負的）。空乏區的寬度 W 因此也沿著溝道的長度而增加，如圖 13.2 所示。當空乏區的寬度增加時，溝道中間電流通過的截面積就逐漸減小。此時溝道的電阻增加，電流隨著漏極電壓增加的幅度也就降低下來。

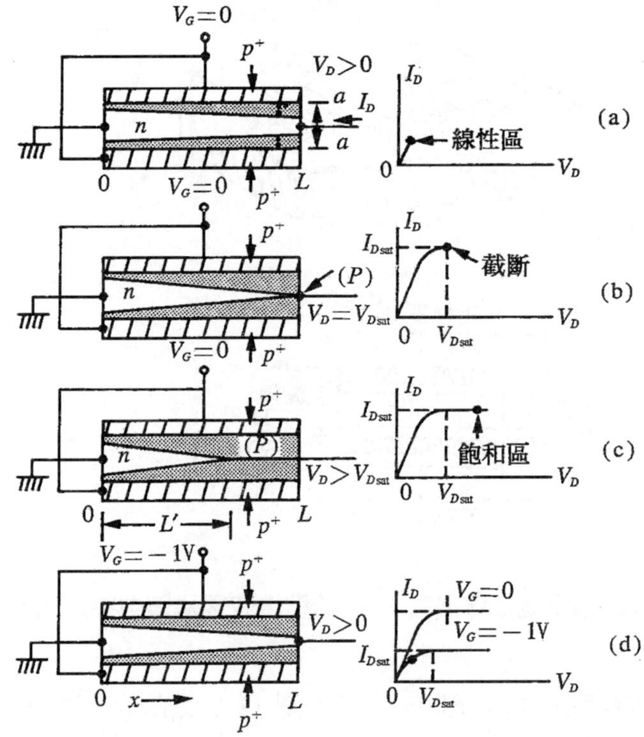

圖 13.2　在不同偏壓下，結型場效電晶體耗盡層的變化與其輸出特性：(a)$V_G = 0$ 及 V_D 很小的情形，(b)$V_G = 0$ 下，剛開始截止的狀況，(c)$V_G = 0$ 下，截止之後的狀況（$V_D > V_{Dsat}$），(d)$V_G = -1V$ 和 V_D 很小的情形

溝道的電阻可以用下式代表

$$R=\rho\frac{L}{A}=\frac{L}{q\mu_n N_D A}=\frac{L}{2q\mu_n N_D Z(a-W)} \tag{13.1}$$

當溝道截面積 $2Z(a-W)$ 剛減小時，電阻自然會增加。

當漏極電壓繼續增加到一個程度，上下柵極的空乏區在接近漏極處接觸時，溝道就被空乏區所截斷了。截斷溝道所需的漏極電壓稱爲飽和電壓 V_{Dsat}（saturation voltage）。對於一個 p^+-n 的突變結，V_{Dsat} 可以由（13.2）式導出，

$$W=\sqrt{\frac{2\epsilon_s(V_{bi}-V)}{qN_D}} \tag{13.2}$$

因爲當上下空乏區相遇時 $W = a$，而 $V = -V_{D\text{sat}}$，因此

$$V_{D\,\text{sat}}=\frac{q\,N_D\,a^2}{2\epsilon_s}-V_{bi} \tag{13.3}$$

如果柵極上的電壓不爲零，所加的柵極電壓，會增加 p-n 結整個的反偏電壓值，使得溝道的截斷在更低的 V_D 值就可以達到。此處要注意，柵極上的電壓是反偏的，對於 n- 溝道電晶體而言，V_G 是負值而 V_D 是正值，兩者都是柵極 p-n 結的反偏電壓。在有柵極電壓 V_G 時，(13.3) 式嚴格的寫法應該是

$$V_{D\,\text{sat}}=\frac{q\,N_D\,a^2}{2\epsilon_s}-V_{bi}+V_G \tag{13.4}$$

V_{bi}、V_D 和 $-V_G$ 三種電壓都會加強柵極 p-n 結的反偏，也都會增加空乏區的寬度造成溝道的截斷。

當 V_D 超過 $V_{D\text{sat}}$ 繼續增加時，空乏區也繼續擴大，空乏區的接合點 P 點開始向左移，如圖 13.2(c) 所示。但是 P 點的電壓卻沒有改變，仍然等於 $V_{D\text{sat}}$，即剛好是把溝道截止所需要的電壓。多於 $V_{D\text{sat}}$ 的電壓 ($V_D - V_{D\text{sat}}$)，此時都落在 P 點到漏極的空乏區上。由於從源極到 P 點的電壓不變，因此，從源極到 P 點的溝道電流也基本上不變，維持爲飽和電流 $I_{D\text{sat}}$。說基本上不變，是因爲實際上還是稍稍有所增加。這是因爲 P 點向左移，溝道長度稍有變短，因此電阻 (13.1) 式變小，所以電流還是隨著 V_D 的上升有少量的增加，但是基本上，V_D 在增加到 $V_{D\text{sat}}$ 以後，電流趨向飽和。

結型電晶體的電流—電壓關係式可以從 (13.1) 式引申導出。溝道的截面圖如圖 13.3。在溝道選一個薄片 dy 的截面，由 (13.1) 式，其電壓降爲

$$dV = I_D\, dR = \frac{I_D dy}{2q\mu_n N_D Z[a - W(y)]} \tag{13.5}$$

而在溝道中 y 位置，空乏區的寬度 $W(y)$ 為

$$W(y) = \sqrt{\frac{2\epsilon_s[V(y) + V_{bi} - V_G]}{qN_D}} \tag{13.6}$$

從（13.6）式可得

$$dV = \frac{qN_D}{\epsilon_s} WdW \tag{13.7}$$

由（13.5）式和（13.7）式可得

$$I_D\, dy = 2q\mu_n N_D Z(\mathrm{a} - W)\frac{qN_D}{\epsilon_s} WdW \tag{13.8}$$

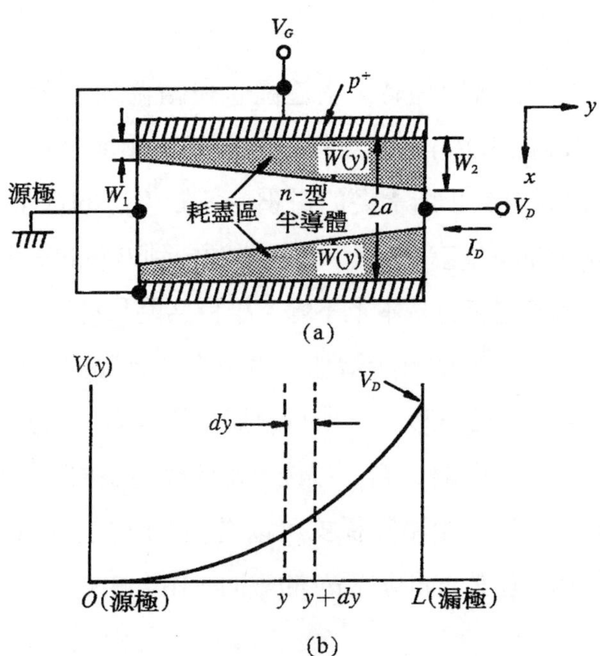

圖 13.3　(a) 結型場效電晶體溝道區，(b) 沿溝道的電位變化

I_D 在整個溝道中是一個常數，因此（13.8）式的積分成為

$$\int_o^L I_D dy = \frac{2q^2 \mu_n N_D^2}{\epsilon_s} \int_{W_1}^{W_2} (a - W) W dW \tag{13.9}$$

因為

$$W_1 = \sqrt{\frac{2\epsilon_s (V_{bi} - V_G)}{q N_D}} \tag{13.10}$$

$$W_2 = \sqrt{\frac{2\epsilon (V_{bi} - V_G + V_D)}{q N_D}} \tag{13.11}$$

代入（13.9）式後，得到

$$I_D = I_P \left[\frac{V_D}{V_P} - \frac{2}{3} \left(\frac{V_D - V_G + V_{bi}}{V_P} \right)^{3/2} + \frac{2}{3} \left(\frac{V_{bi} - V_G}{V_P} \right)^{3/2} \right] \tag{13.12}$$

其中

$$I_P = \frac{Z \mu_n q^2 N_D^2 a^3}{\epsilon_s L} \tag{13.13}$$

$$V_P = \frac{q N_D a^2}{2\epsilon_s} \tag{13.14}$$

V_P 稱為截斷電壓，因為它等於溝道剛開始截斷時（$W_2 = a$），p-n 結上整個反向偏壓 $V_D - V_G + V_{bi}$ 之合。即

$$V_P = V_D - V_G + V_{bi} \tag{13.15}$$

（13.12）式是一個適用於溝道未截斷之前的普遍關係式。如果 V_D 很小，即當 $V_D \to 0$ 時，（13.12）式成為

$$I_D \cong \frac{I_P}{V_P} \left[1 - \sqrt{\frac{V_{bi} - V_G}{V_P}} \right] V_D \tag{13.16}$$

在飽和區內的電流，可以用先計算截斷時的電流 I_{Dsat}，然後令 V_D 大於 V_{Dsat} 以後的電流 I_D 均等於 I_{Dsat} 來近似。在（13.12）式中，令 $V_P = V_D + V_{bi} - V_G$，

得到的 I_{Dsat} 是

$$I_{Dsat} = I_P\left[\frac{1}{3} - \left(\frac{V_{bi} - V_G}{V_P}\right) + \frac{2}{3}\left(\frac{V_{bi} - V_G}{V_P}\right)^{3/2}\right] \tag{13.17}$$

在 $V_D > V_{Dsat}$ 的部分，I_D 因爲溝道長度稍有縮短的關係，會比 I_{Dsat} 稍大，但 $I_D = I_{Dsat}$ 已經是一個相當好的近似值。

需要注意的一點是，溝道截斷並不代表電流無法流通。到達溝道端點 P 點的電子，由於空乏區內的電場朝向源極而漏極帶正電壓，都會像反向偏壓的 *p-n* 結一樣，被空乏區內的電場掃到漏極。這個空乏區雖然連結了上面的柵極區和右邊的漏極區，但是因爲柵極爲負電壓，漏極爲正電壓，因此電子只會到達漏極而不會到達柵極。

13.2　金屬—半導體場效電晶體

金屬—半導體場效電晶體（metal-semiconductor field effect transistor，簡稱金半電晶體）的操作原理與結型場效電晶體幾乎完全一樣。唯一不同之處在於結型場效電晶體用一個反向偏壓的 *p-n* 結來控制溝道的大小，而金半電晶體則用一個金屬半導體界面的蕭基勢壘來達到這一目的，如圖 13.4 所示。此外，在討論結型電晶體時，溝道上下均有反偏的 *p-n* 結，在金半電晶體的情況，只有上面有金屬半導體的蕭基勢壘。金半電晶體常常製作在電阻率極高的晶片上，可以把溝道以下的晶片視爲接近絕緣的，因此金半電晶體相當於把結型電晶體沿著溝道中心線切成上下兩半的上面一半。它的工作原理完全相同，只是（13.12）式的電流需要減半。

$$I_D = \frac{I_P}{2}\left[\frac{V_D}{V_P} - \frac{2}{3}\left(\frac{V_D - V_G + V_{bi}}{V_P}\right)^{3/2} + \frac{2}{3}\left(\frac{V_{bi} - V_G}{V_P}\right)^{3/2}\right] \tag{13.18}$$

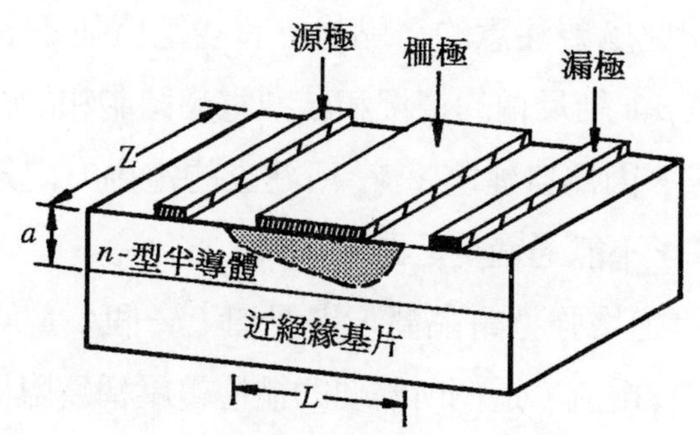

圖 13.4　金屬—半導體場效電晶體

一般金半電晶體多用在三五族半導體器件上。這是因為三五族半導體通常很難在表面上成長或疊積性質良好的絕緣體，因此很難做出性能好的金屬—絕緣層—半導體電晶體。而某些三五族半導體，如砷化鎵（GaAs）和磷化銦（InP）有著較高的電子遷移率，對製作高速元件有利。因此不必使用高品質絕緣層的金半電晶體是一個很好的選擇。

以上所討論的結型電晶體和金半電晶體都是耗盡型（depletion-mode）電晶體，或者稱為正常為通（normally-on）的電晶體，即在沒有柵極偏壓 $V_G = 0$ 時，溝道是導通的，這種電晶體在 $V_G = 0$ 時也有電流，使用這種電晶體做成的電路，在耗電量方面是不利的。因為晶片的傳熱都有限度，因此整個晶片消耗的功率也有限度，一般在兩瓦左右。耗盡型電晶體所組成的電路因為耗電量大，因此整個晶片無法容納大量的電晶體，使得電路的功能受到限制。改進的辦法之一是使用正常為斷（normally-off）的，或稱增強型（enhancement-mode）的電晶體。這種電晶體在柵極電壓為零的時候，溝道因為有 V_{bi} 的關係空乏區已經接觸，即已經將溝道截斷。這個時候在 $V_G = 0$ 時沒有電流。對於 *n*- 溝道電晶體來說，必須要在柵極上加上一個正電壓，才能導致有一個溝道讓電流通過。要做成增強型的電晶體，溝道需要薄，摻雜的濃度要低，使得 *p-n* 結或者蕭基勢壘的自建電壓 V_{bi} 已經可以使得整個溝道變成空乏區。此處要注意的一點是，有空乏區並不表示載子不能通過並形成電流。這在 *p-n* 結反偏的情況和結型電晶體飽和的情況都已經討論過了。目前的情形是，因爲自建電壓 V_{bi} 所建立的電場方向是阻止電子由源極到漏極的，因此電子不能通過空乏區。

對於一個 *n*- 溝道增強型電晶體，需要加上一個小量的正柵極偏壓才能產生一個通道，並有電流。這個所需要的柵極電壓稱爲臨界電壓，或開啓電壓（threshold voltage）V_T。V_T 可以由（13.15）式推算出來。即

$$V_P = V_D + V_{bi} - V_G$$

首先假設令 V_D 爲零，即我們先討論溝道本身的特性，不論漏極的影響，或者可以認爲溝道薄而長，在接近源極處，漏極電壓的影響很小。所以在此情形下，$V_P = V_{bi} - V_G$，或 $V_G = V_{bi} - V_P$。當柵極電壓剛好可以讓溝道存在時，V_G 等於 V_T，即

$$V_T = V_{bi} - V_P = V_{bi} - \frac{q N_D a^2}{2\epsilon_s} \tag{13.19}$$

V_T 值普通設計在 0.1 ～ 0.2 伏特左右。因爲柵極加上正電壓實際上使柵極的 *p-n* 結或蕭基勢壘處於正向偏壓的狀態，因此電壓不能太大，普通只在 0.5 伏以下。因此，這種電路的電壓幅度（logic swing）很小。對於開啓電壓 V_T 的均勻度要求很高，這是這種電路製程比較困難的主要原因之一。

13.2.1 異質結金屬—半導體場效電晶體

由於磊晶技術的發展，使得一些異質結金半電晶體也可以成功的製作出來。圖 13.5(a) 顯示一種異質層金半電晶體。在半絕緣基片上，先磊晶一層 GaAs，再磊晶一層能隙較高的 AlGaAs。AlGaAs 層摻雜濃度較高，而 GaAs 層採用低摻雜。由於能隙不等，在加上金屬層的蕭基柵極後，其能帶圖如圖

13.5(b) 所示。在 GaAs 層會有一個三角形的能井，而且形成反型層。電子所在的 GaAs 層由於雜質原子濃度很低，電子的遷移率因而可以很高，有助於製成高速元件。特別在低溫操作時，因為聲子散射減少，散射主要由雜質而來，這樣製成的異質結金半電晶體，其電子在低溫具有極高的遷移率。

這種電晶體有許多名稱，比較常用的有高電子遷移率電晶體（high electron mobility transistor, HEMT）和調制摻雜場效電晶體（modulation-doped FET）。

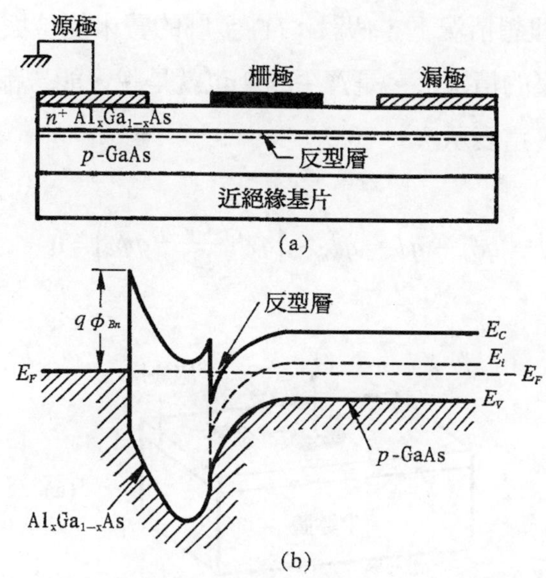

圖 13.5　(a) 異質結金屬半導體場效電晶體，(b) 熱平衡下的能帶圖

13.3　金屬—氧化物—半導體場效電晶體

金屬—氧化物—半導體場效電晶體（metal-oxide-semiconductor field effect transistor），簡稱金氧半電晶體，是目前使用得最多的電晶體。這是因

爲它製程較爲簡單，功率消耗量少，因而集成度大，適合於製成超大型積體電路。

13.3.1 金屬—氧化物—半導體電容器

金屬—氧化物—半導體的表面結構是金氧半電晶體的基礎，其結構如圖 13.6 所示，可以看作是一個電容器。氧化物層事實上可以採用任何一種絕緣層，但是由於二氧化矽與矽半導體的表面結構有許多優良特性，使用得最多，因此多用二氧化矽爲代表。這樣一個結構在理想狀態下的能帶圖見圖 13.7。在這種理想情況下，假設：(1) 金屬的費米能位與半導體的費米能位在沒有外加電壓的情況下，是齊平的。也就是說，能帶都是水平的。從圖 13.7 可以看出來，這表示

$$q\phi_{ms} \equiv q\phi_m - q\phi_s = q\phi_m - \left(q\chi + \frac{E_g}{2} + q\psi_B\right) = 0 \tag{13.20}$$

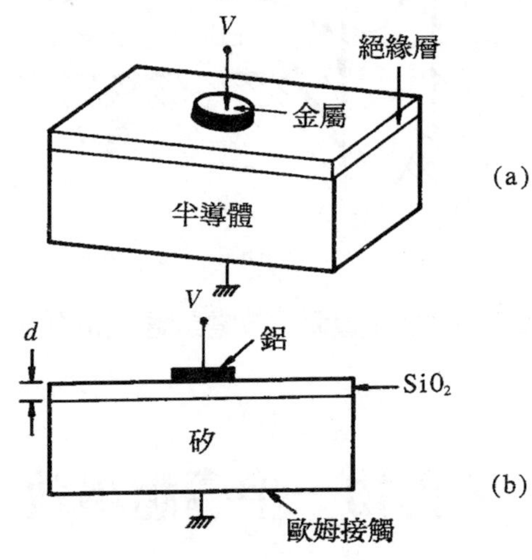

圖 13.6 MOS 電容器切面圖

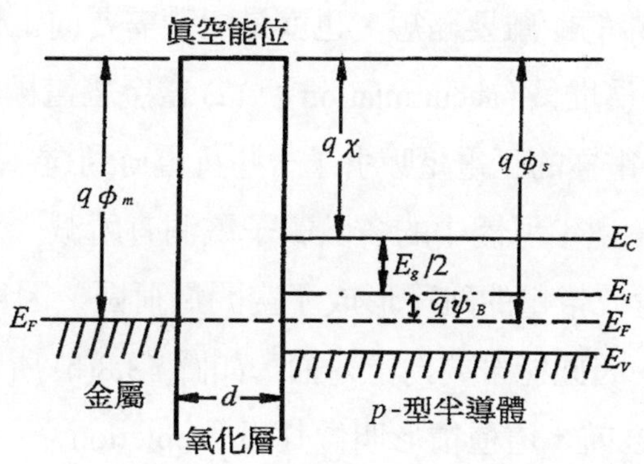

圖 13.7　一個在 $V=0$ 時理想的 MOS 電容器能帶圖

其中 $q\phi_m$ 代表金屬的功函數，$q\chi$ 代表半導體的電子親和勢能（electron affinity），而 $q\psi_B$ 代表半導體內部本徵能位 E_i 與費米能位 E_F 的差異。事實上，我們在討論實際元件時會說明 $q\phi_{ms}$ 一般講並不爲零。(2) 我們假設在理想的金氧半結構中，除了在金屬電極和半導體中有同樣大小而符號相反的電荷外，其他地方沒有電荷。這個假設可以簡化最初的討論。實際的元件中，這個假設也必須要修正。

當金氧半結構的電極加上正電壓或負電壓後，依照電壓的不同，半導體表面可以呈現三種不同的狀況。(1) 以 p- 型半導體爲例，首先，當電極電壓 $V<0$ 時，這個負電壓會吸引半導體中的正電荷到半導體和二氧化矽的表面來，這樣就在表面堆積了比在平衡狀態時更多的電洞。由於金氧半結構的氧化層假設是完全絕緣的，也就是說沒有電流通過，因此半導體中的費米能位要維持水平。相應於電洞在表面的堆積，半導體的能帶因而會有變化，根據

$$p=N_V\exp\left(-\frac{E_F-E_V}{kT}\right)=n_i\exp\left(\frac{E_i-E_F}{kT}\right) \qquad (6.15)(6.19)$$

$$n=N_C\exp\left(-\frac{E_C-E_F}{kT}\right)=n_i\exp\left(\frac{E_F-E_i}{kT}\right) \qquad (6.13)(6.18)$$

的關係式，E_F 與 E_V 的距離要縮短，也就是能帶需要向上彎曲，如圖 13.8(a) 所示。這種情況稱爲堆積（accumulation），(2) 當金屬電極的電壓爲正，但正電壓並不很大時，電極的正電壓吸引了一些負電荷到達半導體與二氧化矽的表面，這會使得 p- 型半導體中的多數載子電洞有所減少，或者說摻雜原子因爲得到電子而變成帶電的離子形成了空間電荷區。因爲電洞減少，E_F 與 E_V 的距離要變大，因此能帶要向下彎曲，如圖 13.8(b) 所示，彎曲的程度在 E_i 還沒有碰到 E_F 之前，這種情形叫做耗盡（depletion）。這個時候，半導體內會產生一個耗盡區，在耗盡區內的電荷等於 $-qN_AW$，W 爲耗盡區的厚度。(3) 當金屬電極上的正電壓愈加愈大，能帶向下彎曲的程度也就愈來愈多，直到能隙的中點線 E_i 與 E_F 線相交，見圖 13.8(c)。在交點的左邊 E_i 已經低於 E_F，因此在表面的這個薄層之內，電子已經多到使表面層轉化成爲 n- 型，這種情形叫做反型（inversion）。轉成爲 n- 型的薄層稱爲反型層，通常厚度只有 100Å 左右。

當金屬電極加上正電壓時，半導體內有耗盡區出現，當電壓增加時，耗盡區的寬度也增加。當反型層出現時，半導體內的電荷 Q_s 就成爲

$$Q_s = Q_n + Q_d \tag{13.21}$$

其中

$$Q_d = -qN_AW \tag{13.22}$$

是耗盡層的離子電荷，Q_n 是反型層的電子電荷。一旦反型層出現後，再加大金屬電極上的電壓，半導體內電荷的相應增加，主要將是 Q_n 的增加，而耗盡層離子電荷的增加，也就是耗盡層厚度 W 的增加將極爲有限。這是因爲（6.18）式電子數目與能帶彎曲的程度是呈指數關係的，在反型之後，只要能帶再彎曲一點點，反型層內的電子就會有很大的增加。因此能帶不需要做很大的偏轉就可以滿足金屬正電壓再增加以後，金屬電極上所加的正電荷與半導體中負電荷必須數量相等、符號相反的條件。因爲這個關係，產生反型層

後，耗盡層的厚度也就不會有顯著的增加。

由圖 13.8(c) 可知，當 E_i 在半導體表面彎曲到接觸 E_F 時，反型已經開始。這時候的反型，因爲電子尙少，稱之爲弱反型。在實用上往往定義一個強反型的標準，即反型層內的電子已經足夠的多。所採用的標準是，在表面的電子濃度已經與 p- 型半導體內部的電洞濃度一樣多，即能位 E_i 在表面彎曲到 E_F 之下的程度與半導體內部 E_i 在 E_F 之上的大小一樣。要做比較數量化一點的討論，我們將引進表面電位 ψ_s 這個參數。

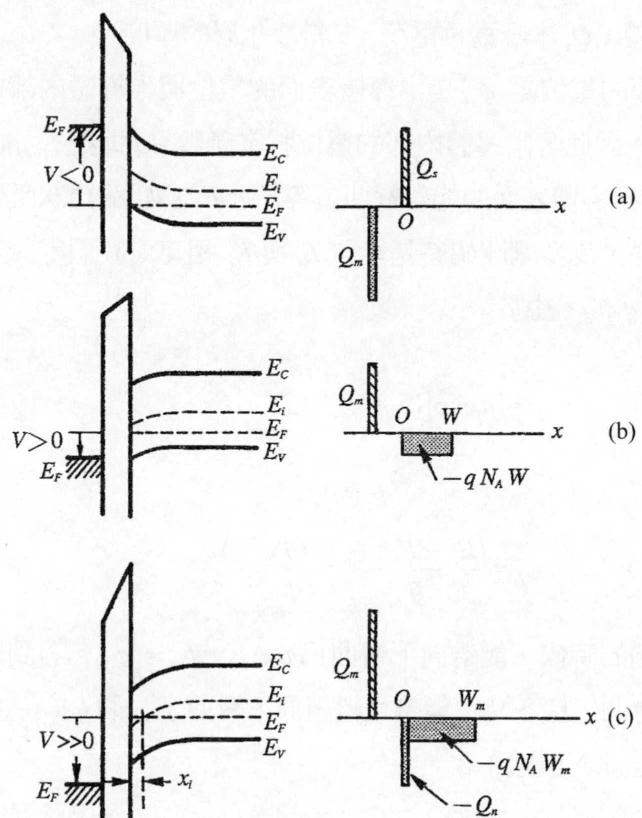

圖 13.8　一個理想 MOS 電容器的能帶圖和電荷分布，(a) 堆積，(b) 耗盡，(c) 反型

當金屬加了電壓 V，這個電壓部分將落在氧化層上，部分將落在半導體內的耗盡層上，即：

$$V = V_o + \psi_s \tag{13.23}$$

如圖 13.9(d) 所示，其中 V_o 是跨越氧化層的電壓，等於：

$$V_0 = \mathrm{E}d = \frac{-Q_s d}{\epsilon_{ox}} = \frac{-Q_s}{C_o} \tag{13.24}$$

對於 p- 型半導體，Q_s 本身爲負電荷，d 是氧化層的厚度。

落在半導體的電位差 ψ_s 是半導體表面的電位與半導體內部電位之差，如圖 13.9 所示。因此，半導體內部的電位將定義爲零（即把 E_i/q 的位置定義爲零電位）。在半導體表面的能帶彎曲就等於 $q\psi_s$，如圖 13.9 所示。

前面提到過，反型剛開始時是能位 E_i 與 E_F 相交。我們定義半導體內部 E_i 與 E_F 的差爲 $q\psi_B$，由於

$$p = n_i \exp[(E_i - E_F)/kT]$$

$$p \cong N_A$$

因此

$$\psi_B = \frac{(E_i - E_F)_{\text{bulk}}}{q} = \frac{kT}{q} \ln \frac{N_A}{n_i} \tag{13.25}$$

所以反型剛開始的時候，能帶向下彎曲爲 $q\psi_B$，$\psi_s = \psi_B$。等到表面電子與半導體內部的電洞一樣多時，能帶又繼續向下彎曲了一個 $q\psi_B$，因此，強反型（strong inversion）定義爲

$$\psi_s = 2\psi_B = \frac{2kT}{q} \ln\left(\frac{N_A}{n_i}\right) \tag{13.26}$$

的情況。前面提到過，當表面反型時，耗盡層的厚度不再顯著增加，因此耗

盡層厚度的極大值，可以寫爲

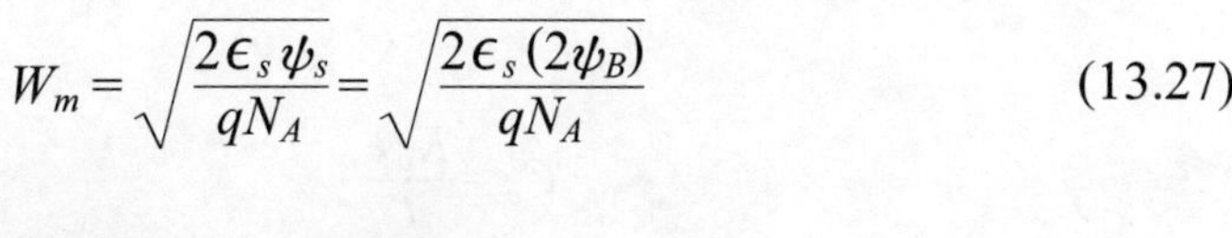

$$W_m = \sqrt{\frac{2\epsilon_s \psi_s}{qN_A}} = \sqrt{\frac{2\epsilon_s (2\psi_B)}{qN_A}} \tag{13.27}$$

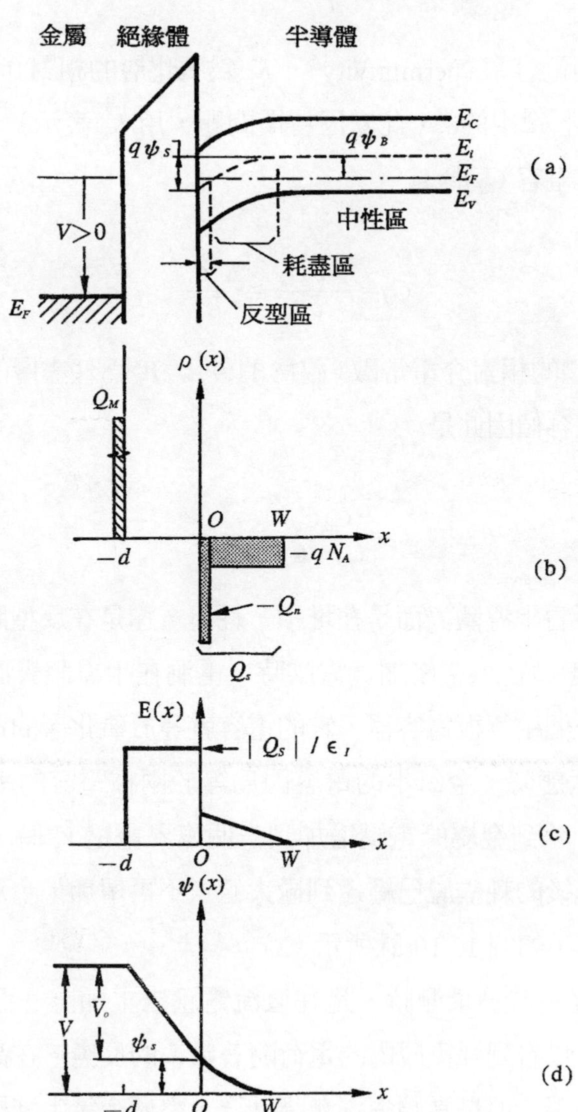

圖 13.9　(a) 理想 MOS 電容器能帶圖，(b) 反型時的電荷分布，(c) 電場分布，(d) 電位分布

金氧半的結構可以看作是一個電容器。它的整個電容 C 是氧化層電容 C_o 和半導體中耗盡層電容 C_d 兩者串聯之和。氧化層的電容是：

$$C_o = \frac{K_o \epsilon_o}{t_{ox}} \tag{13.28}$$

其中ϵ_o 爲眞空的電容率（permittivity），K_o 爲氧化層的相對介電常數（二氧化矽爲 3.9）（即第七章中的ϵ_r，此處因習慣問題，用 K_o 表示），t_{ox} 爲氧化層的厚度。耗盡層的電容 C_d 爲

$$C_d = -\frac{\partial Q_s}{\partial \psi_s} \cong \frac{K_s \epsilon_o}{W} \tag{13.29}$$

其中 K_s 爲半導體的相對介電常數（矽爲 11.9），W 爲耗盡層的厚度。整個金氧半電容器的電容值因此是

$$C = \frac{C_o C_d}{C_o + C_d} \tag{13.30}$$

耗盡層的電容要看半導體表面是在堆積，耗盡，還是在反型狀態而定。對於一個 p- 型半導體而言，金屬加負電壓時，電洞在半導體表面堆積，金氧半電容器類似於一個平行板電容器，它的電容就等於氧化層的電容。當半導體表面處於耗盡狀態時，金氧半的電容因爲等於兩種電容的串聯，會隨著 W 的增加而減小。等到金屬的電壓增加到一個臨界電壓 V_T 時，半導體表面開始反型，反型以後的耗盡層已經達到極大值，不再增加，金氧半結構的電容也就達到極小值，如圖 13.10(a) 所示。

一般作電容—電壓量測時，是在直流電壓之上加上一個小的交流電壓（約 10mV），可以看到耗盡層內的電荷隨著頻率的反應。在高頻時，電容值在反型後維持水平。但是當頻率逐漸降低後，整個金氧半結構的電容又回升至 C_o，如圖 13.10(b) 所示。這種現象的理由是因爲耗盡層中載子的產生與

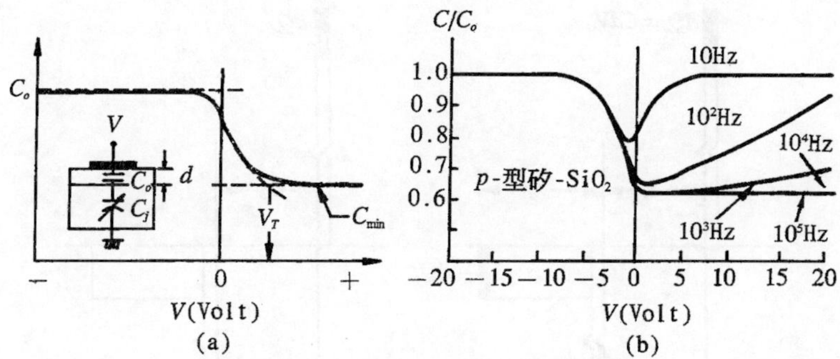

圖 13.10　(a) 高頻 MOS 電容 C-V 曲線，(b) 頻率對 C-V 曲線的影響（資料來源：參考書目 III －6）

復合。（13.29）式的 $\frac{K_s\epsilon_o}{W}$ 只是在可以忽略載子產生效應時，耗盡層電容的一個近似值。當金屬極電壓稍稍增加一個 dV_G 時，半導體中有更多的電洞被趕走，耗盡層的厚度又稍稍有所增加，耗盡層又多了一些離子電荷 $-dQ_s$。如果量測頻率夠高，可以忽略載子在耗盡層中的產生與復合，則這些負電荷 $-dQ_s$ 可以視為都位於耗盡層的末端，因此 $C_d=\frac{K_s\,\epsilon_o}{x_d}$，如圖 13.11(a) 所示。在半導體表面有了反型層後，當量測頻率足夠低，以致載子的產生和復合可以快到足夠可以趕上量測電壓小信號的變化，即在小信號電壓再變小以前，耗盡區中產生的電洞已經補償了耗盡區邊緣被趕走的電洞，使耗盡區恢復原有的厚度。而新產生的電子則跑到表面的反型層中。如圖 13.11(b) 所示。因此在低量測頻率時，金屬極電壓增加所引起的負電荷增加都會出現在半導體的表面，因此所量得的電容只是氧化層的電容 C_o。

在半導體表面強反型時，對應的金屬電極電壓稱為金氧半電容器的臨界電壓或開啓電壓（threshold voltage）V_T。依（13.23）式

$$V_T=V_o+2\psi_B=\frac{-Q_s}{C_o}+2\psi_B\cong\frac{-Q_d}{C_o}+2\psi_B \tag{13.31}$$

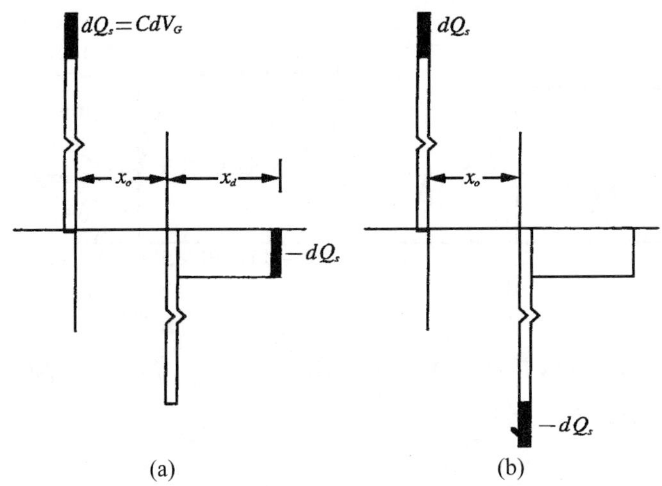

圖 13.11　MOS 結構中的電荷分布 (a) 高頻和 (b) 低頻情況

後式是一個簡化，即假設了在強反型時，在半導體內的電荷主要是從耗盡層內的電荷而來。這主要是為了能夠簡化計算，能夠方便的對 V_T 有一個定義值。因此

$$V_T \cong \frac{-Q_d}{C_o} + 2\,\psi_B = \frac{qN_A W_m}{C_o} + 2\,\psi_B = \frac{\sqrt{2\epsilon_s qN_A(2\psi_B)}}{C_o} + 2\,\psi_B \qquad (13.32)$$

對於一個金屬電壓 V_G，如果把（13.23、13.24、13.25）諸式連起來，會得到這樣的關係式，反型層之內的電子電荷等於

$$Q_n = Q_s - Q_d = -C_o(V_G - V_T) \qquad (13.33)$$

即電子電荷與電極電壓超過開啓電壓以上的部分成正比。這種概念在討論金氧半電晶體時很有用。

要注意（13.31）式的開啓電壓只是在相當理想化的狀況下，對一個金氧半電容器結構所估計的值。實際金氧半電晶體的開啓電壓還要加上功函數差異、絕緣層內的電荷、半導體表面的電荷等目前還沒有考慮到的因素。

我們現在分三部分來考慮這些因素。

1. 功函數的差異

前面假設金屬與半導體的功函數相等。實際上，這兩者之間會有一些差異。最常用的金屬電極是鋁，現在最常用的電極材料不是金屬，而是電導率較高的，高度摻雜的多晶矽。用多晶矽做為金氧半的電極有製程上的優點，計算半導體的功函數則要看摻雜的程度而定。假設電極的功函數為 ϕ_m，半導體的功函數為 ϕ_s，如果兩者不相等，則在形成金氧半結構後，能帶將不再水平，必須要在電極上加上一個電壓 V_{FB}，才能把能帶重新扳成水平，這個電壓 V_{FB} 自然等於原來兩者功函數的差異，即

$$V_{FB} = \phi_{ms} = (\phi_m - \phi_s) \tag{13.34}$$

V_{FB} 叫做平帶電壓（flat-band voltage）。要注意，此處的 V_{FB} 並不是平帶電壓的全部，只是整個平帶電壓當中因為金屬電極與半導體之間功函數有差異而引起的一項。所以，下面討論到半導體表面電荷和絕緣層中的電荷以後，這些因素所需要的平帶電壓，還要再加進來。

2. 界面捕獲中心的電荷（Q_{it}）

經過多年的研究，矽與二氧化矽層的表面情況可以認為略如下述。矽表面經過氧化後，最接近矽表面的是一層未完全氧化的矽，其次是約為 10 到 40Å 厚的一層帶有應變的二氧化矽層，接著才是沒有應變、成化學比例的非晶態二氧化矽。因此，矽與二氧化矽的界面以及二氧化矽層中，均有捕獲中心和電荷存在。可以用四種電荷來表示，如圖 13.12 所顯示。其中，Q_{it} 為界面捕獲中心電荷（interface trapped charge），與 Si-SiO_2 表面性質有關。其位置在 Si-SiO_2 的界面，能位則在矽的能隙之內，Q_{it} 的大小與矽晶片的方向有關，用現代的製程技術，(100) 方向的 Q_{it} 在 $10^{10}/cm^2$ 左右，而 (111) 方向則頗高，在 $10^{11}/cm^2$ 左右。由於在費米能階以下的捕獲中心是為電子所填滿

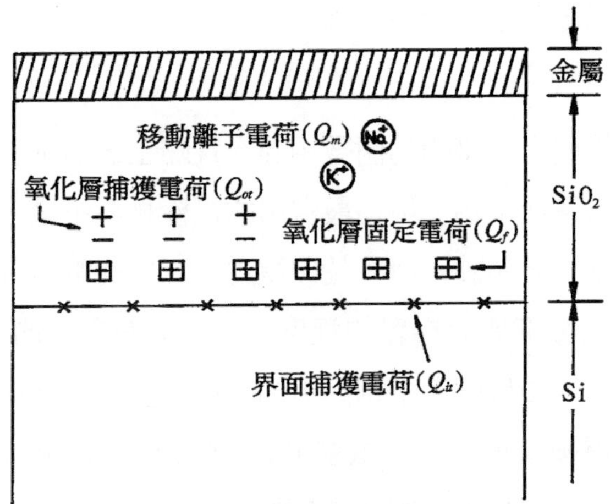

圖 13.12　熱氧化矽表面的電荷名稱

的，而在費米能階以上的捕獲中心則沒有電子占據，因此當加上偏壓時，Q_{it} 會隨著矽的能帶彎曲而改變。在強反型的情況下，由於能帶基本上不再移動，由 Q_{it} 引起的電容改變可以忽略。

3. 氧化層電荷

氧化層中的電荷，可以分爲氧化層固定電荷(fixed oxide charge) Q_f、氧化層捕獲電荷(oxide trapped charge) Q_{ot} 和移動離子電荷(mobile ion charge) Q_m 等三種。

氧化層固定電荷 Q_f 位於矽與二氧化矽界面 30Å 之內，與 Q_{it} 不同，它是不隨表面電位的改變而改變的。一般來講，Q_f 爲正電荷，也與矽晶片的方向有關，在(100)方向爲 $10^{10}/cm^2$ 左右，而在(111)方向爲 $5 \times 10^{10}/cm^2$ 左右。由於(100)晶片的 Q_{it} 和 Q_f 都比較低，所以目前使用的矽晶片，都以(100)方向爲主。

氧化層捕獲電荷 Q_{ot} 與二氧化矽層中的缺陷有關，這些捕獲中心散佈在二氧化矽層中。移動離子電荷 Q_m 則多爲鹼離子，如鈉離子，多爲由於高溫製程而造成的污染。這些多數帶正電荷的離子，在加溫或加電壓的情況下，可以在氧化層內移動，造成元件性質的不穩定。

以上三種氧化層內的電荷，都會造成半導體內能帶的移動。電荷愈靠近矽與二氧化矽的界面，其影響愈大。Q_f 的位置很接近這個界面。如果我們用原來的符號 Q_m 和 Q_{ot} 分別代表經過平均以後，這兩種電荷的大小。則（13.34）式的平帶電壓需要加入相應於這些電荷的新項。即

$$V_{FB}=\phi_{ms}-\frac{Q_f+Q_m+Q_{ot}+Q_{it}}{C_o}=\phi_{ms}-\frac{Q_o}{C_o} \tag{13.35}$$

在上式中，用 Q_o 代表氧化層中這些電荷的有效總和電荷。

（13.31）式的開啓電壓是在假設平帶電壓爲零的情況下推導出來的。即假設功函數的差異和氧化層當中和氧化層界面的電荷都爲零的條件下理想的情況。現在如果用這些都不爲零的實際狀況，則（13.31）式的開啓電壓需要加上（13.35）式的平帶電壓 V_{FB}。我們因此得到下面這個非常重要的關係式，即對一個金氧半結構來說，開啓電壓 V_T 爲

$$V_T=V_{FB}-\frac{Q_d}{C_o}+2\psi_B=\phi_{ms}-\frac{Q_o}{C_o}-\frac{Q_d}{C_o}+2\psi_B \tag{13.36}$$

13.3.2 金屬—氧化物—半導體場效電晶體

金氧半場效電晶體與結型電晶體、金半電晶體一樣，都是一種場效電晶體。用一個柵極的電壓來控制源極與漏極之間的電流，與後兩種電晶體不同的地方在於，對於一個固定的源漏極間的電壓 V_{DS} 來說，結型電晶體和金半電晶體都用控制耗盡層厚度的方法來控制電流的大小。而金氧半電晶體則使用一個金氧半結構，用隔著一個氧化層的金屬柵極電壓來控制半導體表面反型層的有無，並且調節其電流的大小。金氧半電晶體的結構如圖 13.13 所示，一共有四個接頭。如果用 p- 型半導體做爲基片，兩邊高度摻雜的 n^+- 區分別做爲源極與漏極，氧化層之上的金屬電極作為柵極。目前使用

得最多的柵極材料是高度摻雜的多晶矽。基片通過歐姆接觸形成電晶體的第四個接頭，雖然在一般操作狀態下，基片與源極同樣都是接地的。這種電晶體，因為形成電流的是通過源漏極之間的電子，因此稱為 *n*- 溝道電晶體（NMOS）。如果把所有區域的極性都換過來，而使用電洞作為電流的載子，則稱為 *p*- 溝道電晶體（PMOS）。

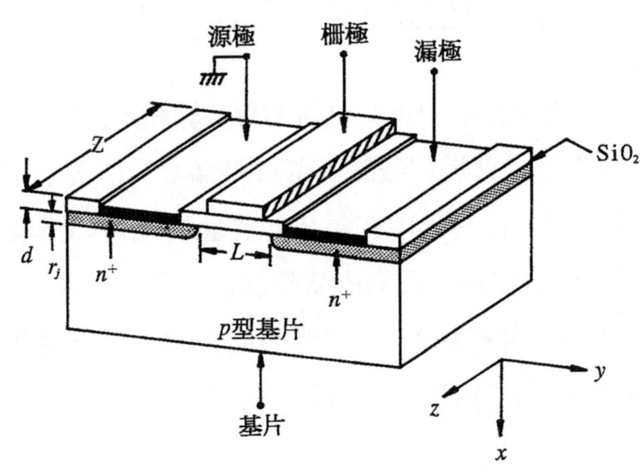

圖 13.13　金屬─氧化物─半導體電晶體

我們用與結型電晶體類似的方法來討論金氧半電晶體。如果用 *n*- 溝道元件做例子，如圖 13.14 所示。假設柵極電壓 V_G 足夠在溝道中產生一個反型層，在源漏極之間又加上一個電壓 V_D，使得電子可以往漏極移動。這時候，溝道的電阻可以以下式表示

$$R=\rho\frac{L}{A}=\frac{L}{q\mu_n nA} \tag{13.37}$$

其中 n 代表溝道中，每單位體積的電子數目。假設反型層在溝道的某一個位置 y 的厚度為 t，則 $A=Zt$，而溝道中每單位面積電子的數目 Q_n 則等於

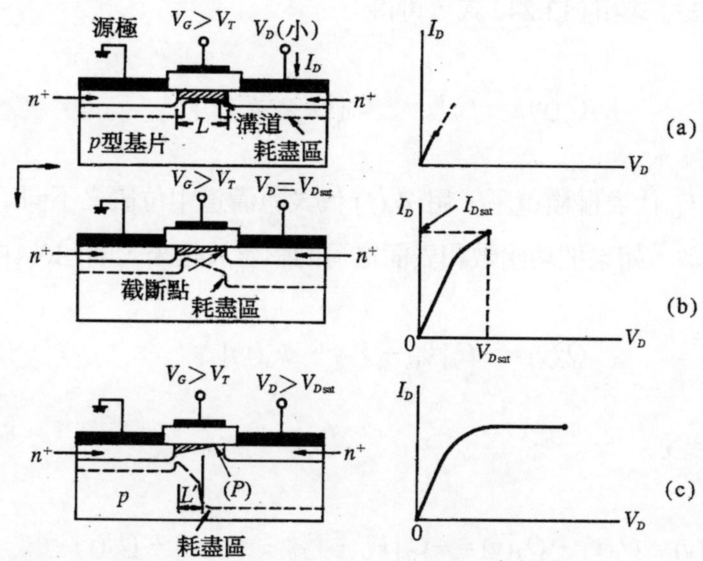

圖 13.14　金氧半電晶體的操作和輸出 *I-V* 特性，(a) 低漏極電壓，(b) 飽和開始，(c) 飽和以後

$$Q_n = -qnt \tag{13.38}$$

因此

$$R = -\frac{L}{Z\mu_n Q_n} \tag{13.39}$$

假設在溝道上一個小的增加距離 dy 中，電壓降 dV 等於

$$dV = I_D dR = -\frac{I_D\,dy}{Z\mu_n Q_n(y)} \tag{13.40}$$

其中用 dy 代替了（13.39）式中的 L，由於源極與漏極之間有 V_D 的電壓差距，因此 Q_n 是 y 的函數。注意：（13.40）式與結型場效電晶體的（13.5）式完全類似，只是（13.5）式用 $2qN_D[a - W(y)]$ 表示溝道中 y 處單位面積的電子數目，而在（13.40）式中 $-Q_n(y)$ 爲單位面積電子數目。（13.5）式沒有明顯列出電子電荷的符號。

從（13.23）式和（13.24）式，可得

$$Q_s(y) = -C_oV_o = -C_o[V_G - \psi_s(y)] \tag{13.41}$$

此處用 $V = V_G$ 代表柵極電壓，用 $\psi_s(y)$ 代表隨溝道中位置之不同，表面電壓也是 y 的函數。如果把功函數和表面電荷的影響放進來，則（13.41）式成為

$$Q_s(y) = -C_o[V_G - V_{FB} - \psi_s(y)] \tag{13.42}$$

由（13.33）式，

$$Q_n(y) = Q_s(y) - Q_d(y) = -C_o[V_G - V_{FB} - \psi_s(y)] - Q_d(y) \tag{13.43}$$

$\psi_s(y)$ 是在 y 處需要達到反型時的表面電壓。$\psi_s(y)$ 可以用 $V(y) + 2\psi_B$ 來近似，其中 $V(y)$ 代表在 y 處相對於源極的電壓，從源極處的零增加到漏極處的 V_D。即

$$\psi_s(y) = V(y) + 2\psi_B \tag{13.44}$$

（13.44）式可以這樣來理解，即溝道在沒有加電壓的時候，表面需要 $2\psi_B$ 的電壓來達成反型，現在溝道上本身已經加了 $V(y)$ 的電壓，因此表面電壓 $\psi_s(y)$ 必須要更多一個 $2\psi_B$ 才能造成反型。由於

$$\begin{aligned} Q_d(y) &= -qN_AW_m \\ &= -qN_A\sqrt{\frac{2\epsilon_s\psi_s}{qN_A}} \\ &= -\sqrt{2\epsilon_s qN_A[V(y)+2\psi_B]} \end{aligned} \tag{13.45}$$

將（13.44）式和（13.45）式代入（13.43）式，得到

$$Q_n(y) = -C_o[V_G - V_{FB} - V(y) - 2\psi_B] + \sqrt{2\epsilon_s qN_A[V(y)+2\psi_B]} \quad (13.46)$$

將（13.46）式代入（13.40）式積分，邊界條件為$y = 0$時，$V(0) = 0$，而$y = L$時，$V(L) = V_D$，可以得到金氧半電晶體在 V_D 較小時，一個比較接近線性的電流方程式。

$$I_D = \frac{Z}{L}\mu_n C_o\left\{\left[V_G - V_{FB} - 2\psi_B - \frac{V_D}{2}\right]V_D - \frac{2}{3}\frac{\sqrt{2\epsilon_s qN_A}}{C_o}[(V_D+2\psi_B)^{3/2} - (2\psi_B)^{3/2}]\right\} \quad (13.47)$$

當 V_D 很小的時候，即 $V_D << 2\psi_B$ 時，可以展開括弧項得到

$$I_D \cong \frac{Z}{L}\mu_n C_o\left\{\left[V_G - V_{FB} - 2\psi_B - \frac{\sqrt{2\epsilon_s qN_A(2\psi_B)}}{C_o}\right]V_D - \left(\frac{1}{2} + \frac{1}{4C_o}\sqrt{\frac{\epsilon_s qN_A}{\psi_B}}\right)V_D^2\right\} \quad (13.48)$$

由於 $-\sqrt{2\epsilon_s qN_A(2\psi_B)}$ 等於在沒有外加電壓的平衡狀態下，表面耗盡層內單位面積的電荷密度。因此如果忽略 V_D 的平方項，（13.48）式可以寫成

$$I_D \cong \frac{Z}{L}\mu_n C_o\ [V_G - V_T]V_D，V_D < V_{D\,sat}（線性區） \quad (13.49)$$

而

$$V_T = V_{FB} - \frac{Q_{do}}{C_o} + 2\psi_B \quad (13.50)$$

Q_{do} 代表 $\psi_s = 2\psi_B$ 時的表面耗盡層電荷，因此（13.50）式的 V_T 與（13.36）式的開啓電壓是一致的。（13.48）式和（13.49）式就顯示在 V_D 很小的時候，電流與 V_D 呈線性關係。

當漏極電壓 V_D 繼續增加時，在靠近漏極附近的半導體表面，柵極與

溝道之間的電壓差就逐漸減少，反型層中的電子數目 Q_n 也就跟著減少，直到 V_D 達到某一個值 $V_{D\,sat}$，這時候溝道中緊接著漏極區的地方，反型層消失了，只剩下耗盡層。如果 V_D 再繼續增加，則反型層的末端將朝源極方向移動，即溝道將稍稍變短，如圖 13.14(c) 所示。由於電流是由源極經過反型層到達漏極附近反型層末端的電子組成，由於反型層末端的電壓就是剛好達到表面反型的電壓，因此也就正好是 $V_{D\,sat}$。所以從源極到反型層末端的電壓差並不隨 V_D 的繼續增加而增加，因此在 $V_D > V_{D\,sat}$ 時，電流也就不再顯著的改變。雖然由於溝道稍稍變短了，電流還是會隨著 V_D 的上升而稍稍有所增加。

要求得 $V_{D\,sat}$ 的值，可以在（13.46）式中代入 $Q_n(L) = 0$ 的條件，令 $V(L) = V_{D\,sat}$，得到

$$V_G - V_{FB} - V_{D\,sat} - 2\psi_B - \frac{1}{C_o}[2\epsilon_s q N_A(V_{D\,sat} + 2\psi_B)]^{1/2} = 0 \tag{13.51}$$

解 $V_{D\,sat}$，得到

$$V_{D\,\text{sat}} = V_G - V_{FB} - 2\psi_B + \frac{\epsilon_s q N_A}{C_o^2}\left[1 - \sqrt{1 + \frac{2C_o^2(V_G - V_{FB})}{\epsilon_s q N_A}}\right] \tag{13.52}$$

在氧化層的厚度 d 比耗盡層寬度 W 小很多時，上式可以簡化爲

$$V_{D\,sat} \cong V_G - V_{FB} - 2\psi_B \cong V_G - V_T \tag{13.53}$$

如果集合（13.48）和（13.53）式，並且假設可以忽略（13.48）式的 $\frac{1}{4C_o}\sqrt{\frac{\epsilon_s q N_A}{\psi_B}}$ 項，則可以得到一個常用的金氧半電晶體在電流達到飽和以後的電流值公式

$$I_D \cong \frac{1}{2}\frac{Z}{L}\mu_n C_o\ (V_G - V_T)^2，V_D \geq V_{D\,sat}\ （飽和區） \tag{13.54}$$

金氧半電晶體是一個有四個接頭的元件。到目前為止的討論，都把源極和基片當作是接地的，因此只把電晶體當作有三個接頭。如果在基片上也接上電壓 V_B，或者寫為 V_{BS}，則 V_{BS} 的符號和大小會改變溝道中耗盡層的寬度。對於 n- 溝道元件來說，基片是 p- 型的，加上一個負電壓因此會增加耗盡層的寬度，增加了耗盡層當中的離子電荷。如果我們用 $V_{SB} = -V_{BS}$，因為在普通的情況下，都會對基片加上反向偏壓，因而 V_{BS} 的值是負的，則（13.27）式就變成

$$W_m = \sqrt{\frac{2\epsilon_s(\psi_s + V_{SB})}{qN_A}} = \sqrt{\frac{2\epsilon_s(2\psi_B + V_{SB})}{qN_A}} \tag{13.55}$$

耗盡層中的電荷也就成為

$$Q_d = -qN_A W_m = -\sqrt{2\epsilon_s qN_A(2\psi_B + V_{SB})} \tag{13.56}$$

金氧半電晶體的開啓電壓因而也會有改變

$$\Delta V_T = V_T(V_{SB}) - V_T(S_{SB} = 0)$$

$$= -\frac{\Delta Q_d}{C_o} = \frac{\sqrt{2\epsilon_s qN_A}}{C_o}\left(\sqrt{2\psi_B + V_{SB}} - \sqrt{2\psi_B}\right) \tag{13.57}$$

由於在基片上加電壓而造成開啓電壓的改變，常常叫做電晶體的體效應（body effect）。

無論在線性區的（13.49）式或是在飽和區的（13.54）式，這些簡化了的電流關係式都顯示柵極電壓 V_G 在大於 V_T 以後，才會有電流。實際上，V_G 在 V_T 之下的一段範圍內，仍然有小量的 I_D 電流。這一段電流叫做開啓前電流（subthreshold current）。這可以這樣理解，因為 V_T 實際相當於表面強反

型的狀態，而反型層在能帶往下彎曲 E_i 碰到 E_F 的時候，就已經開始形成了。因此開啓前電流也就是弱反型區域的電流。從（13.43）式可知，電流有漂移電流和擴散電流兩種起源，研究指出，開啓前電流主要屬於擴散電流。計算開啓前電流，可以把 n- 溝道金氧半電晶體看作類似是一個 n-p-n 雙極型電晶體，其溝道的擴散電流因而等於

$$I_D = qAD_n \frac{dn}{dy} = -qAD_n \frac{n(0) - n(L)}{L} \tag{13.58}$$

其中 A 爲電子通道的截面積，$n(0)$ 和 $n(L)$ 分別是電子在源極端和漏極端的密度。計算的結果顯示

$$I_D \propto e^{q(V_G - V_T)/kT} \tag{13.59}$$

即在 $V_G < V_T$ 時，I_D 隨著 V_G 呈指數下降。I_D 是否能夠隨著 V_G 的下降而快速的減少，代表電晶體能否迅速的切斷。在電路應用上是一個重要的指標，常用 I_D 下降一個數量級，需要 V_G 多少毫伏特來表示。

與結型電晶體和金半電晶體一樣，金氧半電晶體也可以分爲增強型或者說正常爲斷式的，以及耗盡型或者正常爲通式的兩種。對於 n- 溝道電晶體來說，在柵極電壓 V_G 爲零時，溝道不通，必須要在柵極上加上正電壓才能導通的稱爲增強型。反之，如果在柵極電壓 V_G 爲零時，已經有溝道存在，必須要在柵極上加上負電壓才能把溝道切斷，這種形態的電晶體稱爲耗盡型。因此，一共有 n- 溝道增強型，n- 溝道耗盡型，p- 溝道增強型，和 p- 溝道耗盡型四種不同形態的金氧半電晶體。

13.4　電荷耦合元件

13.4.1　電荷耦合元件原理

電荷耦合元件（charge-coupled device）與一般元件不同之處在於，電荷耦合元件直接使用電荷數量的多少代表訊號，而一般元件多用電流或電壓來代表。電荷耦合元件的結構，基本上就是一系列金氧半電容器的緊密組合，或是呈線形的，或是呈矩陣形式的。電荷耦合元件中的電荷轉移由於使用脈波電壓（pulse），因此金氧半電容器多處於瞬間（transient）狀態，而且偏壓會造成半導體表面的深耗盡（deep depletion）。這與金氧半電晶體的一般情況是不相同的。

電荷耦合元件依照訊號電荷儲存在半導體與氧化層接觸的表面，還是在半導體稍稍離開表面的內部，可以分爲表面溝道型的電荷耦合元件（surface channel CCD）和埋藏溝道型的電荷耦合元件（buried channel CCD）。下面將先以表面溝道型作例子來介紹。

處於深耗盡狀態的金氧半電容器是電荷耦合元件的基本單位，其能帶圖可見圖 13.15。在 13.3.1 節討論金氧半電容器時曾經討論過，對於 *p*- 型半導體來說，當金屬柵極加上正電壓時，半導體表面最初是產生耗盡層，等到能帶彎曲到 E_i 與 E_F 接觸時，表面開始有反型層出現。但是這是在平衡狀態下才會如此，即電壓的改變要慢到使半導體有足夠的時間來反應。一般來講，對於金氧半電容器，要一秒到數分鐘以上的時間才能達到平衡。現在如果所加的電壓屬於脈波形式，電容器屬於非平衡狀況，反型層的電子來不及聚集，因此沒有反型層的存在，耗盡層的寬度增加也就不會停止，而整個電容器的電容值會繼續依照（13.30）式，隨著電壓的增加而減少直到崩潰。這種情形叫做深耗盡（deep depletion）。訊號電荷則由鄰區注入。對於 *p*- 型半導體而言，注入的電荷是電子，因而是 *n*- 溝道電荷耦合元件。反之，則是 *p*- 溝道電荷耦合元件。

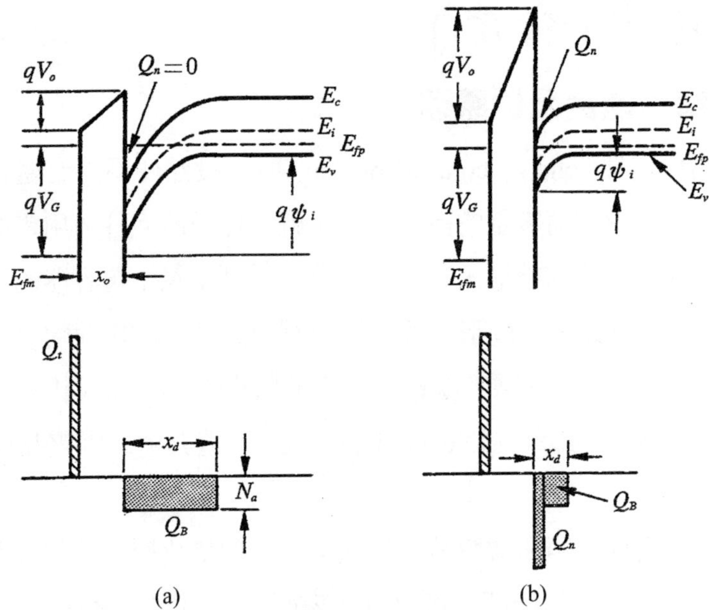

圖 13.15　金氧半電容器：(a) 在深耗盡狀態的能帶圖和電荷分布，(b) 熱平衡狀態的能帶圖和電荷分布

在沒有外來訊號電荷 Q_{sig} 的時候，如（13.23）式，加在柵極上的電壓，除了要作平帶電壓 V_{FB} 的修正以外，可以分成落在絕緣層上的電壓 V_i 和落在耗盡層上的電壓，也就是說

$$V_G - V_{FB} = V_i + \psi_s \tag{13.60}$$

其中落在絕緣層上的電壓等於 $-\dfrac{Q_s}{C_o}$，Q_S 爲半導體內每單位面積的淨電荷。現在因爲沒有反型層，因此所有的電荷由耗盡層而來

$$V_i = -\frac{Q_s}{C_o} = \frac{qN_AW}{C_o} \tag{13.61}$$

而耗盡層厚度 W 與 ψ_s 的關係，與（13.27）式一樣，可以寫爲

$$\psi_s = \frac{qN_A W^2}{2\epsilon_s} \tag{13.62}$$

由於處於深耗盡狀態，此時的 W 可以大於 13.3.1 節討論的 W_m。把（13.61）式和（13.62）式代入（13.60）式，得到

$$V_G - V_{FB} = \psi_s + \frac{1}{C_o}\sqrt{2\epsilon_s qN_A \psi_s} \tag{13.63}$$

當電容器中存有注入訊號電荷 Q_{sig} 時，

$$Q_s = -qN_A W - Q_{sig} \tag{13.64}$$

因為訊號電荷由帶負電的電子組成。（13.63）式因而成為

$$V_G - V_{FB} - \frac{Q_{sig}}{C_o} = \psi_s + \frac{1}{C_o}\sqrt{2\epsilon_s qN_A \psi_s} \tag{13.65}$$

（13.65）式是一個 ψ_s 的方程式，如果用

$$V'_G = V_G - V_{FB} - \frac{Q_{sig}}{C_o} \tag{13.66}$$

和

$$V_o = \frac{\epsilon_s qN_A}{C_o^2} \tag{13.67}$$

的符號，（13.65）式的解可以寫成

$$\psi_s = V'_G + V_o - (2V'_G V_o + V_o^2)^{1/2} \tag{13.68}$$

ψ_s 隨 Q_{sig} 的變化，可以由 ψ_s 對 Q_{sig} 作圖得知。從圖 13.16 可以知道，ψ_s 隨著 Q_{sig} 的增加，幾乎呈線性的減小。圖 13.17 顯示 ψ_s 隨著 V_G 的增加，也幾乎呈線性的增加。這是因為（13.68）式大部分由前面的 V'_G 項所決定的關係。

因此我們可以得到一個很有用的類比模擬方法，即可以把處於深耗盡非平衡狀態的電容器想像成一個盛水桶。當水桶中沒有水的時候，桶可以看到底，即 ψ_s 最大。而當桶中有水時（即有訊號電荷時），水桶部分填滿，水面上升，從水面到桶口的距離變小，即 ψ_s 變小了。訊號電荷因而可以看成水桶中所裝的水。這個類比相當的正確，也很容易想像。在（13.65）式中，與 V_G 相比，其他項均較小。所以可以用

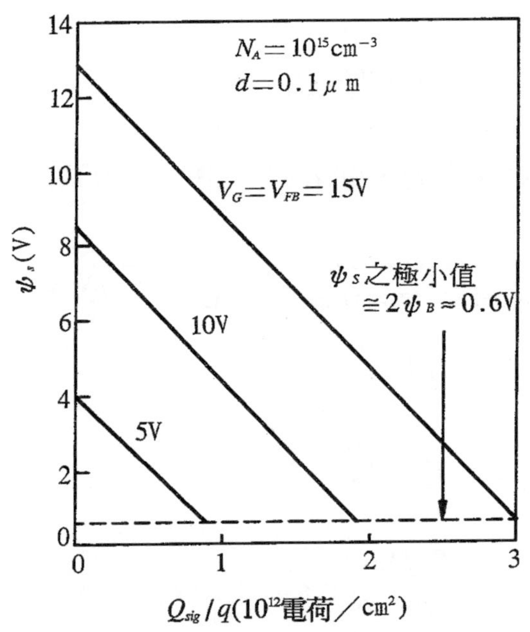

圖 13.16　表面電位隨著訊號電荷密度和柵極電壓的變化（資料來源：參考書目 III－10）

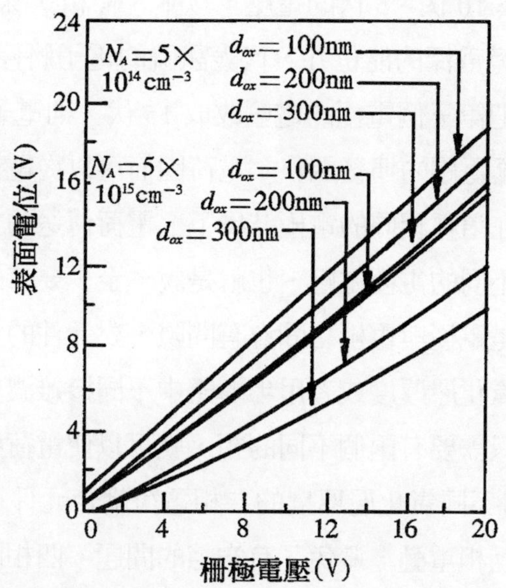

圖 13.17　對於不同氧化層厚度 d_{ox} 和不同基片摻雜濃度 N_A，空能井的表面電位與電極電壓的關係（資料來源：參考書目 III － 10）

$$Q_{sig} \cong C_o V_G \tag{13.69}$$

來估計訊號電荷允許量的大小。對於一個氧化層厚度為 100nm 的金氧半電容器來說，在 $V_G = 10V$ 的情況下，可以儲放的電荷量約為 10^{12} 電子 /cm^2 的數量級，因此對於一個 10μm×10μm 大小的電荷耦合元件的單元來說，每單元盛放的電子數約在 10^6 個 / 單元的數量級。

13.4.2　傳送效率

電荷耦合元件是由一連串的金氧半電容器排列而成，它的電極結構有許多種，可以分為二相式、三相式和四相式等。圖 13.18 以三相式的結構顯示電荷傳送的基本型式。三個相鄰的電極，舉例來說，在圖 13.18(a) 中，分別加上不同的 5 伏、10 伏、5 伏的電壓，以 ϕ_1、ϕ_2 和 ϕ_3 來代表。因此 10 伏的電極下有著較兩旁爲深的能位井，代表訊號的電子將停留在 10 伏的電極下。現在如果我們把第三個電極的電壓改成 15 伏，則電子將從 ϕ_2 轉移至 ϕ_3 電極下面，隨著電極電壓的連續調整，電荷因而可以從電荷耦合元件的一端傳送到另外一端。在這種相同的電極結構下，電荷傳送的方向要能夠固定，必須至少要有三個不同的電極電壓，也就是說，至少要有三相。這種簡單形式三相結構的缺點是電極與電極之間會有間隙，對元件的性能有妨礙。解決的辦法是用不同的氧化層厚度或者用半導體中不同摻雜濃度的方式，達成自建的方向性。這樣只需要有兩個不同的相，就可以使電荷朝固定方移動，圖 13.19 顯示一個使用不同氧化層厚度的二相電荷耦合元件。使用不同厚度的氧化層，電極可以互相重疊，避免了有空隙的問題。四相的電荷耦合元件可以使得各個電極的電壓有更多的彈性，但也相對的增加了元件在晶片上排列的複雜性，和需要另加電源的麻煩。至於電荷耦合元件中訊號電荷的來源，則視其應用而定。對於一般訊號處理或記憶元件的應用，訊號電荷可以在電荷耦合元件的起點，製作一個與溝道同極性的摻雜區，因而與基片形成 *p-n* 結如圖 13.20 所示。用控制摻雜區電壓的方法，可以把一定量的電荷傳送進入電荷耦合元件。對於光學影像的應用來說，光子射入半導體可以產生電子電洞對，電子和電洞經過電場分離後，就可以形成電荷耦合元件中的訊號電荷，因而達成偵測影像的目的。

由於在電荷耦合元件中，電荷從一個電容器到另一個電容器的傳送並非百分之百，同時傳送本身也需要一些時間，因此從元件的起始到終了，中間會有電荷的損失。由於電荷耦合元件傳送的次數很多，因此每次傳送的百分比必須要很接近於 1，最後輸出的訊號才不至於失眞。對於不同的應用，不同的時鐘頻率（clock rate），會有不同傳送效率的要求。從一個電容器到下一個電容器，電荷的傳送比例叫做傳送效率（transfer efficiency）用 η 代表，傳送效率往往需要在 0.9995 以上。傳送損失（transfer ineffieiency）ϵ 則定義爲 $\epsilon \equiv 1 - \eta$。

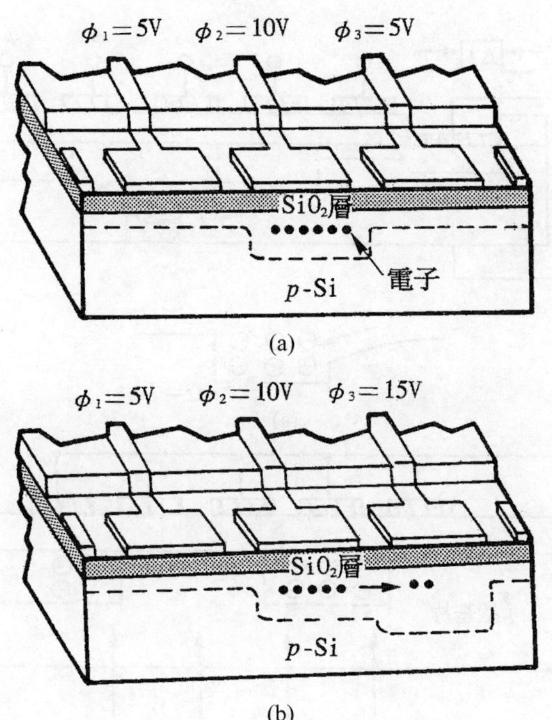

圖 13.18　一個三相電荷耦合元件的切面圖：(a) ϕ_2 上有高電壓，(b) ϕ_3 上加高電壓以便電荷傳送

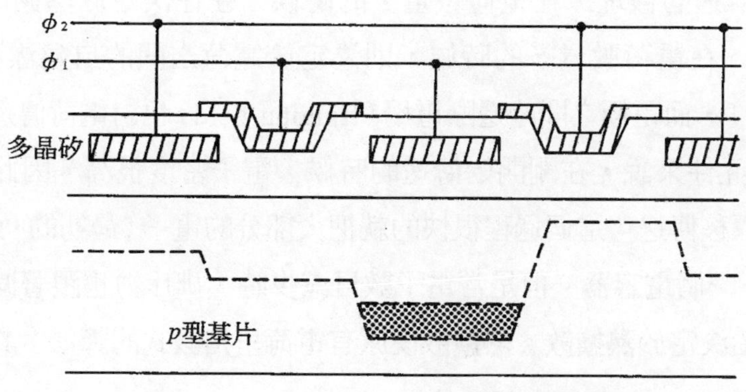

圖 13.19　一個兩相的多晶矽柵極結構

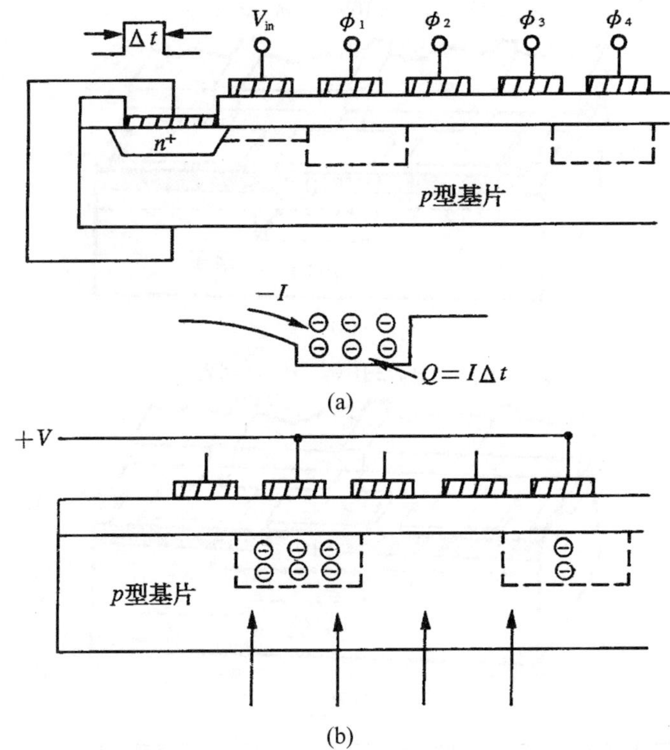

圖 13.20　電荷注入：(a) 用 p-n 結方式，(b) 用照光方式

電荷傳送的機理，在電荷數量少的時候，往往決定於熱擴散（thermal diffusion）。在電荷數量多的時候，則決定於電荷之間的自建漂移（self-induced drift），而電極之間的邊際電場（fringing field）也對電荷傳送有幫助。對 n- 溝道元件來說，在剛開始傳送的時候，電子密度很高，因此是經由電子的自建漂移傳送，這個過程很快的就把大部分的電子（最初的 99% 都是如此）送到下一個電容器。但是當電子數目減少時，排斥力也跟著減少。電子的傳送開始決定於熱擴散。熱擴散使原有電荷呈指數式的降低，其時間常數爲

$$\tau_{th} = \frac{4L^2}{\pi^2 D} \tag{13.70}$$

其中 D 是電荷的擴散係數，L 是原儲存電荷電極的長度。

邊際電場的起源是因爲在半導體表面任何一點的表面電位，不只是由直接在它上面的電極所決定，同時也要受到兩邊鄰近電極的影響。加上這個邊際電場後，所剩電荷傳送的速率加快，呈指數降低的最終時間常數 τ_f 變成

$$\frac{1}{\tau_f} = C^2 \frac{\pi^2 D}{4L^2} + \frac{\mu^2 E_y^2}{4D} \tag{13.71}$$

其中 C 是一個介於 1 與 2 之間的常數，E_y 是電荷在電極之下所受到的橫向電場。

當電荷耦合元件在中等的時鐘頻率之下操作時，上述這些電荷傳送的機理已經不再是傳送效率的限制因素。電荷與捕獲中心的作用成爲限制傳送效率的主要限制，這對於表面型的電荷耦合元件尤其是如此，因爲半導體與氧化層之間有表面態（surface states）的存在。當訊號電荷與未填滿的表面態接觸的時候，這些表面態很快（<1ns）就會填滿。但是當電荷移開的時候，表面態卻會依照各種不同的弛緩時間常數來放出這些電荷。放出得快的，可以跟得上原來的訊號電荷，放出得慢的，就會進入後續的訊號電荷，因而造成訊號的失眞。由於表面態而引起的傳送損失 ϵ 等於

$$\epsilon \cong \frac{qkTD_{it}}{C_o V_s} \ln (p+1) \tag{13.72}$$

其中 V_s 爲由於訊號電荷所引起的表面電位的改變，D_{it} 是界面捕獲中心的密度，而 p 是脈波時鐘的相數。要降低傳送損失，界面捕獲中心的密度要低。減低表面態影響的辦法之一是，在電容器的能位井之內預先放進一些電荷，這些電荷先把表面態填滿，同時不隨著訊號傳送，這樣就減少了表面態的影

響。這些電荷叫做偏壓電荷（bias charge），或者通俗一點叫做「肥零」（fat zero）。

如果在所有電容器的半導體表面加上摻雜層，譬如在 *n*- 溝道電荷耦合元件加上 *n*- 型摻雜，如圖 13.21(a) 所示，則在兩端摻雜區接頭加上反向偏壓後，所有的電子會被吸走而形成耗盡層。這時候的能帶圖將如圖 13.21(b) 所示，能位的最低點不在半導體的表面，而是在與表面一段距離的半導體內部。訊號電荷將在半導體的內部傳送，這樣形成的電荷耦合元件就是前面提到過的埋藏型電荷耦合元件，如圖 13.21(c) 所示。

應該使用表面型還是埋藏型電荷耦合元件，要視應用如何而定。表面型製作較簡單，每單位面積所能包含的電荷數量較大，但是卻需要使用「肥零」來減低表面態的影響。埋藏型的電荷耦合元件，傳送效率較高，可以在 0.9999 以上，而且噪音較低，但是製作程序較多，所能包含的訊號電荷較小，而且由於表面態未填滿以及有著較大的耗盡層體積，其暗電流較大。

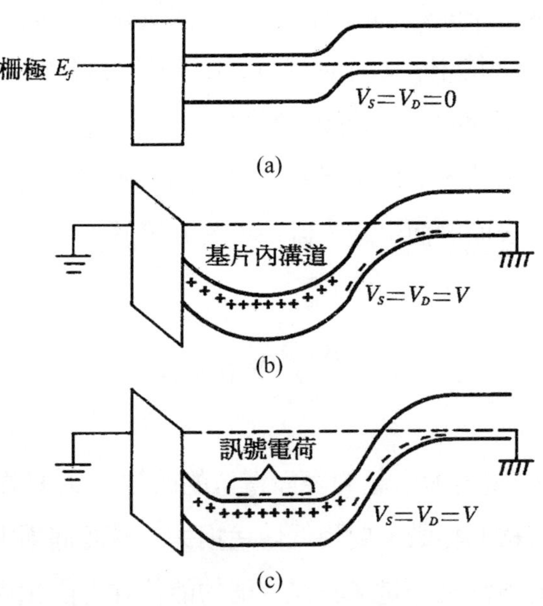

圖 13.21　埋藏型電荷耦合元件的能帶圖：(a) 熱平衡狀態，(b) 在反偏壓下所有溝道中的自由載子完全耗盡的狀態，(c) 再加上訊號電荷後的情形

13.4.3　訊號電荷的輸入和偵測

訊號電荷可以分爲電訊號和光訊號兩種。光訊號在前面已經稍作介紹，在後面一節將較爲詳細討論。電訊號的輸入方法有好幾種，可見圖 13.22。在第一種方法中〔圖 13.22(a)〕，摻雜的源區以直流接地，輸入電壓加在第一個柵極上，只要在輸入柵極加電壓的時間之內，電荷都會注入電荷耦合元件的第一個能位井。其輸入的情況就跟一個金氧半電晶體一樣。如果要作比較穩定、低噪音的輸入，則輸入方法要改良。一個方法如圖 13.22(b) 和 (c)，輸入訊號加在摻雜區，先把電荷耦合元件的第一個能位井填到某一個程度。然後，將輸入柵極關閉，以便隔離源區和元件的第一個能位井。更好的方法如圖 13.22(d) 所示，使用兩個輸入柵極 G_1 和 G_2，把輸入電壓作爲柵極 G_1 和 G_2 上面的電壓差來輸入，這使得輸入電荷量正確的正比於訊號電壓。

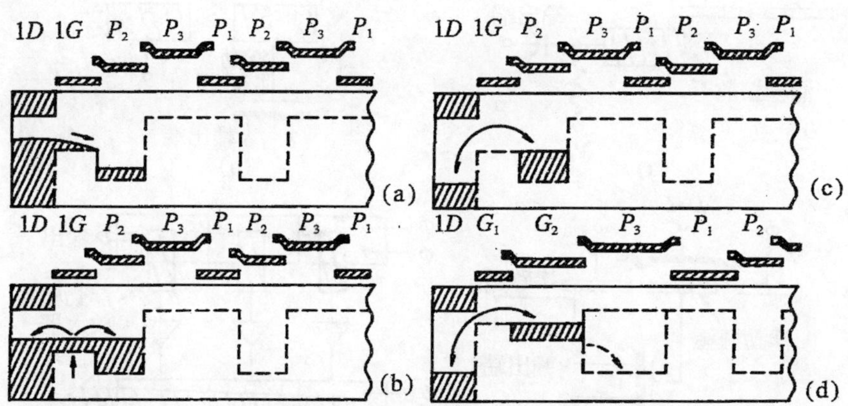

圖 13.22　電荷耦合元件不同的電荷注入方法：(a) 動態電流注入，(b) 訊號電壓加在輸入二極體，輸入柵極加上脈波以切斷輸入二極體，(c) 用一個尺度電極加脈波的電位平衡法，(d) 輸入訊號加在一個放大的尺度電極上的改良電位平衡法

以上的輸入方式爲使用直流電壓。在訊號微弱、背景很強的情況下，爲增強訊雜比例，用交流連接（ac coupled）方式做輸入，會得到較好的效果。

在訊號電荷的偵測或者說輸出方面，一共可以分爲四種方式。如圖 13.23 所示。第一種方式，圖 13.23(a)，爲偵測電荷耦合元件輸出的電流，稱爲電流偵測法（current-sensing method）。電荷流入一個反偏壓的摻雜區，當有訊號電荷時，輸出線路上的電流會顯現一個突起。用得比較多的方法則是偵測電荷的方式，從第二種到第四種都是。第二種方法如圖 13.23(b) 所示，訊號電荷進入一個浮動的摻雜區，這個摻雜區週期性的通過一個金氧半電晶體，重新調整到一個標準電壓。這個浮動摻雜區本身連接到一個金氧半電晶體放大器的柵極（使用倒相器或源極跟隨器的電路）。因此偵測到的訊

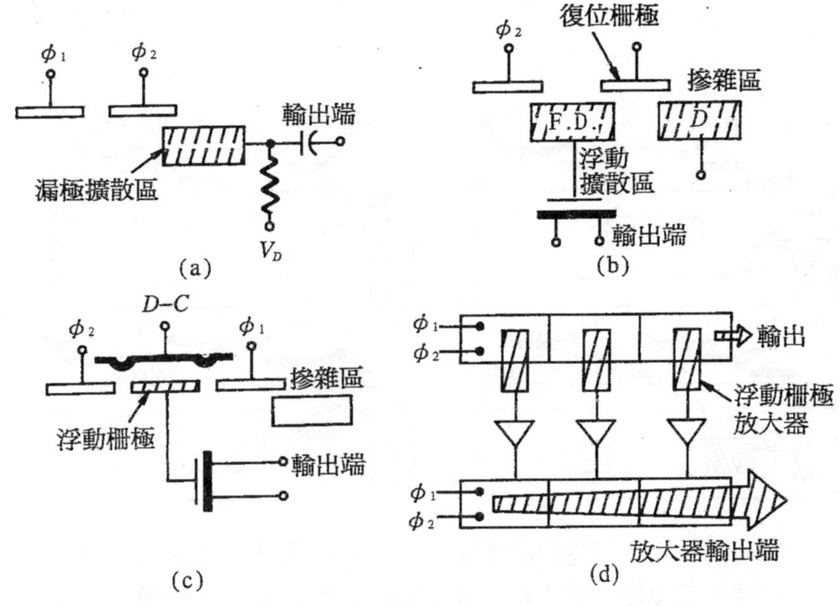

圖 13.23　以不同的方法偵測訊號：(a) 量測輸出端的漏極擴散區電流，(b) 用一個浮動擴散區放大器以偵測電壓或電荷，(c) 和 (d) 用浮動柵極放大器可以得到非破壞性的偵測，(c) 為單一浮動柵極，(d) 為分布的柵極形式

號與浮動摻雜區的電位變化成比例，而這個電位變化又與訊號電荷成正比。這種偵測方法因而是電荷偵測法（charge-sensing method）的一種。使用浮動摻雜區的方法叫做浮動摻雜區放大法（floating diffusion amplifier，或FDA）。

如果不使用浮動摻雜區，而是在訊號電荷通過的溝道之上放置一個浮動的柵極，這個浮動柵極連到另外電晶體放大器的柵極，如圖 13.23(c) 所示。這種浮動柵極偵測訊號電荷的方式是非破壞性的，因爲它並不影響訊號電荷的傳送。這種方法叫做浮動柵極放大法（floating gate amplifIer，或 FGA）。

由於浮動柵極放大法是非破壞性的，這個訊號電荷可以用浮動柵極偵測許多次，然後把放大了的訊號再集合在一起，如果把它們之間的時間次序弄正確，則可以提高訊號的訊雜比。利用這個原理完成的偵測法叫做分配浮動柵極放大法（distributed floating gate amplitier，或 DFGA），如圖 13.23(d) 所示。

在電荷耦合元件中噪音的考慮是非常重要的，因爲電荷耦合元件是一種類比（analog）元件，噪音的大小限制了電荷耦合元件所能偵測的最低電荷數量，因而是決定元件訊號動態範圍（dynamic range）性能的重要指標之一。電荷耦合元件各種噪音的來源顯示於圖 13.24。包括：(1) 電荷傳送損失的起伏，(2) 背景電荷發生的噪音，(3) 輸出放大器的噪音，和 (4) 界面捕獲電荷 Q_{it}（即表面態）噪音。其中界面捕獲電荷所產生的噪音最大。

在低時鐘頻率時，限制因素是由暗電流（dark current）決定的。暗電流的來源有三種。第一種來源是由於在耗盡層電子電洞對的產生，由這個原因發生的每單位面積的漏電流爲 $\dfrac{qn_i W}{2\tau}$，其中 τ 爲少數載子的存在時間（life time），在 p- 型半導體中，少數載子爲電子，W 爲耗盡層厚度。第二種來源是在耗盡層附近一個擴散距離 L_n 左右內產生的少數載子，可以由電場吸引過來成爲漏電流的一部分，這一部分的大小爲 $\dfrac{qD_n}{L_n}\dfrac{n_i^2}{N_A}$。第三部分是表面產

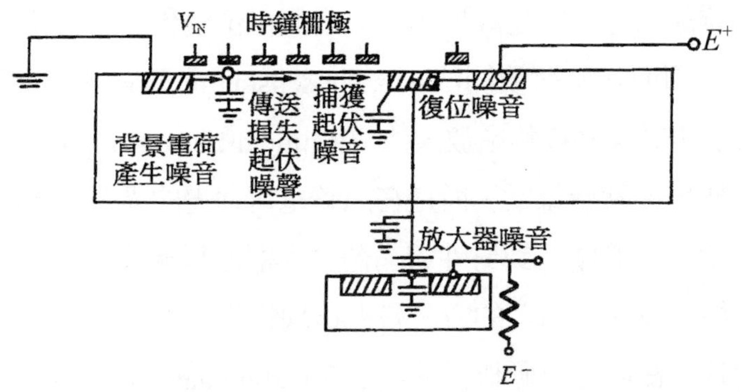

圖 13.24　一個電荷耦合元件的切面圖，顯示不同的噪音來源

生電流，由 $\frac{qS_o n}{2}$ 表示，其中 S_o 爲表面復合速度（surface recombination velocity）。因此，總共的漏電流可以寫成爲：

$$I_{\text{dark}} = \frac{qn_i W}{2\tau} + \frac{qD_n}{L_n}\frac{n_i^2}{N_A} + \frac{qS_o n_i}{2} \tag{13.73}$$

要改進漏電流，因此需要較長的少數載子存在時間、較長的擴散長度，和較小的表面復合速度。

13.4.4　電荷耦合元件的應用

電荷耦合元件可以使用於光偵測器和影像處理、類比訊號處理和數位記憶元件等，目前最大的應用是在影像處理方面。

電荷耦合元件本身就可以作爲光偵測器，同時又作影像處理。如果在電荷耦合元件的每一個電容器單元，都加上適當的柵極電壓，使半導體內產生耗盡層。這每一個單元，稱爲偵測元（pixel）。光射入半導體後，可以產生電子電洞對。電子電洞由於耗盡層內有電場而分開，對 n- 溝道電荷耦合元件來說，電子成爲每一個偵測元內蒐集到的訊號電荷。作爲影像處理器，電荷耦合元件可以分爲線偵測器（line imager）和面偵測器（area imager）兩種。其安排的方式可以有許多種，為了簡單起見，只各舉一種安排為例。圖 13.25 是一個線偵測器，光在偵測元內產生的訊號電荷，經過一個轉換柵極的開關，進入直線安排的電荷耦合元件，然後從一個單一輸出端輸出。圖 13.26 是一個面偵測器，其偵測元作矩陣排列，這種安排需要成排的垂直電荷耦合元件和一個水平的電荷耦合元件，將訊號電荷依順序從單一的輸出端輸出。使用電荷耦合元件作為影像處理器的最大優點，就是所有的偵測元都可以從單一的輸出端送入下一級的線路。這對於偵測元數量很大的影像處理是非常重要的。用電荷耦合元件本身做為偵測器，可以設計使得光從晶片正面或反面進入半導體。晶片的正面因為有柵極和金屬連線等結構，部分是不透光的，因此由背面照射的偵測器可以避免部分影像被遮蔽的缺點。

作為光偵測器，電荷耦合元件中的訊號電荷可以有幾種產生的方法。首先，已經提到電荷耦合元件本身可以做為偵測器。如果使用將電子從價帶激發到導帶的方式，則所能偵測的光波長受到半導體能隙大小的限制，有一定的切斷波長。對於矽半導體來說，1.12 電子伏的能隙相當於 1.1 微米波長光子的能量。波長超過 1.1 微米的光子，將無法在矽半導體中激發電子電洞對。解決的辦法有兩種，一種是在半導體中摻進適當的雜質原子，這些雜質原子在矽中的離子化能量較低，可以由所需要偵測的光子所激發。另外一種方法就是採用具有適當能隙的半導體。

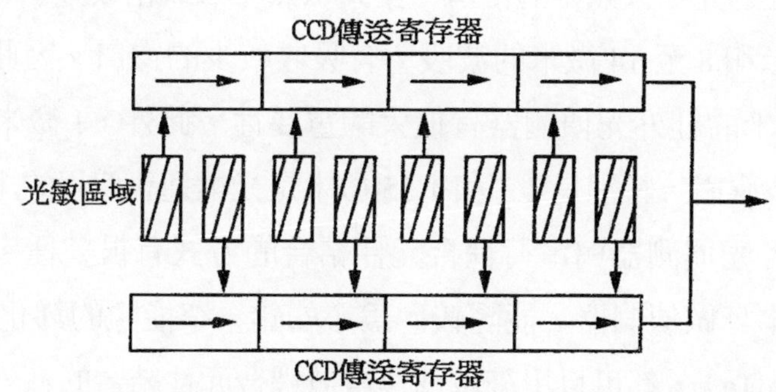

圖 13.25　電荷耦合線偵測器，有兩個平行的移動記錄器

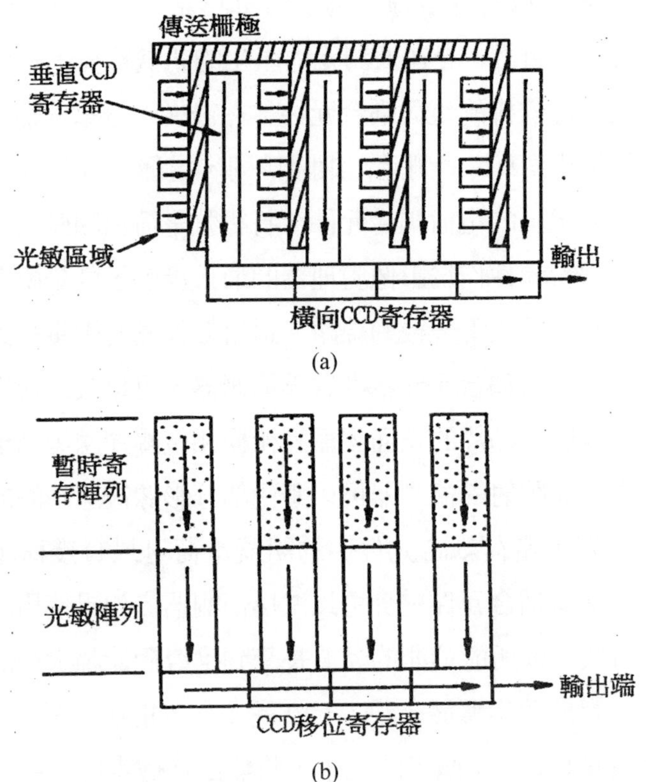

圖 13.26　電荷耦合面偵測器：(a) 每行傳輸式，(b) 整面傳輸式

在國防上、工業上和太空研究中，紅外光影像處理都占有一個很重要的地位。由於紅外光在大氣中的傳播，受到水氣和二氧化碳分子的吸收，只有在 3 至 5 微米和 8 至 14 微米的波段，有吸收較少的窗口。因此 3 ～ 5 微米和 8 ～ 14 微米的紅外光偵測器有很大的重要性。此外，1 微米左右的近紅外光也有很多應用，特別是 1.3 和 1.55 微米是光纖通訊使用的主要波長。

這些紅外光偵測器與電荷耦合元件結合的方式有很多種。首先，可以使用半導體本身做偵測器，能隙較矽為小的鍺、窄能隙的銻化銦（InSb）和碲鎘汞（HgCdTe），都可以用來做為與電荷耦合元件結合的紅外光偵測器元件，但是像碲鎘汞等半導體在製作過程中，有材料方面的問題。在矽半導體中摻雜，如摻入銦（Si：In）與鎵（Si：Ga），這些雜質的離子化能量，也適用於偵測紅外光。把紅外光偵測器與電荷耦合元件作在同一晶片上的方式，稱為單晶紅外光偵測器（monolithic infrared detector），但是摻雜半導體偵測器的偵測度受到摻雜原子數量的限制。另外一種方式就是把適當半導體做成的紅外光偵測器與矽半導體做成的電荷耦合元件分開製作，然後再結合在一起，這種方式稱為混成紅外光偵測器（hybrid infrared detector），可以適當結合兩者的優點。最常用的方法就是把矽電荷耦合元件與摻雜矽偵測器（silicon on extrinsic silicon）放在一起，或者把碲鎘汞偵測器與矽電荷耦合元件結合在一起的混合方法。

在這裡要注意的是，作為偵測器，這些半導體需要維持在未激發的狀態，才能有偵測的功能。對於摻雜的矽半導體來說，雜質原子要停留在未離子化的狀況。這表示元件要維持在低溫，通常是 40K 左右。即雜質原子要處於冷凍（freeze out）狀態。連帶的，所有電荷耦合元件的設計也必須把低溫操作的條件預先考慮進去。

習題

1. 一個矽半導體，n 溝道的 JFET，如果溝道摻雜濃度 $N_D = 10^{16}/\text{cm}^3$，溝道深度 $a = 1\mu\text{m}$，其截斷電壓為多少？如果溝道深度減半，其截斷電壓為多少？
2. 一個 n 溝道矽半導體 JFET，$N_A = 10^{18}/\text{cm}^3$，$N_D = 10^{16}/\text{cm}^3$，假設溝道深度 $a = 0.5\mu\text{m}$，試求其截斷電壓 V_p 和開啓電壓 V_T。
3. 一個 n 溝道矽半導體 JFET，$N_A = 10^{18}/\text{cm}^3$，$N_D = 2\times10^{16}/\text{cm}^3$，如果需要 $V_T = 0.5\text{V}$，則 a 值應該要取多少才能達到這一設計目標？
4. 考慮一個 n 溝道矽 JFET，$N_A = 10^{18}/\text{cm}^3$，$N_D = 10^{16}/\text{cm}^3$，$a = 0.75\mu\text{m}$，$L = 2\mu\text{m}$，$Z = 30\mu\text{m}$，$\mu_n = 1200\text{cm}^2/\text{V}\cdot\text{s}$，溫度為 300K，試求在 $V_G = 0$ 時的最大電流。

5. 一個 n 溝道砷化鎵 MESFET，金屬柵極的蕭基勢壘高度為 $\phi_{Bn} = 0.89\text{V}$。溝道的摻雜濃度為 $4\times10^{15}/\text{cm}^3$，溝道深度為 $0.5\mu\text{m}$。試求其截斷電壓和開啓電壓。
6. 一個矽半導體 n 溝道的 JFET，$N_A = 10^{18}/\text{cm}^3$，$N_D = 10^{15}/\text{cm}^3$，$a = 0.6\mu\text{m}$。如果在零漏極電壓時要得到上下各為 $0.1\mu\text{m}$ 厚的溝道區，試計算這時所需要的柵極電壓。
7. 一個砷化鎵半導體 MESFET，金柵極的蕭基勢壘 $\phi_{Bn} = 0.89\text{V}$，$a = 0.6\mu\text{m}$，溝道寬 $Z = 10\mu\text{m}$，溝道長 $L = 2\mu\text{m}$，$\mu_n = 5000\text{cm}^2/\text{V}\cdot\text{s}$，溝道摻雜濃度 $N_D = 10^{16}/\text{cm}^3$。試計算在 $V_D = 1\text{V}$，$V_G = 0\text{V}$ 時的電流。
8. 考慮一個 MOS 形式的電容器，電極由 n^+- 多晶矽所組成，氧化層的厚度為 500Å，基片為 p- 型矽，摻雜濃度 $N_A = 10^{16}/\text{cm}^3$。氧化層的總和表面電荷 $\dfrac{Q_{ss}}{q} = 5\times10^{10}/\text{cm}^2$。試求此 MOS 電容器的平帶電壓 V_{FB}。
9. 一個矽半導體 n 溝道 MOSFET 元件，柵極為 n^+- 多晶矽，柵極氧化層厚度 200Å，氧化表面總電荷 $\dfrac{Q_{ss}}{q} = 2\times10^{10}/\text{cm}^2$，基片摻雜濃度 $N_A = 10^{16}/\text{cm}^3$。試求金氧半電晶體的開啓電壓 V_T。
10. 考慮一個鋁金屬柵極的矽半導體 PMOS，n 型半導體基片的摻雜濃度為 $N_D = 10^{15}/\text{cm}^3$，柵極氧化層厚度 $t_{ox} = 500\text{Å}$，氧化層表面總電荷 $\dfrac{Q_{ss}}{q} = 10^{10}/\text{cm}^2$。假設鋁的功函數為 4.35eV，矽的電子親和能為 4.05eV。試求電晶體的開啓電壓 V_T。
11. 考慮一個鋁金屬柵極的 MOS 電容器，基片 p 型矽的摻雜濃度為 $5\times10^{15}/\text{cm}^3$，氧化層厚度 $t_{ox} = 300\text{Å}$。試計算：(a) 堆積狀態的電容 C_{ox}，(b) 電容的極小值 C_{min}，(c) 平帶狀態下的電容 C_{FB}。
12. 考慮一個 n 溝道 MOSFET，一些元件的參數為：$V_T = 0.6\text{V}$、$W = 20\mu\text{m}$，$L = 1\mu\text{m}$、$t_{ox} = 200\text{Å}$、$\mu_n = 600\text{cm}^2/\text{V}\cdot\text{s}$ 試求在 $V_G = 5\text{V}$ 時的 $I_{D\,sat}$ 電流。

13. 在第 9 題中的 NMOS，如果在基片上加上 −2V 的電壓，則開啓電壓的改變ΔV_T將會是多少？

14. 一個 MOS 電容器具有下列參數：基片的摻雜濃度 $N_A = 10^{15}/\text{cm}^3$，$V_{FB} = 1.5\text{V}$，$t_{ox} = 500\text{Å}$。試求其：(a) 氧化層電容，(b) 在 $V_G = 10\text{V}$ 時的表面電位 ϕ_s，(c) 耗盡層的寬度，(d) 耗盡層的電荷 Q_d。

15. 在第 14 題的電容器中，試計算電極與基片之間的電容。

16. 考慮一個電荷耦和元件，是 n 溝道的 CCD，製作在 p- 型基片上，基片的摻雜濃度是 $10^{15}/\text{cm}^3$，氧化層的厚 $t_{ox} = 1000\text{Å}$，電極的面積爲 $10\mu\text{m} \times 10\mu\text{m}$，試計算：(a) 當 $V_G = 15\text{V}$ 時的表面電位 ϕ_s 和耗盡層寬度 W，假定 $V_{FB} = 1.5\text{V}$，(b) 當這個面積的 CCD 單元引進 10^6 個電子後，再計算其表面電位和耗盡層寬度。

17. 在第 16 題的 n 溝道 CCD 中，如果假設載子是以擴散的機理傳送的，試求一個三相的 CCD 能夠操作的最高時鐘速率。電極之間的距離爲 $3\mu\text{m}$。假設 $\mu_n = 600\text{cm}^2/\text{V} \cdot \text{s}$，並且假定每次傳送的失眞率要小於 10^{-4}。

本章主要參考書目

1. S. Sze, Physics of Semiconductor Devices (1981).
2. E. Yang, Microelectronic Devices (1988).
3. B. Streetman, Solid State Electronic Devices (1990).
4. R. Muller and T. Kamins, Device Electronics for Integrated Circuits (1986).
5. S. Sze, Semiconductor Devices Physics and Technology (1985).
6. C. Sequin and M. Tompsett, Charge Transfer Devices (1975).
7. J. Beynon and D. Lamb, editors, Charge-coupled Devices and Their Applications (1980).

第十四章

半導體的應用：光電元件

1 光偵測器
2 發光二極體
3 半導體雷射
4 太陽電池

本章將介紹半導體在光電元件方面的應用。十三章介紹的元件中，已經有一些是與光電應用有關的，如電荷耦合偵測器。事實上本章介紹的幾種元件，大多是具有特殊結構的 *p-n* 結，因為有了這些特殊結構，可以達到設計的光電元件效果。本章敘述的光電元件，包括光偵測器、發光二極體、半導體雷射和太陽電池。它們的作用分別是：(1) 把光的訊號轉化成電的訊號，如光偵測器，(2) 把電的能量轉化成光，如發光二極體和半導體雷射，及 (3) 把光的能量轉化成電的能量，如太陽電池。

光波是整個電磁波的一部分。圖 14.1 顯示了電磁波波長，頻率與能量的關係。它們之間的數量關係為

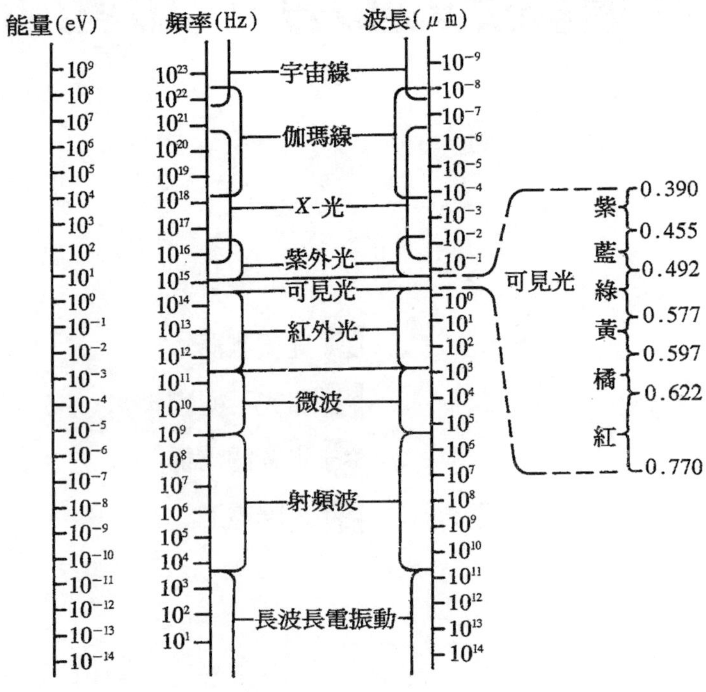

圖 14.1　電磁波能譜

$$\lambda = \frac{c}{\nu} = \frac{1.24}{h\nu(\text{eV})}(\mu\text{m}) \tag{14.1}$$

其中 λ 爲光波長，ν 爲光頻率，h 爲普朗克常數，c 爲光速。（14.1）式顯示如果光的能量以電子伏表示，光的波長以微米表示時的關係式。在整個電磁波的頻譜中，可見光只占從 0.4 微米到 0.8 微米的一小段，從 0.8 微米到 1000 微米的光波都屬於紅外光的範圍。

14.1　光偵測器

光偵測器是可以把光訊號轉化成爲電訊號的半導體元件。在光偵測器中，又可分爲：(1) 光電導偵測器（photoconductive detector），簡稱 PC，光敏電導屬於此類，和 (2) 光生伏特偵測器（photovoltaic detector），簡稱 PV，包括光敏二極體（photodiode）等。

在光偵測器的討論中，有幾個常使用的有關元件性能的參數。其中，量子效率（quantum efficiency）η 爲每一個入射光子所激發的電子電洞對數目。

$$\eta = \frac{I_S/q}{P/h\nu} \tag{14.2}$$

其中 P 是頻率爲 ν 的入射光功率，I_S 爲入射光所激發的光電流。

反應度（responsivity）R 是偵測器對於入射光反應大小的一個參數。一般可以有二種不同的定義方式，可以用偵測器量測到的訊號光電流 I_S 來表示，即光電流與入射光功率的比例

$$R_I = \frac{I_S}{P}\text{，其單位爲A/W} \tag{14.3}$$

或者用訊號光電壓 V_S 來表示，即光電壓與入射光功率的比例

$$R_V = \frac{V_S}{P}\text{，其單位爲V/W} \tag{14.4}$$

P 爲入射光的功率，單位是瓦，也可以表示爲輻照度 H（irradiance）和偵測器面積 A 的乘積，即

$$P = HA \tag{14.5}$$

（14.3）式的 R_I 可以由（14.2）式，得到爲

$$R_I = \frac{I_S}{P} = \frac{\eta q}{h\nu} = \frac{\eta\lambda(\mu\text{m})}{1.24}(\text{A/W}) \tag{14.6}$$

當入射光功率降低，信號與噪音一樣大時，偵測器就失去偵測功能，因此一個表現偵測能力的參數，噪音等效功率（Noise equivalent power，NEP）就定義爲在一個 1 赫（Hz）波段中產生訊雜比爲 1 時候的入射光功率，其單位爲瓦。相對於兩種反應度 R，NEP 也可以有兩種不同的定義方式，依照偵測器反應電流的訊雜比，可以定義爲

$$\text{NEP} = \frac{P}{\left(\dfrac{I_S}{I_N}\right)} = \frac{I_N}{R_I} \tag{14.7}$$

其中 $\dfrac{I_S}{I_N}$ 爲電流的訊雜比，或者也可以依反應電壓的訊雜比，定義爲

$$\text{NEP} = \frac{P}{\left(\dfrac{V_S}{V_N}\right)} = \frac{V_N}{R_V} \tag{14.8}$$

其中 $\dfrac{V_S}{V_N}$ 是電壓的訊雜比。對於性能愈好的偵測器，噪音等效功率的數值愈小，爲了較好的反映偵測器的功能，因而定義偵測率（D）爲噪音等效功率的

倒數，即

$$D = \frac{1}{\text{NEP}} \tag{14.9}$$

如此則性能愈好的偵測器，偵測率 D 愈大，同時為了把偵測器面積大小等修正因素也考慮進去，最常使用的參數為歸一化的偵測率（D^*），或稱 D 星號，是將偵測器面積和測量帶寬歸一化以後的偵測率，定義為

$$D^* = \frac{A^{1/2}(\Delta f)^{1/2}}{\text{NEP}} \qquad (\text{cm})(\text{Hz})^{1/2}/\text{W} \tag{14.10}$$

A 為偵測器的面積，Δf 是測量的帶寬。

14.1.1　光敏電導

光敏電導（photoconductor），或稱光敏電阻，就是由一個半導體加上兩邊的歐姆接觸而成，如圖 14.2 所示。光照射到光敏電導體後，經由不同的機理，可以產生電子電洞對，這些電子電洞對可以增加半導體的電導率（conductivity），因而可以用來做為光偵測器。電子電洞對的產生，或者是經由從價帶激發到導帶的本徵（intrinsic）方式，或是把適當的雜質原子摻入半導體，然後經由能隙中雜質能位和能帶邊之間的激發而產生，這後一種叫做外加或摻雜（extrinsic）方式。

由（6.22）式可知半導體的電導率 σ 為

$$\sigma = nq\mu_n + pq\mu_p \tag{6.22}$$

當光入射於一個本徵式的光敏電導體時，如果光子的能量足夠激發電子電洞對，就會增加相同數量的電子和電洞，而由光入射而增加的電導 $\Delta\sigma$，因而是

$$\Delta\sigma = q(\mu_n + \mu_p)\Delta p \tag{14.11}$$

由於是本徵式半導體，因此$\Delta n = \Delta p$。如果是摻雜的半導體，則只會產生一種自由載子。

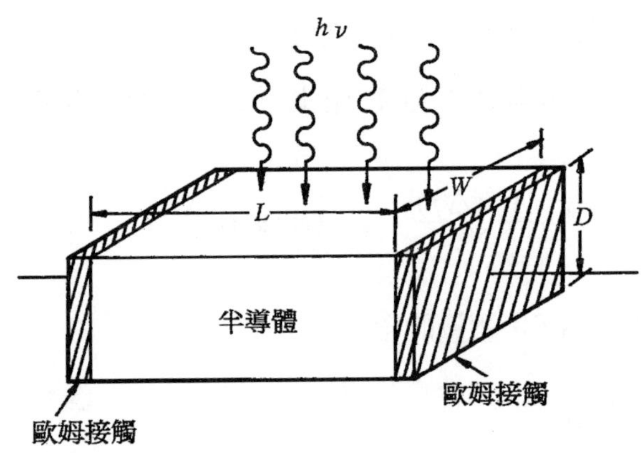

圖 14.2　光敏電導示意圖

每單位體積的載子產生速率（carrier generation rate）是

$$G = \frac{\Delta p}{\tau} = \frac{\eta(P/h\nu)}{WLD} \tag{14.12}$$

其中τ是載子壽命，P是入射的光功率（optical power），η為量子效率，即每一光子所能產生電子的數目。W、L和D分別為圖 14.2 所示光敏電導體各方向的長度。

光致電流I_{ph}因而可以寫為

$$I_{ph} = (\sigma \mathrm{E})WD = q\Delta p(\mu_n + \mu_p)\mathrm{E}WD \tag{14.13}$$

E 為電場，等於V/L，V為所加之電壓。如果定義t_n為電子穿越半導體的時間，

$$t_n = \frac{L}{\mu_n \mathrm{E}} = \frac{L^2}{\mu_n V} \tag{14.14}$$

因此：

$$I_{ph} = qG\left(\frac{\tau}{t_n}\right)\left(1 + \frac{\mu_p}{\mu_n}\right)(\mathrm{WLD}) \tag{14.15}$$

如果我們定義光敏電導的增益（gain）為兩邊歐姆接觸所能收集到的載子數與入射光所產生載子數目的比例

$$\mathrm{gain} = \frac{I_{ph}}{qGWLD} = \frac{\tau}{t_n}\left(1 + \frac{\mu_p}{\mu_n}\right) \tag{14.16}$$

從物理觀念來看，當光子產生一個電子電洞對後，電子由於速度較快，很快就由陽極吸收。留下的電洞，由於帶正電，可以從陰極再吸引一個電子，這個電子也會加速達到陽極，這個過程在電洞到達陰極或與電子再復合之前，會繼續的重複。因此，增益基本上等於電洞生存時間與電子穿越時間的比例。

對於有高載子生存時間的光敏電導，其增益可以很大，甚至到 10^6。但是光敏電導的反應時間較慢，在 10^{-3} 到 10^{-10} 秒之間。高頻的應用，光敏電導的性能不如光敏二極體。在紅外光偵測器方面，由於在許多情況下找不到適宜的其他偵測元件，光敏電導仍然有廣泛的應用。

14.1.2　光敏二極體

光敏二極體（photodiode）基本上是一個反向偏壓的 *p-n* 結。當光入射到半導體中的耗盡層時，光子所產生的電子電洞對被耗盡層中的電場所分開，形成光敏電流，這就是光敏二極體可以做為光偵測器的原理。為了增加偵測光的效率，光敏二極體比起一般的 *p-n* 結來，會在結構上做一些改進，但是 *p-n* 結的基本結構仍然是相同的。

因為只有進入到耗盡層或到達耗盡層邊緣，可以擴散到耗盡層的電子和電洞才會被電場所分開，產生有用的光電流。因此在設計光敏二極體時，耗盡層的寬度與位置就是一個重要的考慮。在耗盡層外中性區被吸收的光子所產生的電子和電洞，除了在耗盡層邊緣上一個擴散長度左右的電子和電洞可以分別從兩側擴散進入耗盡層以外，其他的都將復合而不會形成光電流。耗盡層的寬度愈寬，則被吸收有用的光子數量愈多，但是耗盡層過寬，會增加電子和電洞的穿越時間，影響光敏二極體的反應速度。

耗盡層的理想位置則與半導體材料的吸收係數（absorption coefficient）有關。如果光子的通量（即每單位面積每單位時間入射的光子數目）為 Φ，則光子通量與進入半導體內距離的關係為

$$\Phi(x) = \Phi(0)e^{-\alpha x} \tag{14.17}$$

其中 α 為吸收係數，x 為進入半導體的距離。各種不同半導體的吸收係數可見圖 14.3。對於同一種材料而言，波長愈長的光（如紅外光）能夠進入半導體的距離愈遠，而對於紫外光，則 α 很大，光子在進入半導體不遠的地方就都被吸收了。因此，針對紫外光設計的光敏二極體，耗盡層就要設計的與表面比較接近。但是因為在表面產生的電子電洞容易復合，因此紫外光偵測器的量子效率會受到一些限制。

各種不同材料的量子效率顯示於圖 14.4。對於光敏二極體來說，產生電子電洞的方式是從價帶到導帶的激發。因此，光敏二極體能夠偵測光波的最長波長受到能隙大小的限制，比如說矽的能隙為 1.12 電子伏，相應的波長為 1.1 微米，波長超過 1.1 微米的光子就沒有足夠的能量把電子從價帶激發到導帶，矽的長波長截止波長（cutoff wavelength）因此是 1.1 微米。鍺的截止波長可以達到 1.8 微米。在短波長方面，雖然沒有很明顯的截止波長，但是因為前述吸收係數很大的關係，半導體光偵測器在紫外光範圍，量子效率就已經很低了。

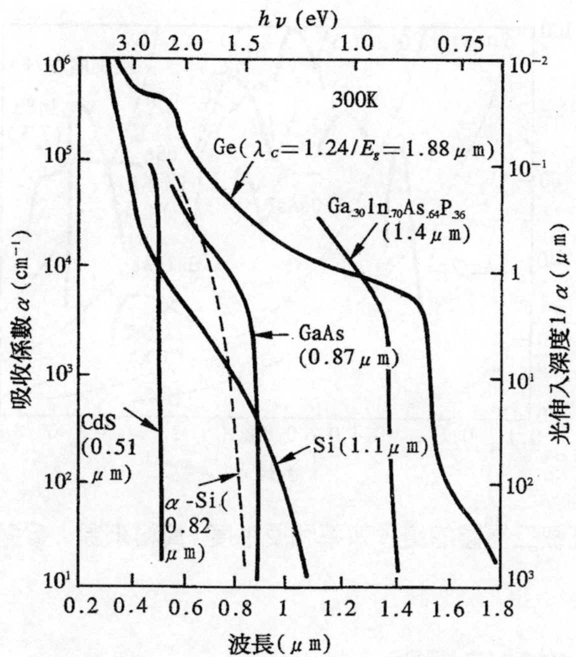

圖 14.3　各種半導體材料的光吸收係數（資料來源：H. Melchior, Laser Handbook (1972).）

光敏二極體的反應速度受到三個因素的影響：(1) 在耗盡層外產生的電子和電洞，需要擴散到耗盡層才能被吸收，因此反應的速度首先受到載子擴散快慢的影響。(2) 其次為載子在耗盡層中受電場影響，作漂移運動所需要的時間，這與耗盡層的寬度有關。(3) 最後，耗盡層有電容，與偵測電路的負載電阻聯在一起會形成 RC 延遲。而且耗盡層的寬度與偵測的量子效率有關，因此這些因素必須合在一起考慮。

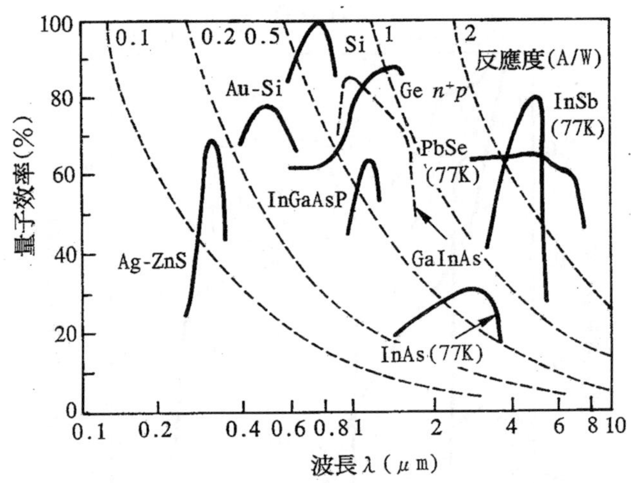

圖 14.4 各種光敏二極體的量子效率和反應度（資料來源：參考書目 III －1）

14.1.3 *p-i-n* 光敏二極體

耗盡層的寬度既然與光敏二極體的性能息息相關，如果在 *p-n* 結中間加入一層摻雜濃度較淡的本徵層，則可以適當調節耗盡層的厚度。這就是 *p-i-n* 光敏二極體。實際上，純粹本徵的半導體層很難做到，也不需要。只要其摻雜程度能夠低到在加上反偏壓之後，很容易耗盡就可以了。普通幾百歐姆厘米電阻率以上的淡摻雜層已經可以符合需要。在特殊的情況下，像用矽偵測器偵測 1.06 微米光波，因為 1.06 微米已經很接近截止波長，需要高達 10^4 歐姆厘米以上的本徵層，這時候的雜質濃度要低到 $10^{12}/cm^3$ 的數量級。換言之，要非常純的半導體才能達到這個要求。同時為了要達到一定的偵測度，本徵層需要有足夠的厚度，因此所需的反偏電壓也要高達 200V 以上。元件的製程必須適當，才不致引起 *p-n* 結的崩潰。

一個 *p-i-n* 光敏二極體的結構和能帶圖可見圖 14.5。表面往往有一層光行距離為 λ/4 的抗反射層（anti-reflection coating），這樣可以把從半導體表面

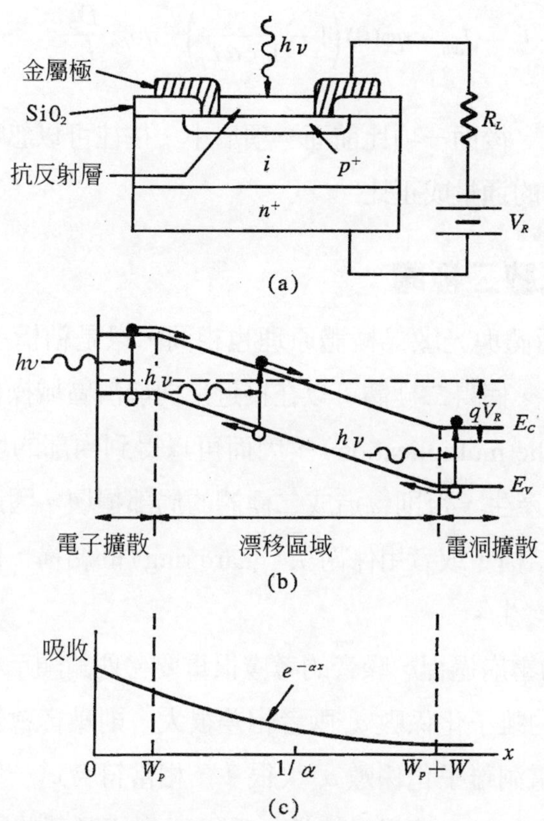

圖 14.5　*p-i-n* 光敏二極體的操作：(a) 光敏二極體的切面圖，(b) 在反偏壓下的能帶圖，(c) 載子的吸收，W_P 為 p^+ 層的寬度，W 為 i 層的寬度

反射回來的入射光減低到最少的程度。如果以圖 14.5 的 p^+-i-n 光偵測器爲例，假設整個本徵層都已經耗盡，而且耗盡層的厚度約等於本徵層的厚度，則光敏電流包括兩部分，由耗盡層中產生的電子和電洞所形成的電流是漂移電流。而 p^+ 層中產生的靠近耗盡層的電子和 n 層中產生靠近耗盡層的電洞，也有機會擴散到耗盡層而被吸收，這部分的電流，稱爲擴散電流。因爲上面的 p^+ 層一般很薄，這裡的復合也快，因此其電子的部分往往可以忽略。計算的結果是

$$J_{tot} = J_{dr} + J_{diff} = q\phi(0)\left(1 - \frac{e^{-\alpha W}}{1+\alpha L_p}\right) + qp_{no}\frac{D_p}{L_p} \quad (14.18)$$

在正常情況下，後面一項比前面一項爲小，往往可以忽略。整個的光電流因而大約與光子的通量成正比。

14.1.4 雪崩光敏二極體

雪崩光敏二極體與光敏二極體原理也相同，只是結構上做得可以加上足夠高的反向偏壓，使得二極體可以在接近反向崩潰區域操作，造成載子的雪崩增加（avalanche multiplication），因而可以得到內部的增益。雪崩必須在 *p-n* 結上均匀的產生，否則會造成二極體的局部損壞。因此，往往需要使用台基式（mesa）結構，或者用保衛環（guard ring）的結構，使得崩潰不要在 *p-n* 結的邊緣過早發生。

雪崩二極體的雪崩過程，噪音的考慮很重要。理論顯示如果電子的離子化係數 α_n 和電洞的離子化係數 α_p 兩者相差很大，則噪音會較小。矽的電子離子化係數 α_n 比電洞離子化係數 α_p 大很多，相當符合這一條件。但是大多數三五族半導體的 α_n、α_p 值都很接近。爲了達到偵測某些特殊波長的三五族雪崩光敏二極體，可以使用異質層的方法，人爲的做成不同的 α_n 和 α_p 值，以便達成製作三五族雪崩二極體的目的。

14.1.5 其他光敏二極體

由於光敏二極體的原理在於利用耗盡層來分開光子產生的電子電洞對，以產生光敏電流。除了 *p-n* 結形式的光敏二極體外，金屬一半導體形式的二極體也可以作爲光偵測器。金半光敏二極體的能帶圖見圖 14.6。在半導體表面的耗盡層，其功能與 *p-n* 結的耗盡層相同。無論是在金屬中，經過激發進入半導體的電子，或者是在半導體內經激發而產生的電子電洞對，都可以形成光電流。

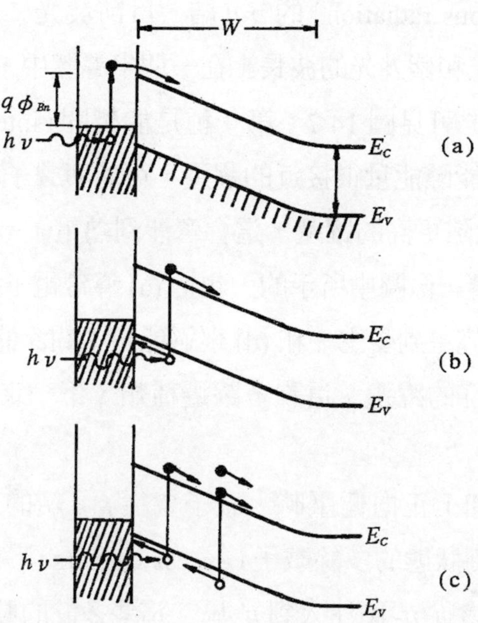

圖 14.6　(a) 從金屬到半導體（$E_g > h\nu > q\phi_{Bn}$）的光激發電子，(b) 越過能隙的電子電洞對激發（$h\nu > E_g$），(c) 在一個大的反偏壓下，產生電子電洞對同時有雪崩倍增（$h\nu > E_g$ 和 $V = V_B$）

為了要減少表面金屬層的光吸收，金屬層必須做得非常薄，約在 100Å 左右。為了降低表面復合，表面處理在製程中很重要。

另外一種很有用的結構是利用異質結的光敏二極體。異質結的上層材料可以使用高能隙的材料，其能隙高於想要偵測光子的能量。這樣入射光在上層高能隙材料中等於是透明而沒有被吸收，因此 *p-n* 結可以放在離表面較遠的地方而不會降低量子效率。選擇適宜的材料可以得到量子效應和反應時間較好的組合。

14.2　發光二極體

發光二極體（light-emitting diode）是一個在正向偏壓的情況下，可以有自發輻射（spontaneous radiation）的 p-n 結。目前發光二極體的光波範圍涵蓋了可見光、紅外光和紫外光的波長，在一個半導體中，與電子電洞躍遷有關的程序有很多種，可見圖 14.7。第一種是能帶間（interband）躍遷，這又可以細分爲：(a) 與能隙能量很接近的躍遷，可能與聲子和激子（exciton）有關，和 (b) 能量比能隙更高的躍遷，這會牽涉到熱電子。第二種是與能隙中缺陷能位有關的躍遷，像圖中所示的，包括 (a) 導帶電子到受主能位、(b) 施主電子到價帶、(c) 施主到受主、和 (d) 經過能隙中間深能位的躍遷。第三種是能帶內（intraband）的躍遷。這許多躍遷種類，不一定同時都會存在，而且也不是都會發光。

當一個 p-n 結加上正向偏壓時，載子會從 p-n 結的一方注入到另外一方，成爲高出熱平衡狀態的多餘載子（excess carriers）。即電子會從 n- 區注入到 p- 區，而電洞會從 p- 區注入到 n- 區。這些多餘的載子會復合，放出光子或熱能（即聲子）。這種情形可見圖 14.8。14.8(a) 顯示一個平衡狀態的 p-n 結，14.8(b) 圖顯示在加上偏壓後，p- 區的多餘電子與電洞復合，同樣的，n- 區多餘的電洞也與電子復合，都可以放出能量爲能隙 E_g 的光子。因此發光二極體放出的光，在不同的半導體材料會有不同的波長。

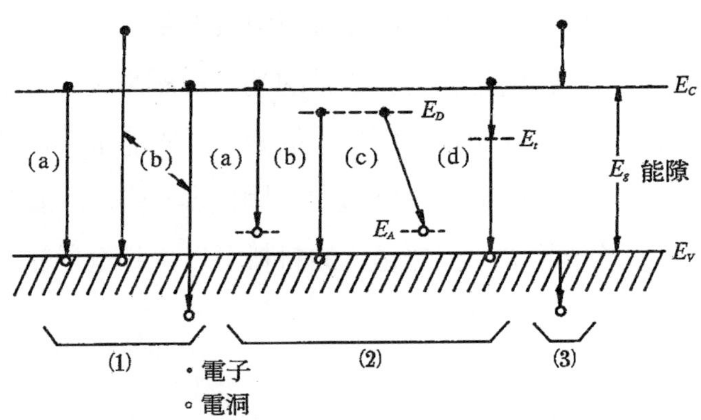

圖 14.7　半導體中的基本躍遷（資料來源：H.Ivey, J. Quantum Electronics, QE-2, 713 (1966).）

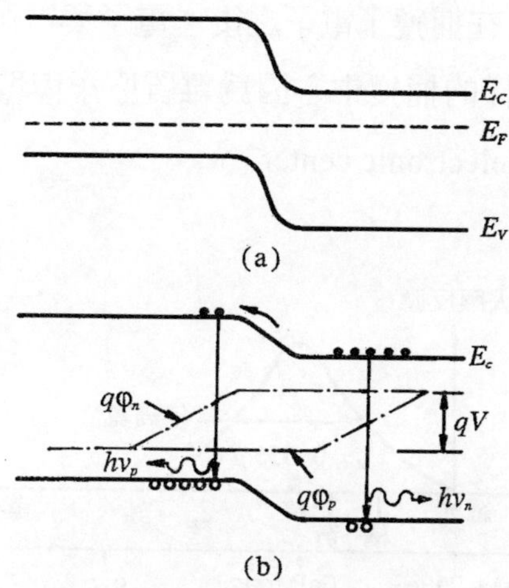

圖 14.8　*p-n* 結的電致發光：(a) 零偏壓，(b) 正向偏壓

目前使用最多的發光二極體，可以分爲可見光發光二極體和紅外光發光二極體。

人眼的感光範圍是從 0.39 微米到 0.77 微米，因此相應的半導體能隙在 1.7 到 3.1 電子伏左右。對於可見光發光二極體有用的半導體材料和人眼的反應可見圖 14.9。目前用得最多的可見光半導體材料是 $GaAs_{1-x}P_x$ 系統。在 $x < 0.45$ 時，這個材料是直接能隙式（direct bandgap）的，當 $x > 0.45$ 時，材料變成非直接能隙的（indirect bandgap）。這個三元半導體材料的能隙情況可見圖 14.10。對於直接能隙材料，在躍遷過程中，晶體動量（crystal momentum）是守恆的，因此會發光的躍遷占主導的地位。而對於非直接能隙材料，因爲必須要有聲子的參與才能達到晶體動量守恆，這使得能帶間躍遷的或然率大大降低。要用這種材料做成發光二極體，需要加入特別的復合中心（recombination center）以增加發光復合過程的或然率。在 $GaAs_{1-x}P_x$（$x > 0.45$）和 GaP 中，常使用氮原子達到這一目的。氮與磷同價，但因爲原子的核心結構不同，在 GaP 中可以形成一個很淺（$E_c - 0.008$eV）的電子捕獲中心。電子捕獲中心在捕獲了電子之後，電子與電洞復合可以放出能量為 2.2 電子伏的綠光。這樣的捕獲中心因為雜質原子與取代的晶格原子等價，因此叫做等價中心（isoelectronic center）。

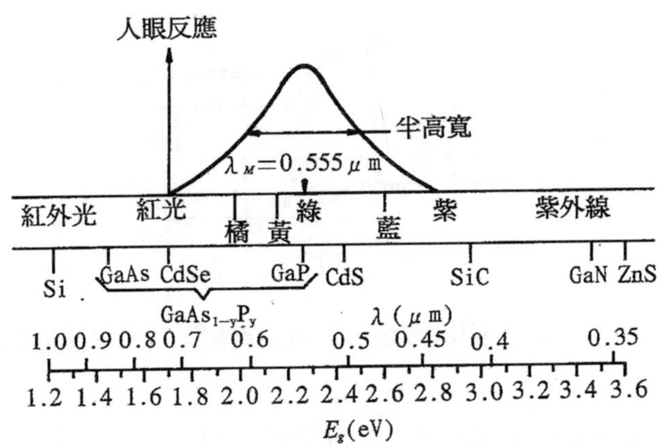

圖 14.9　對可見光區發光二極體有應用可能的半導體，圖上也畫出人眼的反應（資料來源：參考書目 III －8）

前面敘述過，不是所有的復合躍遷都會發光。可以定義發光二極體的量子效率 η 為可以發光的復合程序與所有復合程序的比例。

$$\eta=\frac{R_r}{R} \tag{14.19}$$

對於 p-n 結的 p- 區來說，注入的多餘載子為電子，因此如果把發光和不發光的復合程序分別寫為

$$R_r=\frac{\Delta n}{\tau_r} \tag{14.20}$$

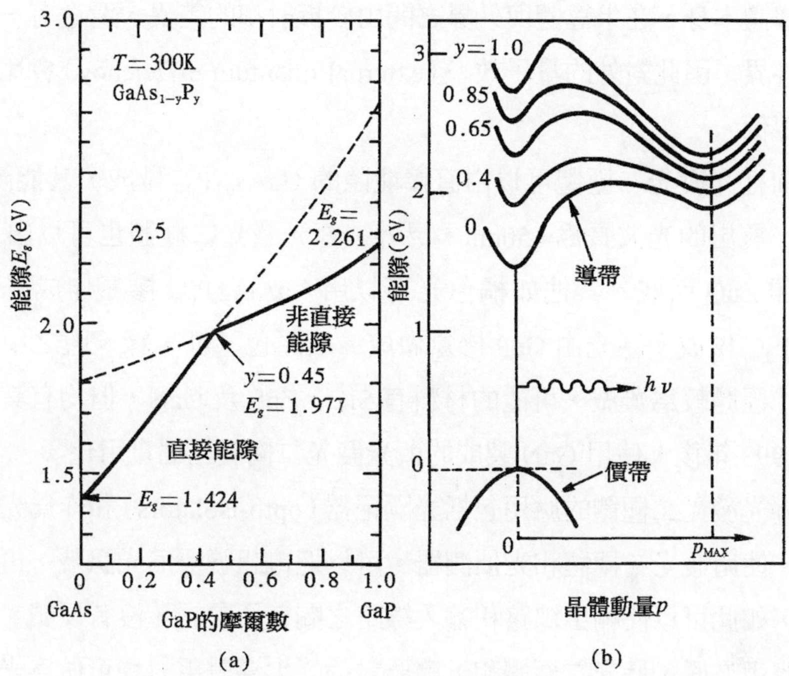

圖 14.10　(a)$GaAs_{1-y}P_y$ 系統直接和非直接的能隙與組成摩爾比的關係，(b) 相當於紅光（y = 0.4）、橘光（0.65）、黃光（0.85）和綠光（1.0）化合物組成的能帶圖（資料來源：M. Craford, IEEE Trans. Elect. Dev ED-24, 935 (1977).）

和
$$R_{nr}=\frac{\Delta n}{\tau_{nr}} \tag{14.21}$$

則
$$R=R_r+R_{nr}=\frac{\Delta n}{\tau_r}+\frac{\Delta n}{\tau_{nr}}\equiv\frac{\Delta n}{\tau} \tag{14.22}$$

這樣定義的 τ 爲一個有效生存時間，即

$$\frac{1}{\tau}=\frac{1}{\tau_r}+\frac{1}{\tau_{nr}} \tag{14.23}$$

由於 *p-n* 結電子與電洞復合而發出的光，在達到外界的過程中，還需要

通過半導體本身，在半導體與外界之間由於折射率的差異，還會有一部分不能達到外界。因此對外的量子效率（external quantum efficiency）會比內部量子效率要低。

目前紅光發光二極體可以由直接能隙的 $GaAs_{0.6}P_{0.4}$ 做成，其能隙為 1.9 電子伏，發出的光波長為 650nm。另外，紅光發光二極體也可以由 GaP 當中，摻雜 ZnO 而成。其他如橘色光可以用 $GaAs_{0.35}P_{0.65}$ 摻氮作成，黃光由 $GaAs_{0.14}P_{0.86}$ 做成。綠光由 GaP 摻氮做成。三原色、紅、綠、藍之中，以藍光發光二極體較為難做。可能的材料有 SiC、ZnS 及 GaN，但均有其不同的困難。1993 年後，使用 GaN 製成的藍光發光二極體已經實用化。

紅外光發光二極體的應用包括光隔絕器（opto-isolators）和作為光纖通訊的光源。使用發光二極體和光偵測器，可以把電訊號變為光訊號，再轉變回電訊號，如此可以使輸出線路和輸入線路之間完全隔絕，沒有反饋。在光纖通訊的應用方面，發光二極體和下節要討論的半導體雷射均可做為光源，而且各有優劣。發光二極體的優點包括可以在較高溫度操作，對溫度較不敏感，元件製作和驅動線路較容易。但其缺點則是亮度較低，調制頻率也較低，而且光譜線寬較大。

使用砷化鎵製作的發光二極體，由於 GaAs 的能隙為 1.42 電子伏，發出的紅外光波長接近 0.9 微米。對於光纖傳送損耗最少的波長 1.3 和 1.55 微米，最適宜的發光二極體材料是四元化合物 $Ga_xIn_{1-x}As_yP_{1-y}$，所發出的波長，可以在 1.1 到 1.6 微米之間。各種可見光和紅外光發光二極體的發光強度和與波長的關係可見圖 14.11。

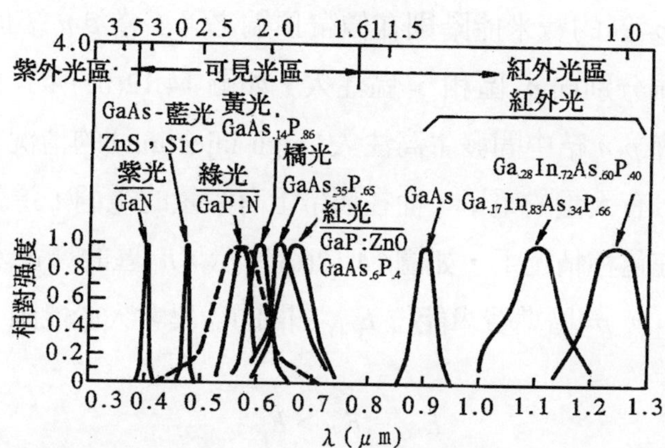

圖 14.11　不同的可見光和紅外光發光二極體相對強度與波長的關係（資料來源：參考書目 III －1）

14.3　半導體雷射

雷射光與普通光的區別在於雷射光是相干性（coherent）的，所有放射出來的光子是同相位的，因此雷射光的波長非常純粹（譜寬很窄，可以到 1Å 至 10Å 左右），而且具有高度的方向性。要在半導體中發出雷射光，需要滿足數量反轉（population inversion）的條件，即在高能位的電子數量要比低能位的電子數量多。現在高、低兩個能位，如果分別以 E_2 和 E_1 來代表，電子符合費米一狄拉克（Femi-Dirac）分布，在室溫之下，可以簡化爲波耳茲曼分布，即在 E_2 和 E_1 能位的電子數目 N_2 和 N_1 的比例爲

$$\frac{N_2}{N_1}=e^{-(E_2-E_1)/kT} \tag{14.24}$$

數量反轉的條件可以用一個高度摻雜的 *p-n* 結在正向偏壓下來達成。這種情形可見圖 14.12。*p-n* 結的兩邊都摻雜到簡併（degenerate）的程度，因

此在熱平衡狀態下，費米能階如圖 14.12(a) 所示，n- 區的費米能階在導帶底端之上，而 p- 區的費米能階則在價帶頂端之下。當 p-n 結加上正向偏壓後，電子和電洞分別向 p- 區和 n- 區注入，如圖 14.12(b) 所示。當正向偏壓足夠大時就會在 p-n 結中間發生高注入（high injection）的情況，在 p-n 結中間，因而在導帶有大量的電子，而在價帶上有大量的電洞，這就符合了數量反轉的要求。在這種情況下，如圖 14.12(c) 所示，n- 區的準費米能位（quasi-Fermi level）E_{FC} 與 p- 區準費米能位 E_{FV} 之間的差異會大於能隙 E_g，即

$$E_{FC} - E_{FV} > E_g \tag{14.25}$$

這也可以視為是半導體雷射的必要條件。

只有用直接能隙的半導體材料才能作成雷射，這是因為在直接能隙半導體當中的電子躍遷，晶體動量（crystal momentum）是自動守恆的，因而躍遷也就容易發生。而在非直接躍遷的半導體材料中，電子的躍遷一定要伴隨聲子散射或其他散射過程才能讓動量維持守恆，因此電子躍遷的或然率低很多。目前使用得最多的材料，有 $Al_xGa_{1-x}As_ySb_{1-y}$ 和 $Ga_xIn_{1-x}As_yP_{1-y}$ 兩個系列。圖 14.13 顯示了一些半導體材料的能隙和晶格常數的關係。要成功的成長磊晶層，磊晶層的晶格常數與基片的晶格常數不能相去太遠。目前最常使用的兩種基片為砷化鎵（GaAs）和磷化銦（InP）。因為 AlAs（a = 5.6605Å）與 GaAs（a = 5.6533Å），兩者的晶格常數差距很小（0.12%），因此 $Al_xGa_{1-x}As$ 系列的材料可以以任何比例的摩爾比數在 GaAs 基片上成長磊晶層，但是在 $x > 0.45$ 以上時，材料變成非直接能隙的。$Ga_xIn_{1-x}As_yP_{1-y}$ 在 InP 基片上磊晶，也可以長成和晶格相匹配的磊晶層。

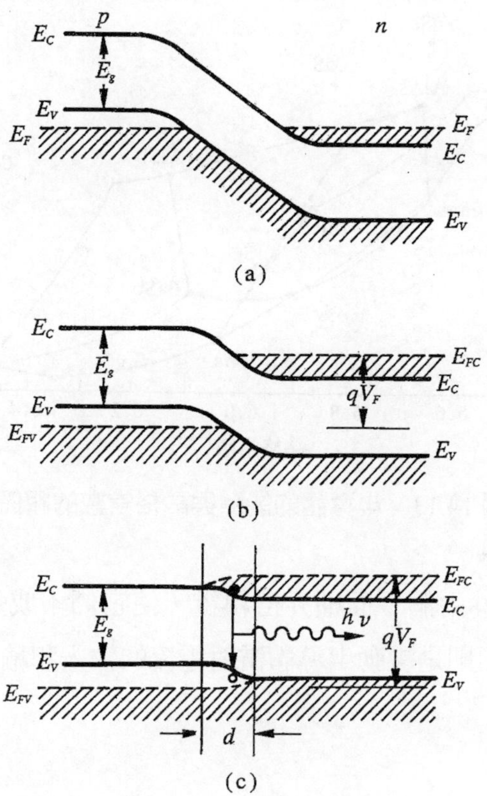

圖 14.12　一個簡併 p-n 結的能帶圖：(a) 在熱平衡狀態，(b) 在正向偏壓，(c) 在高注入狀況

除了電子數量反轉之外，要滿足雷射的條件，還必須要有一個光學腔（optical cavity），經由正反饋建立光波，同時通過這個光學腔的時候，增益必須大於損耗。在一般雷射中，都使用共振腔（resonant cavity）的作法，使光波在兩個平行的鏡面之間來回走動，直到滿足雷射的條件。這種結構叫作費柏里—培羅共振腔（Fabry-Perot cavity）。在半導體雷射中，可以把半導體（如砷化鎵）順著晶格的某一個方向斷裂（cleave）而製成共振腔，對於砷化鎵都是垂直於晶體的 [110] 方向斷裂。斷裂的平面因而都是（110）平面，

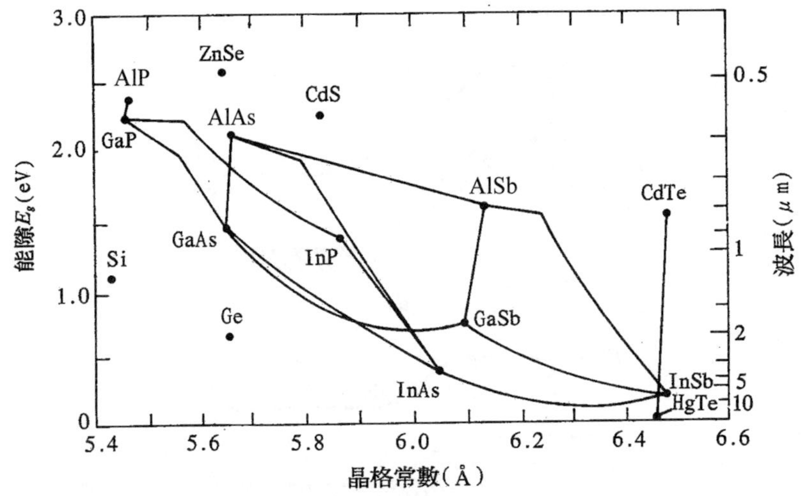

圖 14.13　半導體的能隙與晶格常數的關係

所以是平行的。另外兩個平面則弄得粗糙，使它們不成為雷射光射出的平面。剩下的兩個平面則是驅動半導體雷射電流的輸入和輸出歐姆接觸面，如圖 14.14 所示。

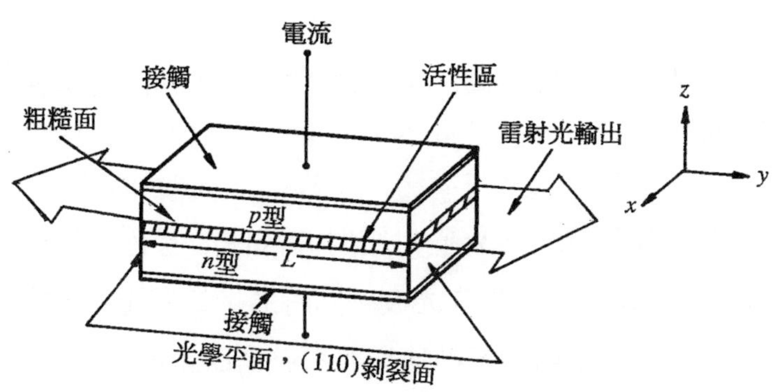

圖 14.14　一個 *p-n* 結半導體雷射

早期的半導體雷射是用單一半導體材料作成的 *p-n* 結，這種雷射叫做同質結雷射（homojunction laser），同質結雷射產生雷射光所需要的臨界電流較大，不容易在室溫達成連續波（continuous wave CW）的操作，因此改用異質結雷射（heterojunction laser）來改進半導體雷射的性能。在異質結雷射中，利用不同半導體材料具有不同能隙和不同折射率的條件，可以同時達成載子局限（carrier confinement）和光波局限（optical confinement）的目的。最有效的異質結爲雙面異質結（double heterojunction）雷射，如圖 14.15 所示，*p-n* 結的兩邊由 AlGaAs 作成，而中間則爲 GaAs。由於 AlGaAs 的能隙較大，載子爲能障所局限。同時 GaAs 的折射率較 AlGaAs 高 5% 左右，對於在 GaAs 層中所發出的雷射光有相當好的全反射作用，因而達成了光波局限的效果。雙面異質結雷射的臨界電流因而大大的降低。圖 14.16 顯示一種雙面異質結雷射的光與電流關係圖。臨界電流密度 J_{th} 就是爲了產生雷射光所需要的最低電流密度。圖 14.16 中，對於每一個固定的溫度，把電流的直線部分延伸到輸出光功率爲零的交點就是臨界電流密度。

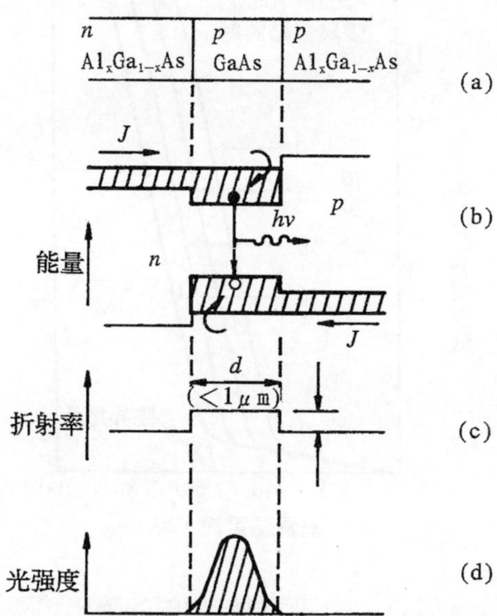

圖 14.15　一個 GaAs-Al$_x$Ga$_{1-x}$As 雙面異質結雷射：(a) 基本結構，(b) 正向偏壓下的能帶圖，(c) 跨越 *p-n* 結的折射率變化，(d) 跨越 *p-n* 結光強度的變化

在一個費柏里—培羅共振腔中，由於有受激發射（stimulated emission），會得到光增益（optical gain），但是由於吸收和漏損，也會有光消耗，如果用 e^{gx} 代表光增益，g 爲每單位長度的光增益係數，用 $e^{-\alpha x}$ 代表光消耗，α 爲每單位長度的光消耗係數。如果用 L 代表共振腔的長度，在達到產生雷射光的臨界條件時，光在腔內來回一次走過 $2L$ 距離後，應該滿足下列條件，即

$$R_1R_2\exp[2(g-\alpha)L]=1 \tag{14.26}$$

其中 R_1 和 R_2 分別是在共振腔前後兩個鏡面的反射率。在臨界條件的光增益 g_{th} 因而是

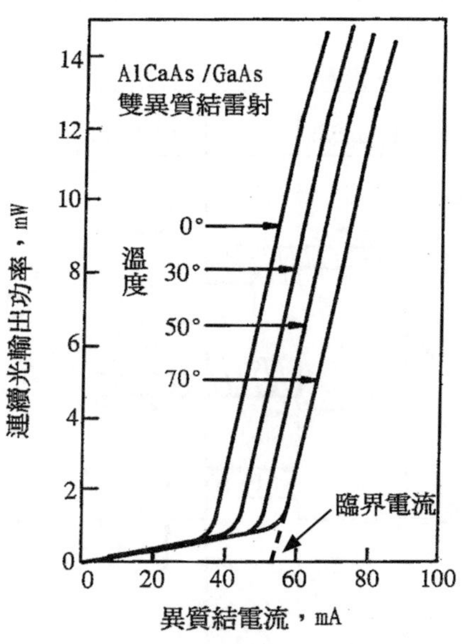

圖 14.16　一個 GaAs-AlGaAs 雙面異質結雷射的輸出功率和通過電流的關係

$$g_{th} = \alpha + \frac{1}{2L} \ln \frac{1}{R_1 R_2} \tag{14.27}$$

而臨界電流密度與臨界光增益 g_{th} 有接近線性的關係，因此

$$J_{th} = \frac{1}{\beta} \left(\alpha + \frac{1}{2L} \ln \frac{1}{R_1 R_2}\right) \tag{14.28}$$

如果將 J_{th} 對 $\frac{1}{2L} \ln \frac{1}{R_1 R_2}$ 作圖，可以求得 α 和 β 的值。

普通的雷射光事實上不是完全單一波長的，由於雷射在通過共振腔時的波長與 L 的關係是

$$m\left(\frac{\lambda}{2\bar{n}}\right) = L \tag{14.29}$$

其中 m 是一個正整數，即共振腔的長度 L 應該是在半導體中半波長的整數倍，$\bar{n}$ 是平均的折射率。由此可得，相應於整數 m 和 $m + 1$ 的兩個相鄰可以允許的共振模式，它們之間波長的差異為

$$\Delta\lambda = \frac{\lambda^2 \Delta m}{2\bar{n}L\left[1 - \frac{\lambda}{\bar{n}}\left(\frac{d\bar{n}}{d\lambda}\right)\right]} \tag{14.30}$$

為了要達到雷射光的單模化（single-mode），有許多改良的雷射結構。如斷裂—耦和共振腔（cleaved-coupled cavity）雷射。為了達到較小的溫度變化係數，可以用分布反饋式（distributed feedback, DFB）雷射。近年來，更使用量子井技術製作半導體雷射。

14.4　太陽電池

一個 p-n 結太陽電池的基本結構與一個光敏二極體相同，只是光敏二極體的設計是朝向增加偵測器的偵測度、反應速度和光增益方面去求得最佳

化。而太陽電池則爲在日照的條件下，企圖求得光轉化效率，或者說輸出功率的最佳化。

14.4.1 晶體 *p-n* 結太陽電池

一個 *p-n* 結型式的太陽電池見圖 14.17。與光敏二極體相同，當光照射到太陽電池上時，能量超過能隙的光子可以產生一個電子電洞對，經過耗盡層電場分開之後，可以形成光電流。超過 E_g 能量的部分則只能轉成熱量。在距離耗盡層一個擴散長度之內的電子或電洞，也可以擴散到耗盡層而成爲光電流的一部分，如果假設整個元件都在均勻的照射之下，則產生的光電流 I_L 接近

$$I_L = qG(L_n + L_p)A \tag{14.31}$$

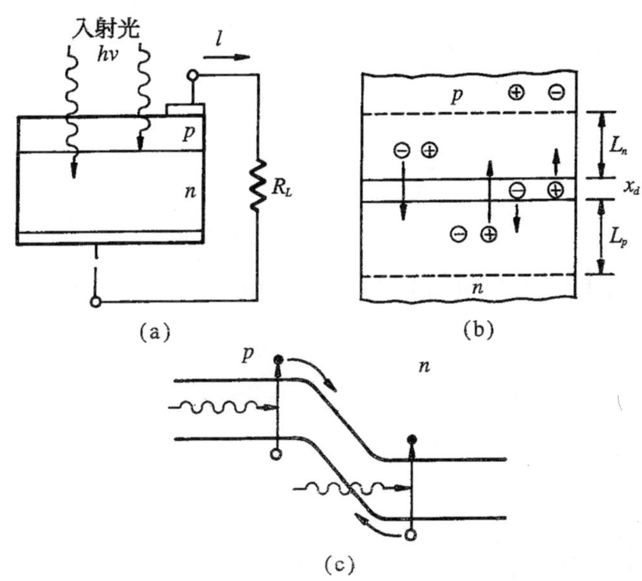

圖 14.17　從光能量轉化成電能量：(a) 太陽電池及其負載電阻，(b) 產生電流的電子和電洞的擴散，(c) 太陽電池的能帶圖

其中 G 爲產生率（generation rate），L_n 和 L_p 分別爲電子和電洞的擴散距離，A 爲太陽電池的截面積。（14.31）式假設了（$L_n + L_p$）比耗盡層的寬度大很多。如果耗盡層的厚度與 L_n 和 L_p 屬於同一個數量級，則應該把耗盡層的厚度也加入。

這個光電流 I_L 是附加在 p-n 結原有電流之上的。由於光電流是由耗盡層電場所分開的載子形成的電流，它與 p-n 結的反向飽和電流同一方向。因此總和的電流可以寫爲

$$I = I_s(e^{qV/kT} - 1) - I_L \tag{14.32}$$

根據（12.60）式

$$I_s = J_s A = qA\left(\frac{D_p p_{no}}{L_p} + \frac{D_n n_{po}}{L_n}\right) \tag{14.33}$$

由於

$$p_{no} n_{no} = p_{po} n_{po} = n_i^2 = N_V N_C e^{-E_g/kT} \tag{14.34}$$

而且 $n_{no} \cong N_D$，$p_{po} \cong N_A$，所以

$$I_s = J_s A = qAN_C N_V \left\{\frac{1}{N_A}\sqrt{\frac{D_n}{\tau_n}} + \frac{1}{N_D}\sqrt{\frac{D_p}{\tau_p}}\right\} e^{-E_g/kT} \tag{14.35}$$

太陽電池的電流—電壓曲線因而如圖 14.18(a) 所示。I-V 曲線在第四象限的部分，由於電流方向相反，代表可以取用的功率。由於只有第四象限的曲線與太陽電池作用有關，爲了方便起見，一般常把曲線對電壓軸倒轉，畫在第一象限，如圖 14.18(b) 所示。取不同的負載，會與 I-V 曲線交在不同的點，得到不同的輸出功率。圖 14.18(b) 顯示最大可能的輸出功率。

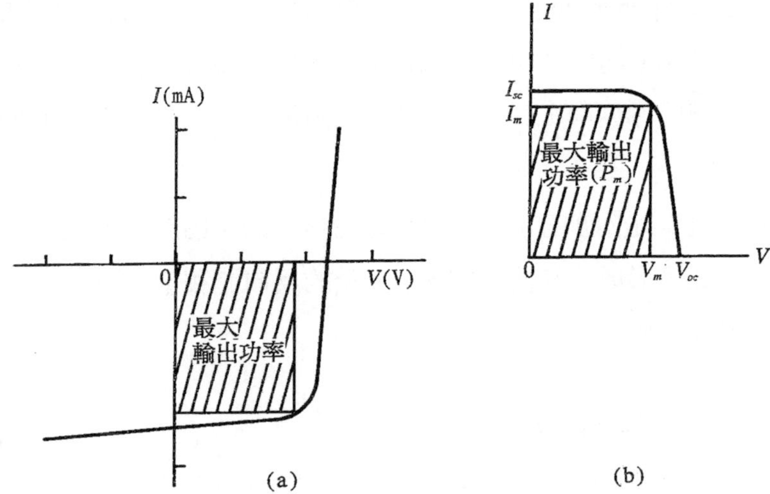

圖 14.18 (a) 照射下太陽電他的電流—電壓特性，(b) 把 (a) 圖對電壓軸反轉過來

有幾個太陽電池的參數需要定義。在（14.32）式中，如果讓電流爲零，所得到的電壓稱爲斷路電壓（open-circuit voltage）V_{oc}

$$V_{oc} = \frac{kT}{q} \ln\left(\frac{I_L}{I_s} + 1\right) \tag{14.36}$$

如果令電壓爲零，所得的電流爲 $-I_L$，稱爲短路電流（short-circuit current）。對負載所輸出的功率是

$$P = IV = I_s V(e^{qV/kT} - 1) - I_L V \tag{14.37}$$

輸出功率爲最大時候的電壓 V_m 可以由 $\frac{dP}{dV} = 0$ 而得，

$$e^{qV_m/kT}\left(1 + \frac{qV_m}{kT}\right) = \left(1 + \frac{I_L}{I_s}\right) \tag{14.38}$$

（14.38）式可以寫成爲

$$V_m = \frac{kT}{q}\ln\left[\frac{(1+I_L/I_s)}{1+(qV_m/kT)}\right] = V_{oc} - \frac{kT}{q}\ln\left(1+\frac{qV_m}{kT}\right) \tag{14.39}$$

相對於 V_m 的電流 I_m 為

$$I_m = I_s\,(e^{qV_m/kT}-1) - I_L = -I_s\frac{qV_m}{kT}e^{qV_m/kT} \tag{14.40}$$

最大的輸出功率 P_m 因此是

$$P_m = V_m I_m \tag{14.41}$$

一個太陽電池的功率轉化效率（conversion efficiency）η 因此可以定義為

$$\eta = \frac{I_m V_m}{P_{\text{in}}} = \frac{FF \times I_L V_{oc}}{P_{\text{in}}} \tag{14.42}$$

其中 P_{in} 為入射光功率。由於太陽電池最大可能的電流為 I_L，最大可能的電壓為 V_{oc}。（14.42）式定義的 FF 稱為填充因子（fill factor），為

$$FF = \frac{I_m\,V_m}{I_L\,V_{oc}} \tag{14.43}$$

在太陽電池的討論中，也是一個有用的參數。實際的太陽電池效率由於載子的表面復合和串聯電阻的影響，比理論計算的要低得多。

太陽光照射的光譜強度（spectral irradiance）見圖 14.19。如果把大氣的吸收效果稱之為大氣質量（air mass），則 AM0 的曲線代表太空應用時的日照，而 AM1 曲線代表在地球表面時的日照。對於某一種半導體材料，有用的光子是具有能量比能隙為高的光子，因此對於矽太陽電池來說，是從最短波長積分到 1.1 微米的總共光子數量。

以上所述都是屬於同質 *p-n* 結的太陽電池。為了改良太陽電池的性能或者降低太陽電池的價格，異質 *p-n* 結、蕭基勢壘都可以用來製作太陽電池。

使用異質結的優點是可以用高能隙材料作爲透明的窗口材料而讓光子在最接近耗盡層的區域被吸收。如果適當選擇不同能隙寬度的材料做成異質結，可以改善和太陽能譜的匹配，擴大光譜靈敏度的範圍。另外，如果把窗口材料做的比較厚，在表面摻雜，可以使得占串聯電阻中大部分的表面電阻大幅降低。使用蕭基勢壘則是由於製程簡單，可以降低價格。在下一節將特別敘述目前使用得最多的，以非晶態矽作成的太陽電池。

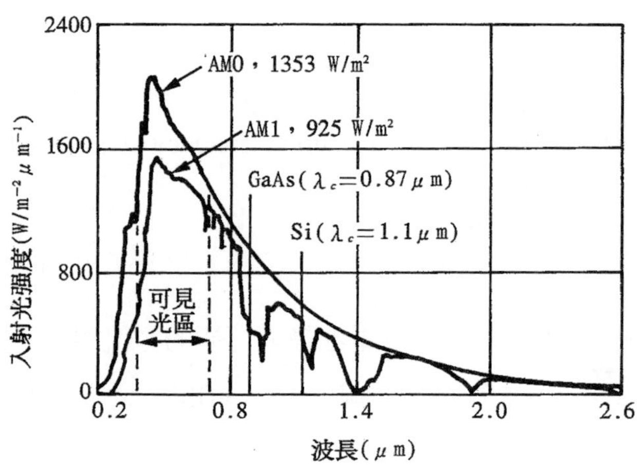

圖 14.19　日照強度的兩種曲線（資料來源：M. Thekaekara, Suppl. Proc. 20th Ann. Meet. Inst. Environ, Sci. (1974).）

14.4.2　**非晶矽太陽電池**

在第七章，我們已經初步的討論過非晶態材料。用輝光放電（glow-discharge）的方法使矽烷（silane SiH_4）分解而疊積的非晶矽，其中含有約百分之十的氫。這種薄膜因而可以稱之爲矽和氫的玻璃態合金，或氫化形式的非晶矽（a — Si：H）。在這種非晶矽中，可以成功以摻雜的方法製作 *p-n* 結。

用非晶矽製作太陽電池，其最大的優點就是可以在玻璃或者金屬片等便宜的基片上沉積，因而可以製作成本低廉的大面積太陽電池。

非晶態材料因爲沒有長程週期性的晶格結構，因此布洛赫（Bloch）理論無法應用，電子態也無法用晶體動量 **k** 這些參數來描述。但是由於能位密度與能量的關係仍然主要是由近距離的電子鍵決定的，因此在非晶態材料中仍然有電子能帶和能隙的分布，但是在能隙之中充滿了許多由於非晶態結構而產生的能位態，如圖 14.20 所示。在晶態材料中，電子和電洞可以自由的分別在導帶和價帶中移動，這些能位因而是非定域的（non-localized），或者說是擴展態（extended states）的，代表電子的波函數是占據整個晶體的。在非晶態材料中，由於長程秩序被破壞，載子的散射增加了，因此自由平均程變得很短。載子因而可以說比較局限於原來的原子附近，這些受到局限的載子能態稱爲定域（localized）態。在這些定域態中的載子可以經由跳躍（hopping）過程來傳輸，但是經由跳躍傳輸機理的遷移率（mobility）非常低，只有 10^{-6} 至 $10^{-3}cm^2/V \cdot sec$ 的數量級。在載子達到某一個能量時，平均自由程加大到鄰近原子的距離，這時候載子進入了擴展態，遷移率也相對的大了很多，在 1 到 $10cm^2/V \cdot sec$ 左右。圖 14.20 的 E_C 和 E_V 因而代表電子和電洞的臨界能量。因爲在這之間的能位，經過它們傳輸的遷移率低得可以忽略，因此 E_C 和 E_V 可以代表導帶和價帶的臨界能量。氫化形式的非晶矽，其能隙約爲 1.7 電子伏。非晶矽的光學吸收係數 α 比晶態矽在可見光區要大一個數量級以上，太陽輻射大部分都可以用 1 微米左右厚的非晶矽吸收，因此非晶矽太陽電池用很薄的材料就可以做到。

最常使用的非晶矽太陽電池結構爲 *p-i-n* 形式，摻雜則可以在沉積過程中，以汽相替位式的方法達成。譬如在 a — Si：H 的沉積中，可以用磷烷（PH_3）與矽烷混合得到 *n*- 型混合物，用乙硼烷（B_2H_6）與矽烷混合得到 *p*- 型雜質的混合物，來完成摻雜的製程。

目前非晶矽太陽電池最好的轉化效率在百分之十一左右，商品化產品的轉化效率在百分之六左右。晶態矽太陽電池的效率則分別爲百分之二十二與百分之十二。但是因爲非晶矽的成本低廉，非晶矽太陽電池在消費性產品上已經占據了大部分的市場。在太空和國防工業應用上，晶態矽和晶態砷化鎵太陽電池仍然占主要的地位。

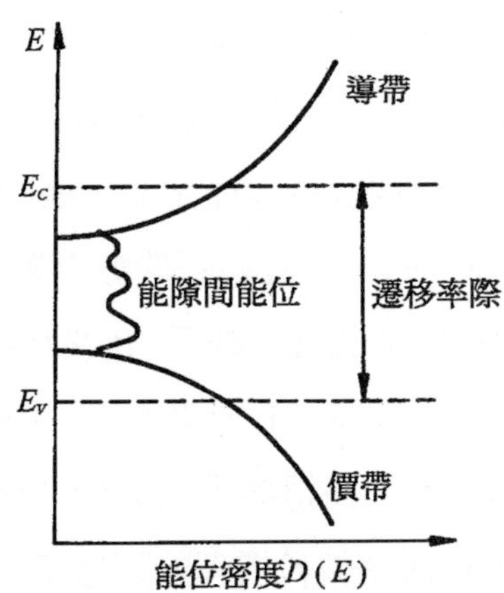

圖 14.20　非晶矽的能帶示意圖

習題

1. (a) 在鍺、矽和砷化鎵三種半導體中，能夠激發電子電洞對的最長光波波長是多少？ (b) 波長 500nm 及 1μm 的光子能量爲多少？
2. 用一個光子能量 $h\nu$ 爲 2eV 的單色光照射一片厚度爲 0.5μm 的矽半導體。假設矽的吸收係數 α 爲 5×10^3cm^{-1}，光的入射功率爲 20mW。試計算 (a) 樣品每單位時間所吸收的總能量，(b) 電子放出來而爲晶格所吸收的多餘熱能功率。
3. 一個矽光敏電導有下面這些參數：長度 l = 200μm，截面積 A = 10^{-4}cm^2，$\tau_p = 10^{-5}$sec，μ_e = 1500cm^2/V ·s，μ_h = 450cm^2/V ·s，入射光子能量爲 1.4eV，入射光功率爲 10μW。如果量子效率爲 0.7，所加電壓爲 10V，試計算 (a) 光電流的大小和 (b) 光敏電導的增益。
4. 考慮一個矽 *p-i-n* 光敏二極體，基片爲 *n* 型，其本徵區的寬度爲 10μm，

設光通量爲 $10^{17}cm^{-2}sec^{-1}$，吸收係數 $\alpha = 5\times10^3cm^{-1}$，$D_p = 10cm^2/s$，$\tau_p = 10^{-7}sec$。試計算光電流密度。

5. 考慮一個矽 *p-n* 結光敏二極體，在室溫狀況下，有下列參數：$N_A = 10^{15}/cm^3$，$N_D = 10^{16}/cm^3$，$D_n = 30cm^2/sec$，$D_p = 10cm^2/sec$，$\tau_n = 10^{-6}s$，$\tau_p = 10^{-7}s$，反向偏壓爲 10V，過剩載子的產生速率 $G_L = 10^{21}/cm^3\cdot s$。試計算光敏電流密度。
6. 在一個砷化鎵 *p-n* 結雷射中，*p-n* 結兩邊最低的摻雜濃度是多少？
7. (a) 在半導體雷射中，試證兩個最鄰近的縱模雷射光，其波長的分離爲 $\frac{\lambda^2}{2L}$，L 是雷射腔的長度。(b) 假設所發射出來的光，其能量等於半導體的能隙，$L = 50\mu m$，試求砷化鎵雷射光兩個相鄰縱模光波的差距。
8. 如果要使一個砷化鎵半導體雷射的開啓電流密度 $J_{th} = 2000A/cm^2$，而相應的 $\alpha = 15cm^{-1}$，$\beta = 2\times10^{-2}cm/A$，試求所需要的雷射腔長度 L。
9. 考慮一個矽 *p-n* 結太陽電池，其參數如下：$N_A = 10^{18}/cm^3$，$N_D = 10^{16}/cm^3$，$D_n = 25cm^2/s$，$D_p = 10cm^2/s$，$\tau_n = 5\times10^{-7}s$，$\tau_p = 10^{-7}s$，$T = 300K$，光電流密度 $J_L = 10mA/cm^2$，試計算斷路電壓 V_{oc}。
10. 考慮一個砷化鎵太陽電池，有 n^+p 結構，其參數爲 $T = 300K$，$N_D = 10^{19}/cm^3$，$D_n = 250cm^2/s$，$D_p = 10cm^2/s$，$\tau_n = 5\times10^{-8}s$，$\tau_p = 10^{-8}s$，產生的光電流密度爲 $J_L = 20mA/cm^2$。如果需要的斷路電壓 $V_{oc} = 1V$，試求 N_A 需要是多少？
11. 某非晶態材料在光量子能量 $h\nu = 2eV$ 時，其吸收係數 $\alpha = 10^5cm^{-1}$。如果需要達到吸收 80% 的光子，試求非晶態材料的厚度。
12. 某半導體光敏電導有下列參數：$\mu_n = 8500cm^2/V\cdot s$，$\mu_p = 400cm^2/V\cdot s$，$E_g = 1.42eV$，載子壽命 $\tau = 10^{-7}s$，所加的電壓等於 $5(E_g/q)$，如果需要光敏電導有 10^4 的增益，則 (a) 光敏電導的長度需要設計爲多少？(b) 在這種情形下，光敏電導可以運作到多高的頻率？

本章主要參考書目

1. S. Sze, Physics of Semiconductor Devices (1981).
2. E. Yang, Microelectronic Devices (1988).
3. P. Kruse, L. McGlauchlin and R. McQuistan, Elements of Infrared Technology (1962).

第十五章

絶緣體的應用

1 絶緣體薄膜

2 陶瓷敏感元件

3 介電崩潰

我們在第七章已經初步討論了絕緣體，陶瓷材料和非晶態材料的一些基本性質，本章將進一步討論其應用，由於這個範圍很大，本章將只選擇性的討論這些材料在微電子方面的一些應用。本章的一些方程式，在推導過程中使用了一些近似的步驟，因此不是逐步導出，這是首先需要說明的。

15.1 絕緣體薄膜

絕緣體的特徵是能隙較大（普通在 5eV 以上），因此在室溫之下，由熱能激發的自由載子數量很少，因此電阻率（resistivity）很高，通常都在 $10^8\Omega$-cm 以上。絕緣體材料也可以用偏離化學計量比（stoichiometry）或是摻雜質原子的方法來增加它的電導率，成爲半導體。但是在本節中，我們將只討論絕緣體的應用。

對於一個性質良好的絕緣體來說，如果厚度足夠厚〔普通在幾百埃（Å）以上〕，則能夠通過的電流很少，絕緣體可以視爲是完全絕緣的。如果厚度很薄（< 10Å），則載子很容易穿隧通過，因而不構成什麼障礙。厚度在這個範圍之內的絕緣體薄膜，在加上一定的偏壓下，會有不能忽略的電流。這些電流，或者平常叫做漏電流的大小和性質，往往決定了一個元件的優劣，因此在微電子的應用上，占了很重要的位置。一個很明顯的例子就是矽記憶元件中的二氧化矽絕緣層，穿過二氧化矽的漏電流是決定超大型積體電路記憶元件最重要的參數之一。

在微電子元件中使用的絕緣體薄膜，包括二氧化矽（SiO_2）、氮化矽（Si_3N_4）、氧化鉭（Ta_2O_5）、氧化鋅（ZnO）、氧化鋁（Al_2O_3）、氧化銦和氧化錫的混合（indium tin oxide, In_2O_3-SnO_2）等，大多都是非晶態（amorphous）或多晶態（polycrystalline）的，因此並沒有週期性的晶格結構。特別是非晶態薄膜連晶粒結構都沒有，只有最近距離的原子，還維持著某種程度的秩序。而能帶理論的建立是基於晶格週期性結構的。因此，嚴格說起來，基於能帶理論的觀念如能隙、導帶和價帶等並不能完全應用到絕緣體薄膜上。但是理論證明，電子的能位形成分開的能帶，主要是與最近距離原子之間的化學鍵有關的，因此既使是非晶態材料，也有與晶態材料類似的能帶。在以下的討論中，我們將假設這些絕緣體薄膜都仍然有能帶結構，但是應該了解，這些都是近似的。

做了具有能帶的假設後，通過這些非晶態或多晶態絕緣體薄膜的電流機理有下列數種：

(1) 離子電導（ionic conduction）。

(2) 空間電荷限制電流（space-charge limited current）。

(3) 穿隧（tunneling）或場發射（field emission）。

(4) 蕭基發射（Schottky emission）或稱熱發射（thermionic emission）。

(5) 普爾－法蘭克（Poole-Frenkel）效應，即內部的蕭基發射。

(6) 熱場發射（thermionic field emission）。

(7) 雜質電導（impurity conduction）。

這些電流機理中電子電流的部分顯示於圖 15.1：(1) 電子直接由一個金屬電極到另一個金屬電極的量子力學穿隧作用；(2) 載子（電子或電洞）也可以經由熱發射或蕭基發射，越過金屬—絕緣體界面的能障注入絕緣體的導帶（或價帶）；(3) 載子可以在有高外加電場時，穿隧通過絕緣層傾斜的能障間隔；(4) 非晶態薄膜必然有大量的捕獲中心，在有捕獲中心的情況下，電子傳導也可以經由捕獲中心的穿隧效應達成；(5) 或者依捕獲中心類型的不同，經由捕獲中心之間的跳躍過程達到；(6) 如果接觸爲歐姆式的，有無限多的電子可以做爲傳導之用，則電流受限制的因素將由絕緣體中的空間電荷來決定；(7) 絕緣體中雜質原子的電子，可以經由穿隧效應或跳躍（hopping）過程，在雜質原子之間跳躍，形成沿電場方向的電流；(8) 介於熱發射與穿隧發射之間的熱場發射。

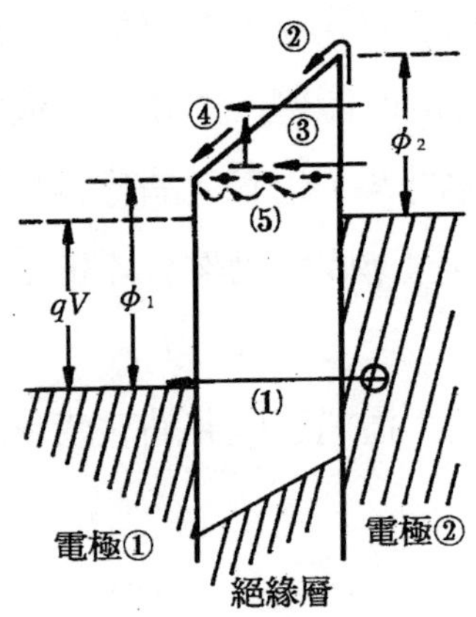

圖 15.1　一個金屬—絕緣體—金屬結構的能帶圖，電極①上加了正電壓 V，ϕ_1 和 ϕ_2 為兩個界面上的能障高度

以上這些傳導機理當中：(1) 離子電導、(2) 空間電荷限制電流、(5) 普爾－法蘭克效應和 (7) 雜質電導都是由材料本身的傳輸性質決定的（transport-limited），或者說是本體限制（bulk-limited）的電傳輸機理。而 (3) 穿隧發射、(4) 熱發射和 (6) 熱場發射則決定於發射電極的性質，是注入性質決定的（injection-limiled），也稱爲電極限制（electrode-limited）的電傳輸機理。

下面將逐一介紹這些電流機理。

15.1.1　離子電導

離子傳導（ionic conduction）在第七章已經初步介紹過了。在沒加電場的情況下，離子從某一個晶格位置跳到另外一個鄰近的懸空位置的頻率 f 是

$$f = \frac{1}{b\nu^2}\left(\frac{kT}{h}\right)^3 e^{-\phi/kT} \tag{15.1}$$

其中 ν 是在與跳躍垂直的方向振動的頻率，b 是可能跳躍方向的數目，ϕ 是離子跳躍勢壘的高度。在沒有電場的情況下，跳躍的方向是混亂的，因此

總和的電流為零。但在加上一個電場 E 以後，在順電場方向，勢壘降低了 $\frac{q\mathrm{E}l}{2}$，而在反電場方向，勢壘升高了 $\frac{q\mathrm{E}l}{2}$，l 是兩個鄰近離子之間的距離。因此在 +E 和 −E 的方向，跳躍的頻率有了差異，分別是

$$f_{+E} = \frac{1}{b\nu^2}\left(\frac{kT}{h}\right)^3 e^{-\phi/kT} e^{q\mathrm{E}l/2kT} \tag{15.2}$$

$$f_{-E} = \frac{1}{b\nu^2}\left(\frac{kT}{h}\right)^3 e^{-\phi/kT} e^{-q\mathrm{E}l/2kT} \tag{15.3}$$

整個的電荷轉移或然率 f_T，因此是

$$f_T = f_{+E} - f_{-E} = 2f\sinh\left(\frac{q\mathrm{E}l}{2kT}\right) \tag{15.4}$$

f 代表前面的係數。

如果電場很弱，$q\mathrm{E}l << kT$，則 f_T 可以簡化為

$$f_T = f\frac{q\mathrm{E}l}{kT} \tag{15.5}$$

離子傳導的電流密度，因此是

$$J = nqf_T l = nf\frac{\mathrm{E}q^2l^2}{kT} \tag{15.6}$$

其中 n 是帶電離子的數目。在這種情形下，電流與電場的關係是線性的，符合歐姆定律。

如果電場很強，$q\mathrm{E}l >> kT$，則（15.3）式與電場方向相反的跳躍或然率非常之小可以忽略，因此電流密度成為

$$J = nqf_{+\mathrm{E}}\, l = \frac{nql}{b\nu^2}\left(\frac{kT}{h}\right)^3 e^{-\phi/kT}\, e^{q\mathrm{E}l/2kT} = J_o \exp\left(-\frac{\phi}{kT} + \frac{q\mathrm{E}l}{2kT}\right) \tag{15.7}$$

與離子傳導同時發生的，還會有質量的轉移。因為在薄膜中會產生空間電荷，因此也會附帶有極化的現象。離子傳導的活化能量（activation energy）要幾個 eV，比電子移動往往只需要不到 1eV 要大。但是雖然有這些特點，但要把離子傳導與其他電子傳導的機理分開，仍然是不容易的。

15.1.2 空間電荷限制的電流

如果絕緣體薄膜兩邊的金屬電極中，有一邊或兩邊與絕緣體形成歐姆接觸，則這個歐姆接觸的電極可以源源不斷的提供載子，通過絕緣體薄膜的電流，因此不是受到電極方面的限制，而是受到絕緣體本身的限制。假設負極與絕緣體的接觸是一個歐姆接觸，則電子在進入絕緣體後，會在絕緣體的導帶或捕獲中心（traps）形成空間電荷的累積，這些累積的電荷會對外加的電壓起相斥的作用，同時阻擋電子的流動。如果正極和負極都形成歐姆接觸，則電子和電洞都會被注入進絕緣體，於是會形成有兩種載子的電流。由於絕緣體薄膜多是非晶態的結構，自然會有大量的捕獲中心存在，通過絕緣體的電流因而會受到捕獲中心的影響。

1. 一種載子的空間電荷限制電流

我們先看最簡單的情況，即只有一種載子，同時又沒有捕獲中心的情形。如果負極是歐姆接觸，電子可以由負極進入絕緣體的導帶，形成空間中的電荷，就跟真空管中的電子一樣。因此在電場之下穿過絕緣體的電流與在真空管中的電流類似。

考慮一個沒有熱激發自由載子，也沒有捕獲中心的絕緣體。絕緣體的厚度為 d，通過的電流密度為 J。在 x 位置的電場為 $\mathrm{E}(x)$，而每單位體積注入的自由電子數目為 $n(x)$。在平衡狀態，總電流是漂移電流和擴散電流之和

$$J = nq\mu \mathrm{E} + qD\frac{dn}{dx} \tag{15.8}$$

其中 μ 為遷移率，D 為電子的擴散係數。

其次，根據泊松（Poisson）方程式

$$\frac{d\mathrm{E}}{dx} = \frac{qn}{\epsilon} \tag{15.9}$$

ϵ 為絕緣體的介電常數。把（15.9）式的 n 代入（15.8）式，如果現在只考慮電流的數量，得

$$J = \epsilon\,\mu\,\mathrm{E}\frac{d\mathrm{E}}{dx} + \epsilon \mathrm{D}\frac{d^2\mathrm{E}}{dx^2} \tag{15.10}$$

在 $kT << q\mathrm{E}d$ 的條件下，可以忽略（15.10）式的第二項，將（15.10）式積分得到

$$\mathrm{E} = \sqrt{\frac{2J}{\mu\epsilon}(x + x_o)} \tag{15.11}$$

其中 x_o 為一積分常數。由 $x = 0$ 時 $n = N_o$ 的邊界條件

$$N_o \cong 2\left(\frac{2\pi m^* kT}{h^2}\right)^{3/2} e^{-(W-\chi)/kT} \tag{15.12}$$

其中，N_o 為金屬與絕緣體界面處的電子密度，m^* 是電子有效質量，W 是金屬功函數，χ 是絕緣體的電子親和勢（electron affinity）。由 $J \cong nq\mu\mathrm{E}$ 和（15.11）式，可得

$$x_o = \frac{\epsilon J}{2\mu N_o^2 q^2} \tag{15.13}$$

由於加在絕緣體薄膜上的電壓 V 等於

$$V=\int_o^d \mathrm{E}dx \tag{15.14}$$

因此
$$V=\int_o^d \left[\frac{2J}{\epsilon\mu}(x+x_o)\right]^{1/2} dx$$
$$=\frac{2}{3}\left(\frac{2J}{\epsilon\mu}\right)^{1/2}[(d+x_o)^{3/2}-x_o^{3/2}] \tag{15.15}$$

因此對於 $x_0 << d$ 的情況下，

$$J=\frac{9}{8}\epsilon\mu\frac{V^2}{d^3} \tag{15.16}$$

這就是在單一載子，沒有捕獲中心條件下，空間電荷限制的電流關係式，也稱為莫特－郭尼（Mott-Gurney）關係式。此式相當於二極真空管電子發射的柴爾德（Child）定律，柴爾德定律的形式為

$$J=\frac{4\epsilon}{9}\left(\frac{2q}{m}\right)^{1/2}\frac{V^{3/2}}{d^2} \tag{15.17}$$

以上假設電子都是注入的。如果現在有熱激發的自由電子，其密度為 n_0，而且在所加電壓很低的時候，注入的電子少於熱激發的電子，則

$$J=qn_o\mu\frac{V}{d} \tag{15.18}$$

電流與電壓的關係符合歐姆定律。從歐姆定律的（15.18）式到莫特—郭尼的（15.16）式中間過渡的轉換電壓 V_{tr} 可以由下式而得

$$q\,n_o\mu\frac{V_{tr}}{d}=\frac{9}{8}\epsilon\mu\frac{V_{tr}^2}{d^3} \tag{15.19}$$

因此：
$$V_{tr}=\frac{8qn_o d^2}{9\epsilon} \tag{15.20}$$

如果定義一個載子穿越時間 T_{tr} 為

$$T_{tr}=\frac{d}{\mu V_{tr}/d}=\frac{d^2}{\mu V_{tr}} \tag{15.21}$$

和一個介電弛緩時間（dielectric relaxation time）τ

$$\tau=\frac{\epsilon}{\sigma}=\frac{\epsilon}{q n_o \mu} \tag{15.22}$$

其中 σ 是材料的電導率

則 $$T_{tr}=\frac{9}{8}\tau\cong\tau \tag{15.23}$$

以上的討論是在假設沒有捕獲中心的條件下，如果有捕獲中心存在，則捕獲中心會移走部分注入的電子。在熱平衡狀態下，自由電子的數目為

$$n_o=N_C\exp\left(-\frac{E_C-E_F}{kT}\right) \tag{15.24}$$

其中 N_C 為導帶中的有效能位密度。

在熱平衡狀態下，一個在 E_t 能位的捕獲中心，它的電子占有數（occupancy）為：

$$n_{t,o}=\frac{N_t}{1+\dfrac{1}{g}\exp\left[(E_t-E_F)/kT\right]} \tag{15.25}$$

其中 N_t 為捕獲中心的密度，g 為捕獲中心的簡併數（degeneracy factor），最簡單的情況下 $g=2$。在沒有外加電場的情況下，捕獲中心的占有率在捕獲電子和再釋出電子之間達到平衡。

在加上電場後，只要電場不是非常大，唯一的改變是由於注入程度改變了，自由電子的密度也改變。因此，在絕緣體中，捕獲的電子與自由電子之

間的平衡在形式上與沒有電場時一樣，只是自由電子密度要改變，要用一個不同的費米能位，叫做穩定狀態電子的費米能位 E_{FS}。因此

$$n(x) = N_C \exp\left[(E_{FS} - E_C)/kT\right] \tag{15.26}$$

捕獲中心的占有電子也變成

$$n_t = \frac{N_t}{1 + \frac{1}{g}\exp\left[(E_t - E_{FS})/kT\right]} \tag{15.27}$$

把（15.26）式代入（15.27）式，得到

$$n_t = \frac{N_t}{1 + \frac{1}{g}\frac{N}{n(x)}} \tag{15.28}$$

其中

$$N = N_C \exp\left[(E_t - E_C)/kT\right] \tag{15.29}$$

在此要對捕獲中心做一個分類，在 E_{FS} 能位至少 kT 以下的捕獲中心叫做深捕獲中心，這些捕獲中心一般而言都已經塡滿，因此不會再對注入的電子發生影響。在 E_{FS} 能位至少 kT 以上的捕獲中心，叫做淺捕獲中心，這些淺捕獲中心會對注入的電子發生捕獲的作用。

在淺捕獲中心的情形，$E_t - E_{FS} >> kT$，故 $N >> n(x)$，因此 $1 + \frac{N}{gn(x)} \cong \frac{N}{gn(x)}$，所以自由電子與被捕獲電子的比例爲

$$\frac{n(x)}{n_t(x)} = \frac{N}{gN_t} = \frac{N_C \exp\left[(E_t - E_C)/kT\right]}{gN_t} = \theta \tag{15.30}$$

而 θ 是一個常數。

θ 愈小代表捕獲中心愈能把注入的電子捕獲住。這些淺捕獲中心的效果

就是降低莫特－郭尼關係式（15.16）開始的電壓，因爲大多注入的電子都被捕獲住了，需要更大的電場，更大的注入電子量才能使注入的電子多於熱能激發的電子數量 n_0，則莫特—郭尼方程式會修改成

$$J=\frac{9}{8}\theta\epsilon\mu\frac{V^2}{d^3} \tag{15.31}$$

轉換電壓 V_{tr} 也成爲

$$V_{tr}=\frac{8qn_o d^2}{9\theta\epsilon} \tag{15.32}$$

由於 θ 可以小到只有 10^{-7}，因此淺捕獲中心對單一載子空間電荷限制電流的影響是很大的。

對於深捕獲中心的情形，$E_{FS}-E_t >> kT$，則 $N << n(x)$，故 $1+\frac{N}{gn(x)}\cong 1$，所以，

$$n_t(t)\cong N_t \tag{15.33}$$

這顯示，這些深捕獲中心都已填滿，對於自由載子密度沒有什麼影響。

捕獲中心屬於深或者淺，與 E_{FS} 的位置有關，而 E_{FS} 的位置則與注入的大小或者說所加的電壓有關。當電壓增加，注入增多時，E_{FS} 增高更接近導帶底。故原來的淺捕獲中心會變爲深捕獲中心。等到 E_{FS} 超過所有捕獲中心的能位時，全部的捕獲中心基本上都填滿了，這時候再注入的電子都可以留在導帶並形成電流，於是 θ 回到與沒有捕獲中心相類似的情況。

2. 兩種載子的空間電荷限制電流

如果現在正極和負極都是歐姆接觸，電子可以由負極注入，電洞可以由正極注入。最後形成的電流是符合歐姆定律還是符合莫特－郭尼關係式，要看介電弛緩時間 τ 與電子穿越時間 T_{re} 和電洞穿時間 T_{rh} 的相對大小而定。可

以分成三種情形討論：

(1) 當 $\tau < T_{re}$ 和 T_{rh} 時

這種情形與半導體類似，只有少數載子會被注入。不會再有淨空間電荷產生，因爲注入的少數載子在一個時間 τ 以後都被多數載子所中和了。由於少數載子注入而增加的電流是歐姆式的，電導率的增加爲 $\Delta\sigma = e(\mu_n + \mu_p)\Delta p$，其中 Δp 爲注入的少數載子密度。

(2) 當 $T_{re} < \tau < T_{rh}$ 或 $T_{re} > \tau > T_{rh}$

在這種情形下，電流基本上是一種載子的空間電荷限制電流，載子是其穿越時間比弛緩時間爲短的那種，而另外一種載子的空間電荷則大多會被中和。總共的電流是單一載子空間電荷限制的，其歐姆區域受到較長穿越時間注入載子的修正。

(3) 當 $\tau > T_{re}$ 和 T_{rh} 時

兩種載子都提供空間電荷限制的電流，總共的電流因而是雙載子的空間電荷限制電流。

在雙載子注入的情況，電流的計算相當複雜，如果沒有復合中心（recombination centers），電流電壓的關係式爲

$$J = \frac{9}{8}\mu_{eff}\epsilon\frac{V^2}{d^3} \tag{15.34}$$

μ_{eff} 的導出很複雜，但大致爲

$$\mu_{eff} \cong \frac{2}{3}\left[2\pi\left(\frac{\mu_n\mu_p}{\mu_o}\right)(\mu_n + \mu_p)\right]^{1/2} \tag{15.35}$$

其中 $\mu_o = \dfrac{\epsilon v b}{2q}$ 等爲復合遷移率（recombination mobility），v 是載子的熱平均速度（thermal velocity），b 是載子復合的截面積（recombination cross section）。在載子遷移率較小約爲 10cm^2/V · s 左右時，有效遷移率 μ_{eff} 可以

大到 10^3 倍以上。

如果現在有復合中心，則電流成為

$$J=\frac{9}{8}e\,\mu_n\mu_p\,\tau_h N_R\,\frac{V^2}{d^3} \tag{15.36}$$

其中 N_R 為復合中心的密度，τ_h 為在高注入情形下載子的平均生存時間。

15.1.3　穿隧或場發射

一個絕緣層夾在兩個導體之間，如果絕緣層夠薄，則電子可以經由量子力學的穿隧作用，從一邊到另外一邊。穿隧電流密度應該等於每單位面積到達絕緣層勢壘邊的電子數乘上穿透這個勢壘的或然率。圖 15.2 顯示一個金屬—絕緣體—金屬結構的勢壘。因此，通過這個絕緣層的淨電流密度是

$$J=\frac{4\pi me}{h^3}\int_0^\infty [f_1(E)-f_2(E)]dE\int_0^{E_m} P(E_X)\,dE_X \tag{15.37}$$

其中 $f_1(E)$ 和 $f_2(E)$ 分別為電極 1 和電極 2 的費米－狄拉克分布函數，假設勢

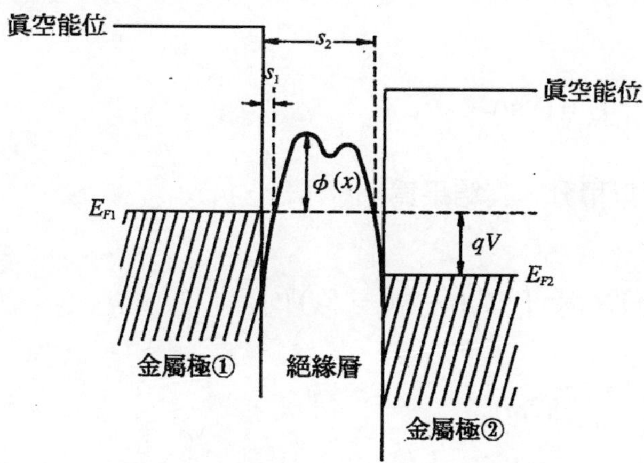

圖 15.2　金屬—絕緣體—金屬薄膜結構的普遍能障形態

壘是在 x 方向，電子穿隧也是在 x 方向，$P(E_X)$ 爲在 x 方向具有 E_X 能量的電子可以穿透勢壘的或然率，E_m 爲電子在 x 方向最大的能量。

最主要的問題在於決定這個穿透或然率，使用 WKB 近似方法，可以得到

$$P(E_X)=\exp\left\{-\frac{2}{\hbar}\int_{s_1}^{s_2}[2m(\phi(x)-E_X)]^{1/2}\,dx\right\} \tag{15.38}$$

其中 $\phi(x)$ 爲從金屬費米能位算起的能障高度。s_1 和 s_2 爲決定能障寬度的座標，即費米能位與能障曲線的交點。

（15.37）式的積分一般來說並不能得到一個精確的數學形式，總要做一些近似。下面的方法用 $\phi(x)$ 的平均值做爲能障高度來簡化 $\phi(x)$。

現在假設電極 2 加上了一個偏壓 V，而且以金屬費米能位的零點爲能量的零點，絕緣體的能障高度因而可以寫爲 $E_F+\phi(x)$，（15.37）式可以寫爲

$$P(E_X)=\exp\left\{-\frac{4\pi}{h}(2m)^{1/2}\int_{s_1}^{s_2}[E_F+\phi(x)-E_X]^{1/2}\,dx\right\} \tag{15.39}$$

如果用 $\bar{\phi}$ 做爲 $\phi(x)$ 的平均值，

$$\bar{\phi}=\frac{1}{s}\int_{s_1}^{s_2}\phi\,(x)dx \tag{15.40}$$

則（15.38）式可以積分，其結果爲

$$P(E_X)\cong\exp\left[-C\,(E_F+\bar{\phi}-E_X)^{1/2}\right] \tag{15.41}$$

其中 $$\mathrm{C}=\left(\frac{4\,\pi\beta\,s}{h}\right)(2m)^{1/2} \tag{15.42}$$

$s=s_2-s_1$，而 β 是一個在數學上引進的能障形態的修正係數，其值接近於 1，

故大半可以忽略。

在絕緣層的兩邊，假設有相同的金屬電極，電子的供給函數，即(15.37)式中的第一個積分可以分別寫為下列兩項

$$\xi_1=\frac{4\pi me}{h^3}\int_0^\infty f(E)\,dE \tag{15.43}$$

和

$$\xi_2=\frac{4\pi me}{h^3}\int_0^\infty f(E+eV)\,dE \tag{15.44}$$

V 是電極 2 所加的電壓。在 0K 的時候，(15.43)和(15.44)式可以簡化為

$$\xi_1=\frac{4\pi me}{h^3}\,(E_F-E_X)\text{，}0<E_X<E_F \tag{15.45}$$

$$=0\text{，}\qquad E_X>E_F$$

$$\xi_2=\frac{4\pi me}{h^3}\,(E_F-E_X-eV)\text{，}E_X<E_F-eV \tag{15.46}$$

$$=0\text{，}\qquad E_X>E_F-eV$$

$\xi=\xi_1-\xi_2$，則 ξ 成為

$$\xi=\begin{cases}\dfrac{4\pi me}{h^3}(eV) & \text{，}0<E_X<E_F-eV\\ \dfrac{4\pi me}{h^3}(E_F-E_X) & \text{，}E_F-eV<E_X<E_F\\ 0 & \text{，}E_X>E_F\end{cases} \tag{15.47}$$

把(15.47)式和(15.41)式代入(15.37)式得到

$$J=\frac{4\pi me}{h^3}\Big\{eV\int_0^{E_F-eV}\exp\,[-C\,(E_F+\overline{\phi}-E_X)^{1/2}]dE_X$$

$$+\int_{E_F-eV}^{E_F}(E_F-E_X)\exp\,[-C\,(E_F+\overline{\phi}-E_X)^{1/2}]dE_X\Big\} \tag{15.48}$$

用　$\exp[-C(\bar{\phi}+eV)^{1/2}] >> \exp[-C(\bar{\phi}+E_F)^{1/2}]$

和　$C(\phi+eV)^{1/2} >> 1$

的近似，與 $\int z^3 e^{-Cz}dz = -e^{-Cz}\left(\frac{z^3}{C}+\frac{3z^2}{C^2}+\frac{6z}{C^3}+\frac{6}{C^4}\right) \cong -e^{-Cz}\left(\frac{z^3}{C}+\frac{3z^2}{C^2}\right)$

的積分公式，其中 $z^2 = E_F + \bar{\phi} - eV$，其結果爲

$$J = J_o\left\{\bar{\phi}\exp(-C\bar{\phi}^{1/2}) - (\bar{\phi}+eV)\exp[-C(\bar{\phi}+eV)^{1/2}]\right\} \tag{15.49}$$

其中
$$J_o = \frac{e}{2\pi hs^2} \tag{15.49a}$$

只要能知道平均的能障高度，(15.49) 式可以用於任何形狀的能障。對於一個圖 15.3 所示的長方型能障，電流密度的公式可以寫爲：

1. 在低電壓 $V \cong 0$ 時，見圖 15.3(a)

$$J = \left(\frac{e^2V}{h^2s}\right)(2m\Phi)^{1/2}\exp\left[-\frac{4\pi s}{h}(2m\Phi)^{1/2}\right] \tag{15.50}$$

其中 Φ = 金屬功函數 − 絕緣體的電子親和勢

2. 中等電壓 $V < \frac{\Phi}{e}$，見圖 15.3(b)

$$J = \left(\frac{e}{2\pi hs^2}\right)\left\{\left(\Phi - \frac{eV}{2}\right)\exp\left[-\frac{4\pi s}{h}(2m)^{1/2}\left(\Phi - \frac{eV}{2}\right)^{1/2}\right] - \left(\Phi + \frac{eV}{2}\right)\exp\left[-\frac{4\pi s}{h}(2m)^{1/2}\left(\Phi + \frac{eV}{2}\right)^{1/2}\right]\right\} \tag{15.51}$$

3. 高電壓情況，$V > \frac{\Phi}{e}$，見圖 15.3(c)

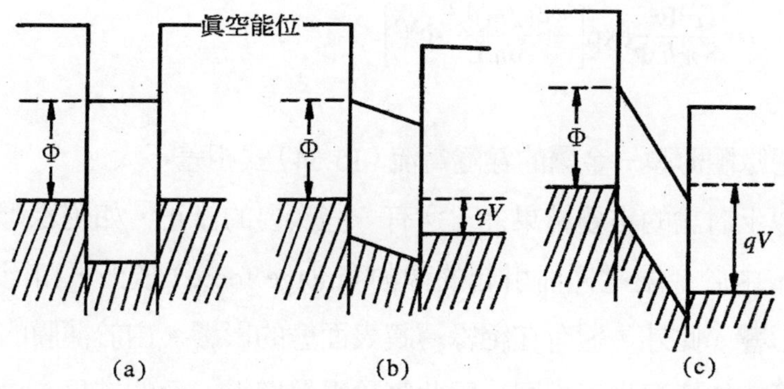

圖 15.3　金屬—絕緣體—金屬薄膜的方型能障：(a)$V=0$，(b) $V<\dfrac{\Phi}{e}$，(c) $V>\dfrac{\Phi}{e}$

$$J=\frac{2.2e^3V^2}{8\pi h\Phi s^2}\left\{\exp\left[-\frac{8\pi s}{2.96heV}(2m)^{1/2}\Phi^{3/2}\right]-\left(1+\frac{2eV}{\Phi}\right)\right.$$
$$\left.\times\exp\left[-\frac{8\pi s}{2.96heV}(2m)^{1/2}\Phi^{3/2}\left(1+\frac{2eV}{\Phi}\right)^{1/2}\right]\right\} \tag{15.52}$$

當電壓很高，$V>\dfrac{\Phi+E_F}{e}$ 時，後一項與前一項比起來很小，上式可以簡化爲

$$J=\frac{2.2e^3V^2}{8\pi h\Phi s^2}\exp\left[-\frac{8\pi s}{2.96heV}(2m)^{1/2}\Phi^{3/2}\right] \tag{15.53}$$

這就是爲人熟知的傅勒—諾德翰（Fowler — Nordheim）方程式，如果讓電場 $\mathrm{E}=\dfrac{V}{s}$，則電流密度成爲

$$J=\frac{2.2e^3\mathrm{E}^2}{8\pi h\Phi}\exp\left[-\frac{4(2m)^{1/2}}{2.96\hbar e\mathrm{E}}\Phi^{3/2}\right] \tag{15.54}$$

如果只考慮從金屬極進入一個電介質的場發射，假設金屬的電子分布與絕對零度時相去不遠，使用 WKB 近似計算穿透或然率，可以得到較爲簡化的方程式

$$J = \frac{e^3 E^2}{8\pi h \Phi} \exp\left[-\frac{4(2m)^{1/2}}{3\hbar e E}\Phi^{3/2}\right] \tag{15.54a}$$

與金屬－絕緣體薄膜－金屬的穿隧電流（15.54）式相差不大。

除了以上討論的主要結果外，還有一些次要的修正。如絕緣體中空間電荷的影響，由於金屬電極而引起的像力（image force）修正，和絕緣體中捕獲中心的影響。此外，還有在絕緣薄膜表面態的影響。由於薄膜的製備方法不同，表面態的情況也不相同，因此實驗很難取得一致的結果。這些次要的影響如下：

1. 空間電荷有兩點影響，首先它會造成局部電場，在薄膜中間造成較高的電場，但是這個影響不大。其次穿隧進入絕緣體導帶的電子會形成空間電荷，從而改變了有效的偏壓，計算的結果要使用 V' 來取代 V。

$$V' = V - (ens^2/2\epsilon)[1 - \Phi/eV']^2 \tag{15.55}$$

在沒有捕獲中心的情況，這個效果也很小，但在有捕獲中心的時候，穿隧電流會顯著減少。

2. 像力的影響

如圖 15.4 所示，如果在能障中間線以外 x 處有一個電荷 e，則由於所有影像電荷而來的像力為

$$f = \frac{e^2}{4\pi\epsilon}\sum_{n=1}^{\infty}\left\{\frac{1}{[(2n-1)s-2x]^2} - \frac{1}{[(2n-1)s+2x]^2}\right\} \tag{15.56}$$

對於電荷 e 所處位置對稱的像力已經在上式去掉了。注意這是在兩邊金屬極都有影像電荷產生的情形。整理（15.56）式可得

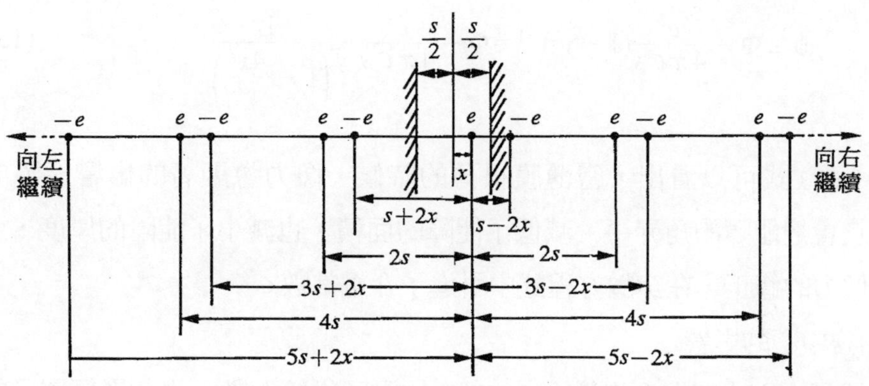

圖 15.4　像力問題的圖示

$$f=\frac{e^2y}{\pi \epsilon s^2}\left\{\frac{1}{(1-y^2)^2}+\frac{3}{(9-y^2)^2}+\frac{5}{(25-y^2)^2}+\cdots\cdots\right\} \tag{15.57}$$

其中 $y=\frac{2x}{s}$。這個級數會收斂，其結果為

$$f\cong\frac{e^2}{\pi \epsilon s^2}\left\{\frac{y}{(1-y^2)^2}+0.05y\right\} \tag{15.58}$$

位能因而可以由（15.58）式積分而得

$$\phi=-\int f dx + C_1 \tag{15.59}$$

C_1 是一個積分常數，由於除了在金屬—絕緣體邊緣附近以外，像力都很小，所以這個常數 C_1 等於 Φ。（15.59）式的積分因而等於

$$\phi=\Phi-\frac{e^2}{4\pi \epsilon s}[(1-y^2)^{-1}+0.05y^2] \tag{15.60}$$

括弧中的第二項一般比第一項小很多，可以忽略，因此

$$\phi \cong \Phi - \frac{e^2}{4\pi\epsilon s}(1-y^2)^{-1} = \Phi - \frac{e^2}{4\pi\epsilon s}\cdot\frac{1}{\left(1-\frac{4x^2}{s^2}\right)} \tag{15.61}$$

從(15.61)式可以看出，當薄膜很薄的時候，像力會顯著的影響能障的形狀。它會把能障的角弄平，減低了能障的面積，也減小了能障的厚度，並且由於像力的修正，在穿隧方程式中引進了介電常數 ϵ。

3. 捕獲中心的影響

捕獲中心的存在會影響(15.37)式的電子供給函數，也會影響電子的穿透或然率。

基本上，每一個捕獲中心相當於一個局部的能量井，有其準穩定(quasi-stable)的能階。在能障之中有捕獲中心，由於每個捕獲中心都會有特有的捕獲時間，因此電子在通過能障的時候會受到延遲，而且也會限制通過能障電子的數目。

如果能障之中有捕獲中心，則穿隧電流會與溫度有關。這有兩個原因：一是因爲捕獲中心的密度可能與溫度有關，另一個原因是電子在費米能位附近的分布是與溫度有關的，因而穿隧電流也與溫度有關。有理論證明，捕獲中心的存在可以降低穿隧的有效距離，因而會對穿隧電流有一個增加的因子。另外，如果捕獲中心的能位與費米能位接近的話，則因爲大多穿隧電子都將有與捕獲中心能位相同的能量，穿隧電流會顯著增加。

附帶提到，穿越能隙的齊納(Zener)穿隧，其電流—電壓關係有下列的形式

$$J = \frac{Ze^2}{a^2h}V\exp\left(-\frac{\pi^2 ma}{eh^2}\frac{E_g^2}{\mathrm{E}}\right) \tag{15.62}$$

其中 a 爲單胞的長度，Z 爲每一個單胞的電子數，其他符號均照舊。

捕獲了的電子經過場激發到導帶，這種電流的計算與負極的場發射相

似，只是沒有像力的作用。這種作用的電流電壓關係為

$$J = A_0\left(\frac{\mathrm{E}}{\mathrm{E}_0}\right)^2 e^{-\mathrm{E}_0/\mathrm{E}} \tag{15.63}$$

A_0 和 E_0 都是參數。

從以上所舉的情況看來，穿隧或場發射發射理論導致的電流—電壓關係式都有下列的形式

$$J = A\mathrm{E}^n \exp\left(\frac{-B}{\mathrm{E}}\right) \tag{15.64}$$

其中 A 與 B 均為常數，而 n 介於 1 與 3 之間。A、B 和 n 實際的值要看是那一種穿隧過程而定。

15.1.4　蕭基發射或熱發射

一個加熱的金屬因為熱而發射電子，叫做熱發射（thermionic emission）。在電場作用下，金屬中的電子由於熱激發，從接觸金屬電極越過界面的勢壘，進入眞空或電介質的導帶叫做蕭基發射（Schottky emission），如圖 15.5 所示，事實上這兩個名辭常常互換使用。

考慮一個距離金屬表面為 x 的電子，金屬表面會產生相應的正電荷。電子與產生正電荷之間的吸引力等於電子與一個在 $-x$ 位置同樣大小的正電荷之間的吸引力一樣。這個吸引力就稱之為像力（image force）。像力的大小為

$$F = \frac{-e^2}{4\pi\epsilon(2x)^2} = -\frac{e^2}{16\pi\epsilon x^2} \tag{15.65}$$

其中 e 為電子電荷，ϵ為絕緣體的介電常數。

位能的定義為把電子由無窮遠處移動到 x 處所做的功，因此：

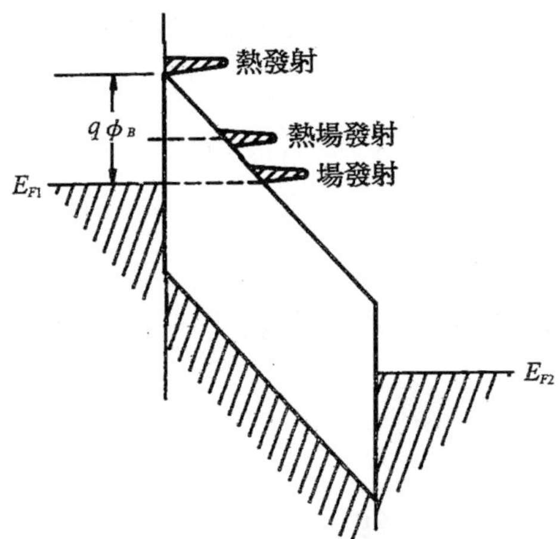

圖 15.5 金屬極 1 在負電位時，從金屬極 1 到絕緣體的導帶熱發射、熱場發射和場發射的示意圖

$$E(x) = -\int_{\infty}^{x} F(x)dx \tag{15.66}$$

如果此處的位能是以 x 軸，即以無窮遠處的位能為零，與這個像力吸引力相應的位能是

$$E(x) = -\frac{e^2}{16\pi\epsilon x} \tag{15.67}$$

如果現在加上一個電場 E，則位能會增加一項 $-\mathrm{E}ex$。

總共的位能 $E(x)$ 是

$$E(x) = -\frac{e^2}{16\pi\epsilon x} - \mathrm{E}ex \tag{15.68}$$

注意此處正寫的 E 代表電場，斜寫的 E 代表能量。如圖 15.6 所示，由於像力的影響降低了金屬—絕緣體界面上的能障高度，稱為像力勢壘下降或蕭基勢壘下降（Schottky barrier lowering），下降的大小（用 $e\Delta\phi$ 表示）和下降的位置 x_m 均可以由微分（15.68）式而得

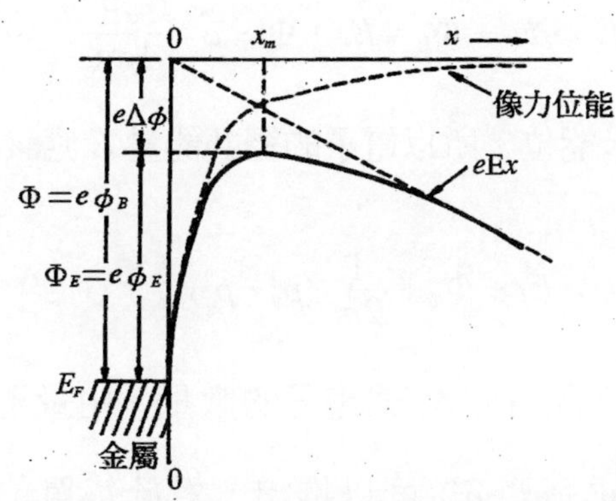

圖 15.6　金屬表面與真空之間能量關係圖，顯示蕭基效應

$$x_m = \sqrt{\frac{e}{16\pi\epsilon \mathrm{E}}} \tag{15.69}$$

$$\Delta\phi = \sqrt{\frac{e\mathrm{E}}{4\pi\epsilon}} \tag{15.70}$$

金屬—絕緣體的有效功函數 Φ_E 因此是（Φ 和 Φ_E 的定義可見圖 15.6）

$$\Phi_E = \Phi - e\Delta\phi = \Phi - e\sqrt{\frac{e\mathrm{E}}{4\pi\epsilon}} \tag{15.71}$$

電子的能量 E 等於

$$E = \frac{1}{2m}(p_x^2 + p_y^2 + p_z^2) \tag{15.72}$$

其中 p_x、p_y、p_z 分別爲電子在 x、y、z 方向的動量。如果能障是在 x 方向，能量 E 也只是 x 的函數，則我們可考慮 p_y、p_z 是不變的常數。如果電子要越過能障，電子在 x 方向的能量 E_x 要大於能障高度，而電子的總能量 E 則至少必須要比能障高度多出 $\frac{1}{2m}(p_y^2 + p_z^2)$。也就是

$$E_X > E_F + \Phi_E = E_F + \Phi - e\sqrt{\frac{e\mathrm{E}}{4\pi\epsilon}} \tag{15.73}$$

E_F 是電子分布的費米能位。所以電子的總共能量 E 應該

$$E \geq E_F + \Phi_E + \frac{1}{2m}(p_y^2 + p_z^2) \tag{15.74}$$

現在需要計算能夠符合（15.74）式電子的數量。由量子力學的結果（2.38）式 $E_n = \frac{p^2}{2m} = \frac{\hbar^2\pi^2}{2ma^2}(n_x^2 + n_y^2 + n_z^2)$ 可以推出，對於每單位體積而言，在一個 $dp_x dp_y dp_z$ 的動量空間體積中，可以允許的能位有

$$2dp_x dp_y dp_z / h^3$$

個，式中的 2 代表電子自旋。因此動量在 p_x 到 $p_x + dp_x$，p_y 到 $p_y + dp_y$，p_z 到 $p_z + dp_z$ 之間的電子數為

$$n(p_x, p_y, p_z)\, dp_x\, dp_y\, dp_z = \frac{2}{h^3}\frac{dp_x\, dp_y\, dp_z}{\exp[(E - E_F)/kT] + 1} \tag{15.75}$$

其中 n 為電子的密度。在（15.75）式中，我們可以先做 dp_y 和 dp_z 的積分。（15.75）式中用了電子的費米－狄拉克分布函數。

$$n(p_x)\, dp_x = \frac{2}{h^3} dp_x \int_{-\infty}^{\infty}\int_{-\infty}^{\infty} \frac{dp_y\, dp_z}{\exp[(E - E_F)/kT] + 1} \tag{15.76}$$

由（15.74）式，$E - E_F \geq \Phi_E + \frac{1}{2m}(p_y^2 + p_z^2)$，而 $\Phi_E + \frac{1}{2m}(p_y^2 + p_z^2)$ 會大於 kT，因此費米－狄拉克分布可以用波耳茲曼分布來取代。（15.76）式因而成為

$$n(p_x)\, dp_x = \frac{2}{h^3} dp_x \int_{-\infty}^{\infty}\int_{-\infty}^{\infty} \exp[-(E - E_F)/kT]\, dp_y\, dp_z$$

$$=\frac{2}{h^3}dp_x\exp\ (E_F/kT)\ \ \exp\left(-\frac{p_x^2}{2mkT}\right)\int_{-\infty}^{\infty}\int_{-\infty}^{\infty}\exp\ [-\ (p_y^2+p_z^2)/2\,mkT]\,dp_y\,dp_z \tag{15.77}$$

（15.77）式的定積分可以求得，因此

$$n\,(p_x)\,dp_x=\frac{4\,\pi\,mkT}{h^3}\exp\,(E_F/kT)\exp\left(-\frac{p_x^2}{2mkT}\right)dp_x$$

$$=\frac{4\,\pi\,mkT}{h^3}\exp[(E_F-E_X)/kT]\,dp_x \tag{15.78}$$

發射的電流等於到達能障而又有足夠能量跨越能障的電子數，乘上跨越能障的或然率。在量子力學中，既使電子在 x 方向的能量 E_X 比 $E_F+\Phi_E$ 爲大，$E_X>E_F+\Phi_E$，跨越能障的或然率也不是等於 1。有一個反射的因數 $r(p_x)$，故電子跨越能障的或然率爲 $1-r(p_x)$。每單位面積，每單位時間到達能障的電子數爲 $v_xn_x(p_x)dp_x$，其中 v_x 爲電子在 x 方向的速度。發射電流密度 J 因此是

$$J=\frac{e}{m}\int_{E_X=E_F+\Phi_E}^{\infty}n(p_x)p_x[1-r(p_x)]dp_x \tag{15.79}$$

如果 $r(p_x)$ 的平均值爲 r，而相應於 $E_X=E_F+\Phi_E$ 的動量爲 p_{xo} 則

$$J=\frac{e}{m}(1-r)\int_{p_{xo}}^{\infty}n(p_x)p_xdp_x \tag{15.80}$$

將（15.78）式代入（15.80）式，再積分，得到

$$J=\frac{4\,\pi\,mk^2\,T^2}{h^3}e\,(1-r)\exp\,(-\Phi_E/\,kT) \tag{15.81}$$

把（15.71）式的 Φ_E 代入，熱發射電流因而是

$$J=A^*(1-r)T^2\exp\left(-\frac{\Phi}{kT}\right)\exp\left(\frac{e}{kT}\sqrt{\frac{eE}{4\pi\,\epsilon}}\right) \tag{15.82}$$

其中 $A^* \equiv \dfrac{4\pi mek^2}{h^3} = 120\text{A/cm}^2\text{K}^2$

稱爲德西曼－理查森（Dushman-Richardson）常數。如果將 $\Phi = e\phi_B$，則（15.82）式可寫爲較常見的

$$J = A^*(1-r)T^2 \exp\left[\frac{-e\left(\phi_B - \sqrt{e\text{E}/4\pi\epsilon}\right)}{kT}\right] \tag{15.82a}$$

注意此式爲由金屬到絕緣體的熱發射，與（12.8）式由半導體到絕緣體或金屬的熱發射關係式稍有不同。

與穿隧電流一樣，熱發射電流也會受到空間電荷和捕獲中心等的影響，由於導出這些理論公式時所做的簡化假設，要得到理論和實驗上完全的符合，一般是很困難的。熱發射電流與穿隧電流的大小屬於同一個數量級，要分辨這兩種電流的一個最主要方法，就是熱發射電流與溫度有很大的關係。

15.1.5　普爾－法蘭克效應

這個效應與上一節討論的蕭基發射很類似，只是熱能是把電子從捕獲中心激發出來到絕緣體的導帶，如圖 15.7 所示。

考慮一個在捕獲中心的電子，電子的庫倫位能應該是 $-\dfrac{e^2}{4\pi\epsilon r}$，其中 r 是原點與捕獲中心的距離，ϵ是介電常數。如果現在絕緣體薄膜加上一個電場 E，則沿著電場的方向，位能要降低 $-e\text{E}x$，x 爲沿電場方向離開捕獲中心的距離。最後的位能勢壘將如圖 15.8 所示。勢壘降低則代表電子從捕獲中心經過熱激發出來到達絕緣體導帶的或然率增加了。

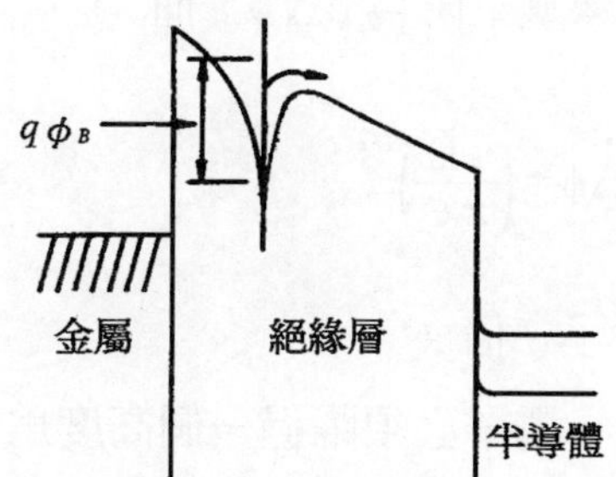

圖 15.7　金屬－絕緣體－半導體薄膜的能帶關係圖，顯示捕獲電子的普爾－法蘭克效應

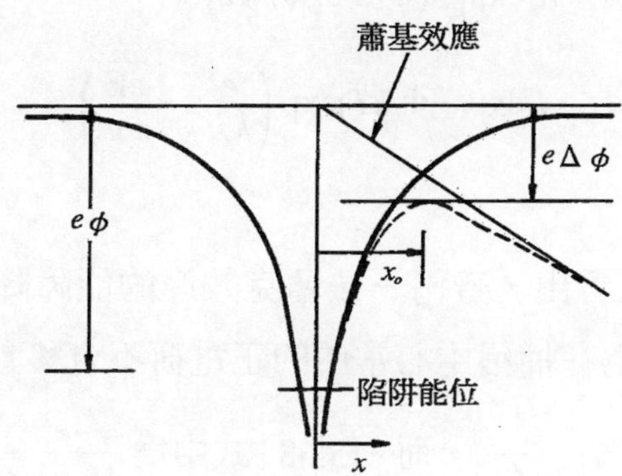

圖 15.8　對於捕獲電子經由熱激發進入導帶的情況，顯示由於外加電場所引起的能障降低

整個的位能 $E(x)$ 等於

$$E(x) = -\frac{e^2}{4\pi\epsilon x} - e\mathrm{E}x \tag{15.83}$$

因此它的極大值位置在

$$x_m = \left(\frac{e}{4\pi\epsilon\mathrm{E}}\right)^{1/2} \tag{15.84}$$

由於蕭基效應位能勢壘下降為 $e\Delta\phi$，而

$$\Delta\phi=\left(\frac{eE}{\pi\epsilon}\right)^{1/2} \tag{15.85}$$

與（15.70）式比較 $\Delta\phi$ 大了二倍。

在沒有電場的時候，電子必須躍過一個高度為 Φ 的勢壘（Φ 應該是從捕獲電子的能位到絕緣體的導帶底）。加上電場以後，這個能量勢壘降低為 $\Phi - e\Delta\phi$ 中，因此電導率可以寫為

$$\begin{aligned}\sigma &= A\exp[-(\Phi - e\Delta\phi)/kT]\\ &= A\exp(-\Phi/kT)\exp\left(\frac{e}{kT}\sqrt{\frac{eE}{\pi\epsilon}}\right)\end{aligned} \tag{15.86}$$

其中 A 為一個常數。

由（15.86）式可以看出，普爾－法蘭克效應的能障降低效果比蕭基發射要大兩倍。這是因為在捕獲中心當中的正電荷不會移動的關係，因此在（15.83）式中的像力項為 $\frac{e^2}{4\pi\epsilon x^2}$，而（15.68）式中為 $\frac{e^2}{16\pi\epsilon x^2}$。

15.1.6　熱場發射

金屬—絕緣體薄膜—金屬這樣夾層結構中的電子傳輸，在低溫和高電場的情況下，主要是隧道發射。在高溫和低電場的情況下，則主要是熱發射。至於在這兩者中間的情況，大多電子在高於 E_{F1}，但低於 $E_{F1}+q\phi_B$ 的能位穿隧，稱為熱場發射（thermionic field emission），如圖 15.5 所示。在這中間的情況，熱發射、熱場發射和場發射都對電流有貢獻，而這三者的比例與溫度和電場都有關。

15.1.7 雜質電導

雜質電導是由於電子在雜質原子之間跳躍，而形成的在電場方向的電流。由於雜質電子跳躍的遷移率很低，在常溫下只要導帶有較多的電子，雜質電導就會被掩蓋住。因爲在絕緣體中，自由載子的密度很低，所以在絕緣體中觀察到雜質電導的機會比在半導體中爲大。

通常，雜質電導的討論可以分爲兩種情況。一種是低濃度區，雜質濃度在 $10^{15} \sim 10^{17}/cm^3$ 的範圍。另一種情況是高濃度區，雜質濃度在 $10^{17}/cm^3$ 以上。在不同的濃度範圍，電導機理不相同，分述如下：

1. 低雜質濃度情況

在雜質濃度較低時，鄰近雜質的波函數交疊之處很少，電子被局限在原子周圍，波函數隨著距離呈指數下降。如果一個施主電子與另外一個空著電子的施主雜質原子靠的足夠近，則這個施主電子有可能跳到鄰近的雜質原子。這個躍遷會與聲子的發射或吸收相伴，使得能量守恆，在沒有電場的時候，電子的躍遷是自由而混亂的，因此也就沒有淨電流。加上電場後，順著電場方向會產生施主電子能量的一個梯度，使朝向低能位的躍遷增加，因而形成淨電流。電子傳輸的實際過程可能有兩種，穿隧和跳躍。

(a) 穿隧過程

電子從有電子占據的雜質中心穿隧通過能障到達另一個沒有電子占據的雜質中心。考慮電子由一個原子到另一個原子的機率，它是兩者之間距離的函數，還要考慮雜質原子的分布。最後得到的電阻率關係式是

$$\ln \rho(T) = f(N) + (E_1/kT) \tag{15.87}$$

其中 ρ 是電阻率，E_1 是激活能量，$f(N)$ 是一個多數載子數目 N 的函數。而 E_1 可以寫爲

$$E_1=\left(\frac{e^2}{\epsilon}\right)\left(4\pi\frac{N_D}{3}\right)^{1/3}(1-1.35R^{1/3}) \tag{15.88}$$

$R=\dfrac{N_A}{N_D}$，N_A 爲受主濃度，N_D 爲施主濃度。

(b) 跳躍過程

爲了使雜質電導在較高溫度時，理論與實際能夠符合的較好，載子傳輸有第二種方式，即跳躍越過雜質原子之間的能障。兩個雜質原子之間的能障如圖 15.9 所示。a 是兩個雜質原子之間的距離。如果是施主雜質，取導帶底爲位能的零點，如果是受主雜質，則取價帶頂爲位能零點。

如果 E 是雜質中心的基態（ground state）能量，由於受到鄰近離子化了的雜質原子的影響，能量 E 爲

$$E=-E_a-\frac{e^2}{4\pi\epsilon a} \tag{15.89}$$

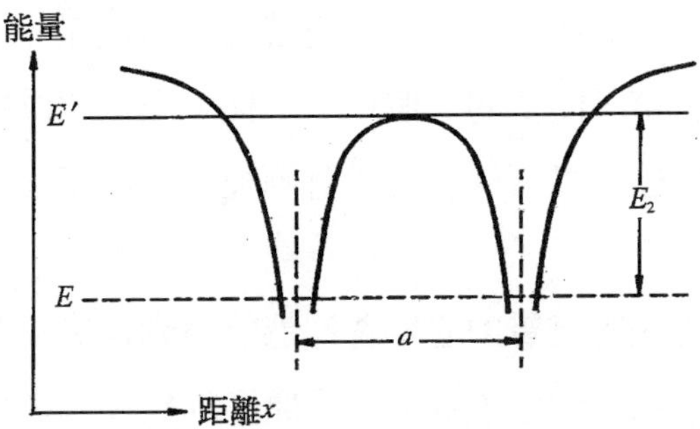

圖 15.9　一個載子在兩個雜質離子勢場中的位能，零能位選為導帶底或價帶頂

其中 E_a 爲一個隔絕的雜質中心的離子化能量。勢壘頂的能量爲

$$E'=-\frac{e^2}{\pi\epsilon a} \tag{15.90}$$

因此這種跳躍過程的激活能 E_2 爲

$$E_2 = E' - E = E_a - \frac{3e^2}{4\pi\epsilon a} \tag{15.91}$$

爲了簡化起見，假定這些雜質原子在晶體中排成一個次晶格，在任何次晶格中，距離 a 與濃度 N 的關係爲

$$\frac{1}{a} = FN^{1/3} \tag{15.92}$$

F 爲一個接近 1 的常數。因此激活能 E_2 與 $N^{1/3}$ 成比例。

跳躍過程的電阻率經過簡化，也可以寫成下列的形式

$$\ln \rho(T) = f'(N) + \left(\frac{E_2}{kT}\right) \tag{15.93}$$

$f'(N)$ 也是多數載子濃度的函數。

2. 高雜質濃度情況

當原子排列之間的距離縮短時，應該會有一個從非金屬到金屬狀態的轉換。因此當半導體或絕緣體中雜質原子的數目增加到一個臨界濃度時，這樣的轉換應該會發生。在這個濃度，跳躍過程的激活能變成零，而電阻率也會大降。在這個濃度之上，電阻率的性質與金屬類似，基本上與溫度無關。

對於一種混亂分布的雜質原子而言，這種轉換可以由原子波函數的重疊來計算，其條件估計爲

$$\frac{\left(\frac{3}{4\pi N'}\right)^{1/3}}{a_0} = 3 \tag{15.94}$$

其中 a_0 爲雜質原子的波爾原子半徑，N' 爲雜質密度。超過了這個臨界濃度之後，電導率的關係式與金屬類似，可以寫爲

$$\sigma = \frac{ne^2\lambda}{m^*v} \tag{15.95}$$

其中 λ 爲費米面上的平均自由程，v 是費米面上的速度，n 是自由電子密度，可以假設相等於 N_D，對於簡併（degenerate）電子氣的情況

$$\frac{m^*v}{\hbar} = 2\pi\left(\frac{3n}{8\pi}\right)^{1/3} \tag{15.96}$$

電子平均自由程 λ 可以寫爲

$$\lambda = \frac{\alpha}{n^{1/3}} \tag{15.97}$$

α 爲平均自由程所包含的原子間距離的倍數。由（15.96）和（15.97）式，（15.95）式可以寫爲

$$\sigma = (n^{1/3}e^2\alpha)/[\pi\hbar(3/\pi)^{1/3}] \tag{15.98}$$

15.2 陶瓷敏感元件

15.2.1 半導體陶瓷簡介

在第七章，已經介紹過絕緣陶瓷材料的基本特點。電子陶瓷是爲了特定電性，磁性，或光學應用而設計的陶瓷材料。電子陶瓷有一般陶瓷共有的幾個性質，即

1. 具有離子鍵或共價鍵。
2. 有無機晶體的微結構，或者有非晶態玻璃式結構。
3. 製程中常包括高溫的熱處理。

電子陶瓷的範圍很廣，包括作爲電容器的介電質，電性絕緣物質，壓電（piezoelectric）材料，熱電（pyroelectric）材料，鐵電（ferroelectric）材料，磁

性陶瓷，光電用陶瓷，以及超導陶瓷等。本節將只就半導體陶瓷及其敏感元件作一敘述，並強調半導體的基本能帶理論不但可以應用在晶體元件如電晶體或雷射上，也同樣可以應用在多晶材料的陶瓷材料上。

一般有一種觀念，認為半導體材料大多是單晶材料，因為只有精密的單晶工藝才能保證半導體元件的工作效能，而多晶態的陶瓷材料作為半導體，其特性將不容易保證。還有一種看法，認為電子陶瓷的基本特性應該是有優良的絕緣性，而把陶瓷材料半導體化，似乎難以理解。然而，正是把陶瓷工藝與半導體性質結合起來，才促成了許多新穎的應用。

半導體的電導率介於金屬與絕緣體之間，約在 $10^{-8} \sim 10^{3}\Omega^{-1}\text{cm}^{-1}$ 的範圍，其電導率受外界條件如溫度、光照、電場、濕度等的影響會發生很大的變化。由於半導體的這種特性，可以作為對於外界條件變化的偵測器（sensors），並做成傳感器件（transducers）。用半導體單晶材料自然也可以做成某些敏感元件，如第十三章討論的電荷耦和元件，第十四章討論的光偵測器等，但是單晶元件的製作比較複雜，往往是針對某些特殊用途而製作，在價格和使用上受到一些限制。在某些應用上，半導體陶瓷是一個很好的選擇，大部分半導體敏感元件都是採用半導體陶瓷材料做成的。此外，由於半導體陶瓷是多晶的結構，具有晶粒和晶界層（grain boundary）。由於晶界層的存在，當受到外界某些影響時，電阻率會有顯著的改變，這種敏感功能，是半導體多晶材料所特有的，單晶材料反而不能做到，本節將強調這一特徵。作為敏感元件，半導體陶瓷的應用可以分為五個方面：

1. 熱敏元件

當外界溫度發生變化時，半導體熱敏元件的電阻呈現顯著變化。利用這種性質，可以做成各種熱敏元件。

2. 氣敏元件

當某種氣體的濃度達到一定數量時，由於表面的氣體吸附，引起電導率的變化，可以做成氣敏元件。

3. 濕敏元件

濕敏元件的作用機理與氣敏元件類似，也是利用表面吸附所引起的電導率變化來製作敏感元件。濕敏元件對於水氣特別敏感，因此可以作爲濕敏元件。

4. 光敏元件

當光照到半導體表面時，可以產生光激發的載子，使電導增加，稱爲光敏電導。使用半導體陶瓷，也可以做成光敏元件。

5. 電壓敏感元件

電壓敏感元件使用具有非線性電流電壓關係的材料，在一個範圍內，電壓稍有增加，電流可以有顯著的上升，利用這種性質，可以製成電壓敏感元件。

下面我們將進一步討論其作用的機理。

15.2.2 晶粒界的電學特性

晶粒界是在多晶材料中，兩個晶粒之間的過渡區，在這個過渡區內，晶格結構的完整性和化學成分與晶粒內部都有顯著的差異。晶粒界的厚度通常爲幾個晶格常數，由於相鄰晶粒的晶格方向不一樣，晶粒界常集有大量的位錯（dislocation）、缺陷與雜質。因此對多晶材料的力學性質和電學性質有重大的影響。

晶粒界由於兩個原因，會產生過剩的電荷，這兩個原因是：

1. 正負離子在晶粒界形成空位所需要的能量不同。
2. 不同價雜質原子的存在。

下面分別討論：

(1) 本徵型晶粒界

如果多晶陶瓷材料沒有摻雜，則晶粒界可以視爲一種本徵型的晶粒界。在這種情況，假設多晶材料是高純度的，晶粒的尺寸比晶粒界的厚度大很多，因此晶粒比起晶粒界來，可以認爲是無限大的，並同時假定晶粒界本身有無窮多的空位。

可以合理的假設，在晶粒界上形成正離子空位的能量與形成負離子空位的能量不同。假設在晶粒界上有過量的帶負電的正離子空位，爲了使整個晶粒保持電中性，晶粒中在靠近晶粒界的這邊會產生一定厚度的空間電荷層。由於有空間電荷層，會產生靜電勢壘 eϕ。

根據麥克斯韋－波耳茲曼統計，在晶粒內部正負離子空位濃度 $[V_+]$ 和 $[V_-]$ 與它們的形成能 g_+，g_- 和該點的靜電勢壘之間有下面的關係

$$[V_+] = \exp\left[-(g_+ - e\phi)/kT\right] \tag{15.99}$$

$$[V_-] = \exp\left[-(g_- + e\phi)/kT\right] \tag{15.100}$$

在距離晶粒界很遠的地方，根據電中性的條件，應該有

$$[V_+]_\infty = [V_-]_\infty \tag{15.101}$$

因此

$$[V_+]_\infty = \exp[-(g_+ - e\phi_\infty)kT] \tag{15.102}$$

$$[V_-]_\infty = \exp[-(g_- + e\phi_\infty)kT] \tag{15.103}$$

將（15.102）、（15.103）式代入（15.101）式可得

$$e\phi_\infty = \frac{1}{2}(g_+ - g_-) \tag{15.104}$$

由於半導體陶瓷很難得到完全理想的表面，實際量測形成能非常困難，以上的討論基本上只有理論的意義。

(2) 摻雜型晶粒界

在實際的半導體陶瓷中，往往雜質原子濃度很高，在晶粒界上，由於雜質和位錯產生的缺陷濃度，將遠超過由於 g_+ 和 g_- 差異所產生的本徵缺陷濃度，因此可以忽略本徵缺陷的影響。

如果以 n 型的半導體陶瓷爲例，假設摻入了少量受主雜質，由於雜質原子容易在晶粒界上擴散，使得摻入的受主雜質集結在晶粒界上，同時吸引電子，形成過量的負電荷。爲了保持電中性，在晶粒中間靠近晶粒界的地方，會形成一定深度的空間電荷層，因而也會形成靜電勢壘 $e\phi$，如圖 15.10 所示。

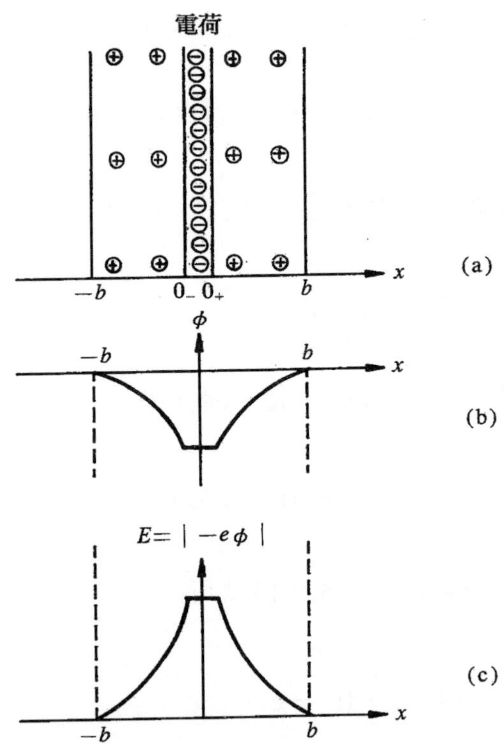

圖 15.10　晶粒界的靜電勢與表面勢壘：(a) 電荷分布，(b) 靜電勢，(c) 勢壘

靜電勢 ϕ 應該符合的泊松方程式

$$\frac{d^2\phi}{dx^2} = -\frac{\rho}{\epsilon} \tag{15.105}$$

其中 ρ 為空間電荷密度，ϵ為半導體陶瓷的介電常數。

將（15.105）式做一次積分，得

$$\frac{d\phi}{dx} = -\frac{\rho}{\epsilon}x + C_1 \tag{15.106}$$

假設空間電荷層的厚度為 b，從晶粒界面 $x = 0$ 到 $x = \mathrm{b}$，每單位體積的空間電荷密度為 $\rho = eN_D$，N_D 為施主濃度。在晶粒面，假設每單位面積的受主面電荷密度為 $-en_s$，由於電中性的條件

$$en_s = eN_D b \tag{15.107}$$

因此
$$b = \frac{n_s}{N_D} \tag{15.107a}$$

由於在 $x = b$ 時，電場強度 E 為零，

$$\mathrm{E} = -\frac{d\phi}{dx} = -\frac{eN_D}{\epsilon}b + C_1 = 0 \tag{15.108}$$

因此
$$C_1 = \frac{eN_D b}{\epsilon} = \frac{en_s}{\epsilon} \tag{15.109}$$

於是
$$\frac{d\phi}{dx} = \frac{eN_D}{\epsilon}(b - x) \tag{15.110}$$

對（15.110）式再積分，得

$$\phi = -\frac{eN_D}{2\epsilon}(b - x)^2 + C_2 \tag{15.111}$$

假設邊界條件為在 $x = b$ 時，$\phi = 0$，所以 $C_2 = 0$

$$\phi = -\frac{eN_D}{2\epsilon}(b-x)^2 \tag{15.112}$$

靜電勢壘為 $-e\phi$，在表面 $x = 0$ 處

$$q\phi_B = |-e\phi| = \frac{e^2N_Db^2}{2\epsilon} = \frac{e^2n_s^2}{2\epsilon N_D} \tag{15.113}$$

（15.113）式說明，在晶粒界面勢壘高度與施主濃度成反比，而與受主面電荷密度的平方成正比。由於這個勢壘的存在，強烈的影響了半導體陶瓷的電特性。

以上所介紹的是摻雜型的晶粒界勢壘。如果在晶粒界上所有的，不是受主雜質，而是低於費米能階的受主型表面態，其效果也是一樣的。受主型表面態可以捕獲半導體導帶中的電子，從而形成一個帶負電的表面電荷，於是在晶粒內靠晶粒界的一邊，會形成施主雜質失去電子以後的空間電荷。這樣造成的電場，也同樣會形成一個表面勢壘。

15.2.3 海旺模型

正是應用上述的晶粒界理論，海旺（Heywang）等人解釋了具有正電阻溫度系數（positive temperature coefficient），簡稱 PTC，熱敏元件的應用。由於熱敏元件、氣敏元件、濕敏元件的原理都與此有關。因此我們將用鈦酸鋇（$BaTiO_3$）陶瓷熱敏電阻器作為例子來討論這一效應。

鈦酸鋇是一種典型的鈣鈦礦型（perovskite）的晶體，圖 15.11 顯示鈦酸鋇晶體隨著溫度的變化。

鈦酸鋇是一種鐵電材料，從高溫向下降，會經過幾次相變。其轉變溫度分別是 120℃、5℃和 −80℃。在 120℃以上，鈦酸鋇是立方晶型（cubic）。鈦離子（Ti^{4+}）位於立方體的中心，氧離子（O^{2-}）位於立方體的面心，鋇離子

(Ba^{2+})位於立方體的頂角。在 120℃，晶體由立方晶型（cubic）轉變成四方晶型（tetragonal）。在 5℃，由四方晶型轉變成正交晶型（orthorhombic）。在 −80℃，由正交晶型轉變成菱面晶型（rhombohedral）。120℃稱為鈦酸鋇的居里溫度或居里點，在這個溫度之下，鈦酸鋇處於一個極化（polarized）的狀態，而在這個溫度之上為沒有極化的狀態。

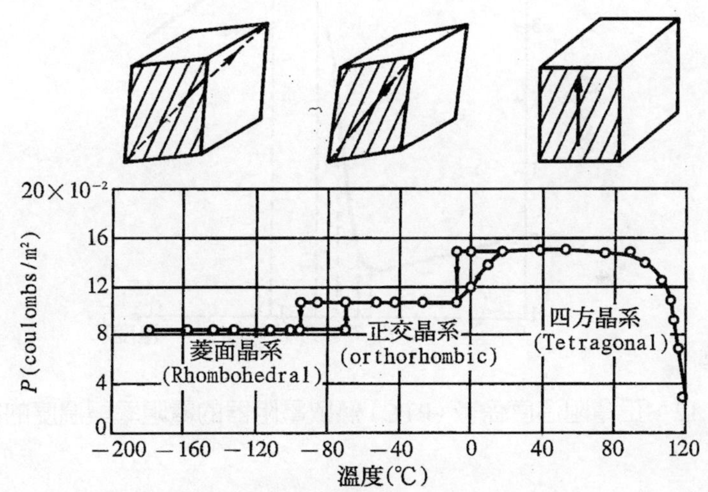

圖 15.17　鈦酸鋇的晶體結構，在居里溫度之上和在居里溫度之下的變化，以及極化強度與溫度的關係（資料來源：參考書目 I −1）

鈦酸鋇熱敏電阻器的阻溫特性曲線如圖 15.12 所示。電阻溫度系數是指零功率電阻值的溫度系數。在溫度為 T 時的電阻溫度系數定義為

$$\alpha_T = \frac{1}{R_T}\frac{dR_T}{dT} \qquad (15.114)$$

在圖 15.12 上，電阻率先是隨溫度的增加而減小，當溫度達到 T_{min} 時，電阻率有一個極小值，經過 T_{min} 後，電阻率開始上升。電阻率開始快速上升的溫度 T_b 叫做開關溫度，隨著溫度的升高，電阻溫度係數在 T_m 達到極大值。阻

溫特性曲線發生彎曲的溫度稱爲 T_p。對於開關型 PTC 熱敏電阻器來說，在一個相當窄的溫度範圍內，電阻率可以增加六個數量級。溫度 T_b 與鈦酸鋇的居里溫度有關。

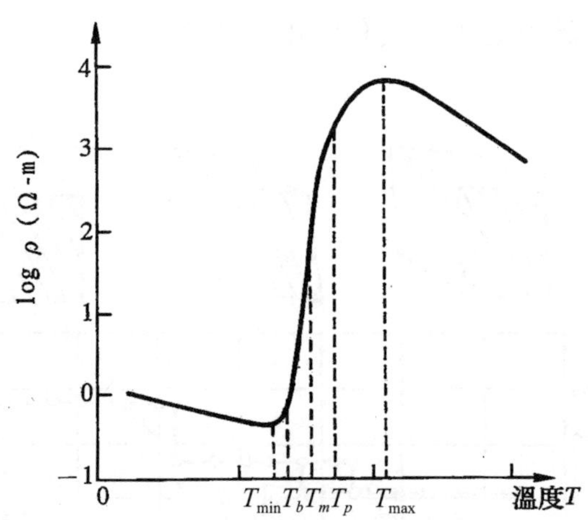

圖 15.12　正電阻溫度係數（PTC）熱敏電阻器的電阻率與溫度的關係

對於鈦酸鋇的正電阻溫度系數效應（PTC），從實驗中可以歸納出兩個主要事實：

1. PTC 效應是與材料的鐵電性相關的，因爲電阻率突變溫度 T_b 的變化是與居里溫度相對應的。
2. 在鈦酸鋇的單晶中，沒有觀察到 PTC 效應。

海旺因而根據第一點認爲 PTC 效應與介電常數 ϵ 相關，而根據第二點認爲 PTC 效應應該與陶瓷材料的晶粒界效應有關。海旺提出的模型認爲對施主摻雜 n 型的鈦酸鋇陶瓷，它的晶粒界存在著受主型表面態。這些受主型表面態可以捕獲晶粒內的電子，從而在晶粒表面產生靜電勢壘層。

根據上一節的討論，由泊松方程式可以推出這個勢壘高度爲

$$q\phi_B = \frac{e^2 N_D b^2}{2\epsilon} = \frac{e^2 n_s^2}{2\epsilon N_D} \tag{15.113}$$

其中 N_D 是施主雜質濃度，b 是耗盡層厚度，ϵ是介電常數，n_s 是表面電荷密度。ϵ可以寫成 $K\epsilon_o$，ϵ_o 爲眞空的介電常數，而 K 爲材料的相對介電常數。

由（15.113）式可以看出，勢壘高度與 K 值有關，在居里溫度以下的極化狀態，K 值很高，可以高達 10000 左右，因此勢壘很低。而在居里溫度以上，相對介電常數下降，所以勢壘就隨之升高。勢壘對電阻率的影響，可以以下式大略表示

$$\rho \cong \rho_o \exp\left(\frac{q\phi_B}{kT}\right) \tag{15.115}$$

ρ_o 是勢壘爲零時的電阻率。由於（15.115）是呈指數關係，$q\phi_B$ 的上升可以造成電阻率 ρ 值上升好幾個數量級。除了介電常數的影響以外，從（15.113）式也可看到，摻雜濃度 N_D 和表面態密度 n_s 對勢壘高度的影響。

海旺模型雖然指出了 PTC 效應的解釋方向，但是還有些細節無法了解，這些細節包括

1. 未摻雜的氧缺位 n 型鈦酸鋇沒有 PTC 效應。
2. 施主摻雜的鈦酸鋇電導率對於燒結製程，特別是冷卻條件極其敏感。

修改了的鋇缺位模型，在這兩點上塡補了海旺模型的缺點。在這個模型中，施主摻雜鈦酸鋇的施主電子在高氧分壓下，被雙電離的鋇缺位所補償，因此有下列的關係

$$2[V_{Ba}''] \cong N_D \tag{15.116}$$

而鋇缺位首先在晶粒表面產生，並且由晶粒表面逐步向晶粒內擴散，形成一個擴散層。

由於鋇缺位首先在晶粒表面產生，所以當晶粒表面的施主已經被鋇缺位所補償時，晶粒內部的施主並未完全被鋇缺位所補償。只有當鋇缺位在高溫下逐漸向晶粒體內擴散後，才能使晶粒內的施主也逐漸被補償。在擴散層有限的情況下，就形成了表面爲高阻層而晶粒內部爲低阻層的非均勻分布狀況，如圖 15.13(a) 所示。即在擴散層中施主全部爲鋇缺位補償，所以可以假設這個擴散層爲本徵電導層，或是一個弱 n 型電導層。而在晶粒內部，由於只有部分施主被鋇缺位補償，所以屬於混合補償的狀況，$N_D \cong 2[V''_{Ba}] + n$，晶粒內部仍然是 n 型電導層。在兩個晶粒間，因而形成了 n-i-n 型式的結構，在晶粒界上形成了一個勢壘，如圖 15.13(b) 所示。

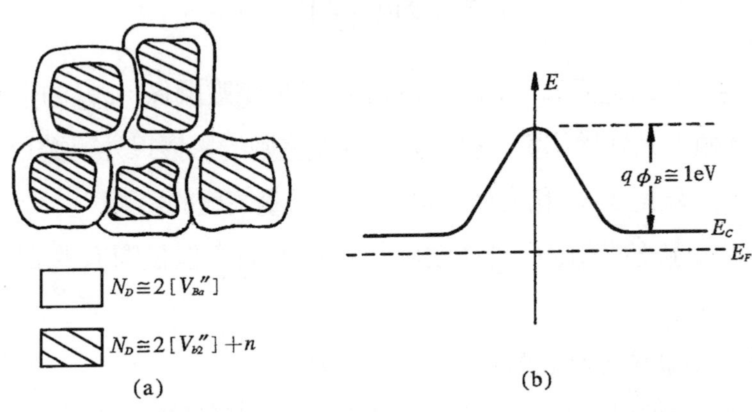

圖 15.13　晶粒邊界層示意圖：(a) 缺陷的分布，(b) 晶粒邊界的勢壘

與海旺模型的解釋相同，鋇缺位模型中擴散形成的的空間電荷層也受到鐵電極化的補償，因此在居里溫度下，空間電荷減少，勢壘下降。而在居里溫度之上，鐵電補償消失，勢壘高度上升，形成正溫度系數效應。但是鋇缺位模型可以解釋海旺模型的兩個缺點。即在氧缺位 n 型鈦酸鋇中，由於大量氧缺位的存在，所以就沒有或很難有鋇缺位產生，這就解釋了爲什麼氧缺位的 n 型鈦酸鋇中沒有 PTC 效應。而在另一方面，由於冷卻速率是決定絕緣

區厚度的主要因素，冷卻速率愈低，絕緣區厚度愈厚。這就說明了爲什麼鈦酸鋇的電導率對冷卻條件極其敏感。因此，基於海旺模型的鋇缺位模型可以說明更多的實驗結果。

15.2.4 氣敏元件與濕敏元件

隨著工業的進步，各種氣體的偵測也日趨重要。對於不同的氣體和不同的濃度，適用不同的方法。這些方法包括電化學法，光學測量法，色譜分離法等。本節只討論比較新的半導體法，利用半導體陶瓷材料製成的氣敏元件。

氣敏特性與氣體的表面吸附有關，由於表面吸附使得半導體的表面能態發生改變，從而引起電導率的變化。一般的氣敏半導體材料大多屬於不合化學計量比的氧化物材料，當氣體在這些半導體材料的表面吸附時，如果表面吸附氣體原子的電子親和勢大於半導體表面電子的逸出功函數時，則吸附原子將會從半導體表面取得電子以形成負離子吸附。如果反過來，外來原子的電子親和勢小於半導體表面的逸出功函數時，則吸附的原子將對半導體表面提供電子而形成正離子吸附。無論是那一種情形，都將引起半導體材料的能帶彎曲，使電導率發生變化。

如果 *n*- 型半導體發生負離子吸附，或 *p*- 型半導體發生正離子吸附，都會導致半導體中多數載子的減少，表面電導率降低，稱爲耗損型吸附（depl-etive adsorption）。如果反過來，*n*- 型半導體發生正離子吸附或 *p*- 型半導體發生負離子吸附，則將導致半導體中多數載子的增加，表面電導率增高，因而稱爲累積型吸附（cumulative adsorption）。實際上，常用的氣敏半導體材料，對於 O_2 多數發生負離子吸附，而對於 H_2、CO、碳化氫、乙醇等還原性氣體，則多數發生正離子吸附。

氣敏材料對氣體的吸附可以分爲物理吸附與化學吸附兩種。物理吸附是指氣體在氣敏材料表面上呈分子狀態的吸附，氣體與材料表面之間的結合力主要是范德瓦耳斯（van der Waals）力，它們之間沒有電子交換。化學吸附是指氣體在材料表面呈離子狀態的吸附，氣體與材料表面之間的結合力主要是由於化學鍵，它們之間有電子交換。在一般情況下，物理吸附和化學吸附同時存在。在常溫下，物理吸附是主要的吸附形式。隨著溫度的增加，化學吸附也增加，在某一溫度達到最大值。超過這個溫度後，因爲氣體解體的機率增加，物理吸附和化學吸附同時減少。

氧化錫（SnO_2）和氧化鋅（ZnO）是最重要的氣敏材料。在室溫下，氧化錫可以吸收大量氣體，但是其電導率改變不大。這是因爲在室溫下，吸收的氣體大多以分子形態存在，因此電導率改變不大。當溫度上升時，氧化錫的電導率隨溫度上升而增加，如圖 15.14 所示，在 300℃左右達到峰值。這說明在 300℃以下，氧化錫的物理吸附和化學吸附作用同時存在，而化學吸附的成分隨溫度的增加而增加。在 300℃以後，由於氣體解析，吸附氣體逐漸減少。氧化鋅的情形也類似，只是其達到峰值的溫度較高，在 450℃左右。

爲了獲得較高的氣敏靈敏度，通常需要對氣敏元件加熱，使其在靈敏度峰值左右工作。如果要使氣敏元件能在室溫下工作，必須添加各種催化劑來提高氣敏元件的靈敏度。氧化錫由於峰值溫度較低，因而成爲使用最多的半導體陶瓷氣敏材料。

濕敏材料的原理與氣敏材料相同，只是吸收的氣體是水氧。水是一種強極性電介質，室溫時其介電常數約爲 80。半導體陶瓷多爲金屬氧化物，大都具有相當強的離子性，能與水分子吸引。濕敏半導體陶瓷通常是多孔型的，表面電導占了相當大的比例。水分子附著後使得半導體陶瓷的表層電阻發生顯著的變化，因而可以達成濕敏元件的效果。

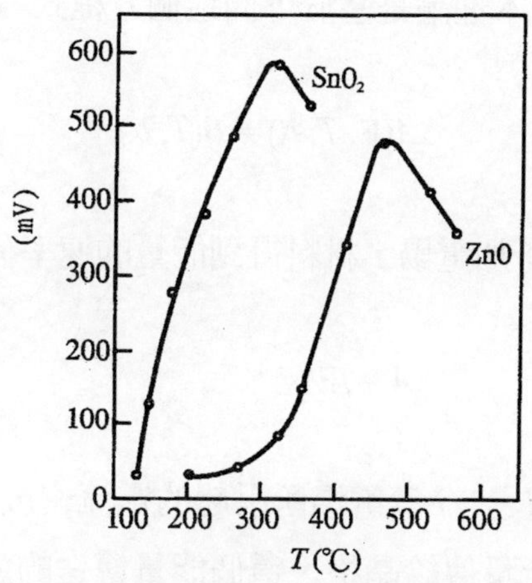

圖 15.14　氣敏半導體檢測靈敏度和溫度的關係

15.3　介電崩潰

當陶瓷材料用於絕緣、電容器、封裝等功能時，都必須要承受一個電壓的梯度。在所加電壓之下發生短路的情況，稱爲介電崩潰。造成這種短路的電壓梯度稱爲這種材料的崩潰強度。

在有外加電場的情況下，晶格或電子的熱能達到某一個臨界值，或者說溫度達到某一個臨界值，電導率快速的增加而造成材料永久性的損害，這就是介電崩潰。介電崩潰有三種基本形式：本徵式（intrinsic），熱能式（thermal）和雪崩式（avalanche）的。

1. 本徵式崩潰

本徵式崩潰主要與電場有關，所加的電場決定什麼時候電子溫度會達到臨界的程度。本徵這個名詞代表這種機理所發生的崩潰與材料的幾何形狀無關（只要不產生電場扭曲的現象）。在一個固定溫度下，造成本徵崩潰所需要的電場只與材料本身有關。

描述介電崩潰的基本理論是基於下面這個方程式

$$A(\mathrm{E}, T, \alpha) = B(T, \alpha) \tag{15.117}$$

其中 $A(\mathrm{E}, T, \alpha)$ 爲由於所加電場，材料得到能量的速率。

$$A = j\mathrm{E} \tag{15.118}$$

E 爲加在電介質上的電場，j 爲電場所引起的電流密度，如果存在著一些機理可以把導電電子的能量傳給晶格，這個能量傳送的速度是 B。A 與電場 E 和晶格溫度 T 有關。速率 B 與 T 有關。A 與 B 都與描述傳導電子的參數 α 有關。

因此（15.117）式 $A = B$ 就是在電場中能量平衡的條件，也是崩潰的臨界條件。本徵崩潰的理論可以分爲兩種，一種主要討論電子與晶格之間能量的轉換，另一種則主要討論材料中電子能量分布的改變。

在第一種理論中，因爲只允許電子與晶格的能量轉換，因此假設低電子密度，電子與電子作用的或然率也很小。其中一個模型，稱爲高能量準則，即假設導帶中的電子增加到某一個相當大的數值時就會破壞晶格，也就是當離子化速率超過復合速率，使得導帶電子不斷增加時，就會發生崩潰。另外一個模型，稱爲低能量準則，假設崩潰發生的條件是當 $B(T, \alpha, E')$ 有極大值時，而 E' 是穩定狀態時電子的平均最大能量。

第二種理論則基於固體中電子能量分布的改變。在這個理論中要考慮的是：電子由於外加電場的加速，導帶電子之間的碰撞，導帶電子與晶格之間的碰撞，電子的碰撞電離和復合，以及由於電場梯度形成的擴散。

2. 熱能式崩潰

熱崩潰理論的建立也是基於一種能量平衡的關係。這個平衡是由於焦耳效應，介電消耗等所產生的熱量和材料發散的熱量之間的一個平衡，要達到臨界崩潰程度的是晶格溫度而不是電子溫度。所加電場的影響是間接的，它會影響產生熱量的機理，卻沒有在本徵崩潰中電場所具有的主導角色。

熱能崩潰的基本關係式是

$$C_V \frac{dT}{dt} - \nabla \cdot (K \nabla T) = \sigma \mathrm{E}^2 \tag{15.118}$$

其中 C_V 爲材料的比熱，K 是熱導率，$\nabla \cdot (K \nabla T)$ 代表單位體積的熱傳導，σ 是電導率，$\sigma(E, T_o)\mathrm{E}^2$ 則代表一個產生熱能的項。T_0 爲崩潰時的晶格溫度。（15.118）式可以用兩種方式來近似。對於電場改變很緩慢的情況，可以假設是與時間無關的穩定狀況，故 $C_V \frac{dT}{dt}$ 項可以忽略。用這種近似所做的計算，顯示崩潰強度與材料厚度的平方根成反比。對於薄的樣品，因爲溫度比較均勻，這個平方根的關係與實驗符合得很好。對於較厚的樣品，觀察到的崩潰強度與厚度本身成反比。

當電場改變很快時，很少熱傳導發生，因此（15.118）式的熱傳導項可以忽略。用積分可以計算到達溫度 T_C 之後發生崩潰所需要的時間 t_C，

$$t_C = \int_{T_C}^{T_o} \frac{C_V \, dT}{\sigma(E_C, T_o)\,\mathrm{E}_C^2} \tag{15.119}$$

由（15.119）式可以看出，t_C 與臨界電場 E_C 有很大的關係。

當電場改變的頻率介於快慢兩種近似之間時，就必須用數值分析來處理這個崩潰的問題了。

3. 雪崩式崩潰

對於許多陶瓷材料的使用溫度來說，熱能崩潰理論是比較實際的。但是如果材料的形狀接近薄膜，雪崩理論可能更爲有用。雪崩式崩潰理論結合本徵崩潰和熱能崩潰的一些特點，因爲電子分布不穩定會導致熱能方面的後

果。雪崩理論用本徵崩潰的理論描述電子特性，而用熱能崩潰的準則來決定崩潰。

雪崩理論可以用雪崩起始的機理來分類，或是基於電子場發射或是基於碰撞電離。場發射假設導帶電子的增加是由於電子從價帶至導帶的穿隧，或者由於電子從價帶到捕獲中心的穿隧。場發射的或然率可以寫成

$$P = a\text{E} \exp\left[-\frac{b}{\text{E}}\right] \tag{15.120}$$

其中 a 和 b 是常數。

利用這個方法可以得到一個大致的估計，$\text{E} = 10^7\text{V/cm}$。

至於基於碰撞電離的雪崩理論，在此使用較簡單的單一電子模型來解釋。這個模型假設每立方公分至少需要 10^{12} 個導帶電子才能擾亂晶格。一個電子發生碰撞電離產生兩個電子，兩個電子碰撞再產生四個電子，要有差不多四十次這樣的碰撞才能達到崩潰。這樣一個簡單的方法可以得到一個與厚度有關的臨界電場 E_C。

但是上述的模型缺少電流的連續性，而且計算顯示，要能讓四十次碰撞得到的自由電子和電洞維持分離，需要很大的電場（約 10^{11}V/cm）。因爲觀察到的崩潰電場強度並沒有這麼大，歐載爾（O'Dywer）發展出一種空間電荷修正的場發射雪崩式崩潰模型。這個模型假設電流有連續性，模型中使用了冷陰極場發射，以及在場發射之後，發生碰撞電離。計算顯示低遷移率電洞形成的空間電荷影響了電場分布，因此也影響了崩潰強度。

習題

1. 在一個離子性晶體中，假定離子的運動可以由離子跳躍通過分開離子之間的勢壘來描述。如果離子的電荷數量爲 q，離子之間的勢壘高度和寬度分別爲 ΔE 和 d，ν 爲在沒有電場時的跳躍次數。試證離子的遷移率 μ 可

以寫爲

$$\mu = \frac{qd^2\nu}{kT} e^{-\Delta E/kT}$$

2. 試導出在沒有碰撞條件下空間電荷限制電流的柴爾德定律，$J = \frac{4\epsilon}{9}\left(\frac{2q}{m}\right)^{1/2}\frac{V^{3/2}}{d^2}$，其中 V 爲所加之電壓，d 爲電荷移動之距離，ϵ 爲電荷在其中移動的介質之介電常數，q 爲電荷，m 爲帶電荷之質量。試證明上式可由泊松方程式 $\frac{d^2V(x)}{dx^2} = \frac{-\rho(x)}{\epsilon}$ 得出，注意 $J = \rho(x)v$，v 爲電荷之速度。邊界條件爲在 $x = 0$，$V(0) = 0$，$\frac{dV(0)}{dx} = 0$。
3. 在一個電介質固體中，空間電荷限制的電流有下列的形式 $J = \frac{9}{8}\mu\epsilon\frac{V^2}{d^3}$。某介質材料厚度爲 2 微米，其遷移率 $\mu = 3\times10^{-4}\mathrm{m^2/V\cdot s}$，其相對介電常數 $\epsilon_r = 3$。如果加上 10V 的電壓，試求其空間電荷限制的電流密度。
4. 如果分別加上一個 10^4、10^5 和 10^6V/m 的電場，試求在蕭基效應中，位能最大處的位置，設陰極表面的位置爲零。
5. 對一個鎢陰極，如果需要使場發射的勢壘寬度成爲 200Å，所加的電場強度需要是多少？鎢的功函數是 4.52eV。
6. 計算由鉑和銀兩種不同金屬所發出來的熱發射電流密度的差異。如果鉑的功函數是 5.32eV，銀的功函數是 4.08eV，試求在室溫時和在 1000K 時，兩者熱發射電流相差的倍數。
7. 試簡單導出在由電子碰撞主導條件下的空間電荷限制電流關係式，莫特－郭尼公式 $J = \frac{9}{8}\mu\epsilon\frac{V^2}{d^3}$。由 $\frac{d\mathrm{E}(x)}{dx} = \frac{\rho}{\epsilon}$ 和 $J = \mu\rho(x)\mathrm{E}(x)$ 開始。
8. 對於一個離子性晶體，如果遷移率 $\mu = 10\mathrm{cm^2/V\cdot s}$，$\epsilon_r = 3$，晶體長度 $d =$ 0.02cm，所加電壓爲 10V，其離子性電流密度爲多少？
9. 對於一個鋁－ SiO_2 －鋁的金屬－絕緣體－金屬（MIM）電容器，試計算

SiO_2 厚度為 200Å、100Å，及 50Å 時，傅勒－諾德翰穿隧電流密度的大小。取 $\Phi = q\phi_B = 3.2\text{eV}$，所加電壓為 10V。

10. 對於蕭基發射和普爾－法蘭克效應的電流密度，如果分別用 $\ln J$ 對 $\sqrt{\text{E}}$ 作圖，其中的電介質為 SiO_2，溫度為 300K，則其斜率分別應為多少？

11. 在雜質電導中，若一材料有雜質濃度 $N_A = 10^{14}/\text{cm}^3$，若材料的相對介電常數 $\epsilon_r = 7.5$，試求 $N_D = 10^{15}/\text{cm}^3$ 和 $N_D = 10^{17}/\text{cm}^3$ 等兩種情況下的 E_1 能量值，和在作 $\ln\rho$ 對 $\dfrac{1}{T}$ 作圖時的斜率比例。

12. 當半導體或絕緣體中的雜質濃度高到某一個程度以上時，電阻率就會進入高雜質濃度狀況。如果某雜質原子的波爾原子半徑為 1Å，試計算這種轉換的雜質原子密度。

13. 在本微式介電崩潰的方程式中，$A(\text{E}, T, \alpha)$ 為電子從外加電場每單位體積每單位時間所得到的能量。A 可以寫為 $A = \dfrac{q^2\text{E}^2\tau}{m^*}$，如果 $\text{E} = 10^6\text{V/cm}$，$\tau = 10^{-10}\text{s}$，$m^* = m_o$，則 A 的值為多少？

14. 試計算為何電子碰撞要達到 40 次才會發生崩潰。

15. 對於鈦酸鋇材料，假定 $\epsilon_r = 1000$，$N_D = 10^{17}/\text{cm}^3$，試求在海旺模型中，晶粒靜電勢壘層在表面電荷密度 $n_s = 10^{12}/\text{cm}^2$ 和 $n_s = 10^{13}/\text{cm}^2$ 兩種情形下，勢壘的高度。

16. 對於一個作為熱敏元件的介質，在居里溫度以下的 300K，$\epsilon_r = 500$。在 500K，ϵ_r 降低變成 $\epsilon_r = 10$。如果晶粒表面電荷密度 $n_s = 10^{12}/\text{cm}^2$，$N_D = 10^{17}/\text{cm}^3$，試求在 (a)300K 和 (b)500K 時，晶粒界的勢壘高度和 (c) 電阻率比例 $\dfrac{\rho(500K)}{\rho(300K)}$ 的值。

本章主要參考書目

1. D. Lamb, Electrical Conduction Mechanisms in Thin Insulating Films (1967).
2. J. O'Dwyer, The Theory of Electrical Conduction and Breakdown in Solid Dielectrics (1973).
3. K. Kao and W. Hwang, Electrical Transport in Solids (1981).
4. R. Buchanan, editor, Ceramic Materials for Electronics (1986).
5. 莫以豪，李標榮、周國良，半導體陶瓷及其敏感元件（1983）。

第十六章

超導體及其應用

1 超導現象
2 BCS 理論
3 超導穿隧效應
4 超導量子干涉效應
5 高溫超導
6 超導的應用

16.1 超導現象

一九一一年昂納斯（Onnes）在成功的液化氦氣三年之後，發現了超導現象。他量測低溫時水銀的電阻，發現在 4K 左右，水銀的電阻突然降低到零。到現在，許多金屬、合金、氧化物都發現有超導現象。超導體的磁學現象也很特殊。把超導體放在一個磁場當中，只要磁場在某一個臨界磁場以下，超導體中的磁感應（magnetic induction）**B** 會等於零。即材料在變成超導時，所有通過超導體的磁通量（magnetic flux）都會從超導體中排出，如圖 16.1 所示。這個現象是邁斯納（Meissner）和歐森費爾德（Ochsenfeld）於一九三三年發現的，稱爲邁斯納效應。邁斯納效應不能簡單的從假設電阻率 ρ 爲零而得出，因此是超導體特有的現象。由歐姆定律 $\mathbf{E} = \rho\mathbf{J}$，如果電阻率 ρ 變成零而 **J** 仍然維持一個固定的數值，則 **E** 必須等於零。麥克斯韋方程式之一爲

$$\nabla \times \mathbf{E} = -\frac{\partial \mathbf{B}}{\partial t}$$

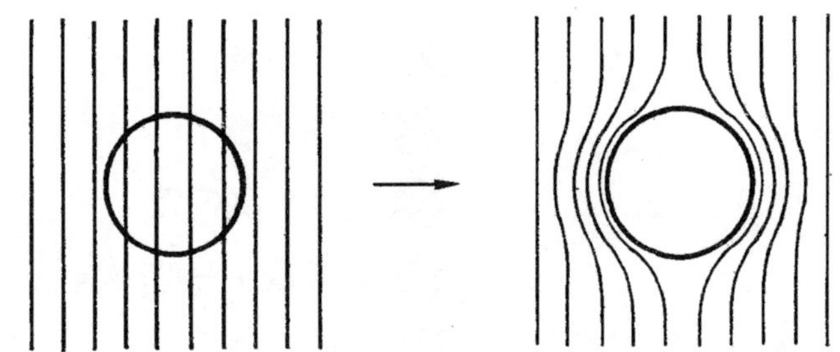

圖 16.1　在一個固定外加磁場中冷卻的超導體球，在臨界溫度下，磁感應線被排出，顯示邁斯納效應

因此當 **E** 爲零時，$\dfrac{\partial \mathbf{B}}{\partial t} = 0$。也就是說，在超導狀態，如果只假設 ρ 爲零，

則 **B** 應該是一個常數，而邁斯納效應從實驗上證明在超導體內，**B** = 0。這種現象是超導體特有的。早期的超導理論多是從現象上解釋的。一九五七年，巴丁（Bardeen）、庫柏（Cooper）和薛立弗（Schrieffer）提出了他們微觀的超導理論，可以成功的解釋各種超導現象。這個理論現在稱爲 BCS 理論。在這個理論中，超導態是在臨界溫度 T_C 以下一個導帶電子的有序狀態，這個狀態是電子通過電子與晶格的作用組成電子對而形成的，這種電子對稱爲庫柏對（Cooper pair）。在臨界溫度之下，這個超導態比正常態有更低的能量，因而在臨界溫度時，會有從正常態到超導態的轉換。BCS 理論的內容相當複雜，需要對量子力學有深入的了解，不是本書所能充分討論的。因此在本章將只對 BCS 理論的主要重點做介紹。

把超導體放置在一個磁場中，如果磁場增加到某一個臨界磁場 H_C 以上，則超導性會消失。這個臨界磁場 H_C 是溫度的函數，$H_C(T)$ 可以大致以下式表示

$$H_C(T) = H_0\left[1 - \left(\frac{T}{T_C}\right)^2\right] \tag{16.1}$$

其中 H_0 爲在 0K 時的臨界磁場，不同的超導體有其不同的 H_0 和 T_C 的值。

超導體可以分爲兩種，從（9.2）式得到 **B** 與 **H** 的關係爲

$$\mathbf{H} = \frac{1}{\mu_o}\mathbf{B} - \mathbf{M} \quad \text{(S)}$$

$$\mathbf{H} = \mathbf{B} - 4\pi\mathbf{M} \quad \text{(G)} \tag{9.2}$$

由邁斯納效應，在超導體內，磁感 **B** = 0，因此我們將磁化強度 M 對磁場強度 H 作圖，可以得到圖 16.2 的曲線。超導體因此可以分爲兩種，第一種具有完整的邁斯納效應，如圖 16.2(a) 所示，在臨界磁場 H_C 以上，超導體轉變成爲正常導體，磁化強度就變得非常小。這種超導體稱爲第一類（Type-I）超

導體。第一類超導體的臨界磁場 H_C 往往太低，因此不能作爲超導磁場的線圈之用。

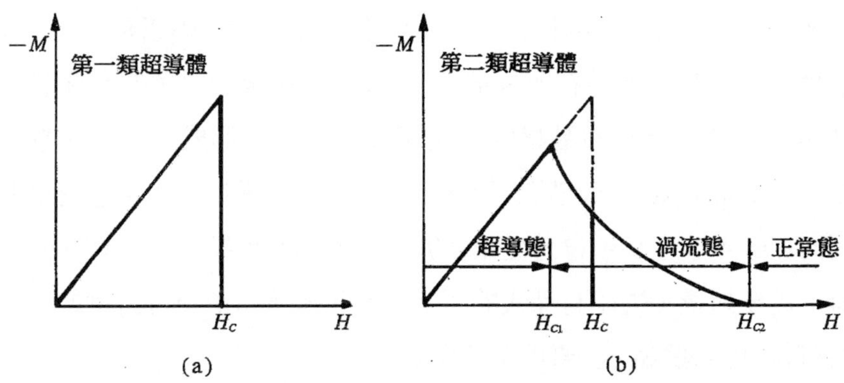

圖 16.2 (a) 一個超導體顯示完全的邁斯納效應，其磁化強度與所加磁場的關係，(b) 一個第二類超導體磁化強度的曲線

圖 16.2(b) 顯示第二類（Type-II）的超導體，在 H_{C1} 以下，超導體具有完整的邁斯納效應 $\mathbf{B}=0$，在 H_{C2} 以上，超導體轉變爲正常導體。但是在 H_{C1} 和 H_{C2} 之間，這種第二類超導體是處在一種超導體與正常導體的混合狀態。這時候磁通量並不是全部被排出超導體外，而是有部分磁通量通過，$\mathbf{B}\neq 0$。這種狀態稱爲渦流態（vortex state）。這兩個臨界磁場 H_{C1} 和 H_{C2} 與溫度的關係也大約可以用（16.1）式來近似。由於 H_{C2} 的值可以很高，達到幾十特斯拉（tesla）以上（一個特斯拉等於 10^4 高斯），因此超導磁場的線圈都是用第二類超導體做成的。

有許多實驗證據顯示超導體有一個能隙 E_g。不過這個能隙與半導體能隙的來源完全不同。半導體和絕緣體的能隙是由於電子與晶格的作用而來，其大小在 1eV 的數量級。而超導體的能隙則是由電子與電子的作用而來，其大小只有 10^{-4}eV 的數量級，比半導體能隙要小得多。

這些實驗的證據包括超導體對紅外光的吸收實驗，超導體在 10^{11} 赫茲以上的頻率才有吸收的現象，這相當於一個在 10^{-4}eV 左右的能隙。另外一個顯示超導體具有能隙的證據就是超導體的電子比熱。我們知道一個正常態金屬的比熱依據（10.37）式可以寫為

$$C_V = C_{el} + C_{\text{phonon}} = \gamma T + \beta T^3 \tag{10.37}$$

超導態和正常態的晶格（或聲子）比熱是相同的，因此把超導體放在一個大於臨界磁場 H_C 的磁場中可以測得聲子比熱 βT^3，然後再從超導體整個的比熱中減去聲子比熱就可以得到超導體的電子比熱。這樣得到的超導體電子比熱 $(C_{el})_s$ 有下列的形式

$$(C_{el})_s = ae^{-b/kT} \tag{16.2}$$

其中 a 與 b 為常數。這樣一種指數關係顯示當溫度增加時，電子從基態被激發越過一個能隙到激發態，越過這樣一個能隙的電子數目與溫度呈指數關係。實際得到的結果 b 的值為 $E_g/2$，E_g 為超導體的能隙。

超導體與正常導體之間的轉換是一個二階的（second order）相變。一階的相變會有潛熱（latent heat），二階相變沒有潛熱，但是在臨界溫度，比熱會有一個不連續值。圖 16.3(a) 顯示超導體在正常態和超導態的比熱。圖 16.3(b) 另外顯示超導態的電子比熱，可以明顯看出超導態電子比熱與溫度的指數關係。

另外一個重要的超導現象就是超導的同位素效應（isotope effect）。一個元素的不同同位素發現具有不同的臨界溫度，原子量 M 與臨界溫度的關係如下

$$M^{\alpha} T_C = 常數 \tag{16.3}$$

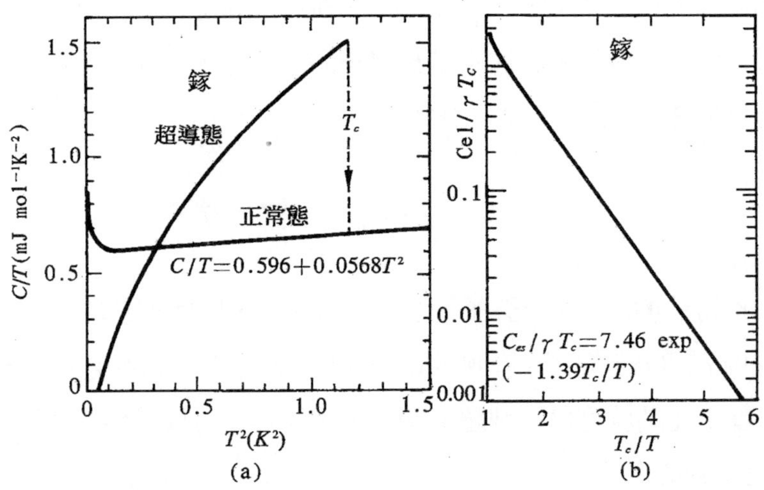

圖 16.3 (a) 鎵在正常態和超導態的熱容，(b) 超導態熱容的電子部分對 T_C/T 的作圖（資料來源：參考書目 I －1）

其中 α 是一個接近 1/2 的常數。這個結果顯示超導性與晶格振動或電子與晶格之間的作用有關。否則超導臨界溫度不會與原子核中中子的多少有關。

一九三五年，倫敦兄弟（F. London and H. London）提出一個假設的方程式，用這個假設的方程式，可以比較自然的導出邁斯納效應。在零電阻率的情形下，因爲可以把電子的平均自由程視爲無限大，故超導電子的加速應該符合下列關係式

$$m\frac{d\mathbf{v}}{dt}=-e\mathbf{E} \tag{16.4}$$

因爲 $\mathbf{J}=-n_s e\mathbf{v}$，$n_s$ 爲每單位體積的超導電子濃度

$$\frac{d\mathbf{J}}{dt}=\frac{n_s e^2}{m}\mathbf{E} \tag{16.5}$$

根據麥克斯韋方程式中的法拉第定律

$$\nabla\times\mathbf{E}=-\frac{\partial\mathbf{B}}{\partial t} \tag{16.6}$$

對（16.5）式兩邊各做旋度微分（curl），並用（16.6）式代入，得到

$$\frac{\partial}{\partial t}\left[\frac{n_s e^2}{m}\mathbf{B}+\nabla\times\mathbf{J}\right]=0 \tag{16.7}$$

括弧中的式子應該是一個時間常數，如果假設常數為零，則

$$\nabla\times\mathbf{J}=-\frac{n_s e^2}{m}\mathbf{B} \tag{16.8}$$

（16.8）式和（16.5）式稱為倫敦方程式。這只是一個假設的方程式。但是如果我們假設倫敦方程式，把（16.8）式代入另外一個穩定狀態麥克斯韋方程式

$$\nabla\times\mathbf{B}=\mu_o\mathbf{J} \tag{16.9}$$

則可以得到

$$\nabla\times(\nabla\times\mathbf{B})=-\frac{\mu_o n_s e^2}{m}\mathbf{B} \tag{16.10}$$

由於$\nabla\times(\nabla\times\mathbf{B})=\nabla(\nabla\cdot\mathbf{B})-\nabla^2\mathbf{B}$，而且麥克斯韋方程式

$$\nabla\cdot\mathbf{B}=0 \tag{16.11}$$

所以得到

$$\nabla^2\mathbf{B}=\frac{\mu_o n_s e^2}{m}\mathbf{B}\equiv\frac{1}{\lambda^2}\mathbf{B} \tag{16.12}$$

其中λ定義為

$$\lambda=\left(\frac{m}{\mu_o n_s e^2}\right)^{1/2} \tag{16.13}$$

λ 稱爲倫敦伸入深度（penetration depth）。因爲（16.12）式的解，在一維的簡化狀況，其形式爲

$$\mathbf{B}(x)=\mathbf{B}(0)e^{-x/\lambda} \tag{16.14}$$

這表示在超導體內的磁感將快速的呈指數下降，而下降的特徵長度爲 λ，如圖 16.4 所示。因此假設倫敦方程式可以比較自然的得到超導體內排斥磁感的邁斯納效應。由於（16.9）式，$\mathbf{J}=\frac{1}{\mu_o}(\nabla\times\mathbf{B})$，電流密度也是呈指數下降。

另外一個確定超導特性的特徵長度稱爲相干長度（coherence length），它的定義爲

$$\xi=\frac{2\hbar v_F}{\pi E_g} \tag{16.15}$$

其中 E_g 爲超導體的能隙，v_F 爲費米速度。相干長度的物理意義比較抽象，代表在一個不均勻的磁場中，超導電子濃度不能劇烈改變的一個特徵長度。或者可以認爲是一對庫柏對電子的平均距離。在圖 16.4 中，磁通量密度（magnetic flux density）或磁感應（magnetic induction）**B** 從正常導體到超導體的倫敦伸入長度爲 λ，而在這個轉換區域中，每單位體積的超導電子數目 n_s 也有一個逐漸增加的特定長度，這個特定長度就是相干長度 ξ。伸入長度和相干長度都是數百埃的數量級。

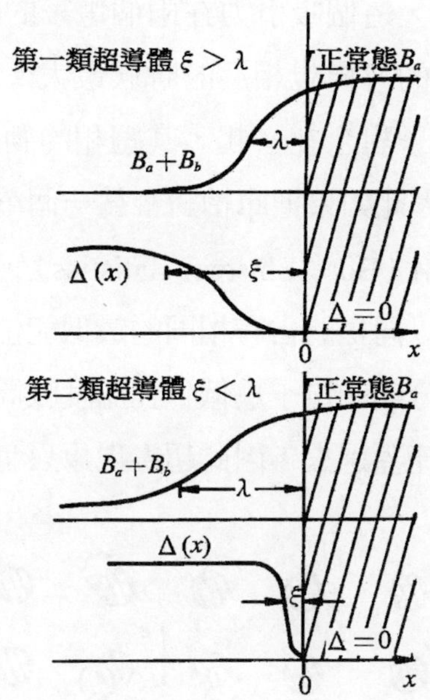

圖 16.4　對於第一類和第二類的超導體，在超導和正常區域的界面，磁場和能隙參數$\Delta(x)$ 的變化，$2\Delta = E_g$ 是超導體的能隙

16.2　BCS 理論

從前面的實驗證據可以知道超導態是一個比正常態具有更低能量，更穩定的狀態。超導態的電子有一個很小的能隙把超導的基態與激發態分開。超導態的形成與電子和晶格的作用有關。

BCS 理論證明超導態與電子之間的吸引力有關。這種吸引力可以大到超過電子之間的同性電荷排斥力。這個吸引力的來源是電子與晶格的作用，或者說電子與聲子的作用。圖 16.5 顯示這個吸引力的機理。一個電子把周圍的晶格離子稍微拉近了一點，因此這個區域比正常狀況有多一點的正電荷。當電子離開時，這個有多一點正電荷的狀態可以維持一個短時間，而這個多了正電荷的區域可以吸引第二個電子。因此電子經過聲子的作用與另一個電子之間有了吸引力。這個吸引力在兩個電子的動量數值相等而方向相反，同時兩個電子自旋的方向也相反的時候最大。這樣的一對電子稱爲庫柏電子對。一個庫柏電子對合在一起，其總和的動量爲零，其總和的電荷爲 $-2e$，自旋量爲零，因此如果把庫柏對視爲一個單一粒子，則這個粒子要符合玻色－愛因斯坦統計（Bose-Einstein statistics），而不是費米—狄拉克統計。這些庫柏對電子可以同樣的占有相同的最低能位。由於電子之間的吸引力，它們的能量比兩個分開的電子爲低。在溫度較高的時候，晶格的振動會把上述的這種作用完全掩蓋過去，因此超導現象只有在低溫時才會出現。

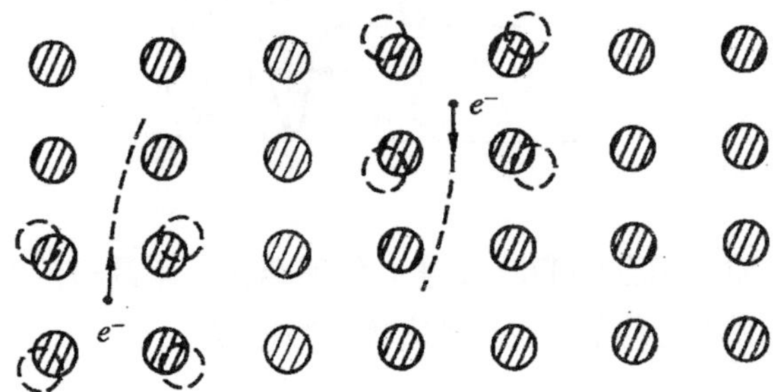

圖 16.5　由於晶格離子作用電子與電子之間有吸引力的模型

在 $T = 0$K 的時候，所有的電子都成爲超導電子，都形成庫柏對。如果用 $\mathbf{k}\uparrow$ 的符號代表一個電子有 $\mathbf{k}$ 的晶格動量和向上的自旋。則 $\mathbf{k}\uparrow$ 的電子與 $-\mathbf{k}\downarrow$ 的電子形成庫柏對。當 T 不等於零時，有些庫柏對電子會被拆散激發越過能隙 E_g 變成正常態電子。在 BCS 理論中，能隙 $E_g = 2\Delta$，Δ稱爲能隙參數，當溫度逐漸增加時，超導能隙逐漸減少如圖 16.6 所示。直到在臨界溫度 T_C 時，能隙變爲零。在 0K 與 T_C 之間是超導電子和正常電子共存的狀態。

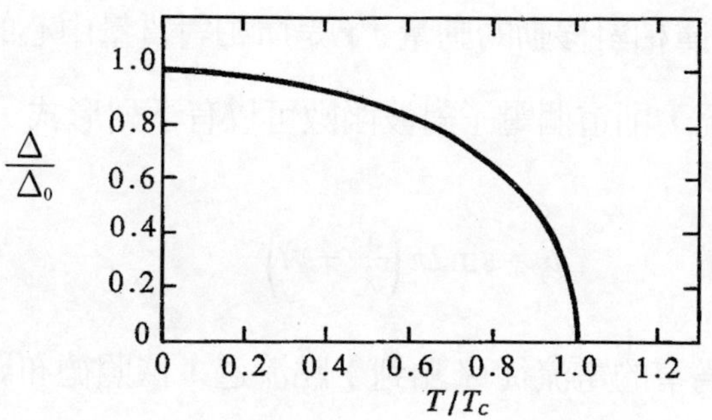

圖 16.6　超導能隙參數Δ與溫度的關係

如果在費米能位的電子能位密度爲 $D(E_F)$，電子與晶格作用的位能用 U 代表，則 BCS 理論有一個重要的結果，就是

$$kT_C = 1.14\hbar\omega_D \exp[-1/UD(E_F)] \tag{16.16}$$

其中 ω_D 爲德拜頻率。（16.16）式顯示臨界溫度可以寫爲

$$T_C = 1.14\theta \exp[-1/UD(E_F)] \tag{16.16a}$$

其中 θ 爲德拜溫度。（16.16）式顯示一個有趣的現象。即在室溫下不良的導體，電子與晶格的作用大，U 較大，臨界溫度 T_C 較高，在低溫下反而可能成爲超導體。

16.2.1　磁通量的量子化

在一個超導體中，電阻爲零的電流由形成庫柏對的電子組成，如果我們把庫柏對視爲一個單一粒子，它有質量 $2m$，電荷 $-2e$，則這個電子對的波函數應該有下列形式

$$\psi_p = e^{i(\mathbf{k}\cdot\mathbf{r}-\omega t)} \tag{16.17}$$

其中 $\mathbf{k}=\dfrac{\mathbf{p}}{\hbar}$，$\mathbf{p}$ 爲庫柏對移動的動量，$\mathbf{r}$ 是庫柏對質量中心的座標向量。如果簡化作一維的情況，則這個電子對波函數可以有下列形式

$$\psi_p=\sin 2\pi\left(\frac{x}{\lambda}-\nu t\right) \tag{16.18}$$

如果現在有電阻爲零的電流從 X 點到 Y 點流過，依照德布羅意原則，電子對波的波長爲

$$\lambda=\frac{h}{p}=\frac{h}{2mv} \tag{16.19}$$

其中 v 爲電子對由於電流而有的速度。超導電流密度 J_S 則爲

$$J_S=\frac{1}{2}n_s\cdot 2e\cdot v=n_s ev \tag{16.20}$$

n_s 是超導電子的密度，而電子對的密度則爲 $\frac{1}{2}n_s$。

因此，在 X 與 Y 兩點之間，由於電流而來的相差爲

$$(\Delta\phi)_{XY}=2\pi\int_X^Y\frac{\hat{\mathbf{k}}}{\lambda}\cdot d\mathbf{l} \tag{16.21}$$

其中 $\hat{\mathbf{k}}$ 爲波傳動方向的單位向量，$d\mathbf{l}$ 爲連接 X 與 Y 點線上的長度進量。

由於（16.19）式和（16.20）式，波長可以寫爲

$$\lambda=\frac{h n_s e}{2m J_s} \tag{16.22}$$

因此 X 與 Y 之間的相差爲

$$(\Delta\phi)_{XY}=\frac{4\pi m}{h n_s e}\int_X^Y\mathbf{J}_s\cdot d\mathbf{l} \tag{16.23}$$

在一個外加磁場 **B** 之下，電子對的動量 **p** 成為

$$\mathbf{p} = 2m\mathbf{v} + 2e\mathbf{A} \tag{16.24}$$

其中 $\mathbf{B} = \nabla \times \mathbf{A}$，整個的相差因而是

$$(\Delta\phi)_{XY} = \frac{4\pi m}{h n_s e}\int_X^Y \mathbf{J}_s \cdot d\mathbf{l} + \frac{4\pi e}{h}\int_X^Y \mathbf{A} \cdot d\mathbf{l} \tag{16.25}$$

如果我們現在考慮一個封閉的超導線圈，如圖 16.7 所示，則圍繞一圈的相差 $\Delta\phi$ 為

$$\Delta\phi = \frac{4\pi m}{h n_s e}\oint \mathbf{J}_s \cdot d\mathbf{l} + \frac{4\pi e}{h}\oint \mathbf{A} \cdot d\mathbf{l} \tag{16.26}$$

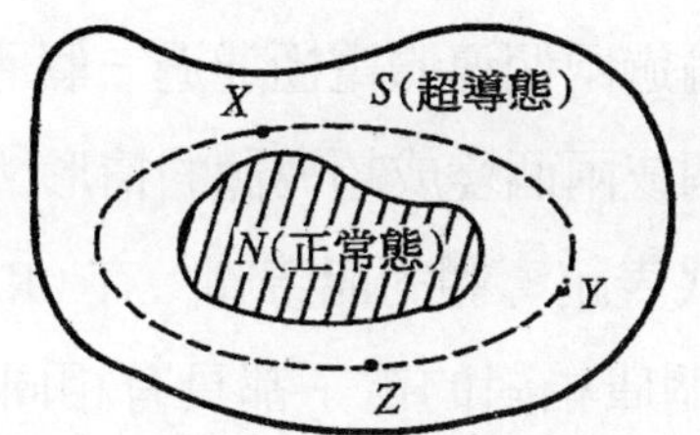

圖 16.7　超導體包圍一個非超導的區域

由於 $\oint \mathbf{A} \cdot d\mathbf{l} = \int_s \nabla \times \mathbf{A} \cdot d\mathbf{s}$，**s** 為線圈的面積，

$$\Delta\phi = \frac{4\pi m}{h n_s e}\oint \mathbf{J}_s \cdot d\mathbf{l} + \frac{4\pi e}{h}\int_s \mathbf{B} \cdot d\mathbf{s} \tag{16.27}$$

在一個超導體中，由於倫敦方程式，B 和 $\mathbf{J}_s$ 都從超導體的表面呈指數下降。超導電流因而局限在超導體的表面，如果（16.26）式的線圈不是很接近表面，則（16.26）式的第一項可以忽略。而且波函數在繞一個封閉線圈一圈之

後，相差的改變最多只能是 2π 的整數倍，因此

$$\Delta\phi = \frac{4\pi e}{h}\int_s \mathbf{B}\cdot d\mathbf{s} = 2\pi n \tag{16.28}$$

或者說超導電流圍繞的磁通量 Φ 必須符合下列關係

$$\Phi \equiv \int \mathbf{B}\cdot d\mathbf{s} = n\frac{h}{2e} \tag{16.29}$$

即超導電流所圍繞的磁通量是量子化（magnetic flux quantization）的，是 $\frac{h}{2e}$ 的整數倍。$\frac{h}{2e}$ 稱為一個磁通量單元（fluxon），其數值為 2.07×10^{-15}tesla · m^2。

16.3 超導穿隧效應

16.3.1 超導能位圖

在 15.1.3 節已經討論過兩個導體電極通過一個薄絕緣層的穿隧效應。本節將討論兩端導體中一個或兩個變成超導體的情形。

首先將介紹如何來代表超導體的能帶圖。在 0K 的時候，所有超導體的電子形成庫柏對，每一個庫柏對的電子都具有相同的能量，因為庫柏對是符合玻色—愛因斯坦統計的，它們可以都具有同一個能位。在溫度不等於零時，有些庫柏對可以分離，這兩個電子不再具有相等而相反的動量，這些電子稱為「準粒子」(quasi-particles)。稱為準粒子是因為它們的性質與自由電子類似，但是如果一個電子具有 **p** ↑ 的動量和自旋，與這個電子相對應的 −**p** ↓ 電子位置應該是空著的。因此，一個超導體的能位圖應該如圖 16.8(a) 所示。圖中所示為每一個電子的平均能量，或每一個庫柏對平均一半的能量。由於庫柏對的能量都一樣，可以用同一個能位來代表。而庫柏對激發分開以後的電子能量則比超導電子對的能量高出一個Δ。由於庫柏對由兩個電子組成，整個的能隙 $E_g = 2\Delta$。這種能位圖比較能夠顯示超導體的

物理性質。另外一種代表超導體能位的方法是類似半導體的顯示法，如圖16.8(b) 所示。超導體的能位用兩個能帶表示，在 0K 的時候，下面一個代表超導電子的能帶是全滿的。上面一個代表準粒子正常電子的能帶是全空的，在不等於零度時，像半導體一樣，上面的能帶開始有電子，中間的能隙爲 2Δ。這種能位表示法的好處是較易了解，而且在穿隧過程中，電子都是平移的。缺點是有一部分物理意義被掩蓋了。

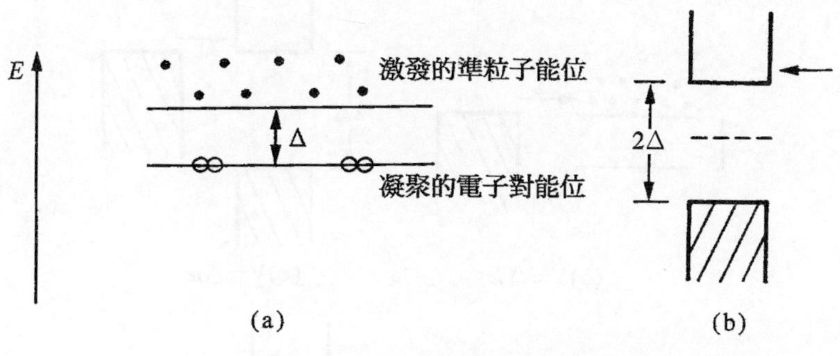

圖 16.8　超導體的能位圖

16.3.2　正常態金屬與超導體之間的穿隧

如果一個金屬電極與一個超導體之間的絕緣體足夠薄，在 10Å 到 20Å 左右的數量級，則會有電子的穿隧電流，如圖 16.9 所示。如果在超導體上加了一個正電壓 V，則超導體的能位相對於正常金屬降低了 eV，如圖16.9(a) 所示。但是要到 $V = \Delta / e$ 時才會有比較顯著的電流，因爲這個時候正常金屬的電子可以穿隧到達超導體準粒子電子的能位。同理，如果超導體中加上負電壓 $-V$，也是一直要到 $-V = \Delta / e$ 時才會有顯著的電流，這個時候超導體中的庫柏對可以分離，而其中的電子可以穿隧到正常金屬，如圖

16.9(b) 所示。在這兩個電壓之間，在不等於零的溫度下仍然有小量的電流存在。這是因爲超導體中會有少量的庫柏對被激發成爲準粒子電子，因而在電壓低的時候仍然可以穿隧。圖 16.9(c) 與 (a) 的情況相同，圖 16.9(d) 與 (b) 的情況相同，但使用了類似半導體的能位表示法。注意，在半導體能位表示法中，穿隧電子都是平移的。圖 16.10 顯示這種正常態金屬與超導體之間的穿隧電流。

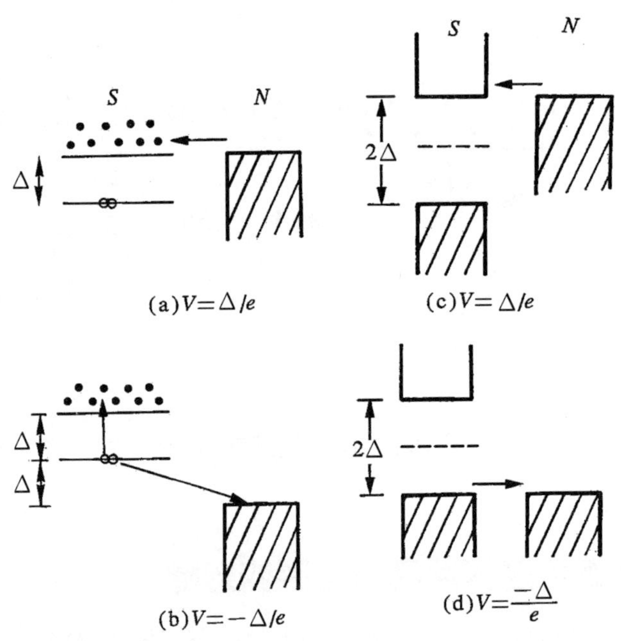

圖 16.9　在 0°K 超導體與正常金屬之間的穿隧，(a) 和 (b) 是用受激準粒子表示法，(c) 和 (d) 是用模仿半導體的表示法

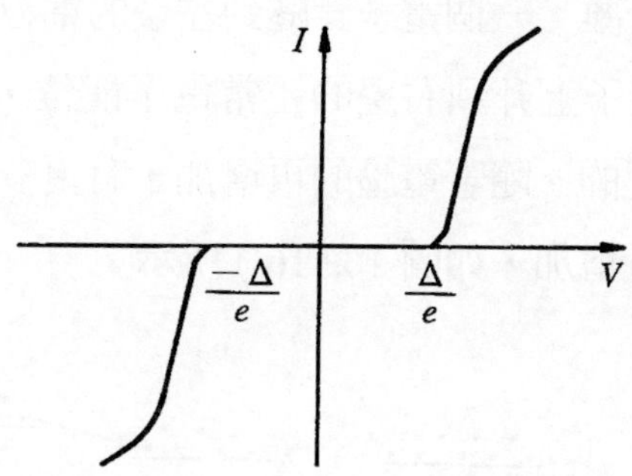

圖 16.10　一個正常金屬與超導體之間的穿隧電流—電壓特性

這種正常態金屬與超導體之間的穿隧稱爲正常穿隧，或稱吉耶弗（Giaever）穿隧，因爲穿隧的電子都是正常態電子。可以用來量測超導體的能隙。

16.3.3　超導體與超導體之間的正常電子穿隧

我們先假設兩邊的超導體是相同的，因此其能位圖如圖 16.11(a) 所示。假設溫度高於 0K，因此兩邊都有準粒子電子。我們先不考慮整個庫柏對電子的穿隧，這將在下節再討論。在沒有偏壓的時候，準粒子電子可以穿隧，不過自左到右和自右到左的穿隧電子數目是平衡的，因此沒有淨正常電子的電流。在加上偏壓後，假設左邊的超導體加上一個正電壓 V，因此在圖 16.11(b) 上，左邊超導體的能位降低了一個 eV。這個時候右邊正常電子穿隧到左邊的，比左邊到右邊的多，因此有淨電流。大部分準粒子正常電子的能量都位在正常電子最低能位算起一個 kT 的範圍。當電壓 V 增加時電流增加，直到 eV = kT 附近，左邊的正常電子能位已經低於右邊正常電子能位的底端，左邊的電子已經不能再穿隧到右邊。自此以後，電壓增加而電流基本維持固定。因爲右邊的正常電子雖然能夠穿隧到左邊，但是其數量卻是固定的。一直要到電壓 $V = 2\Delta/e$，又有新的作用發生，如圖 16.11(c) 所示。右邊超導電子庫柏對可以分離，一個電子穿隧到左邊的準粒子正常電子能位，損失能量Δ，另外一個電子上升到右邊的正常電子能位，得到能量Δ。因此這個過程的總能量是守恆的。隨著電壓的再增加，有更多的空位可以允許這樣的穿隧，因此電流大量增加，如圖 16.11(d) 所示。

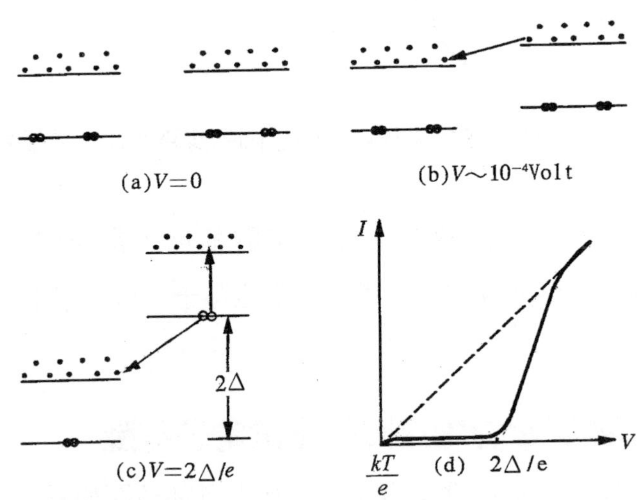

圖 16.11　兩個相同的超導體之間的穿隧，(a)、(b) 和 (c) 代表不同偏壓的情況，∞ 代表一個庫柏對，「•」代表一個準粒子，(d) 電流－電壓特性

如果薄絕緣層兩邊的超導體是不相同的，有不同的Δ_1 和Δ_2 值，則電流電壓曲線會變得更複雜，除了與Δ_1 和Δ_2 的數值有關外，還與準粒子正常電子的能位密度有關，甚至還會有負電阻的區域出現。

16.3.4　超導體與超導體之間零偏壓下的庫柏對穿隧電流

在圖 16.11(a) 中，可以看出來在零偏壓時，兩邊超導體的超導電子對的能量是相同的。一九六二年，約瑟夫遜（Josephson）指出庫柏對可能會成對的穿隧，而且在不久之後得到證實。如果絕緣層的厚度爲 $2a$，其位能的高度 U_o 如圖 16.12(a) 所示。假設電子對的波函數爲 ψ，則絕緣層使得波函數在經過絕緣層時有一個相差，如圖 16.12(b) 所示。假設波函數在絕緣層中的

形式為

$$\psi = Ae^{\alpha x} + Be^{-\alpha x} \tag{16.30}$$

$$\alpha = \sqrt{\frac{2mU_o}{\hbar^2}} \tag{16.31}$$

如果波函數的相位在絕緣體左邊邊界為 ϕ_1，在右邊邊界為 ϕ_2，則會有下列關係

$$Ae^{-\alpha a} + Be^{\alpha a} = n_p{}^{1/2}e^{i\phi_1} \tag{16.32}$$

$$Ae^{\alpha a} + Be^{-\alpha a} = n_p{}^{1/2}e^{i\phi_2} \tag{16.33}$$

因為在超導體中，波函數可以寫為 $\psi = n_p^{1/2}e^{i\phi}$ 的形式，n_p 為庫柏對的密度，ϕ 是一個相位角。

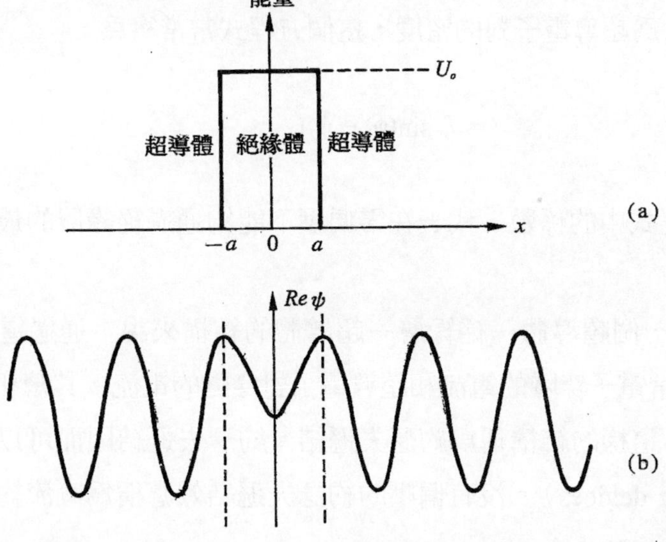

圖 16.12　(a) 勢能障 U 和 (b) 約瑟夫遜結中波函數的實數部分。能障導致波函數的相移

由（16.32）、（16.33）式解 A 和 B，得到

$$A=\frac{e^{i\phi_2}e^{\alpha a}-e^{i\phi_1}e^{-\alpha a}}{e^{2\alpha a}-e^{-2\alpha a}}n_p^{1/2} \tag{16.34}$$

$$B=\frac{e^{i\phi_1}e^{\alpha a}-e^{i\phi_2}e^{-\alpha a}}{e^{2\alpha a}-e^{-2\alpha a}}n_p^{1/2} \tag{16.35}$$

在量子力學中，電流密度的公式為

$$J=-i\frac{q\hbar}{2M}[\psi^*\nabla\psi-\psi\nabla\psi^*] \tag{16.36}$$

對於庫柏對，$M=2m$，$q=-2e$，因此

$$J=i\frac{e\hbar\alpha}{m}[AB^*-A^*B] \tag{16.37}$$

$$=\frac{4e\hbar\alpha}{m}n_s\frac{\sin(\phi_1-\phi_2)}{e^{2\alpha a}-e^{-2\alpha a}} \tag{16.38}$$

其中 $n_s=2n_p$ 為超導電子對的密度，這個方程式常常寫為

$$J=J_o\sin(\phi_1-\phi_2) \tag{16.39}$$

J_0 是（16.38）式中的係數，代表在零偏壓下能夠通過絕緣層的最大超導電子對電流。

因此對一個超導體—絕緣層—超導體的結構來說，通過這樣一個結構的電流有正常電子穿隧的電流和超導電子對穿隧的電流。其總和的圖形如圖 16.13 所示。這樣的結構稱為約瑟夫遜結。約瑟夫遜結因而可以作為開關器件（switching devices）。沒有偏壓的約瑟夫遜結效應稱為直流約瑟夫遜效應（dc Josephson effect）。

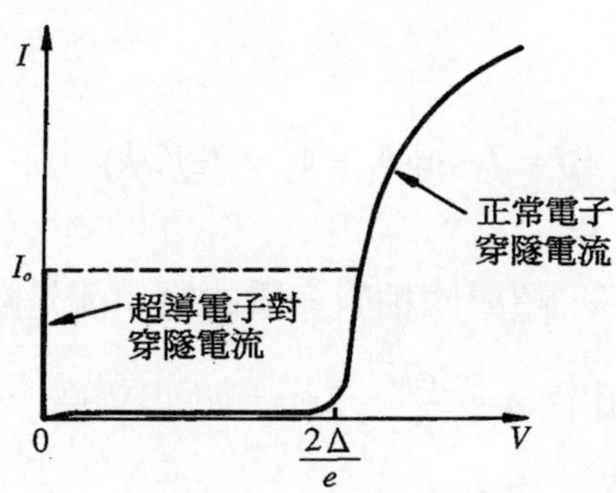

圖 16.13　跨越約瑟夫遜結的直流電流與偏壓電位的關係

16.3.5　超導體與超導體之間在偏壓下的庫柏對穿隧電流

在有偏壓的情況下，電子可以像 16.3.3 節所述的穿隧，而形成庫柏對的電子也可以成對的穿隧，但是如圖 16.11(b) 所示，這時候兩邊庫柏對的電子能位已經不一樣。只有電子對的穿隧則能量無法守恆。要維持能量守恆，在電子對穿隧的同時，要放出一個能量爲 2eV 的光子，因爲電子對的電荷爲 2*e*。從量子力學的觀點來看，當約瑟夫遜結一邊的能量比另外一邊低 $E = 2eV$ 的時候，則電子對的波函數要乘上一項 $e^{-iEt/\hbar}$。因此（16.32）和（16.33）要改寫爲

$$Ae^{-\alpha a}+Be^{\alpha a}=n_p^{1/2}\,e^{i(\phi_1+2eVt/\hbar)} \tag{16.40}$$

$$Ae^{\alpha a}+Be^{-\alpha a}=n_p^{1/2}\,e^{i\phi_2} \tag{16.41}$$

從（16.40）和（16.41）式中解 *A* 和 *B*，然後用和上節相同的方法計算超導電子對電流，得

$$J=\frac{4e\hbar\alpha}{m}n_s\frac{\sin(\phi_1-\phi_2-2eVt/\hbar)}{e^{2\alpha a}-e^{-2\alpha a}} \tag{16.42}$$

（16.42）式一般寫成

$$J = J_0 \sin(\phi_1 - \phi_2 - 2eVt/\hbar) \tag{16.43}$$

因此在有偏壓的情況下，超導庫柏對穿隧的電子流是隨著時間呈正弦函數振盪的。這個振盪的角頻率 $\omega = \frac{2eV}{\hbar} = 2\pi\nu$，如果 V 爲一微伏特（$\mu$V），則頻率 ν 爲 483.6MHz。

16.4 超導量子干涉效應

如果我們用兩個並聯的相同約瑟夫遜結，在沒有偏壓的情況下，通過超導電流的密度爲 J，如圖 16.14 所示。通過約瑟夫遜結的相差與所加的磁場有關。在 16.2 節討論過，從（16.28）和（16.29）式可以知道，在超導體中圍繞一圈的相差$\Delta\phi$與包圍的磁通量 Φ 有下列的關係

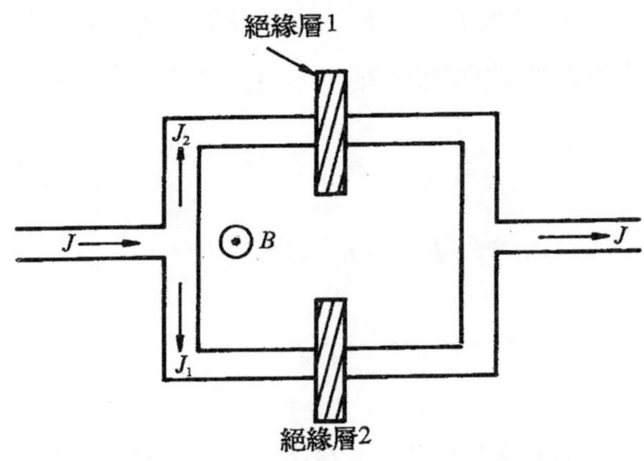

圖 16.14　一個超導量子干涉（SQUID）電路示意圖，由兩個平行的約瑟夫遜結組成

$$\Delta\phi = \frac{4\pi e}{h}\Phi \tag{16.44}$$

在圖 16.14 的線路中，設通過路徑 1 的相差爲 $(\Delta\phi)_1$，通過路徑 2 的相差爲 $(\Delta\phi)_2$，則兩者相減應該是繞過整個超導體一周的相差，因此

$$(\Delta\phi)_2 - (\Delta\phi)_1 = \frac{4\pi e}{h}\Phi \tag{16.45}$$

由（16.45）式，我們可以假設

$$(\Delta\phi)_1 = \phi_0 - \frac{2\pi e}{h}\Phi$$

和

$$(\Delta\phi)_2 = \phi_0 + \frac{2\pi e}{h}\Phi$$

其中 ϕ_0 是一個常數。根據（16.39）式，通過路徑 1 的超導電流 J_1 爲

$$J_1 = J_0 \sin\left(\phi_0 - \frac{2\pi e}{h}\Phi\right) \tag{16.46}$$

通過路徑 2 的超導電流爲

$$J_2 = J_0 \sin\left(\phi_0 + \frac{2\pi e}{h}\Phi\right) \tag{16.47}$$

因此通過兩個約瑟夫遜結的總和電流爲

$$\begin{aligned} J &= J_0\left[\sin\left(\phi_0 - \frac{2\pi e}{h}\Phi\right) + \sin\left(\phi_0 + \frac{2\pi e}{h}\Phi\right)\right] \\ &= 2J_0 \sin\phi_0 \cos\left(\frac{2\pi e}{h}\Phi\right) \end{aligned} \tag{16.48}$$

從（16.48）式可以看出，總電流與磁通量 Φ 有關，當 $\frac{2\pi e}{h}\Phi$ 爲 π 的整數倍

時，即

$$\Phi = \frac{nh}{2e} \tag{16.49}$$

n 為整數時，這個時候的電流就會有極大值。利用這樣兩個約瑟夫遜結製成的元件稱為超導量子干涉元件（superconducting quantum interference devices）或取其字首，簡稱 SQUID。利用 SQUID，可以測得極小的磁場，在醫學和地質學上有其應用。由於在實際上很難得到兩個完全相同的約瑟夫遜結，實際上的干涉圖型常常有兩個不同的週期，而電流振盪的曲線也相當複雜。

16.5 高溫超導

16.5.1 高溫超導簡介

在一九八六年以前，超導臨界溫度最高的是 Nb_3Ge，為 23K。由於臨界溫度如此之低，所以在實用上受到很大的限制，一九八六年，發現在 LaBaCuO 有臨界溫度接近 30K 的超導現象。此一系列的 $La_{2-x}Sr_xCuO_4$，T_C 為 38K。一九八七年發現 $YBa_2Cu_3O_{6+x}$ 氧化物的超導臨界溫度為 92K，首次突破了液態氮的溫度 77K。一九八八年，鉍（Bi）系列和鉈（Tl）系列的氧化物，$Bi_2Ca_2Sr_3Cu_3O_{10}$ 和 $Tl_2Ca_2Ba_2Cu_3O_{10}$ 的臨界溫度更分別達至 110K 和 125K。一些具代表性的超導臨界溫度見表 16.1。

表 16.1 一些超導材料的臨界溫度（T_C）與臨界磁場（B）

普通超導體（Conventional superconductors）		
	T_C(K)	B(tesla)
金屬元素：		
Al	1	0.01
Pb	7	0.08
Nb	9	0.2
二元合金：		
Nb-Ti	9	14
二元化合物：		
Nb_3Sn	18	24
Nb_3Ge	23	38
有機相：κ-$(BEDT\text{-}TTF)_2Cu(NCS)_2$	12	20
$PbMo_6S_8$	15	60
高 -T_c 銅氧化物超導體		
$La_{2-x}Sr_xCuO_4$	38	40
$YBa_2Cu_3O_7$	92	> 100
$Bi_2Ca_2Sr_2Cu_3O_{10}$	110	> 120
$Tl_2Ca_2Ba_2Cu_3O_{10}$	125	> 130

（資料來源：參考書目 II － 11）

大部分過去所知道的超導體都是金屬。有少數氧化物也發現是超導體，但是臨界溫度都不高，如表 16.2 所示。一九八六年開始發現的氧化物超導體因此爲超導材料開始了一個新紀元。這種氧化物超導體也稱爲高臨界溫度超導體，或簡稱高溫超導。

由於 $YBa_2Cu_3O_{6+x}$ 是第一個突破液態氮溫度的超導體，而且它的性質在一定程度上也能代表其他的氧化物超導體，因此，我們將以 $YBa_2Cu_3O_{6+x}$ 爲例子，來討論高溫超導。$YBa_2Cu_3O_7$ 有時簡稱 YBCO 或 123 組成。

表 16.2　一些氧化物超導體的發現年代和臨界溫度（T_C）

年代	材料	T_C(K)
1964	NbO	1
1964	TiO	2
1964	摻雜 $SrTiO_{3-x}$	0.7
1965	K_xWO_3	6
1966	K_xMoO_3	4
1969	K_xReO_3	4
1974	$LiTi_2O_4$	13
1975	$Ba(PbBi)O_3$	13
1986	$La_{2-x}Sr_xCuO_4$	38
1987	$YBa_2Cu_3O_7$	92
1988	$Tl_2Ca_2Ba_2Cu_3O_{10}$	125

（資料來源：參考書目 II －11）

$YBa_2Cu_3O_{6+x}$ 的性質與氧的成分有關，在 $0 < x < 0.4$ 的區域，$YBa_2Cu_3O_{6+x}$ 是絕緣體，而在 $0.4 < x < 1.0$，$YBa_2Cu_3O_{6+x}$ 才是超導體，$YBa_2Ca_3O_6$ 和 $YBa_2Ca_3O_7$ 的晶體結構可見圖 16.15(a) 和 (b)。可以看出，$YBa_2Cu_3O_7$ 比 $YBa_2Cu_3O_6$ 在銅原子之間擠進了更多的氧。這種晶體結構與鈣鈦礦（perovskite）很像。其晶體的單胞像是一個鈣鈦礦型單胞在 C 方向擴展三倍。值得注意的是，$YBa_2Cu_3O_7$ 具有一個層狀的結構。如果把 Y 原子上下由銅和氧組成的平面稱爲「CuO_2 平面」，而把單胞上下由 Cu 和氧原子組成的邊線稱爲「CuO 鏈」，則 $YBa_2Cu_3O_7$ 可以用下列的層狀結構來代表，如圖 16.16 所示。

除了少數例外，如 $Ba_{1-x}K_xBiO_3$，大部分新發現的氧化物超導體都是銅的氧化物。因此 CuO_2 平面和 CuO 鏈與高溫超導密切有關。$YBa_2Cu_3O_6$ 爲四方晶系（tetragonal），單胞兩邊相等 $a = b$，另一邊 c 不等。$YBa_2Cu_3O_7$ 的單胞爲正交晶系（orthorhombic），三邊均不相等，$a = 3.88$Å，$b = 3.84$Å，$C = 11.63$Å。由於這樣的層狀結構，YBCO的電性呈現強烈的各向異性（anisotropy）。

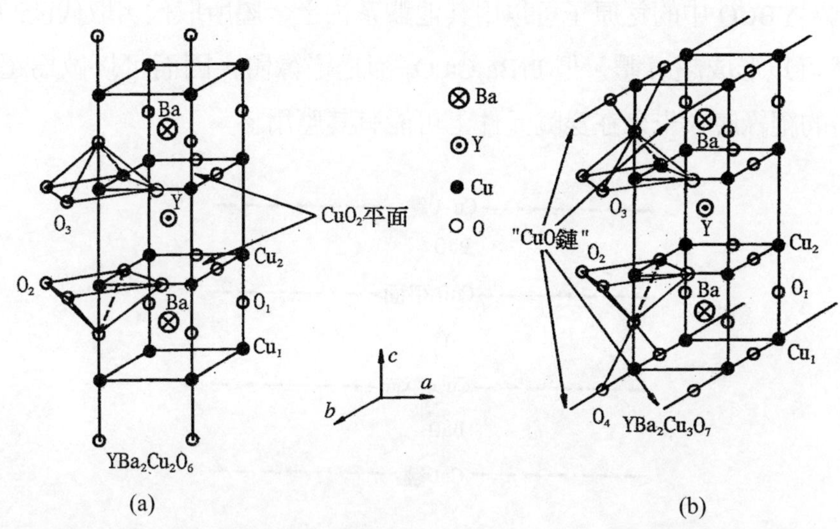

圖 16.15　(a)$YBa_2Ca_3O_6$ 絕緣體，(b)$YBa_2Ca_3O_7$ 超導體的結構圖

這些氧化物超導體多數都製備成陶瓷的丸狀材料。這些氧化物成分依一定比例混合後，經過煅燒和通氧的過程。也有一些氧化物超導體製成單晶材料，但單晶往往很小。

在 $YBa_2Cu_3O_7$ 的單胞中，銅原子可以處在兩種不同的位置。在 CuO 鏈中，距銅原子最近的氧原子有四個，其位數（coordination number）為 4，稱為 Cu(1) 位置，在 CuO_2 平面上的銅原子，其最近的氧原子有五個，形成一個多邊形（polyhedra），這種位置稱為 Cu(2) 位置。釔原子附近與一個完全氧化的鈣鈦礦結構比起來，有四個氧空位。大多數的氧空位發生在 CuO 鏈上，也就是 ab 平面上，對 $YBa_2Ca_3O_6$ 來說，Cu(1) 的位數只有 2，在 b 軸上缺了氧原子，是一個絕緣體。逐漸在 ab 面上增加氧原子會對 $YBa_2Ca_3O_{6+x}$ 摻雜，所帶來的載子是電洞。實際上，在 $x = 0.93$ 時，臨界溫度最高，為 94K。其他 Bi- 系和 Tl- 系的超導氧化物也有類似的層狀結構，這些氧化物的成分和臨界溫度列於表 16.3。從表中可見，Bi- 系和 Tl- 系材料的臨界溫度隨著 CuO_2 層數的增加而增加，但是會有一個極大值，過了之後，T_C 反而會降低。YBCO 中的釔原子可以用其他鑭系稀土金屬所取代，取代後的氧化物仍然可以形成超導體。但 $PrBa_2Ca_3O_7$ 卻是絕緣體，因而可以做為超導體夾層中的絕緣層，未來在穿隧元件上可能有其應用。

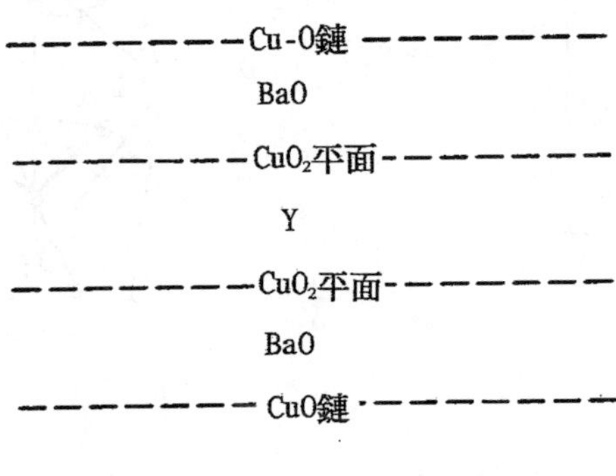

圖 16.16　$YBa_2Ca_3O_{6.93}$ 的示意圖

表 16.3　一些高溫超導化合物的臨界溫度（T_C）

化合物	T_C(K)
$La_{2-x}M_xCuO_{4-y}$ M = Ba、Sr、Ca $x \sim 0.15$，y 小	38
$Nd_{2-x}Ce_xCuO_{4-y}$（n- 型摻雜）	30
$Ba_{1-x}K_xBiO_3$（立方晶系，各向同性）	30
$Pb_2Sr_2Y_{1-x}Ca_xCu_3O_8$	70
$R_1Ba_2Cu_{2+m}O_{6+m}$	
R：Y, La, Nd, Sm, Eu, Ho, Er, Tm, Lu	
$m = 1$（'123'）	92
$m = 1.5$（'247'）	95
$m = 2$（'124'）	82
$Bi_2Sr_2Ca_{n-1}Cu_nO_{2n+4}$	
$n = 1$（'2201'）	～10
$n = 2$（'2212'）	85
$n = 3$（'2223'）	110
$Tl_2Ba_2Ca_{n-1}Cu_nO_{2n+4}$	
$n = 1$（'2201'）	85
$n = 2$（'2212'）	105
$n = 3$（'2223'）	125

（資料來源：參考書目 II －11）

大多數的氧化物都是絕緣體，但是這些高溫超導氧化物卻具有一些金屬特性。在 *a*- 和 *b*- 軸方向的電導率在室溫與一些無序的金屬合金類似。具金屬電導率主要是在 CuO_2 平面，與此平面垂直的電導率就很低。氧化物的摻雜，或者是以二價的原子取代三價的原子（如在 $La_{2-x}Sr_xCuO_4$ 中，以 Sr^{2+} 取代 La^{3+}），或者如在 $YBa_2Ca_3O_6$ 中加入氧原子，氧原子以 O^{2-} 的形式與銅原子形成 CuO 鏈。所需的電子由 CuO_2 平面移來，這樣形成的電洞是活動（mobile）的。在臨界溫度下，可以形成庫柏對。

16.5.2　高溫超導的超導特性

高溫氧化物超導體與過去比較熟知的超導體比較起來，從 BCS 理論的觀點來看，有下面這些特色：

1. 臨界溫度高

高溫超導的 T_C 在 100K 上下，而過去的臨界溫度，最高只不過是 Nb_3Ge 的 23K。由於臨界溫度 T_C 代表的能量 kT_C 是把庫柏對電子結合在一起的能量，因此，高溫超導的 kT_C 在 10meV 左右，比普通超導大了近 10 倍。

2. 二維的電導性質

這些氧化物超導材料多有 CuO_2 的平面，這些平面是氧化物有普通電導率和超導性的原因，而其他層則只有絕緣性或弱金屬性。

3. 非常短的相干長度

ξ 只在 10Å 左右，從（16.15）式中可知，$\xi = \dfrac{2\hbar v_F}{\pi E_g}$，而 $E_g = 2\Delta(0) \cong 3.5kT_C$，所以 $\xi \cong 0.18\dfrac{\hbar v_F}{k_B T_C}$。因此 T_C 大了十倍，代表 ξ 要小十倍。再加上載子的數目少，這些金屬氧化物的費米速度也較一般普通金屬小。因此超導氧化物的相干長度極小。事實上，對 YBCO 而言，$\xi_c(0) \sim 4$Å，$\xi_{ab}(0) \sim 15$Å。一些材料的相干長度，伸入深度可見表 16.4。由於相干長度比伸入深度爲短，這些氧化物超導體均爲第二類超導體。

表 16.4　三種高溫超導氧化物的臨界溫度（T_C），估計的伸入深度（λ）、相干長度（ξ）和高臨界磁場（B_{C2}），ab 和 c 代表不同的方向

化合物	T_C(K)	λ_{ab}(Å)	λ_c(Å)	ξ_{ab}(Å)	ξ_c(Å)	B_{c2}^{ab}(T)	B_{c2}^{c}(T)
$La_{2-x}Sr_xCu_4$	38	800	4000	35	7	80	15
$Y_1Ba_2Cu_3O_7$	92	1500	6000	15	4	150	40
$Bi_2Sr_2Ca_2Cu_3O_{10}$	110	2000	10000	13	2	250	30

（資料來源：參考書目 II －11）

從 BCS 理論的觀點看來，有趣的問題是：(1) 高溫超導的機理是否仍然是電子與聲子的作用？ (2) 臨界溫度是否還可以更高？

這兩個問題目前還沒有確定的答案。有些理論認爲電子與聲子的作用仍然可以解釋高溫超導。由於 CuO_2 平面的結構，電子能位密度可能有奇異點（singularities），或者在某些情況下，電子與聲子的耦和特別強。另外一些理論則提出其他可能的機理，如電子與激子（exciton）的作用等。

至於臨界溫度是否可能更高，BCS 理論的方程式爲（16.16a）式 $T_C = 1.14\theta\exp[-1/UD(E_F)]$。對於普通的超導體，$UD(E_F)$ 的值一般在 0.3 左右，金屬的德拜溫度最高往往在 500K 左右。因此 T_C 爲 25K。對於較強的電子與聲子作用，T_C 可以稍有增高。一個修正的理論指出，$UD(E_F)$ 可能會接近 1，因此 T_C 到 50K 是可以容易用電子聲子作用的理論解釋的。如果 T_C 在 75K 左右，就需要 $UD(E_F)$ 到 3 左右，這麼大的電子聲子作用就有問題了。

另外一個可能 T_C 會增大的原因是（16.16a）式中 θ 的增大。與電子有關的頻率，一般會比與聲子有關的頻率大，因爲頻率與質量的平方根有關

$$\omega_{el} \sim \omega_{ph}\sqrt{\frac{M}{m}} \tag{16.50}$$

其中 m、M 分別爲電子與原子的質量。但是電子與電子之間直接的作用是排斥力的，必須要用其他中間的機理來取代聲子，把電子作用結合起來。前面

已經提到過電子與激子的作用是一種可能。目前的理論並不排除超導臨界溫度有可能在 200K 以上。

16.6　超導的應用

超導的應用大致可以分爲大型應用和小型應用兩類。大型應用往往是使用超導體來輸送大密度的電流，因此也常常是在高功率、高磁場的情況下應用。這種應用包括：(1) 利用超導線圈來產生高磁場；(2) 利用核磁共振（nuclear magnetic resonance）來做磁共振影像處理（magnetic resonance imaging）。這種醫療用途需要用到高均勻度的超導磁鐵；(3) 磁浮列車，利用磁鐵之間的排斥力達成磁浮高速列車的目的。這些磁鐵有些可以使用超導；(4) 馬達和發動機的線圈；(5) 船隻或潛艇的推進系統；(6) 超導磁能儲存等。目前大部分這些可能的應用都使用普通的超導體，如 Nb-Ti、Nb_3Sn 和 V_3Ga 等。這是因爲在這些應用中必須要能承受高磁場中的大電流和磁場所帶來的應力，以及必須要有能夠容易加工成線圈或薄片的條件。高溫超導的限制在於它們的陶瓷性質很脆，不容易加工。

第二類的小型應用主要就是在微電子方面。在這方面主要就是應用約瑟夫遜結，而且多是以薄膜的形式把超導體疊積在絕緣質的基片上。在 16.4 節討論過的超導量子干涉器（SQUID）就是其中之一。由於本書的內容是在電子方面，因此下面的討論將僅限於這第二類小型微電子方面的可能應用，並且以約瑟夫遜結爲主。

約瑟夫遜結的電流—電壓特性已見圖 16.13 的討論。在零電壓的時候，會有一個由超導電子對形成的電流（見 16.39）式。這個超導電子對電流在某一個臨界電流 J_0 之下會維持穩定。而 J_0 的值可以證明爲

$$J_0 = \frac{\pi\,\Delta(T)}{2eR_n}\tanh\frac{\Delta(T)}{2kT} \tag{16.51}$$

其中 R_n 是兩邊金屬均在正常狀態時，每單位面積的穿隧電阻。這是安貝高卡（Ambegaokar）和巴拉托夫（Baratoff）用超導微觀理論導出來的結果。

約瑟夫遜結在有偏壓的時候，除了前面討論過的單電子穿隧電流以外，還會有庫柏電子對的交流電流。因此在圖 16.13 的直流電流之外，還要再加上（superimpose）一個頻率為 $\omega = \frac{2eV}{\hbar}$ 的交流電流，這在圖上不容易表示，但卻是存在的。

由於約瑟夫遜結的電流—電壓特性有零偏壓和非零偏壓這兩種不同的狀況，非常適於做開關（switching）元件，也因此可以做成邏輯線路和記憶元件。如果把 16.13 圖放上負荷線（load line），如圖 16.17 所示，這個約瑟夫遜結作成的邏輯門（gate）可以將電流密度限制在 J_0 以下，而停留於「零偏壓」的狀況，或者說有較大電流，而電壓為零的「通」（on）的狀況。在轉換的時候，可以用 (1) 增加電流使得超過 J_0，或 (2) 減低 J_0 的數值，使其低於已經存在電流的方法，使得約瑟夫遜結轉換到「非零偏壓」，即準電子穿隧的電流電壓曲線上，也就是說電流很小，而電壓較大的「斷」（off）的狀況。如圖 16.17 所示的。一旦當結轉換到有偏壓的狀態，如果要回到零偏壓，就必須要把電流降低到很低的程度才能把結轉換到零電壓的狀態。因此約瑟夫遜結的線路要用雙極（alternating-polarity）的電源操作。這與半導體邏輯線路只要用直流電源不同。

約瑟夫遜結的電流電壓曲線，因為 $2\Delta/e$ 只有 2 ～ 3 毫伏左右，而且穿隧作用迅速，所以可得到快速而又省功率的電路。這就是以約瑟夫遜結作成電路的優點，但是約瑟夫遜結電路也有必須在低溫操作和不易製作的缺點，因此目前仍然處於研究的階段而未能實用。

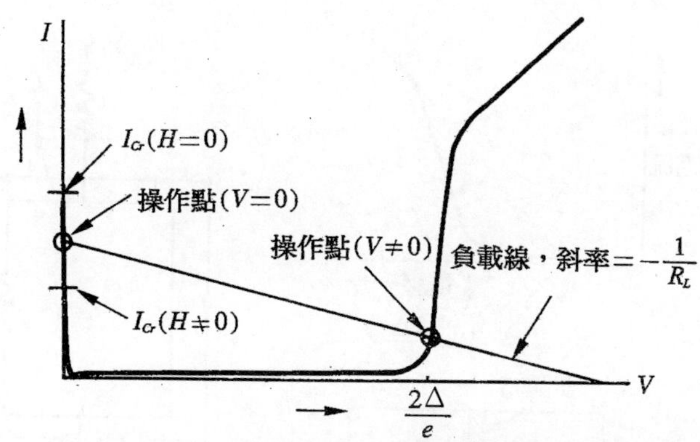

圖 16.17　有兩個操作點的基本約瑟夫遜結

下面簡單的介紹約瑟夫遜結的邏輯電路。約瑟夫遜結的基本邏輯電路如圖 16.18 所示，基本上這就是一個導引電流的開關。在零偏壓的情況下，低於臨界電流的電流可以通過約瑟夫遜結。當一個信號電流 I_S 加入到門電路後，I_g 超過了臨界電流的限度，約瑟夫遜結就會轉換到非零偏壓的狀態，把大部分的電流導引入負荷 R_L。約瑟夫遜結的邏輯電路可以分為兩種：(1) 磁聯式（magnetic coupled）；和 (2) 直聯式（direct coupled）。磁聯式是用輸入信號電流所產生的磁場來控制，而直聯式則是直接將信號電流注入門電路來控制。一個磁聯式的門電路顯示於圖 16.19。加在變壓器主線圈上的信號電流，可以把約瑟夫遜結轉換到非零偏壓的狀態，從而把大部分電流引入負荷。圖 16.20 顯示一個直聯式的門電路，信號電流直接輸入而不再經過變壓器。這種方法省去了要占大面積的變壓器，但是卻必須用一些除了變壓器以外，其他的方法來完成隔絕的作用。

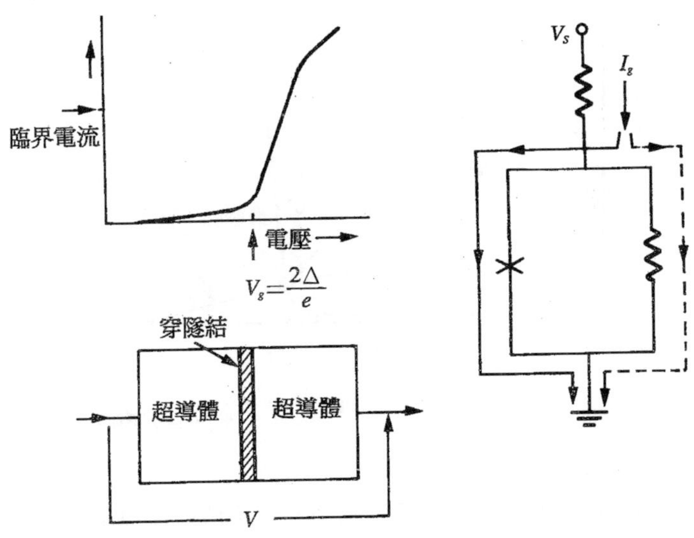

圖 16.18　左邊為約瑟夫遜結和其線性化 *I-V* 特性。右邊為門電路圖，基本上為一電流驅動的開關

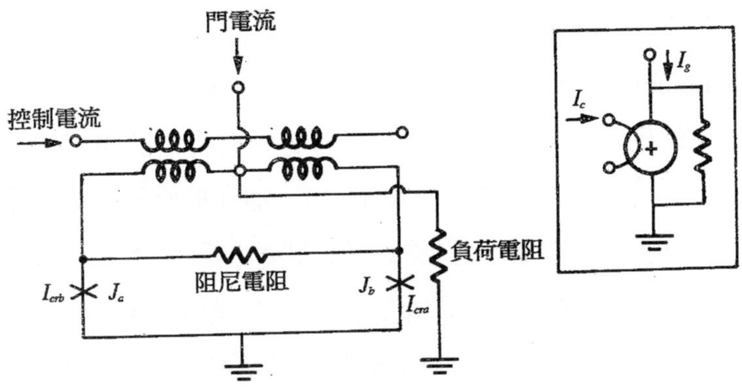

圖 16.19　一個有兩個約瑟夫遜結的超導量子干涉器（SQUID），其輸入訊號可以用磁連接的方式隔絕（資料來源：參考書目 II －7）

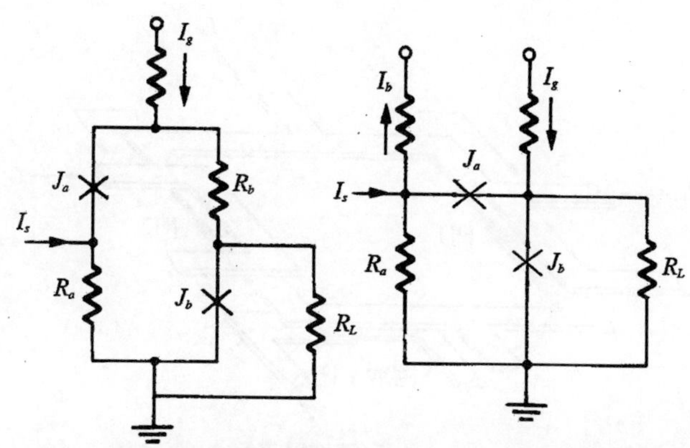

圖 16.20　左邊為基本的「直接連接法隔絕」單元。右邊的開關線路有很好的隔絕性能，但需要另外一個控制電流以得到較佳的增益和噪音容限（資料來源：參考書目 II －7）

至於記憶元件，則有許多種做法。譬如說在一個超導電路中，如果沒有電流通過，可以視之爲邏輯上的「0」，如果有電流通過，則可視爲邏輯上的「1」。或者在一個超導線圈中，用順時針方向的電流代表零，用反時針方向的電流代表 1。一個早期有代表性的電路可見圖 16.21。這個線路有兩個「寫入」（write）的結，有「字」（word）電流通過這個超導線圈，有「位」（bit）電流可以控制結的狀態，利用不同的組合，可以在超導線圈中建立分別代表 0 和 1 的順時針或反時針方向的電流。在驅使電流移開後，超導線圈中的電流會繼續，因而有記憶的功能。「讀取」（read）的功能設計如下：比如當有順時針方向電流時，在加上讀取電流後，約瑟夫遜結會轉換到偏壓不等於零的狀態。因此在讀取線上有電壓，這就表示記憶單元所存的資料爲 1。近期的記憶元件，只用一個寫入結，驅使電流的使用方法也有改變。

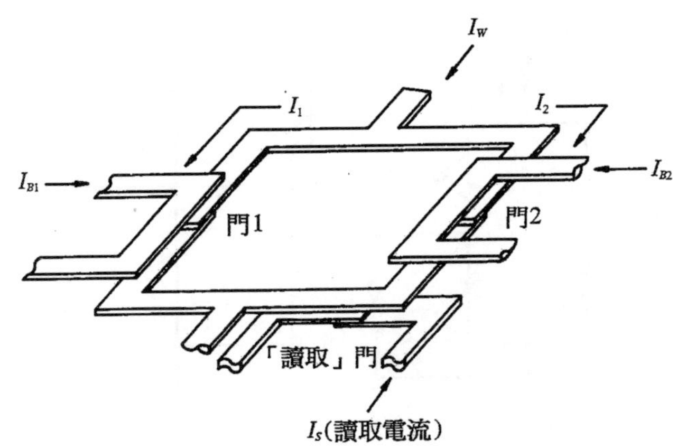

圖 16.21　有非破壞性讀出性能的超導記憶單元

到目前爲止，已經製作出來的、有著較多元件的約瑟夫遜結線路，都是使用普通的低溫超導材料做成的，其中最成功的是使用 Nb/AlO$_x$/Nb 結構的約瑟夫遜結，高溫超導材料由於相干長度很短，製作不易。而 YBCO 等材料比較高的疊積溫度對於要求沒有針孔，沒有缺陷的約瑟夫遜結也是一項需要克服的困難。利用高溫超導材料製作的 SQUID 元件已經出現。可以在 77K 操作對於地質探勘或某些其他應用是一項優點，但是，SQUID 在 77K 操作，其噪音比在液態氦低溫操作的元件爲高。

習題

1. 某超導體的超導電子濃度 $n_s = 10^{28}/m^3$，試求其倫敦深入深度爲多少？
2. 某超導體的能隙 $E_g = 10^{-4}$eV，其費米速度 $v_F = 10^5$m/s，試求其相干長度爲多少？
3. 一個磁通量單元的大小數量等於多少？是什麼單位？
4. 鋁的超導臨界溫度 $T_c = 1.14$K，德拜溫度 $\theta_D = 428$K，電子密度 $n = 1.8\times10^{23}/cm^3$，費米能量 $E_F = 11.63$eV，試求電子與晶格作用的位能 U，其值爲多少？

5. 鋅（Zn）的電子密度是 $1.31\times10^{29}/m^3$，其超導臨界溫度 $T_c = 0.875K$，德拜溫度 $\theta_D = 327K$。如果用自由電子理論來估計，鋅的 $UD(E_F)$ 乘積是多少？
6. 鋁的超導臨界溫度 $T_c = 1.14K$，試求一個正常金屬和鋁超導體的穿隧電流，在什麼電壓才會有比較顯著的上升？
7. 對於一個鋁－SiO_2－鋁的約瑟夫遜穿隧結構，如果能障的高度是 3.2eV，二氧化矽絕緣層的厚度是 40Å，鋁的電子密度是 $1.8\times10^{29}/m^3$。試求在零偏壓下最大的超導電子對電流。
8. 利用超導量子干涉元件（SQUID），其面積爲 $10\mu m\times10\mu m$，則能夠偵測的最小磁場是多少？
9. 一個約瑟夫遜結，其面積爲 $5\times10^{-6}m^2$，由兩個相同的超導體所構成，其電子密度爲 $1.3\times10^{29}/m^3$。隔開這兩個超導體的絕緣層其電阻率爲 20Ω-m，其位能的勢壘高度是 10^{-3}eV，(a) 在未加電壓情況下，如果通過這個約瑟夫遜結的最大電流是 1.5mA，則絕緣層的厚度是多少？ (b) 如果要得到 4mA 的電流，需要加上多大電壓？ (c) 如果加上 $3\mu V$ 的電壓，則交流超導電流的頻率爲多少？

本章主要參考書目

1. A. Rose-Innes and E. Rhoderick, Introduction to Superconductivity (1969).
2. C. Kittel, Introductionto Solid State Physics (1986).
3. J. Christman, Fundamentals of Solid State Physics (1988).
4. M. Cyrot and D. Pavuna, Introduction to Superconductivity and High-Tc Materials (1992).
5. J. Doss, Engineer's Guide to High-temperature Superconductivity (1989).

第十七章

薄膜疊積技術

1 熱蒸發
2 陰極濺鍍
3 輝光放電
4 化學氣相疊積

從第十一章起，討論電子材料和元件的應用章節中，我們可以很明顯的注意到，許多應用在電子方面的材料都是以薄膜形式出現的。除了已經介紹過的微電子方面的應用以外，薄膜還使用於光學器件，作爲耐磨的覆蓋層等。薄膜材料由於製備的方法不同和它的特殊厚度，常常會有與塊材不相同的性質。

薄膜疊積的方法可以分爲物理疊積法和化學疊積法兩大類。物理疊積法可以再分爲熱蒸發（thermal evaporation）和陰極濺射（cathodic sputtering）兩種方法。化學疊積則可細分爲大氣壓化學疊積（APCVD）、低壓化學疊積（LPCVD）、電漿輔助化學疊積（PECVD）、電子迴旋共振化學疊積（election cyclotron resonance-CVD），雷射輔射化學疊積（1aser-assisted CVD）等。

17.1 熱蒸發

17.1.1 熱蒸發基礎

當固態材料加熱到足夠高的溫度時，就會蒸氣化，這些蒸氣在較冷的基片上凝結時，會形成固態的薄膜。由於和氣體原子的碰撞，一部分的蒸氣原子會被散射，散射的部分與 $\exp(-d/l)$ 成比例，其中 d 是蒸氣原子行進的距離，l 是氣體原子的平均自由程。對於在 25℃的氣體分子來說，l 在 10^{-4} 和 10^{-6} 托（torr）的氣壓之下，分別爲 45 和 4500 公分左右。因此，爲了要保證蒸發出來的原子能夠以直線前進，當基片與蒸發源距離爲 10 到 50 公分左右的蒸鍍器中，必須要有低於 10^{-5} 托的眞空。

用分子運動理論可以證明出來，從每單位面積蒸發源材料上蒸發出來的、分子量爲 M 的粒子數目，爲

$$N_e = \frac{p_e}{\sqrt{2\pi MkT}} = 3.5\times 10^{22}\frac{p_e(\text{torr})}{\sqrt{MT}} \ (\text{分子} / \text{cm}^2 \cdot \text{sec}) \tag{17.1}$$

其中 p_e 是蒸氣壓，如果 p_e 以托表示則有上列的第二式，M 是氣體粒子的分子量，T 是溫度。

雖然蒸鍍腔處於 10^{-5} 托以上的眞空中，但是仍會存在著一些剩餘氣體。基片不但受到蒸發源粒子的轟擊，還會受到剩餘氣體粒子的轟擊。如果要將剩餘氣體的影響減少，得到高純度的薄膜，則需要更高程度的眞空，往往需要在 10^{-8} 托以上。

薄膜的純度和形態，除了受到剩餘氣體氣壓，蒸發速率的影響外，還會受到基片溫度和結構的影響。實際到達基片的粒子數還與蒸發系統的幾何形狀有關。假設一個表面乾淨，放射率平均，而又可以近似爲點狀的蒸發源，蒸鍍到一個平面上，在理想的狀況下，其疊積率與 $\cos\theta/r^2$ 成正比，其中 r 爲從源材到接受面的距離，θ 爲連接源材和接受面之間的向量與接受面法線方向的夾角。這個關係式稱爲努森（Knudson）餘弦定律。如果 t_0 代表接受面上與源材垂直距離爲 h 處的薄膜疊積厚度，t 代表在接受面上再平移一個距離爲 x 處的疊積厚度，如圖 17.1 所示，假設蒸鍍粒子到達接受面在兩處的黏著比例（即所謂黏著係數）不變，則薄膜厚度 t 爲

$$\frac{t}{t_o}=\frac{1}{\left[1+\left(\frac{x}{h}\right)^2\right]^{3/2}} \tag{17.2}$$

如果蒸發源夠大，需要當作一個小面積來考慮，蒸發到接受面的疊積率則與 $\cos^2\theta/r^2$ 成正比，而厚度的比例也成爲

$$\frac{t}{t_o}=\frac{1}{\left[1+\left(\frac{x}{h}\right)^2\right]^2} \tag{17.3}$$

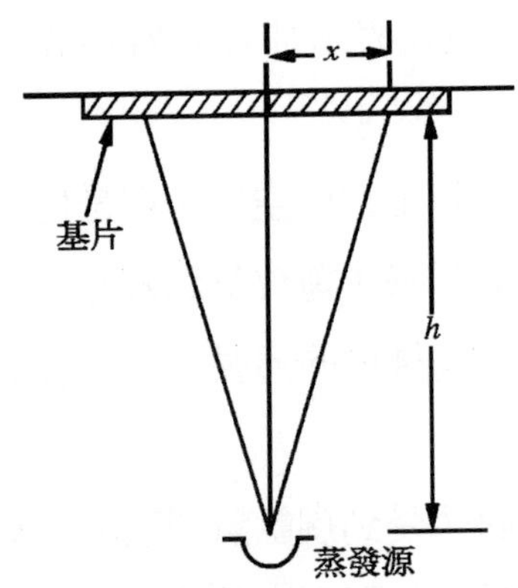

圖 17.1　蒸鍍薄膜厚度示意圖

如果蒸發的材料具有不同的成分，像合金或是化合物，由於不同的成分有不同的蒸氣壓，它們的蒸發率也就不相同。如果蒸發源是由 A 和 B 兩種成分組成，則它們的蒸發率可以由（17.1）式得到。計算蒸發率的方法是，假設 A 和 B 兩種成分的分子量分別是 M_A 和 M_B，蒸氣壓爲 P_A 和 P_B，則兩種成分的疊積粒子數目之比爲

$$\frac{N_A}{N_B}=\frac{C_A}{C_B}\cdot\frac{P_A}{P_B}\cdot\sqrt{\frac{M_B}{M_A}} \tag{17.4}$$

其中 C_A 和 C_B 是兩種成分的原子數比例。其中每種成分的蒸發壓可以假設爲：從該成分在純粹狀態時的蒸氣壓，依照該成分相對的濃度呈比例的降低。但是實際上，由於合金中各個成分之間的作用，（17.4）式的關係式往往並不成立，必須要把成分之間的活動係數包含進來，來調整（17.4）式的關係式。這個活動係數是成分 C 的函數。對於蒸氣壓相差很大的合金，如果蒸發溫度愈高，則薄膜的成分與源材合金的成分愈接近，不過，要避免各個成分與基片起反應。

如果要精確控制多成分材料的蒸鍍，可以用不同的蒸發源來蒸發每一種成分，然後在基片用較高的溫度得到均勻薄膜。這種方法稱爲「二源式」或

「三溫度法」，但是這樣的裝置自然也比較複雜。

17.1.2 熱蒸發裝置

熱蒸鍍可以用不同的物理方法來達成。這些方法分述如下：

1. 電阻加熱法

這個方法使用電阻絲或電阻舟來加熱蒸鍍材料。電阻絲或電阻舟一般是用高熔點金屬，如鎢（W）、鉬（Mo）、鉭（Ta）和鈮（Nb）等製成。有些會加上陶瓷的鍍膜。如果使用石英、石墨、鋁土（alumina）、鈹土（beryllia）和鋯土（zirconia）的坩堝，則用間接方法加熱。支撐電阻絲或電阻舟的材料，必須在蒸鍍中與蒸鍍材料等不起反應。這與蒸鍍溫度、對形成合金的抵抗力，以及與蒸鍍物質有無化學反應等因素有關。

產生蒸氣的源材可以做成不同的種類、形狀和大小，如圖 17.2 所示。電阻加熱法主要使用於蒸鍍熔點較低的金屬如鋁。近年來，由於積體電路的線寬愈來愈細，逐漸改用鋁－矽－銅合金或金屬矽化物作為金屬連線。電阻加熱法對於成分的控制比較困難，同時對陡坡的披覆（step coverage）性能也較差。因此，多改用濺鍍方法來壘積鋁矽銅合金等導線材料。金屬矽化物有時仍使用金屬和矽的多源熱蒸發法。目前熱蒸發法在三五族元件，如砷化鎵等元件方面使用的仍很多。因為三五族元件的歐姆接觸或金屬連線的製作多使用光阻剝離（lift-off）製程，而電阻加熱法披覆性能不佳，對於剝離製程是一個優點而非缺點。

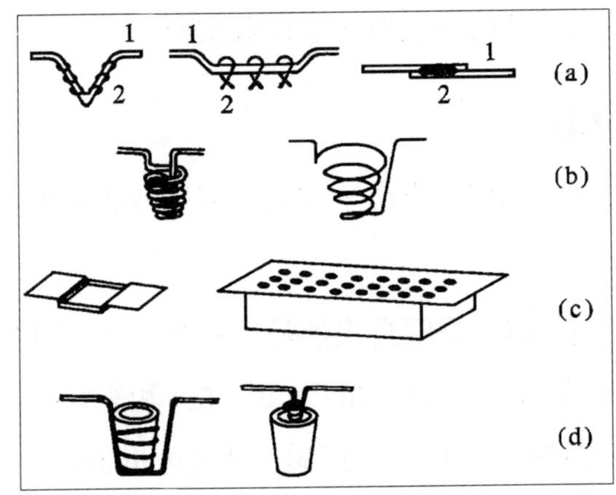

圖 17.2　(a) 蒸鍍絲：1 為高溫金屬製成的加熱絲，2 為蒸鍍的源材，(b) 蒸鍍籃，(c) 蒸鍍舟，(d) 蒸鍍坩堝

2. 電子轟擊加熱法（electron bombardment heating）

用電阻來加熱，有受到支撐材料或坩堝等污染的缺點，而且受到輸入功率的限制，使這種方法難以蒸鍍高熔點的材料。用電子束轟擊蒸鍍材料則可避免上述這些缺點。電子蒸鍍裝置如圖 17.3 所示。由一個熱電子裝置，如加熱的鎢絲來供給電子，然後用電場和磁場，將電子束加速並聚焦到蒸發材料上，被電子束轟擊到的地方蒸發材料可以加熱到很高的溫度，因而形成熔化的液體而蒸發。用這種方法可以得到很高的溫度。因此可以蒸鍍許多用其他方法不能蒸鍍的材料。電子束蒸鍍的另外一個優點是可以避免污染，因爲電子束只對蒸發材料造成局部加熱，因此可以避免加熱其他支撐材料所引起的污染。

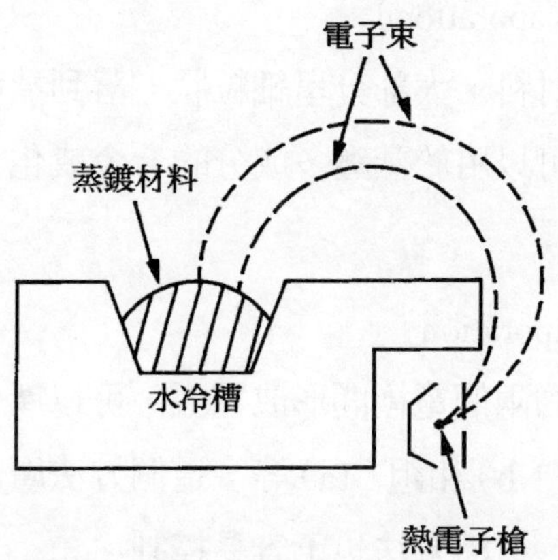

在眞空環境中，電子電流是一種空間電荷受限（space-charge limited）的電流，其電流密度 J 可以用下式表示

$$J=\frac{4\epsilon}{9d^2}\left(\frac{2q}{m}\right)^{1/2}V^{3/2} \tag{17.5}$$

其中 ϵ 爲空間的介電常數，d 爲陰極與陽極之間的距離，q 爲電子電荷，m 爲電子質量，V 爲所加電壓，(17.5）式稱爲柴爾德（Child）定律。因此，爲了得到較高的電流密度，需要加較高的電壓和有一個較短的陰極、陽極之間的距離。

3. 雷射蒸鍍法（laser-assisted deposition）

雷射的光強度很大，可以利用雷射加熱，使得材料氣化，或者轟擊靶材形成靶材的粒子，然後完成薄膜的壘積。雷射可以置於眞空系統之外，把雷射光聚焦到要蒸鍍的材料表面上。雷射穿透的深度很小，小於 100nm，因此材料只從表面蒸發。用這種方法可以得到與蒸鍍材料成分相近的薄膜。

4. 瞬間蒸鍍法（flash evaporation）

使用少量的蒸鍍材料，大部分呈細粒狀，落到蒸發源的熱表面上，造成瞬間蒸發。這種技術可以用於蒸鍍多成分的合金或化合物。但是這個方法不容易控制。

5. 電弧蒸鍍法（arc evaporation）

在導電材料做成的兩個電極間形成電弧，可以產生足夠高的溫度來蒸鍍高熔點的材料，如鈮（Nb）和鉭（Ta）等，這個方法廣泛應用在電子顯微鏡處理樣品時的碳蒸鍍上，這種方法也不容易控制。

6. 線材爆蒸法（exploding wire）

如果將一個電流密度接近 10^6A/cm^2 的瞬間電流突然通過一根細金屬線，則可以達到非常迅速蒸發金屬線的目的。瞬間電流可以用充到足夠高電壓（1 ～ 2 萬伏）的電容器（10 ～ 100 微法）快速放電而得到，這種蒸鍍法稱爲線材爆蒸法。薄膜疊積速率可以達到 10^6A/sec。蒸發的動力學雖然不清楚，但細金屬線似乎被轉化成電漿，也稱爲等離子體，大多以離子形式出現的粒子從這個等離子體中發射出來。這樣形成的薄膜由於在引爆中會有濺鍍出來的微小顆粒，故會凝結成有缺陷的區域。

7. 感應加熱法（induction heating）

使用感應加熱或者射頻（RF）加熱法，可以直接對蒸發材料加熱或通過坩堝材料間接加熱。如果安排適宜，這個感應加熱的材料可以懸空，因而會避免蒸鍍薄膜受到支撐材料的污染。

17.2 陰極濺鍍

17.2.1 陰極濺鍍簡介

當靶材（target）表面受到有能量粒子的轟擊，譬如說，加速離子的轟擊，和由此而來的表面原子之間的碰撞，使得靶材表面原子散射而離開的過程叫作濺射（sputtering）。如果濺射是由於正離子轟擊引起的，靶材本身處於陰極電位，就叫做「陰極濺鍍」（cathodic sputtering）。濺鍍出來的原子在基片上凝結形成薄膜。濺鍍的過程如圖 17.4 所示。

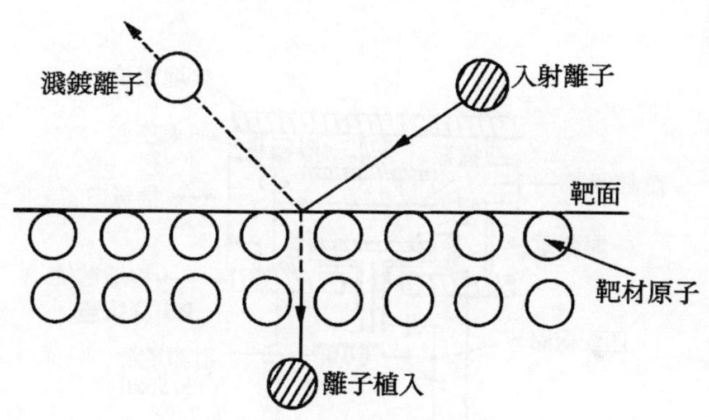

圖 17.4　陰極濺鍍過程

1. 濺鍍系統中最簡單的就是直流二極濺鍍（dc diode sputter）系統。這種直流系統由兩個平面的電極組成。一個電極爲陽極，另一個爲陰極。靶材放在陰極的表面，而基片放在陽極的表面。濺鍍腔中通入濺鍍用的氣體，一般是用氬氣（Ar），氣壓往往在 0.1torr 左右。在電極之間加上直流電壓，使得濺鍍腔中產生輝光放電（glow discharge）。在輝光放電中產生的氬離子（Ar^+）加速到達陰極。如此濺鍍出來的靶材原子疊積在基片上形成薄膜。直流濺鍍中的靶材須是金屬，因爲輝光放電是維持在兩個金屬電極間的。
2. 如果用一個絕緣體的靶材來取代金屬靶材，則輝光放電將失效，因爲絕緣體的表面很快就會聚集著正離子形成的表面電荷，這些表面正電荷會把入射的正離子趕走。要讓一個絕緣體的靶材能夠維持輝光放電，需要使用射頻（radio frequency）交流電壓來取代直流電壓。可以用交流電壓產生的電漿電子來週期性的中和絕緣體表面的電荷。這些電漿電子的週期必須比正離子從離子層邊緣到達絕緣體表面所需要的時間爲短，而電子因爲移動快速，仍然能夠對這個交流電場起反應，普通使用的射頻頻率多爲 13.56MHz。射頻二極濺鍍系統見圖 17.5 所示。

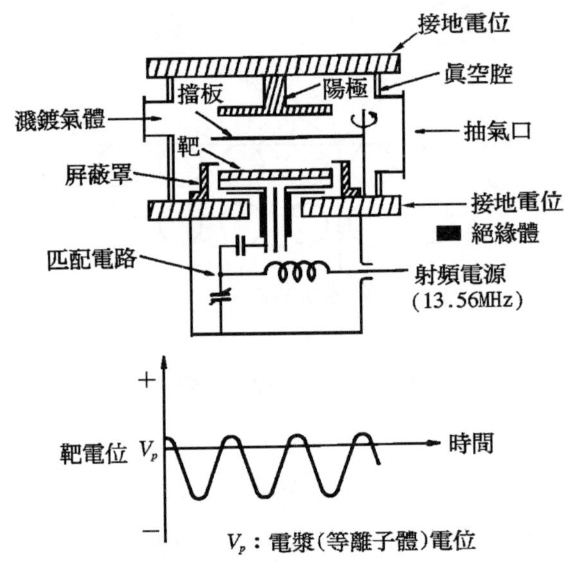

圖 17.5　射頻濺鍍系統

3. 在濺鍍腔中如果引進一些可以產生作用的氣體，如氧或氮，則在濺鍍某些金屬的時候，可以疊積這些金屬的氧化物或氮化物薄膜。這種技術稱爲反應濺鍍（reactive sputtering）。在直流和射頻濺鍍中都可使用。但是在反應濺鍍過程中，要控制產生薄膜的成分比較困難。
4. 如果在陰極附近加上與陰極表面平行的磁場，這種濺鍍系統稱爲磁控濺鍍（magnetron sputtering）。輝光放電中的電子因爲有了磁場會作擺線（cycloidal）式的運動，軌道的中心朝 $\mathbf{E}\times\mathbf{B}$ 的方向移動，其漂移速度的大小爲 E/B，其中 **E** 是輝光放電的電場，**B** 是加上的橫向磁場。磁場的方向使得電子移動的路線形成一個封閉圈。這種局限電子的效應增加了電子與濺鍍氣體分子碰撞的機率。這使得磁控濺鍍可以在較低的濺鍍氣體氣壓下操作，通常在 10mtorr，甚至可以低到 10^{-4}torr。磁場增加了電漿的密度，也增加了在陰極靶材的電流密度，因而增加了靶材的濺鍍速率。另外，由於濺鍍氣體氣壓低，濺鍍出來的粒子在穿過輝光放電區域的碰撞較少，其效果也等於是提高了濺鍍速率。磁控濺鍍系統可見圖 17.6。

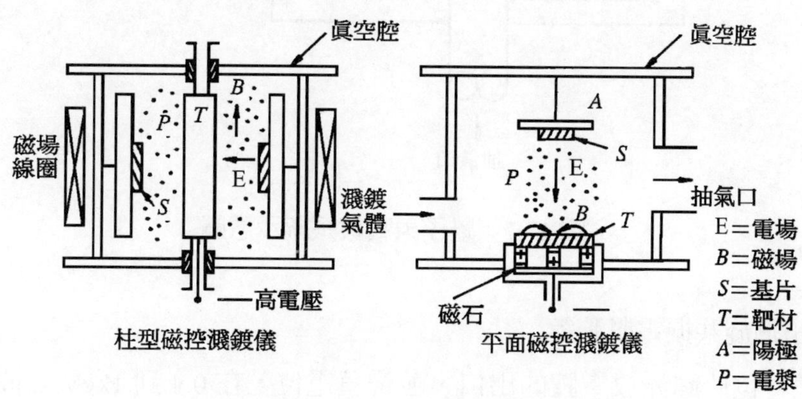

圖 17.6 磁控濺鍍系統：左為圓柱型，右為平面型

5. 如果把產生離子的離子源（ion source）與包含靶材的濺鍍腔分開，這就叫做離子束濺鍍（ion beam Sputtering）。在輝光放電系統的薄膜疊積過程中，薄膜會受到濺鍍氣體分子的轟擊。這使疊積的薄膜中也會包含一些濺鍍氣體分子。在離子束濺鍍中，由於離子是在另外的離子源腔產生的，濺鍍腔的氣壓可以降到 10^{-5}torr 的數量級。這就降低了疊積薄膜當中濺鍍氣體分子的含量。離子束濺鍍系統可見圖 17.7。

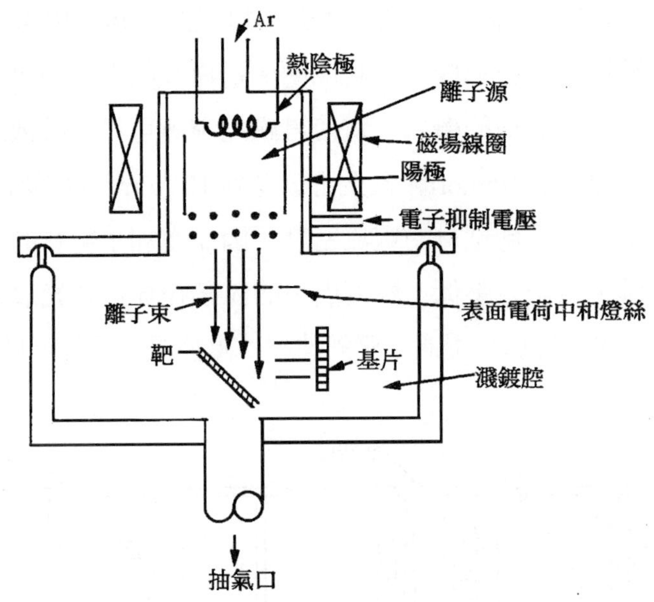

圖 17.7　離子束濺鍍系統示意圖

6. 電子迴旋共振電漿濺鍍

靶材位於輝光放電腔的出口，並帶負電位，在 0.4 到 1keV 之間，電子迴旋共振產生的輝光放電由射頻電場和靜磁場在支持。由於操作氣壓可以低到 10^{-5}torr，因此濺鍍原子可以呈直線路徑疊積。電子迴旋共振的條件是

$$\omega = 2\pi f = \frac{eB}{m} \tag{17.6}$$

對於 $f = 2.45$GHz、$B = 874$G。電子迴旋共振電漿濺鍍系統可見圖 17.8。

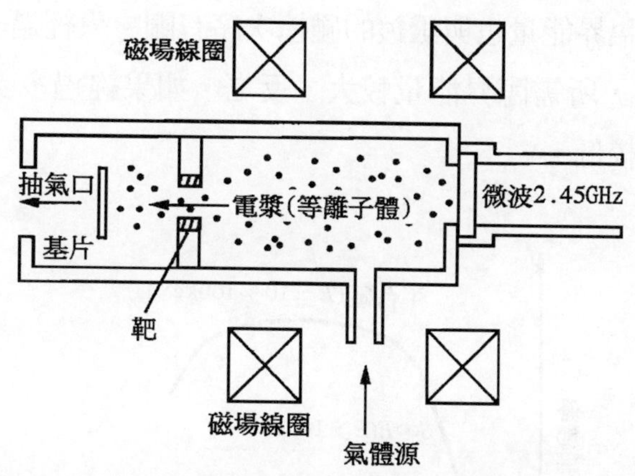

圖 17.8　電子迴旋共振（ECR）電漿濺鍍系統示意圖

17.2.2　濺射現象

1. 濺鍍率（sputter yield）

濺鍍率 S 的定義是對每一個入射的離子，所激發出來的平均靶材表面原子數。因此

$$S = \frac{\text{移開的原子}}{\text{入射的離子}} \tag{17.7}$$

濺鍍率受到下列因素的影響：

(1) 入射離子的能量。

(2) 靶材的材料。

(3) 入射角度。

(4) 靶材表面的晶體結構。

圖 17.9 顯示濺鍍率與入射離子能量的關係。在低能量的時候，有一個臨界能量，入射離子的能量要高於這個臨界能量，才會有濺鍍原子產生。對於大多數金屬來說，這個臨界能量多在 15 到 30eV 之間。這個低限約等於

四倍的昇華熱。臨界能量也與濺鍍的碰撞次序有關。只經過一次碰撞，表面原子就濺射出來，所需臨界能量較大。反之，如果經過多次碰撞的濺鍍原子，其臨界能量較低。

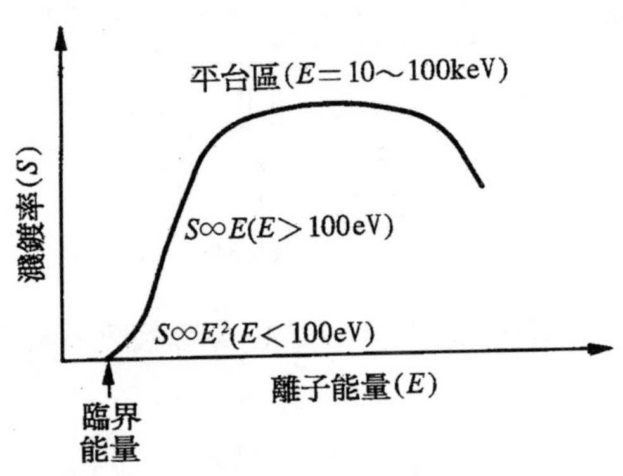

圖 17.9　濺鍍率與入射離子能量的關係

在低能量時（$E<100$eV），濺鍍率與 E^2 成正比，$S\propto E^2$，在 $E>100$eV 及其附近，$S\propto E$。在 10 ～ 100keV 的範圍，入射離子進入靶材的表面底下，濺鍍率主要受到靶材之內碰撞的影響。在這個範圍，濺鍍率會趨向飽和，到了更高的能量，濺鍍率會降低，因為入射厚度加深，表面之下的能量消耗變大了。對於質量較大的轟擊粒子，要達到飽和所需要的能量較大。

濺鍍率與靶材的原子序數有週期性的關係，見圖 17.10。濺鍍率隨著電子 *d*- 殼的逐漸填滿而增加，到銅、銀、金而達到最高。

濺鍍率與入射離子的入射角有關。有高濺鍍率的金屬其濺鍍率與角度的關係較小，而低濺鍍率的金屬，濺鍍率則與入射角關係很大。濺鍍率隨入射角的增大而增加，在 60° 與 80° 之間達到極大值，然後急速降低，如圖 17.11 所示。有的實驗結果顯示，角分布與熱蒸發中的努森（Knudsen）餘弦定律接近。

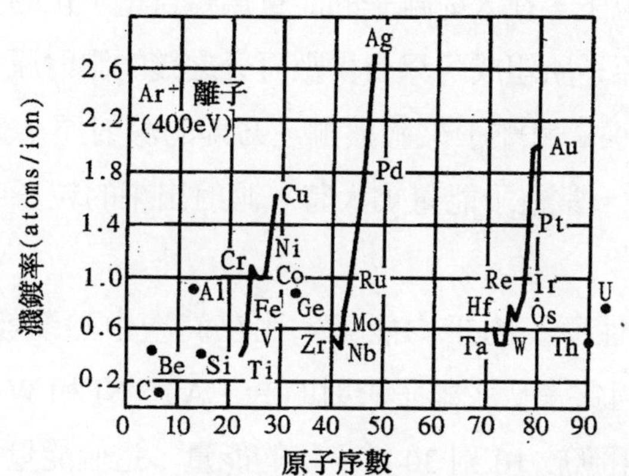

圖 17.10　濺鍍率與濺鍍源原子序數的關係（使用 Ar^+ 離子）（資料來源：參考書目 IV －12）

對於單晶體的靶材來說，濺鍍率與晶體的方向有關。因此，單晶體濺鍍率的角分布經常是不均勻的。實驗顯示，靶材的原子常是依著晶體最緊密排列的方向濺射出來。即晶體透明程度愈小，則濺鍍率愈大。

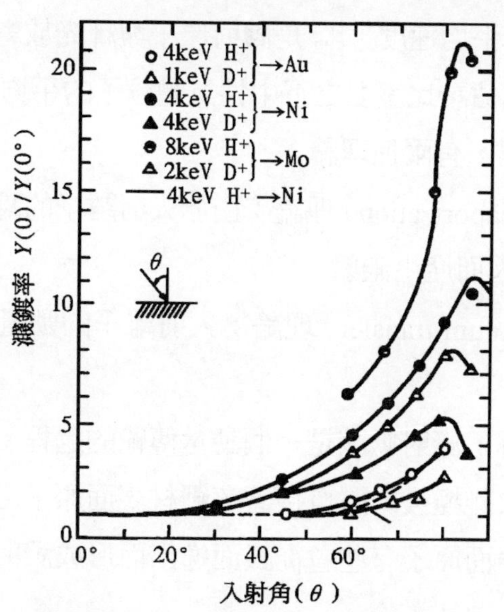

圖 17.11　濺鍍率與轟擊離子入射角的關係（資料來源：參考書目 IV －12）

濺射出來的粒子，在入射離子的能量爲幾百電子伏的數量級時，大多是由電中性的單一原子所組成。只有少數百分之幾的濺射原子是離子化了的。舉例來說，用 100eV 氬離子來濺鍍銅，95% 的濺射原子是單獨的銅原子，5% 爲 Cu_2 的分子。當離子能量加大時，濺射出來的粒子中也包括了原子團（clusters of atoms）。

濺射出來中性原子的平均能量，比在眞空中熱蒸發的原子能量大得多。實驗顯示幾百電子伏汞離子濺射的 Pt、Au、Ni 和 W 原子平均速度爲 3 到 7×10^5cm/s，相應於 10 到 30 電子伏的能量，這個能量比熱蒸發原子能量大了一百倍。濺鍍原子的能量與入射離子的種類、入射角都有關。由於大部分濺鍍的原子都是電中性的，它們與輝光放電氣體分子碰撞以前的平均自由程 λ 爲

$$\lambda \cong \frac{c}{\nu_{12}} \tag{17.8}$$

其中 c 爲濺射原子的平均速度，ν_{12} 是濺射原子與輝光放電分子的平均碰撞頻率。這個平均自由程估計比室溫之下中性氣體分子的平均自由程稍長。

關於濺射的機理，有兩種理論：

1. 熱蒸發（thermal vaporization）理論：由於入射離子的轟擊，靶材表面加熱到氣化的程度，因而產生濺射。
2. 動量傳輸（momentum transfer）理論：入射離子的動量傳給靶表面的原子而造成濺射。

依照目前的了解，濺射應該是一個動量傳輸的過程。入射離子與靶材表面的原子經過第一次碰撞後，還會接著有靶材表面原子之間第二次、第三次的碰撞，直到最後表面原子有些會從表面逸出而形成濺射原子。

17.3 輝光放電

17.3.1 輝光放電原理

輝光放電(glow discharge)對於濺鍍系統是很重要的，因爲幾乎所有帶著能量打到靶上的入射粒子，都是從輝光放電產生的電漿中而來的。

在低壓氣體中裝置兩個電極，在電極加上電壓，當電壓超過某一個最低值時，氣體開始解體而導電。導電時有伴隨而來的輝光，因而稱爲輝光放電。在輝光放電過程中，基本的離子化過程如下。在放電開始的時候，從陰極出來的原始電子(primary electrons)由電場加速，得到超過將氣體分子離子化的能量。當電子在向陽極移動的過程中，會與氣體分子發生碰撞，氣體分子因此離子化而形成正離子。正離子撞擊陰極產生濺鍍，在撞擊到陰極表面時，也會產生二次電子。這些二次電子會加速氣體分子的離子化，因而形成一個能夠持續的輝光放電。

輝光放電中，電極之間通過的電流與所加電壓的關係如圖 17.12 所示。在 $0.1mA/cm^2$ 以下，有一個電流不能持續的區域稱爲湯森放電(Townsend discharge)。在 $0.1mA/cm^2$ 以上，在陰極附近開始有輝光產生。在輝光放電的低電流區域，維持一個固定的電壓，發光層部分籠罩著陰極，這種情況稱爲正常輝光(normal glow)。當電流密度再增加時，輝光完全罩著陰極，而電壓和電流也同時上升，這個區域稱爲「反常輝光」(abnormal glow)。當電流再繼續加大時，就會發生電弧放電(arc discharge)，電壓則會降低。

輝光放電中，電極之間的電位分布情形並不均勻，明暗也有區別。其情形如圖 17.12(b) 所示。從陰極到陽極可以劃分爲明暗相間的八個區域，分別爲阿斯頓(Aston)暗區，陰極輝光區、陰極暗區、負輝光區、法拉第暗區、正柱區，陽極暗區和陽極輝光區。但這只是正常輝光放電的一種典型情況，並非所有輝光放電均如此，籠罩著陰極的是前述的陰極輝光(cathode glow)。緊接著陰極輝光區的是陰極暗區或稱克魯克斯(Crookes)暗區，這是一個定義還算明確的區域，其明亮度較低。再接著是一個明亮的負輝光區（negative glow）。在此後面，有較不容易區別的法拉第暗區（Faraday dark space）和正柱區（positive column）等。就發光而言，以負輝光區最亮，陰極暗區最弱，正柱區則是均勻一致的。

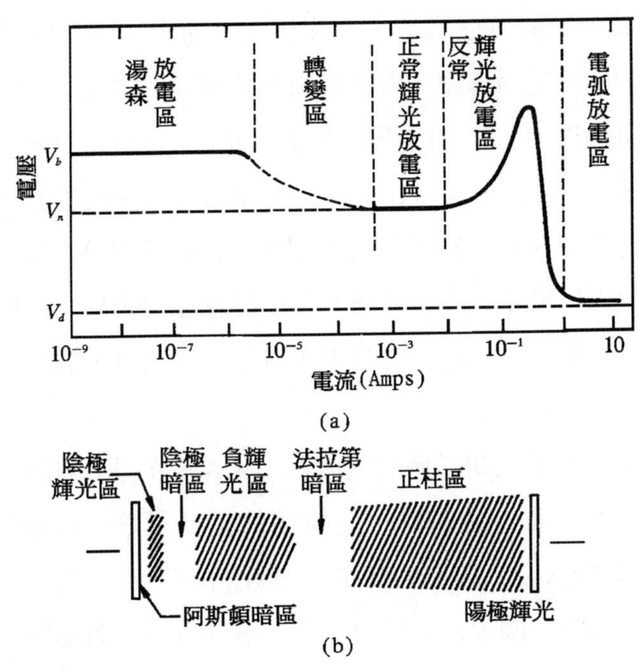

圖 17.12　(a) 低氣壓下輝光放電的電流—電壓特性示意圖，(b) 低壓直流輝光放電可以看見的主要區域

陰極暗區是最重要的區域，大部分所加的電壓都降在這個區域，如圖 17.13 所示，叫做陰極壓降（cathode fall）。在氣體分解時所產生的離子和電子，都在這個區域中加速。在一個二極放電裝置中，達成放電的最低電壓 V_s 與氣壓 p 的關係如下

$$V_S = a\frac{pl}{\log(pl)+b} \tag{17.9}$$

其中 l 是電極間的距離，a 與 b 是常數，這個關係式可以由下列討論來了解。

當一個原始電子與 m 個氣體分子相撞，產生 m 個正離子和電子。而當正離子轟擊到陰極表面時，每個入射的正離子產生 r 個二次電子，則放電能夠持續的條件為

$$mr = 1 \tag{17.10}$$

如果在放電過程中，電子數目 n_e 改變的速率可以由

$$\frac{dn_e}{dt} = \alpha n_e \tag{17.11}$$

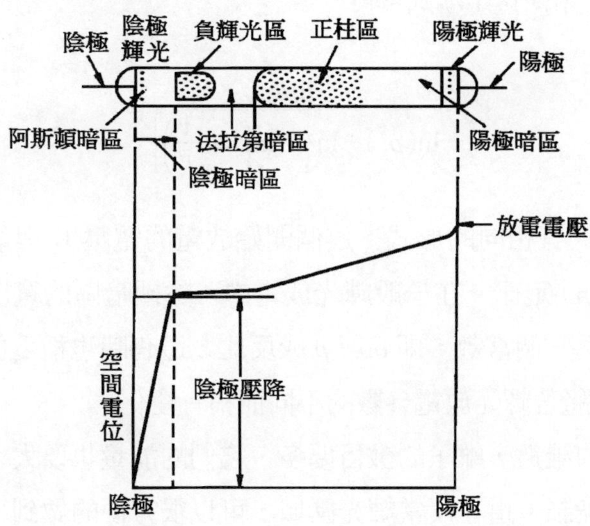

圖 17.13　輝光放電的壓降

來表示，其中 α 是離子化係數，則一個原始電子在通過電極間距離時可以產生 $\exp(\alpha l)$ 個二次電子，因此原始電子的增加係數為 $m = \exp(\alpha l) - 1$。因為（17.10）式 $mr = 1$ 的條件

$$\exp(\alpha l) - 1 = \frac{1}{r} \tag{17.12}$$

即

$$\alpha l = \ln\left(1 + \frac{1}{r}\right) \tag{17.13}$$

實驗上，α 可以歸納出下列的關係式

$$\alpha = Ap \exp(-Bp/\mathrm{E}) \tag{17.14}$$

其中 E 代表放電區的電場，p 是放電氣體的電壓，A 與 B 為常數。假設 $\mathrm{E} = V_s/l$，從（17.13）和（17.14）式可得

$$V_s = \frac{Bpl}{\ln(\rho l) + \ln\left[A/\ln\left(1 + \frac{1}{r}\right)\right]} \tag{17.15}$$

此式與（17.9）式有相同的形式。這個開始放電的電壓 V_s 與氣壓 p 的關係稱為巴森（Paschen）定律。在一般輝光放電中，陰極暗區的寬度 d 與氣壓的乘積基本上維持為一個常數，即 d 與 p 成反比，這有時也稱為巴森定律。實際上 pd 的乘積會隨著輝光放電參數的不同而稍有變化。

要做有效的濺鍍，離子的數目要多，它們的能量也要大，同時這兩個參數應該要容易控制。這在反常輝光區域，可以很方便的做到。因此，濺鍍系統和大多利用電漿的系統均在此區域操作。

17.3.2　磁場中的輝光放電

增加電子的離子化效率，可以用增加電子行進距離的方法達成。如果使用一個垂直於電場的磁場，則電子會繞著磁力線的方向作環狀運動，因此會增加電子在兩個電極之間行進的距離，增加了電子與中性氣體分子的碰撞機率，因而可以在較低的氣壓下達成濺鍍的功能，這就是磁控濺鍍儀（magnetron）的原理。

考慮圖 17.14 的情形。除了電場 **E** 之外，再加上一個磁場 **B**。磁場與電場的方向垂直。假設陰極暗區的寬度爲 d，在陰極暗區中的電場從實驗上可以用 $\mathrm{E} = k(d - x)$ 表示，x 是從陰極開始算起的距離。由於 $\mathrm{E} = -\dfrac{dV(x)}{dx}$，電位 $V(x) = -\int_o^x \mathrm{E}dx$，而且在 $x = d$ 時，$V(x)$ 等於陰極壓降 V_c，因而 $V(x)$ 與 $\mathrm{E}(x)$ 有下列的關係

$$V(x) = V_c x(2d - x)/d^2 \tag{17.16}$$

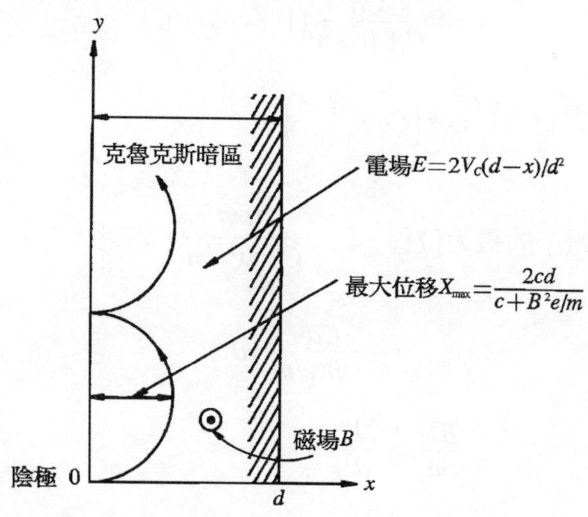

圖 17.14　在克魯克斯暗區的電子運動

$$E(x) = 2V_c(d - x)/d^2 \tag{17.17}$$

在加上磁場 B 以後，原始電子的運動方程式成為

$$m\frac{d^2x}{dt^2} = eE - Be\frac{dy}{dt} \tag{17.18}$$

$$m\frac{d^2y}{dt^2} = Be\frac{dx}{dt} \tag{17.19}$$

從上兩式中，消去 y，同時假設 $x = 0$ 時 $m\frac{d^2x}{dt^2} = eE$ 的邊界條件，可以得到

$$m\frac{d^2x}{dt^2} + (Ce + B^2e^2/m)x = Cde \tag{17.20}$$

其中 $C = \frac{2V_c^2}{d^2}$。繼續假設原始電子在離開陰極時，速度為零，電子因而做擺線（cycloidal）式的運動。

$$x = \frac{Cd}{C + B^2e/m}(1 - \cos\omega t) \tag{17.21}$$

而

$$\omega = \left(Ce + \frac{B^2e^2}{m}\right)\bigg/m \tag{17.22}$$

在電場方向，電子的最大位移 $x_{\max} = \frac{2Cd}{C + B^2e/m}$。如果

$$x_{\max} = \frac{2Cd}{C + B^2e/m} < d \tag{17.23}$$

即

$$\frac{B^2e}{m} > \frac{2V_c^2}{d^2} \tag{17.24}$$

磁場將影響輝光放電。

在薄膜濺鍍中，常常用到射頻濺鍍（rf-sputter）的方法。這個時候，可以用 $E_0\sin\omega t$ 來取代 E。得到的結果顯示電子在迴旋加速頻率（cyclotron frequency）$\omega_H = eB/m$ 得到最多的能量，而在 $\omega = \omega_H$ 時，放電的起始電壓也有極小值。

17.4　化學氣相疊積

17.4.1　化學氣相疊積機理

化學氣相疊積（chemical vapor deposition）就是一種或多種氣體發生反應而在基片表面上疊積固態的薄膜。一般講，疊積的薄膜需要有均勻的組成和厚度，而且需要符合預定的結構和純度。

疊積的反應一般均是發生在界面的不均勻反應（heterogeneous reaction）。其過程可以分成下列的步驟：

1. 反應物擴散至基片表面。
2. 反應物在表面吸附（adsorption）。
3. 許多表面反應會發生，如化學反應，在表面的運動以及形成晶格的一部分。
4. 一些反應物由表面釋出（desorption）。
5. 這些釋出的反應物由表面擴散移開。

這些過程是依順序進行的，因此其中最慢的一環就會成爲限制化學氣相疊積速度的因素。

氣體進行化學反應往往需要能量，這個能量通常由熱能提供，因此化學氣相疊積的反應腔往往都是加熱的。此外，也可以由射頻輝光放電，入射光或雷射來提供反應的能量。因而有不同形式的化學氣相疊積。

化學氣相疊積中的化學反應可以有許多種：

1. 熱分解（pyrolysis）

熱分解就是氣體成分由於熱能而分解，在基片上留下穩定的分解物。金屬有機化合物（organometallic compounds）、氫化物（hydrides）和金屬氫化物（metal hydrides）特別適合於這種反應。一個例子如甲矽烷（silane）分解而壘積矽。

$$SiH_4(g) \rightarrow Si(s) + 2H_2(g)$$

g、s 分別代表氣相和固相。

2. 氫還原（hydrogen reduction）

氫還原可以看作是一種熱分解反應，這種反應之所以可行，是由於移走了一種或多種分解的氣體反應物的緣故。氫是最常見的還原劑。金屬鹵化物的氫還原常用來壘積金屬薄膜。下列反應均屬氫還原。

$$SiCl_4(g) + 2H_2(g) \rightarrow Si(s) + 4HCl(g)$$

$$WF_6(g) + 3H_2(g) \rightarrow W(s) + 6HF(g)$$

3. 氧化（oxidation）

可以用氧化反應來壘積二氧化矽薄膜，如

$$SiH_4(g) + O_2(g) \rightarrow SiO_2(s) + 2H_2(g)$$

或 $$SiH_4(g) + 2O_2(g) \rightarrow SiO_2(s) + 2H_2O(g)$$

4. 鹵化物不均齊化（halide disproportionation）

這種反應的基礎，如果以矽的鹵化物爲例，是控制矽，四碘化矽（tetraiodide）和二碘化矽（diiodide）之間的平衡。如

$$Si(s) + SiI_4(g) \rightarrow 2SiI_2(g)$$

$$2GeI_2(g) \xrightarrow[\text{降溫}]{} Ge(s) + GeI_4(g)$$

5. 轉送反應（transfer reactions）

用建立一個溫差以破壞化學平衡的方式，造成不均勻化學反應，進行薄膜疊積。三五族化合物半導體的磊晶常用這種反應進行。如

$$6GaAs(g) + 6HCl(g) \underset{T_2}{\overset{T_1}{\rightleftarrows}} As_4(g) + As_2(g) + 6GaCl(g) + 3H_2(g)$$

其中 $T_1 > T_2$。在反應腔的下端降低其溫度可以讓反應反向進行，因而開始疊積 GaAs。

6. 合成反應（synthesis reactions）

從金屬有機化合物來疊積三五族和二六族的化合物，如

$$(CH_3)_3Ga(g) + AsH_3(g) \rightarrow GaAs(s) + 3CH_4(g)$$

$$(CH_3)_2Cd(g) + H_2Se(g) \rightarrow CdSe(s) + 2CH_4(g)$$

從以上的討論可以看出，在化學氣相疊積中，許多種化學反應都可能會發生。在大多數情況，有用的疊積是經過不均勻（heterogeneous）反應在基片表面產生的。均勻（homogeneous）反應通常只會影響氣相的組成，而形成固相的均勻反應通常會造成粉末狀或黏著性差的沉積物，而非附著良好的薄膜。

我們現在討論化學氣相疊積中氣體分子的運動力學。如果在遠離基片處反應氣體的濃度為 C_g，而在基片表面反應氣體的濃度為 C_s，如圖 17.15 所

示。從反應氣體的主體到達基片表面的氣體分子通量（flux）F_1 可以表示爲

$$F_1 = h_g(C_g - C_s) \tag{17.25}$$

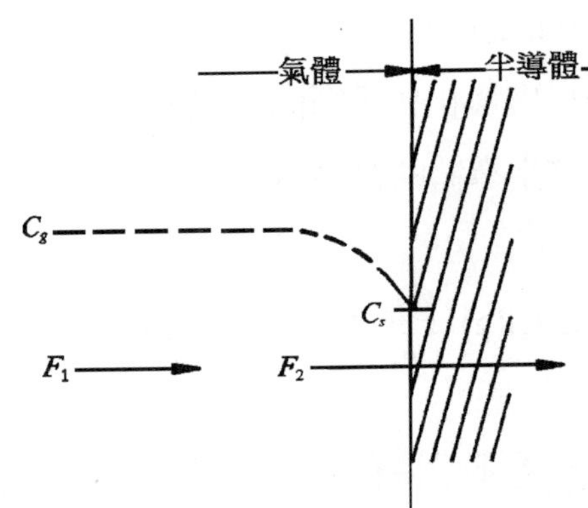

圖 17.15　薄膜成長過程模型的示意圖

其中 h_g 爲氣體的移動係數，其單位爲長度 / 時間，如 cm/sec。而在基片表面由於化學氣相疊積形成薄膜而消耗的通量 F_2，則可以表示爲

$$F_2 = k_s C_s \tag{17.26}$$

k_s 爲表面反應率的常數，其單位也是 cm/sec。

在平衡狀態，$F_1 = F_2$，因此表面濃度 C_s 爲

$$C_s = \frac{C_g}{1 + (k_s / h_g)} \tag{17.27}$$

反應氣體到達基片表面的狀況如圖 17.16 所示。在基片表面，由於與基片有摩擦力緣故，氣體分子的運動速度爲零，在基片表面有一層氣體分子速度很低的區域，這個區域稱爲氣體層流（laminar flow）的邊緣層（boundary layer）。氣體分子必須經過擴散通過這一邊緣層以到達基片表面。因此通過這一邊緣層的反應氣體通量 F 爲

$$F = D_g \frac{dC}{dy} \cong \frac{D_g}{\delta}(C_g - C_s) \tag{17.28}$$

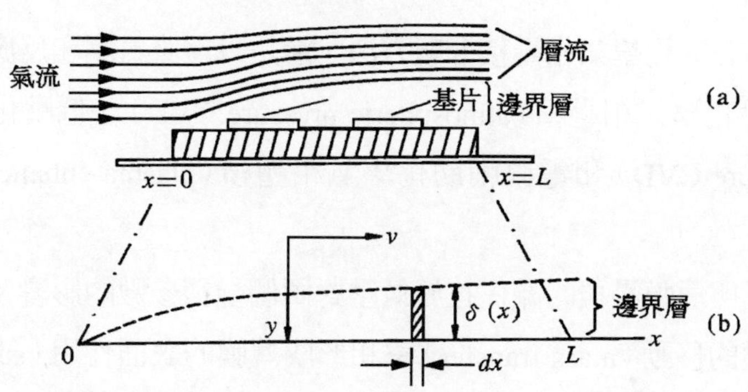

圖 17.16　(a) 氣流在平板上的邊界層，(b) 邊界層的放大圖

其中 D_g 爲反應氣體的擴散率，δ 爲邊緣層的平均厚度。而 δ 可以表示爲

$$\delta = \frac{2}{3}\sqrt{\frac{\mu L}{\rho v}} \tag{17.29}$$

其中 μ 爲氣體的黏滯度（viscosity），ρ 爲氣體的密度，v 爲氣體層流的速度，L 爲放置基片平板的長度。

17.4.2　化學氣相疊積裝置

化學氣相疊積的裝置依照不同的疊積參數的變化，可以分成不同的種類。如果依疊積的溫度來分，可以分爲低溫（約 300℃～ 500℃）化學氣相疊積和高溫（往往在 700℃以上）化學氣相疊積。低溫疊積的要求多是因爲半導體晶片在鍍了鋁金屬層後，反應的溫度受到限制，如半導體晶片最外層作爲掩膜（passivating layer）用的二氧化矽層或磷矽玻璃（phosphosilicate glass）層等。高溫疊積又可分爲熱腔式（hot-wall）或冷腔式（cold-wall）兩種。熱腔式裝置用於放熱（exothermic）疊積反應，熱反應腔可以減少或防止在腔壁上的疊積，多用電阻絲加熱。而冷腔式裝置用於吸熱（endothermic）疊積反應，反應會在系統中最熱的地方發生，多用射頻感應加熱，也有少數用高強度燈加熱。

不過最常見的化學氣相疊積分類方法，還是以反應氣壓和反應能量來源分類的大氣壓化學氣相疊積（atmospheric pressure CVD）、低壓化學氣相疊積（low-pressure CVD）和電漿輔助化學氣相疊積（plasma-enhanced CVD）等。

疊積氣壓與薄膜疊積的關係在於氣壓對兩個疊積參數的影響。這兩個參數是反應氣體的移動（mass transfer）率和形成薄膜的表面作用（surface reaction）率。在大氣壓下疊積薄膜，這兩個反應速率的值屬於同樣的數量級，因此要得到大面積均勻的薄膜，這兩種速率都要仔細的設計。而在低壓情況下，由於氣體的擴散率與氣壓成反比，如果把反應氣壓由760托減到0.5～1托左右，則擴散率會變大三個數量級。雖然反應的層流（laminar flow）邊緣層厚度會增加，但是總和的效果還是反應氣體的移動率會增加十倍以上，因此表面反應就成了限制薄膜疊積速率的因素，而不必再像大氣壓化學氣相疊積一樣，還要考慮氣體的移動率。

這種改變對於系統設計和實際操作影響很大。反應氣體分子擴散率增加，也就是平均自由程增加，基片可以豎放，而不必像大氣壓化學氣相疊積時必須要平放，大大增加了可以同時疊積的基片數目。低壓化學氣相疊積不需要帶動氣體（carrier gas），疊積的薄膜也具有較好的均勻度、較好的階梯覆蓋（step coverage）能力和較佳的材料結構。因此，目前的半導體製程大多使用低壓化學氣相疊積。大氣壓化學氣相疊積仍使用於某些硼矽玻璃（borosilicate glass）、硼磷矽玻璃（borophosphorsilicate glass）和鎢金屬的疊積。電漿輔助化學氣相疊積（PECVD）也是一種低壓疊積，因爲電漿只有在低壓之下才會產生。

圖 17.17(a) 顯示一個熱腔式的低壓化學氣相疊積裝置。疊積的參數一般爲：氣壓在 0.2 到 2 托，氣流速度 1 到 10cm/sec，溫度在 300℃到 900℃。圖 17.17(b) 顯示一個電漿輔助化學氣相疊積裝置。因爲一般的低壓疊積系統，對於元件尺寸愈來愈小的半導體晶片而言，操作溫度已嫌過高，因此使用電漿提供能量，使得氣體分子可以在較低的疊積溫度分解。與陰極濺鍍一樣，電漿輔助化學氣相疊積系統也是利用射頻電壓，得到輝光放電和電漿。電漿輔助化學氣相疊積的操作溫度約在 100℃到 400℃左右。除了電漿輔助式的疊積系統外，也有利用紫外光燈來提供能源的化學氣相疊積。還有人使用電子光束或雷射光束進行化學氣相疊積，這樣的疊積，有可能在局部的區域選擇性的進行。最近，也發展出使用微波（microwave）輔助的疊積，如電子回旋共振（electron cyclotron resonance, ECR）化學氣相疊積，就是利用 ECR 所得的微波能量進行輔助疊積。

目前半導體製程中使用得最多的薄膜，如二氧化矽、氮化矽（silicon nitride）、多晶矽（polysilicon）、硼矽玻璃（BSG）、磷矽玻璃（PSG）、硼磷矽玻璃（BPSG），都是使用化學氣相疊積方法製作的。疊積二氧化矽的方法有許多種，可以用不同矽化物和氧化劑。最常用的反應是用甲矽烷（silane）和氧氣，溫度約 400℃到 500℃。

$$SiH_4 + O_2 \rightarrow SiO_2 + 2H_2$$

疊積氮化矽的方法也很多，在低壓疊積時，可以用下列反應，溫度約750℃。

$$3SiCl_2H_2 + 4NH_3 \rightarrow Si_3N_4 + 6HCl + 6H_2$$

在電漿輔助系統，常用下列反應，溫度約 300℃。

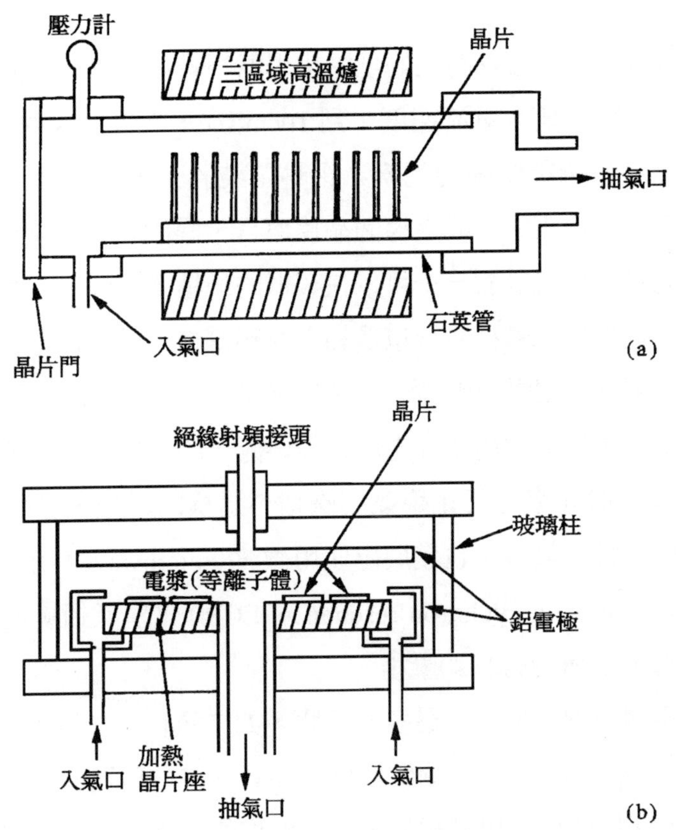

圖 17.17　化學氣相疊積反應器示意圖：(a) 熱腔式，(b) 平板式電漿輔助的疊積反應器

$$3SiH_4 + 4NH_3 \rightarrow Si_3N_4 + 12H_2$$

電漿輔助疊積的氮化物，常含有大量的氫。

多晶矽的疊積則可以在 600℃到 650℃的溫度將甲矽烷分解而得

$$SiH_4 \rightarrow Si + 2H_2$$

在我們討論過的薄膜疊積幾種主要方法中，蒸鍍法多用於鍍鋁和高熔點

金屬。但是一方面由於半導體元件的尺寸愈趨精密，需要合金及矽化物作爲導線。另一方面，蒸鍍是一種直線式的疊積方法，陡坡覆蓋能力不佳，因此未來使用不廣。但對於光阻剝離（lift-off）製程，不連續的覆蓋正符所需，所以使用剝離製程的元件，如許多三五族元件的製程，仍將大量使用蒸鍍法。

陰極濺鍍多用於疊積鋁合金、高熔點金屬和矽化物，濺鍍法對成分的控制和覆蓋能力都較蒸鍍法爲佳，但覆蓋能力不如化學氣相疊積法。由於低溫、低壓化學氣相疊積設備的發展，以及其優良的覆蓋能力，化學氣相疊積在未來的半導體製程中，將應用日廣。

習題

1. 在熱蒸鍍的操作中，如果蒸鍍源與基片的垂直距離 h = 20cm，從距離蒸鍍源最近之處再平移 4 公分，如果使用 (a) 點狀源材料和 (b) 面狀源材料，其蒸鍍的膜厚與垂直距離處的膜厚比例如何？
2. 在一個電子槍蒸鍍儀中，源材與基片之間的距離爲 20cm，所加電壓爲 100V，如果用眞空中的柴爾德定律來估計，則電流密度爲多少？
3. 使用電子迴旋共振電漿濺鍍，如果射頻電場的頻率是 4.9×10^9Hz，則磁場的大小要多少才能達成共振？
4. 試計算用陰極濺鍍法濺鍍能量爲 20eV 的金原子，和用熱蒸鍍法在 500℃ 蒸鍍的金原子，其原子的平均速度。
5. 假設一個靶材原子在濺鍍過程中，與入射離子相碰撞後得到一個能量 E = 600eV，而靶材原子在靶表面的束縛能爲 E_s = 10eV。試求這個在濺鍍中得到能量的原子，平均在經過再幾次的碰撞後，其能量會降低到束縛能量？假設每次碰撞會使原能量減半。
6. 在用化學氣相沉積法疊積多晶矽的製程中，使用四氯化矽在 1150℃ 反應沉積多晶矽。如果氣相物質傳送係數 h_g = 3.5cm/s，在氣流中矽原子的濃

度 $C_g = 5\times10^{16}/\text{cm}^3$，表面反應率 k_s 可以表示為 $k_s = 10^7\exp(-1.9eV/kT)\text{cm/s}$。如果假設多晶矽的原子密度接近於單晶矽的值，試求多晶矽薄膜的疊積速率 v_y。

本章主要參考書目

1. K. Chopra, Thin Film Phenomena (1969).
2. K. Wasa and S. Hayakawa, Handbook of Sputter Deposition Technology (1992).
3. S. Sze, editor, VLSI Technology (1988).
4. W. Runyan and K. Bean, Semiconductor Integrated Circuit Processing Technology (1990).

附錄1 元素週期表

原子序數 → 19
元素符號 → K
元素名稱 → 鉀 $4s^{1}$ ← 外圍電子的構型（括號指可能的構型）
* 是人造元素
39.09 ← 原子量

族 / 期	I A	II A	III B	IV B	V B	VI B	VII B	VIII			I B	II B	III A	IV A	V A	VI A	VII A	0	電子量	0族電子數
1	1 H 氫 $1s^{1}$ 1.00																	2 He 氦 $1s^{2}$ 4.00	K	2
2	3 Li 鋰 $2s^{1}$ 6.94	4 Be 鈹 $2s^{2}$ 9.01											5 B 硼 $2s^{2}2p^{1}$ 10.81	6 C 碳 $2s^{2}2p^{2}$ 12.01	7 N 氮 $2s^{2}2p^{3}$ 14.00	8 0 氧 $2s^{2}2p^{4}$ 15.99	9 F 氟 $2s^{2}2p^{5}$ 18.99	10 Ne 氖 $2s^{2}2p^{6}$ 20.17	L K	8 2
3	11 Na 鈉 $3s^{1}$ 22.98	12 Mg 鎂 $3s^{2}$ 24.30											13 Al 鋁 $3s^{2}3p^{1}$ 26.98	14 Si 矽 $3s^{2}3p^{2}$ 28.08	15 P 磷 $3s^{2}3p^{3}$ 30.97	16 S 硫 $3s^{2}3p^{4}$ 32.06	17 Cl 氯 $3s^{2}3p^{5}$ 35.45	18 Ar 氬 $3s^{2}3p^{6}$ 39.94	M L K	8 8 2
	19 K 鉀 $4s^{1}$ 39.09	20 Ca 鈣 $4s^{2}$ 40.08	21 Sc 鈧 $3d^{1}4s^{2}$ 44.95	22 Ti 鈦 $3d^{2}4s^{2}$ 47.9	23 V 釩 $3d^{3}4s^{2}$ 50.94	24 Cr 鉻 $3d^{5}4s^{1}$ 51.99	25 Mn 錳 $3d^{5}4s^{2}$ 54.93	26 Fe 鐵 $3d^{6}4s^{2}$ 55.84	27 Co 鈷 $3d^{7}4s^{2}$ 58.93	28 Ni 鎳 $3d^{8}4s^{2}$ 58.70	29 Cu 銅 $3d^{10}4s^{1}$ 63.54	30 Zn 鋅 $3d^{10}4s^{2}$ 65.38	31 Ga 鎵 $4s^{2}4p^{1}$ 69.72	32 Ge 鍺 $4s^{2}4p^{2}$ 72.5	33 As 砷 $4s^{2}4p^{3}$ 74.92	34 Se 硒 $4s^{2}4p^{4}$ 78.9	35 Br 溴 $4s^{2}4p^{5}$ 79.90	36 Kr 氪 $4s^{2}4p^{6}$ 83.80	N M L K	8 18 8 2
5	37 Rb 銣 $5s^{1}$ 85.46	38 Sr 鍶 $5s^{2}$ 87.62	39 Y 釔 $4d^{1}5s^{2}$ 88.90	40 Zr 鋯 $4d^{2}5s^{2}$ 91.22	41 Nb 鈮 $4d^{4}5s^{1}$ 92.90	42 Mo 鉬 $4d^{5}5s^{1}$ 95.94	43 Tc 鎝 $4d^{5}5s^{2}$ 97.99	44 Ru 釕 $4d^{7}5s^{1}$ 101.0	45 Rh 銠 $4d^{8}5s^{1}$ 102.90	46 Pd 鈀 $4d^{10}$ 106.4	47 Ag 銀 $4d^{10}5s^{1}$ 107.86	48 Cd 鎘 $4d^{10}5s^{2}$ 112.41	49 In 銦 $5s^{2}5p^{1}$ 114.82	50 Sn 錫 $5s^{2}5p^{2}$ 118.6	51 Sb 銻 $5s^{2}5p^{3}$ 121.7	52 Te 碲 $5s^{2}5p^{4}$ 127.6	53 I 碘 $5s^{2}5p^{5}$ 126.90	54 Xe 氙 $5s^{2}5p^{6}$ 131.30	O N M L K	8 18 18 8 2
6	55 Cs 銫 $6s^{1}$ 132.90	56 Ba 鋇 $6s^{2}$ 137.33	57-71 La-Lu 鑭系	72 Hf 鉿 $5d^{2}6s^{2}$ 178.4	73 Ta 鉭 $5d^{3}6s^{2}$ 180.94	74 W 鎢 $5d^{4}6s^{2}$ 183.8	75 Re 錸 $5d^{5}6s^{2}$ 186.20	76 Os 鋨 $5d^{6}6s^{2}$ 190.2	77 Ir 銥 $5d^{7}6s^{2}$ 192.2	78 Pt 鉑 $5d^{9}6s^{1}$ 195.0	79 Au 金 $5d^{10}6s^{1}$ 196.96	80 Hg 汞 $5d^{10}6s^{2}$ 200.5	81 Tl 鉈 $6s^{2}6p^{1}$ 204.3	82 Pb 鉛 $6s^{2}6p^{2}$ 207.2	83 Bi 鉍 $6s^{2}6p^{3}$ 208.98	84 Po 釙 $6s^{2}6p^{4}$	85 At 砈 $6s^{2}6p^{5}$	86 Rn 氡 $6s^{2}6p^{6}$	P O N M L K	8 18 32 18 8 2
	87 Fr 鍅 $7s^{1}$	88 Ra 鐳 $7s^{2}$ 226.02	89-103 Ac-Lr 錒系																	

鑭系	57 La 鑭 $5d^{1}6s^{2}$ 138.90	58 Ce 鈰 $4f^{1}5d^{1}6s^{2}$ 140.12	59 Pr 鐠 $4f^{3}6s^{2}$ 140.90	60 Nd 釹 $4f^{4}6s^{2}$ 144.2	61 Pm 鉕 $4f^{5}6s^{2}$	62 Sm 釤 $4f^{6}6s^{2}$ 150.4	63 Eu 銪 $4f^{7}6s^{2}$ 151.96	64 Gd 釓 $4f^{7}5d^{1}6s^{2}$ 157.2	65 Tb 鋱 $4f^{9}6s^{2}$ 158.92	66 Dy 鏑 $4f^{10}6s^{2}$ 162.5	67 Ho 鈥 $4f^{11}6s^{2}$ 164.92	68 Er 鉺 $4f^{12}6s^{2}$ 167.2	69 Tm 銩 $4f^{13}6s^{2}$ 168.93	70 Yb 鐿 $4f^{14}6s^{2}$ 173.0	71 Lu 鎦 $4f^{14}5d^{1}6s^{2}$ 174.96
錒系	89 Ac 錒 $6d^{1}7s^{2}$ 227.02	90 Th 釷 $6d^{2}7s^{2}$ 232.03	91 Pa 鏷 $5f^{2}6d^{1}7s^{2}$ 231.03	92 U 鈾 $5f^{3}6d^{1}7s^{2}$ 238.02	93 Np 錼 $5f^{4}6d^{1}7s^{2}$ 237.04	94 Pu 鈽 $5f^{6}7s^{2}$	95 Am 鋂 $5f^{7}7s^{2}$	96 Cm 鋦 $5f^{7}6d^{1}7s^{2}$	97 Bk 鉳 $5f^{9}7s^{2}$	98 Cf 鉲 $5f^{10}7s^{2}$	99 Es 鑀 $5f^{11}7s^{2}$	100 Fm 鐨 $5f^{12}7s^{2}$	101 Md 鍆 $5f^{13}7s^{2}$	102 No 鍩 $5f^{14}7s^{2}$	103 Lr 鐒 $5f^{14}6d^{1}7s^{2}$

附錄2　國際制（SI）基本單位及具有專有名稱的SI導出單位制

(1) SI 基本單位

量	名稱	符號
長度	米（meter）	m
質量	千克（kilogram）	kg
時間	秒（second）	s
電流	安培（ampere）	A
熱力學溫度	開爾文（kelvin）	K
發光強度	坎德拉（candela）	cd
物質的量	摩爾（mole）	mol

(2) SI 輔助單位

量	名稱	符號
平面角	弧度（radian）	rad
立體角	球面度（steradian）	sr

(3) 具有專有名稱的 SI 導出單位

量	名稱	符號	用其他SI單位表示的關係式	用SI基本單位表示的關係式
頻率（frequency）	赫茲（hertz）	Hz		s^{-1}
力（force）	牛頓（newton）	N		$m \cdot kg \cdot s^{-2}$
壓力（pressure），應力	帕斯卡（pascal）	Pa	N/m^2	$m^{-1} \cdot kg \cdot s^{-2}$
能量（energy），功，熱量	焦耳（joule）	J	$N \cdot m$	$m^2 \cdot kg \cdot s^{-2}$
功率（power），輻射通量	瓦特（watt）	W	J/s	$m^2 \cdot kg \cdot s^{-3}$
電量，電荷（electric charge）	庫倫（coulomb）	C	$A \cdot s$	$s \cdot A$
電壓、電位（potential）	伏特（volt）	V	W/A	$m^2 \cdot kg \cdot s^{-3} \cdot A^{-1}$
電容（capacitance）	法拉（farad）	F	C/V	$m^{-2} \cdot kg^{-1} \cdot s^4 \cdot A^2$
電阻（resistance）	歐姆（ohm）	Ω	V/A	$m^2 \cdot kg \cdot s^{-3} \cdot A^{-2}$
電導（conductance）	西門子（siemens）	S	A/V	$m^{-2} \cdot kg^{-1} \cdot s^3 \cdot A^2$
磁通量（magnetic flux）	韋伯（weber）	Wb	$V \cdot s$	$m^2 \cdot kg \cdot s^{-2} \cdot A^{-1}$
磁通密度（磁感應強度）（magnetic induction）	特斯拉（tesla）	T	Wb/m^2	$kg \cdot s^{-2} \cdot A^{-1}$
電感（inductance）	亨利（henry）	H	Wb/A	$m^2 \cdot kg \cdot s^{-2} \cdot A^{-2}$
光通量（luminous flux）	流明（lumen）	lm		$cd \cdot sr$
光照度（illuminance）	勒克斯（lux）	lx	lm/m^2	$m^{-2} \cdot cd \cdot sr$

附錄3　物理常數表

量（Quantity）	符號（Symbol）	數值（Value）	CGS 制	SI 制
光速（Velocity of light）	c	2.997925	10^{10}cm s^{-1}	10^{8}m s^{-1}
質子電荷（Proton charge）	e	1.60219	—	10^{-19}C
		4.80325	10^{-10}esu	—
普朗克常數（Planck's constant）	h	6.62620	10^{-27}erg・s	10^{-34}J・s
	$\hbar = h/2\pi$	1.05459	10^{-27}erg・s	10^{-34}J・s
阿伏加德羅數（Avogadro's number）	N	6.02217×10^{23}mol^{-1}	—	—
原子單位質量（Atomic mass unit）	amu	1.66053	10^{-24}g	10^{-27}kg
電子質量（Electron rest mass）	m	9.10956	10^{-28}g	10^{-31}kg
質子質量（Proton rest mass）	M_p	1.67261	10^{-24}g	10^{-27}kg
質子電子質量比（Proton mass/electron mass）	M_p/m	1836.1	—	—
精細結構常數倒數（Reciprocal fine stucture constant）$\left(\alpha=\frac{e^2}{4\pi\epsilon_0\hbar c}\right)$	$1/\alpha$	137.036	—	—
電子半徑（Electron radius $e^2/4\pi\epsilon_0 mc^2$）	r_e	2.81784	10^{-13}cm	10^{-15}m
電子康普頓波長（Electron Compton wavelength $\hbar/mc$）	$ƛ_e$	3.86159	10^{-11}cm	10^{-13}m
玻爾半徑（Bohr radius $4\pi\epsilon_0\hbar^2/me^2$）	r_0	5.29177	10^{-9}cm	10^{-11}m
玻爾磁子（Bohr magneton $e\hbar/2m$）	μ_B	9.27410	10^{-21}erg G^{-1}	$10^{-24}JT^{-1}$
里德伯能量（Rydberg energy $me^4/2(4\pi\epsilon_0)^2\hbar^2 = 13.6058$ eV）	R	2.17991	10^{-11}erg	10^{-18}J
電子伏特（electron volt）	eV	1.60219	10^{-12}erg	10^{-19}J
波耳茲曼常數（Boltzmann constant）	k_B	1.38062	10^{-16}erg K^{-1}	$10^{-23}JK^{-1}$
眞空電容率（Permittivity of free space）	ϵ_0	—	1	8.854×10^{-12}F/
眞空磁導率（Permeability of free space）	μ_0	—	1	$4\pi\times10^{-7}$H/

附錄4　十進倍數和分數的詞頭

數量	詞頭名稱	符號	數量	詞頭名稱	符號
10^{18}	exa	E	10^{-1}	deci	d
10^{15}	peta	P	10^{-2}	centi	c
10^{12}	tera	T	10^{-3}	milli	m
10^{9}	giga	G	10^{-6}	micro	μ
10^{6}	mega	M	10^{-9}	nano	n
10^{3}	kilo	k	10^{-12}	pico	p
10^{2}	hecto	h	10^{-15}	femto	f
10	deka	da	10^{-18}	atto	a

附錄5　希臘字母

字母	小寫	大寫	字母	小寫	大寫
Alpha	α	A	Nu	ν	N
Beta	β	B	Xi	ξ	Ξ
Gamma	γ	Γ	Omicron	o	O
Delta	δ	Δ	Pi	π	Π
Epsilon	ϵ	E	Rho	ρ	P
Zeta	ζ	Z	Sigma	σ	Σ
Eta	η	H	Tau	τ	T
Theta	θ	Θ	Upsilon	υ	Υ
Iota	ι	I	Phi	ϕ	Φ
Kappa	κ	K	Chi	χ	X
Lambda	λ	Λ	Psi	ψ	Ψ
Mu	μ	M	Omega	ω	Ω

附錄6　國際制與高斯制互換

量	國際（SI）制 mks	高斯（Gaussian）制 cgs
磁感應強度（magnetic induction）	B	B/c
磁通量（magnetic flux）	Φ_B	Φ_B/C
磁場強度（magnetic field strength）	H	$cH/4\pi$
磁化強度（magnetization）	M	cM
磁偶矩量（magnetic dipole moment）	μ	$c\mu$
眞空電容率（permittivity of free space）	ϵ_0	$1/4\pi$
眞空磁導率（permeability of free space）	μ_0	$4\pi/c^2$
電位移（electric displacement）	D	$D/4\pi$

附錄7　半導體性質

半導體		能隙（eV）		300°K 的遷移率 μ（$cm^2/V \cdot s$）[a]		能隙性質[h]	有效質量比 m^*/m_0		ϵ_r / ϵ_0
		300°K	0°K	Elec.	Holes		Elec.	Holes	
元素型	C	5.47	5.48	1800	1200	I	0.2	0.25	5.7
	Ge	0.66	0.74	3900	1900	I	1.64[c] 0.082[d]	0.04[e] 0.28[f]	16.0
	Si	1.12	1.17	1500	450	I	0.98[c] 0.19[d]	0.16[e] 0.49[f]	11.9
	Sn		0.082	1400	1200	D			
IV-IV	α-SiC	2.996	3.03	400	50	I	0.60	1.00	10.0
III-V	AlSb	1.58	1.68	200	420	I	0.12	0.98	14.4
	BN	～7.5				I			7.1
	BP	2.0							
	GaN	3.36	3.50	380			0.19	0.60	12.2
	GaSb	0.72	0.81	5000	850	D	0.042	0.40	15.7
	GaAs	1.42	1.52	8500	400	D	0.067	0.082	13.1
	GaP	2.26	2.34	110	75	I	0.82	0.60	11.1
	InSb	0.17	0.23	80000	1250	D	0.0145	0.40	17.7
	InAs	0.36	0.42	33000	460	D	0.023	0.40	14.6
	InP	1.35	1.42	4600	150	D	0.077	0.64	12.4
II-VI	CdS	2.42	2.56	340	50	D	0.21	0.80	5.4
	CdSe	1.70	1.85	800		D	0.13	0.45	10.0
	CdTe	1.56		1050	100	D			10.2
	ZnO	3.35	3.42	200	180	D	0.27		9.0
IV-VI	ZnS	3.68	3.84	165	5	D	0.40		5.2
	PbS	0.41	0.286	600	700	I	0.25	0.25	17.0
	PbTe	0.31	0.19	6000	4000	I	0.17	0.20	30.0

[a] 漂移遷移率

[b] I = 非直接能隙，D = 直接能隙

[c] 縱向有效質量

[d] 橫向有效質量

[e] 輕電洞有效質量

[f] 重電洞有效質量

（資料來源：參考書目 III －1）

附錄8　鍺、矽、砷化鎵半導體在300K的重要特性

特性參數	Ge	Si	GaAs
原子數／（厘米）^{3}	4.42×10^{22}	5.0×10^{22}	4.42×10^{22}
原子量	72.60	28.09	144.63
崩潰電場強度（V/cm）	$\sim10^5$	$\sim3\times10^5$	$\sim4\times10^5$
晶體結構	金鋼石	金鋼石	閃鋅礦
密度（g/cm^3）	5.3267	2.328	5.32
介電常數	16.0	11.9	13.1
導帶有效能位密度，N_C(cm^3)	1.04×10^{19}	2.8×10^{19}	4.7×10^{17}
價帶有效能位密度，N_V(cm^3)	6.0×10^{18}	1.04×10^{19}	7.0×10^{18}
電子有效質量（m_e^*/m_0）	$m_l^*/m_0=1.64$ $m_t^*/m_0=0.082$	$m_l^*/m_0=0.98$ $m_t^*/m_0=0.19$	0.067
電洞有效質量（m_h^*/m_0）	$m_{lh}^*/m_0=0.044$ $m_{hh}^*/m_0=0.28$	$m_{lh}^*/m_0=0.16$ $m_{hh}^*/m_0=0.49$	$m_{lh}^*/m_0=0.082$ $m_{hh}^*/m_0=0.45$
電子親和勢，χ(V)	4.0	4.05	4.07
能隙（eV），300K	0.66	1.12	1.424
本徵載子濃度（cm^{-3}）	2.4×10^{13}	1.45×10^{10}	1.79×10^6
本徵德拜長度（μm）	0.68	24	2250
本徵電阻率（Ω-cm）	47	2.3×10^5	10^8
晶格常數（Å）	5.64613	5.43095	5.6533
線熱膨脹係數$\Delta L/L\Delta T$（℃$^{-1}$）	5.8×10^{-6}	2.6×10^{-6}	6.86×10^{-6}
熔點（℃）	937	1415	1238
少數載子壽命時間（s）	10^{-3}	2.5×10^{-3}	$\sim10^{-8}$
遷移率（cm^2/V-s），電子 電洞	3900 1900	1500 450	8500 400
光學波聲子能量（eV）	0.037	0.063	0.035
聲子平均自由程 λ_0（Å）	105	76（電子） 55（電洞）	58
比熱（J/g-℃）	0.31	0.7	0.35
熱導率，300K（W/cm-℃）	0.6	1.5	0.46
熱擴散係數（cm^2/s）	0.36	0.9	0.24

（資料來源：參考書目 III －1）

參考書目

I 固態物理（solid state physics）

1. C. Kittel, Introduction to solid state physics, John Wiley and Sons, 1986.
2. J. R. Christman, Fundamentals of solid state physics, J. Wiley and Sons, 1988.
3. M. A. Omar, Elementary solid state physics: principles and applications, Addison-Wesley, 1975.
4. G. Burns, Solid state physics, Academic Press, 1985.
5. R. H. Bube, Electronic properties of crystalline solids, Academic Press, 1974.
6. A. J. Dekkar, Solid state physics, Prentice-Hall, 1 957.
7. N. Ashcroft and N. Mermin, Solid state physics, Saunders College, 1976.
8. H. E. Hall, Solid state physics, John Wiley and Sons, 1974.
9. R. E. Peierls, Quantum theory of solids, Oxford University Press, 1974.
10. F. J. Blatt, Physics of electronic conduction in solids, McGraw-Hill, 1968.
11. A. O. E. Animalu, Intermediate quantum theory of crystalline solids, Prentice-Hall, 1977.
12. R. J. Elliott and A. F. Gibson, An introduction to solid state physics and its applications, Barnes and Noble, 1974.
13. S. Wang, Solid-state electronics, McGraw-Hill, 1966.
14. R. A. Smith, Wave mechanics of crystalline solids, Chapman and Hall, 1969.
15. A. H. Wilson, The theory of metals, Cambridge University Press, 1953.
16. H. J. Goldsmid, edit. Problems in solid state physics, Academic Press, 1968.
17. N. F. Mott and H. Jones, The theory of the properties of metals and alloys, Dover Publications, 1958.
18. F. Wooten, Optical properties of solids, Academic Press, 1972.
19. C. Wert and R. Thomson, Physics of solids, McGraw-Hill, 1970.
20. H. M. Rosenberg, The solid state, Oxford Science, 1988.
21. N. F. Mott and E. A. Davis, Electronic processes in non-crystalline materials, Clarendon Press, 1979.
22. A. C. Rose-Innes and E. H. Rhoderick, Introduction to superconductivity, Pergamon Press, 1969.
23. D. Bohm, Quantum theory, Prentice-Hall, 1964.
24. T. Van Duzer and C. W. Turner, Principles of superconducting devices and circuits, Elsevier,

1981.
25. 方俊鑫，陸棟，固態物理學，亞東書局，1989。
26. 黃昆，固體物理學，1979。
27. 黃昆，韓汝琦，固體物理學，1988。

II 電學性質（electrical properties of materials）

1. R. E. Hummel, Electronic properties of materials, Springer-Verlag, 1985.
2. B. D. Cullity, Introduction to magnetic materials, Addison-Wesley. 1972.
3. T. S. Hutchison and D. C. Baird, The physics of engineering solids, John Wiley and Sons, 1968.
4. L. Solymar and D. Walsh, Lectures on the electrical properties of materials, Oxford Science, 1993.
5. M. A. Omar, Elementary solid state physics: principles and applications, Addison-Wesley, 1975.
6. L. M. Levinson, ed. Electronic Ceramics, Marcel Dekker, Inc, 1988.
7. J. D. Doss, Engineer's guide to high-temperature superconductivity, Wiley, 1989.
8. M. H. Brodsky ed. Amorphous semiconductors, Springer-Verlag, 1979.
9. L. H. van Vlack, Materials science for engineers, Addison-Wesley, 1970.
10. D. D. Pollock, Physics of engineering materials, Prentice-Hall, 1990.
11. M. Cyrot and D. Pavuna, Introduction to superconductivity and high-T_c materials, World Scientific, 1992.
12. D. R. Lamb, Electrical conduction mechanisms in thin insulating films, Methuen, 1967.
13. R. W. Berry, P. M. Hall and M. T. Harris, Thin film technology, van Nostrand Reinhold, 1968.
14. K. L. Chopra and I. Kaur, Thin film device applications, Plenum Press, 1983.
15. H. H. Lee, Fundamentals of microelectronic processing, McGraw-Hill, 1990.
16. R. C. Buchanan ed. Ceramic materials for electronics, M. Dekker, 1986.
17. L. Azaroff and J. Brophy, Electronic processes in materials, McGraw-Hill, 1963.
18. W. D. Kingery, H. K. Bowen and D. R. Uhlmann, Introduction to ceramics, Wiley, 1976.
19. 莫以豪，李標榮，周國良，半導體陶瓷及其敏感元件，1983。
20. 馮慈璋，極化與磁化，1986。
21. 邱碧秀，電子陶瓷材料，徐氏基金會，1988。
22. 周達如，固態物理電子學，正中書局，1982。
23. K. Kao and W. Hwang, Electrical transport in solids, Pergamon Press, 1981.
24. J. O'Dwyer, The theory of electrical conduction and breakdown in solid dielectrics, Clarendon Press, 1973.

25. C. Hamann, H. Burghardt and T. Frauenheim, Electrical conduction mechanisms in solids, Deutscher Verlag der Wissenschaften, 1988.
26. L. Hench and J. West, Principles of electronic ceramics, Wiley, 1990.

Ⅲ半導體（semiconductors）

1. S. M. Sze, Physics of semiconductor devices, Wiley, 1981.
2. R. A. Smith, Semiconductors, Cambridge University Press, 1978.
3. E. Yang, Microelectronic devices, McGraw-Hill, 1988.
4. R. S. Muller and T. I. Kamins, Device electronics for integrated circuits, J. Wiley and Sons, 1986.
5. B. G. Streetman, Solid state electronic devices, Prentice-Hall, 1990.
6. A. S. Grove, Physics and technology of semiconductor devices, Wiley, 1967.
7. C. T. Sah, Fundamentals of solid-state electronics, World Scientific, 1991.
8. S. M. Sze, Semiconductor devices, physics and technology, Wiley, 1985.
9. J. P. McKelvey, Solid state semiconductor physics, Harper and Row, 1966.
10. C. H. Sequin and M. F. Tompsett, Charge transfer devices, Academic Press, 1975.
11. J. Beynon and R. Lamb, Charge-coupled devices and their applictions, McGraw-Hill, 1980.
12. K. Seeger, Semiconductor physics, Springer-Verlag, 1985.
13. C. M. Wolfe, N. Holonyak and G. Stillman, Physical properties of semiconductors, Prentice-Hall, 1989.
14. D. K. Ferry, ed. Gallium arsenide technology, H. Sams, 1985.
15. R. H. Kingston, Detection of optical and infrared radiation, Springer-Verlag, 1978.
16. P. W. Kruse, L. D. McGlauchlin and R. B McQuistan, Elements of infrared technology, John Wiley and Soas, 1962.
17. M. J. Howes and D. V. Morgan, editors, Large scale integration, John Wiley and Sons, 1981.
18. N. G. Einspruch, ed., VLSI handbook, Academic Press, 1985.
19. L. Kazmerski, ed. Polycrystalline and amorphous thin films and devices, Academic Press, 1980.
20. R. K. Willardson and A. C. Beer, ed. Semiconductors and semimetals, vol. 18, mercury cadmium telluride, Academic Press, 1981.
21. R. Willardson and A. Beer, ed. Semiconductors and semimetals, vol. 12, infrared detectors II, Academic Press, 1977.
22. H. Fukui, ed. Low-noise microwave transistors and amplifiers, IEEE Press, 1981.
23. J. Frey and K. Bhasin, ed. Microwave integrated circuits, Artech House, 1985.
24. W. Carr and J. Mize, MOS/LSI design and applications, McGraw-Hill, 1972.

25. R. S. Pengelly, Microwave field effect transistors-theory, design and applications, 2nd edition, Research Studies Press and John Wiley and Sons, 1986.
26. N. G. Einspruch, ed. VLSI electronics, vol. 11, GaAs microelectronics, Academic Press, 1985.
27. M. J. Howes and D. V. Morgan, Microwave devices, John Wiley and Sons, 1976.
28. A. G. Milnes and D. L. Feucht, Heterojunctions and metal-semiconductor junctions, Academic Press, 1972.
29. A. B. Phillips, Transistor engineering, McGraw-Hill, 1962.
30. L. Hunter, Introduction to semiconductor phenomena and devices, Addison-Wesley, 1966.
31. R. D. Middlebrook, An introduction to junction transistor theory, John Wiley and Sons, 1957.
32. T. S. Moss, G, Burrell and B. Ellis, Semiconductor opto-electronics, J. Wiley and Sons, 1973.
33. L. Marton, ed. Advances in electronics and electron physics, vol.38, Acadmic Press, 1975.
34. H. K. Henisch, Rectifying semi-conductor contacts, Oxford University Press, 1975.
35. A. van der Ziel, Solid state physical electronics, 3rd edition, Prentice-Hall, 1976.
36. J. V. DiLorenzo and D. D. Khandelwal, ed. GaAs FET principles and technology, Artech House, 1982.
37. T. S. Moss, series editor; C. Hilsum, vol. editor, Handbook on semiconductors, vol. 4, device physics, North-Holland, 1981.
38. C. W. Wilmsen, ed. Physics and chemistry of III-V compound semiconductor interfaces, Plenum Press, N. Y. 1985.
39. S. Wang, Fundamentals of semiconductor theory and device physics, Prentice-Hall, 1989.
40. J. S. Blakemore, Semiconductor statistics, Pergamon press, 1962.
41. M. J. Howes and D. V. Morgan, ed. Gallium arsenide, materials, devices and circuits, Wiley, 1985.
42. J. I. Pankove, Optical process in semiconductors, Dover, 1971.
43. E. H. Rhoderick and R. H. Williams, Metal-semiconductor contacts, Oxford Science, 1988.
44. 宋南辛，徐義剛，晶體管原理，1980。

IV固態電子技術（solid state technology）

1. S. K Ghandhi, VLSI fabrication principles, John Wiley and Sons, 1983.
2. W. R. Runyan and K. E. Bean, Semiconductor integrated circuit processing technology, Addison-Wesley, 1990.
3. K. L. Chopra, Thin film phenomena, R. E. Krieger Publishing Co., 1969.
4. S. K. Ghandhi, The theory and practice of microelectronics, Wiley, 1968.
5. J. Mort and F. Jansen, ed. Plasma deposited thin films, CRC Press, 1986.
6. J. F. Verweij and D. R. Wolters, ed. Insulating films on semiconductors, North-Holland, 1983.

7. N. Einspruch, ed. VLSI electronics, vol. 8, Plasma processing for VLSI, Academic Press, 1984.
8. N. G. Einspruch and R. S. Bauer, ed. VLSI electronics, vo1. 10, Surface and interface effects in VLSI, Academic Press, 1985.
9. R.N.Castellano, Semiconductor device processing in the VLSI era, Gordon and Breach Science Publisher, 1993.
10. N. G. Einspruch and G. Gildenblat, ed. VLSI electronics microstrueture science, vo1. 18, Advanced MOS device physics, Academic Press, 1989.
11. J. M. Pimbley, M. Ghezzo, H. G. Parks and D. M. Brown, ed. VLSI electronics microstructure science, vol. 19, Advanced CMOS process technology, Academic Press, 1989.
12. K. Wasa and S. Hayakawa, Handbook of sputter deposition technology, Noyer Publications, 1992.
13. L. I. Maissel and R. Gland, ed. Handbook of thin film technology, McGraw-Hill, 1970.
14. I. Brodie and J. Muray, The physics of microfabrication, Plenum Press, 1982.
15. L. Eckertova, Physics of thin films, Plenum Press, 1986.
16. L. L. Vossen and W. Kern, ed. Thin film processes, Academic Press, 1978.
17. S. M. Sze ed. VLSI technology, McGraw-Hill, 1988.
18. 薛增泉，吳全德，李潔，薄膜物理，1991。

V 其他

1. F. A. Jenkins and H. E. White, Fundamentals of optics, McGraw-Hill, 1976, 4th edtion.
2. R. D. Hudson, Infrared system engineering, Wiley-Interscience, 1969.
3. G. R. Fowles, Introduction to modern optics, Holt, Rinebart and Winston, 1968.

習題解答

第一章

1. 由 $V = |\mathbf{a}_1 \cdot \mathbf{a}_2 \times \mathbf{a}_3|$ 可求出體積
2. (a) 簡單立方 0.524，(b) 體心立方 0.68，(c) 面心立方 0.74
3. 109°28'
4. $U(r)$ 在平面距離 r_0 應有極小值
5. 0.709nm
6. 9.65×10^{-25}J
7. 2.52×10^{-10}m
8. 5×10^{-6}nm
9. (a) 15m，(b) 2×10^{-6}m，(c) 10^7m/s，(d) $5 \times 10^{12}\text{sec}^{-1}$

第二章

1. $\phi(x, y, z) = \sqrt{\dfrac{8}{abc}} \sin\left(\dfrac{n_1\pi}{a}x\right) \sin\left(\dfrac{n_2\pi}{b}y\right) \sin\left(\dfrac{n_3\pi}{c}z\right)$

   $E_{n_1n_2n_3} = \dfrac{\pi^2\hbar^2}{2m}\left(\dfrac{n_1^2}{a^2} + \dfrac{n_2^2}{b^2} + \dfrac{n_3^2}{c^2}\right) = \dfrac{h^2}{8m}\left(\dfrac{n_1^2}{a^2} + \dfrac{n_2^2}{b^2} + \dfrac{n_3^2}{c^2}\right)$

2. $\tan\left[\left(\dfrac{L}{\hbar}\right)(2mE)^{1/2}\right] = \dfrac{2[E(V_o - E)]^{1/2}}{(2E - V_o)}$

3. 3.8nm

4. (a) $T = \dfrac{4E(E - V_o)}{V_o^2 \sin^2 \dfrac{qa}{\hbar} + 4E(E - V_o)}$

   $R = \dfrac{V_o \sin^2 \dfrac{qa}{\hbar}}{V_o^2 \sin^2 \dfrac{qa}{\hbar} + 4E(E - V_o)}$　　其中 $q = [2m(E - V_o)]^{1/2}$

   (b) $T = \dfrac{4E(V_o - E)}{V_o^2 \sinh^2 \dfrac{a}{2d} + 4E(V_o - E)}$

   $R = \dfrac{V_o^2 \sinh^2 \dfrac{a}{2d}}{V_o^2 \sinh^2 \dfrac{a}{2d} + 4E(V_o - E)}$　　其中 $d = \hbar[8\text{m}(V_o - E)]^{1/2}$

5. $A = 2k\left(\dfrac{2k^2}{\pi}\right)^{1/4}$

6. $\hbar k$
7. 1.44×10^{-18}J = 9.04eV

第三章

1. 矽 4.99×10^{28}atoms/m^3，鍺 4.43×10^{28}atoms/m^3
2. sc：$\frac{\pi}{6}$，bcc：$\frac{\sqrt{3}}{8}\pi$，fcc：$\frac{\sqrt{2}}{6}\pi$
3. $V^*=\frac{(2\pi)^3}{V}$
5. (a) 由距原點最近的 8 個倒晶矢

   $G_n=\frac{2\pi}{a}(\pm\mathbf{i}\pm\mathbf{j}\pm\mathbf{k})$

   和距原點次近的 6 個倒晶矢

   $G_n=\pm\frac{4\pi}{a}\mathbf{i}$，$\pm\frac{4\pi}{a}\mathbf{j}$，$\pm\frac{4\pi}{a}\mathbf{k}$ 的中垂面所組成

   (b) $\frac{4\pi}{a}$

   (c) $\frac{2\sqrt{3}\pi}{a}$
6. $E_k=\frac{\hbar^2}{2m}(\mathbf{k}+\mathbf{G})^2=\frac{\hbar^2}{2m}\left(\frac{2\pi}{a}x\,\mathbf{i}+\mathbf{G}\right)$，各能帶可由代入不同的 **G** 求得
7. 光波至少需要 1981.4eV，電子波至少需要 3.84eV
8. (a) 光子 6211.5eV，(b) 電子 37.7eV，(c) 中子 0.021eV
9. (100) 平面，26.29°，62.37°；(110) 平面，38.75°；(111) 平面，50.08°；(210) 平面，81.89°
10. (a) $E-E_F=3kT$，$F(E)=0.047$，而 $e^{-(E-E_F)/kT}=0.049$

    (b) $E-E_F=kT$，$F(E)=0.269$，而 $e^{-(E-E_F)/kT}=0.368$
11. 1.32×10^{6}m/s
12. 792K
13. 3.63×10^{22} 個
14. $E=\frac{5\hbar^2k^2}{m_o}$
15. $\int_o^{E_F}ED(E)dE=\int_o^{E_F}\frac{V}{2\pi^2}\left(\frac{2m}{\hbar^2}\right)^{3/2}E^{3/2}\,dE=\frac{3}{5}NE_F$
16. 5.53eV
17. (a) 5.50eV (b) 3.30eV
18. (a) $E_F=\frac{n\pi\hbar^2}{m}$ (b) $D(E)=\frac{m}{\pi\hbar^2}$ (c) $\frac{E_F}{2}$

19. (a) $E_F = \frac{n^2\pi^2\hbar^2}{2m}$ (b) $D(E) = \frac{(2m)^{1/2}}{2\pi\hbar E^{1/2}}$ (c) $\frac{E_F}{3}$

20. 0.135

第四章

1. (a) 50.7kg/s^2 (b) $4.31\times10^{13}\text{s}^{-1}$
2. (a) 12.96kg/s^2

   (b) 光學支 $\omega_{\min} = 1.99\times10^{13}\text{s}^{-1}$，$\omega_{\max} = 2.43\times10^{13}\text{s}^{-1}$

   聲學支 $\omega_{\min} = 0$，$\omega_{\max} = 1.39\times10^{13}\text{s}^{-1}$
3. 假設 $C_p = C_{-p}$
4. 列出二維的運動方程式，並假設位移的解為

   $$u = u(0)\exp[i(lq_xa + nq_ya - \omega t)]$$

   l 和 n 為整數。
5. 以 T 為常數，代入計算

第五章

1. (a) $\tau = 3.77\times10^{-14}\text{s}$ (b) $l = v_F\tau = 52.3\text{nm}$
2. $2.42\times10^{28}/\text{m}^3$
3. (a) 聲學波聲子 $\frac{\mu(300\text{K})}{\mu(500\text{K})} = 1.68$

   (b) 光學波聲子 $\frac{\mu(300\text{K})}{\mu(500\text{K})} = 2.18$
4. $\tau = 2.5\times10^{-14}\text{s}$
5. (b) $v_{\max} = \frac{aE_2}{\hbar}$ 在 $k = \pm\frac{\pi}{2a}$ 處發生

   (c) $k = 0$，$m^* = \hbar^2/E_2a^2$；$k = \frac{\pi}{a}$，$m^* = -\frac{\hbar^2}{E_2a^2}$
6. (a) $\frac{9\hbar^2}{5ma^2}$，(b) $v = \frac{\hbar}{ma}\sin ka\left(\frac{1}{10} + \frac{6}{5}\sin^2 ka\right)$
7. (a) $n = 1.33\times10^{28}/\text{m}^3$，(b) $\tau = 3.73\times10^{-14}\text{s}$，(c) $v = 0.65\text{m/s}$
8. $3.24\times10^{-13}\text{s}$

第六章

1. (a) $N_c = 4.32\times10^{23}/\text{m}^3$

   (b) $N_v = 8.81\times10^{24}/\text{m}^3$

   (c) $n_i = 2.18\times10^{12}/\text{m}^3$
2. (a) $10^{16}/\text{cm}^3$

   (b) $1.81\times10^{13}/\text{cm}^3$

3. (a) $n_i = 1.83 \times 10^{16}/\text{cm}^3$
   (b) $n = 2.39 \times 10^{16}/\text{cm}^3$
   (c) $p = 1.39 \times 10^{16}/\text{cm}^3$
4. (a) $p = 4.99 \times 10^{13}/\text{cm}^3$
   (b) $n = 4.21 \times 10^{6}/\text{cm}^3$
5. (a) $N_D = 10^{15}/\text{cm}^3$，$E_C - E_F = 0.264\text{eV}$；$N_D = 10^{17}/\text{cm}^3$
   $E_C - E_F = 0.145\text{eV}$；$N_D = 10^{19}/\text{cm}^3$，$E_C - E_F = 0.026\text{eV}$
   (b) $N_D = 10^{15}/\text{cm}^3$，$n = 9.99 \times 10^{14}/\text{cm}^3$　假設完全電離可以成立
   $N_D = 10^{17}/\text{cm}^3$，$n = 0.95 \times 10^{17}/\text{cm}^3$　完全電離大部分成立
   $N_D = 10^{19}/\text{cm}^3$，$n = 0.17 \times 10^{19}/\text{cm}^3$　假設完全電離不成立
6. 方程式　$-\frac{6496}{T} + \frac{3}{2}\ln T + 14.87 = 0$
7. (a) $\sigma_n = ne\mu_e = 1.2\Omega^{-1}\text{cm}^{-1}$
   (b) $\sigma_p = pe\mu_p = 0.36\Omega^{-1}\text{cm}^{-1}$
8. $2.13 \times 10^5\Omega\text{-cm}$
9. (a) $\sigma = e(n\mu_e + p\mu_h) = 5.55 \times 10^{-5}\Omega^{-1}\text{cm}^{-1}$
   (b) $J = \sigma\text{E} = 5.55 \times 10^{-4}\text{A/cm}^2$
10. $\sigma = ne\mu_n + pe\mu_p = ne\mu_n + \frac{n_i^2}{n}e\mu_p$，再計算 $\frac{d\sigma}{dn} = 0$
11. (a) Si　0.025eV，(b) GaAs　0.005eV

第七章

1. $C = 9.78 \times 10^{-11}\text{farad}$
2. $4 \times 10^{-29}\text{coul} \cdot \text{m}$
3. (a) $p\text{E} = 10^{-23}\text{J}$
   (b) $kT = 4.14 \times 10^{-21}\text{J}$，$\frac{kT}{p\text{E}} = 414$ 倍
4. $D = 1.44 \times 10^{-15}\text{m}^2/\text{s}$
5. (a) polarization field $= \frac{P}{\epsilon_0}$
   (b) total field $= \frac{\sigma}{(1+\chi)\epsilon_0} = \frac{\sigma}{\epsilon_r\epsilon_0}$
6. (a) $4.52 \times 10^{-40}\text{F-m}^2$
   (b) $\text{E}_{\text{local}} = 888.8\text{V/m}$，
   (c) $4.01 \times 10^{-37}\text{coul-m}$
7. (a) $\epsilon_r = 5.83$，(b) 537.1V/m
8. (a) 560C/m^2，(b) $\text{P} = 39.2\text{C/m}^2$

9. 0.63

第八章

1. (a) $v = 2.56 \times 10^7$m/s
   (b) $\lambda = 2.62 \times 10^{-4}$m（進入材料之前）
   $\lambda = 2.23 \times 10^{-5}$m（進入材料之後）
   (c) $\frac{I}{I_0} = 1.69 \times 10^{-2}$
   (d) $\epsilon_1 = 64.6$，$\epsilon_2 = 198.9$
2. (a) $K = 2.51$，(b) $\sigma = 3.58 \times 10^5 \Omega^{-1}\text{m}^{-1}$
3. $R = 0.471$
4. (a) $\alpha = 6.82 \times 10^7\text{m}^{-1}$，(b) 17.9nm
5. 92.9%
6. 7.81×10^{-9}m
7. 31.2cm
8. 79.2%
9. (a) 鉀　$6.67 \times 10^{15}\text{s}^{-1}$
   (b) 鋰　$1.22 \times 10^{16}\text{s}^{-1}$
10. (a) 1.713eV　(b) 1.798eV

第九章

1. (a) SI 制，50,000A/m　(b) 高斯制　628.3Oe
2. $\chi_{\text{dia}} = -1.56 \times 10^{-4}$
3. $\chi_{\text{para}} = 8.69 \times 10^{-4}$
4. 2117tesla
5. 5.4×10^{-5}
6. 7.36×10^{-5}
7. (a) 2.98×10^{-5}J，(b) 答案為 298erg，相同

第十章

1. 0.96%
2. $C_v = 24.45$J/mol · K
3. (a) 0.265J/mol · K　(b) 1.06%
4. 2.50×10^{42}/mol · J
5. 28210K
6. 309.5J/m · s · K

7. $2.477 \times 10^{-8} J^2/K^2 \cdot coul^2$

第十一章

1. $\sigma_f = 0.058\sigma_b$
2. $R_C = 0.58\Omega\text{-cm}^2$
3. 相差 4.8×10^6 倍
4. 1.63×10^{10}
5. 在塊材中移動的平均失效時間要長 1.30×10^{15} 倍
6. 5.1×10^{-22}cm/s

第十二章

1. $1.03 \times 10^{-3} A/cm^2$
2. $1.08 \times 10^{-11} A/cm^2$
3. 0.189eV
4. $3.39 \times 10^{-8} F/cm^2$
5. 3.1×10^{-2}A
6. 1.19×10^{-11}Farad
7. 在（12.87）式中，$\gamma = \dfrac{AJ_p(x=0)}{I_E}$，代入計算可證
8. (a) $\gamma = 0.9965$，(b) $\alpha_T = 0.99938$，(c) $\beta = 243$
9. (a) $\gamma = 0.9943$，(b) $\alpha_T = 0.99954$，(c) $\beta = 163$

第十三章

1. (a) 7.59V，(b) 1.89V
2. $V_p = 1.89$V，$V_T = -1.08$V
3. $a = 0.147\mu$m
4. 3.65mA
5. $V_p = 0.689$V，$V_T = 0.078$V
6. 0.563V
7. 6.83×10^{-4}A
8. -1.021V
9. $V_T = 0.049$V
10. $V_T = -0.77$V
11. (a) $C_{ox} = 1.15 \times 10^{-7} F/cm^2$
    (b) $C_{min} = 2.07 \times 10^{-8} F/cm^2$
    (c) $C_{FB} = 7.03 \times 10^{-8} F/cm^2$

12. 2.0×10^{-2}A
13. 0.27V
14. (a) $C_{ox} = 6.9 \times 10^{-8}$F/cm^2
    (b) $\psi_s = 7.76$V
    (c) $W = 3.19 \times 10^{-4}$cm
    (d) $Q_d = -5.11 \times 10^{-8}$coul/cm^2
15. $C_{GS} = \dfrac{C_{ox}C_D}{C_{ox} + C_D} = 3.14 \times 10^{-9}$F/cm^2
16. (a) $\psi_s = 11.68$V，$W = 3.92 \times 10^{-4}$cm
    (b) $\psi_s = 7.41$V，$W = 3.12 \times 10^{-4}$cm
17. $\tau_{th} = 4.36 \times 10^{-8}$s，$f = 8.3 \times 10^5$Hz

第十四章

1. (a) Ge，1.85μm；Si，1.10μm；GaAs，0.87μm
   (b) 500nm 為 2.48eV；1μm 為 1.24eV
2. (a) 吸收的功率 4.42mW
   (b) 晶格吸收的熱能功率 1.95mW
3. (a) $I_{ph} = 2.43 \times 10^{-3}$A
   (b) gain = 487.5
4. $J = 1.59 \times 10^{-2}$A/cm^2
5. $J = 1.09$A/cm^2
6. $N_A \geqq N_v = 7.0 \times 10^{18}$/cm^3，$N_D \geqq N_C = 4.7 \times 10^{17}$/cm^3
7. (b) $\Delta\lambda = 7.57 \times 10^{-3}\mu$m
8. $L = 0.045$cm
9. 0.503V
10. $N_A = 1.24 \times 10^{17}$/cm^3
11. 0.16μm
12. (a) $l = 7.95 \times 10^{-4}$cm，(b) $f = 9.55 \times 10^{10}$Hz

第十五章

1. 加了電場E以後，順電場與反電場方向的跳躍頻率分別成為$\nu e^{-(\Delta E - Eqd/2)/kT}$和$\nu e^{-(\Delta E + Eqd/2)/kT}$。將兩者之差乘以每次跳躍的距離$d$就可以得到沿電場方向的漂移速度
2. 利用$\frac{1}{2}mv^2(x) = qV(x)$，而且$\rho(x)v(x) = J$
3. 1.12×10^5A/m^2
4. (a) 10^4V/m，1896Å

(b) 10^5V/m，599Å

(c) 10^6V/m，189Å

5. 2.26×10^8V/m

6. (a) 300K，7.46×10^{20}

(b) 1000K，1.76×10^6

7. 用 2E(x) 乘泊松方程式兩邊，然後積分

8. 0.375A/m^2

9. (a) 200Å，$J = 2.05 \times 10^{-22}$A/m^2

(b) 100Å，$J = 7.36 \times 10^{-5}$A/m^2

(c) 50Å，J = 8.9×10^4A/m^2

10. (a) 蕭基 $7.44 \times 10^{-4}\left(\frac{m}{V}\right)^{1/2}$

(b) 普爾－法蘭克：$1.49 \times 10^{-3}\left(\frac{m}{V}\right)^{1/2}$

11. (a) $N_D = 10^{15}/\text{cm}^3$，$E_1 = 0.014\text{eV}$

(b) $N_D = 10^{17}/\text{cm}^3$，$E_1 = 0.156\text{eV}$

(c) 斜率比 = 10.82

12. $8.84 \times 10^{27}/\text{m}^3$

13. 2.81×10^{-2}J/s

14. $2^n = 10^{12}$，則 n ≅ 40

15. (a) $n_s = 10^{12}/\text{cm}^2$，$q\phi_B = 9.03 \times 10^{-3}\text{eV}$

(b) $n_s = 10^{13}/\text{cm}^2$，$q\phi_B = 0.903\text{eV}$

16. (a) 300K，$q\phi_B = 0.018\text{eV}$

(b) 500K，$q\phi_B = 0.903\text{eV}$

(c) $\rho(500\text{K})/\rho(300\text{K}) = 6.25 \times 10^8$

第十六章

1. 53.2nm
2. 419.3nm
3. 2.06×10^{-15}weber
4. 1.138×10^{-48}J · m^3
5. 0.165
6. 1.72×10^{-4}V
7. 15.5A/m^2
8. 0.207G = 2.07×10^{-5}tesla
9. (a) 1.81×10^{-7}m，(b) 2.89mV，(c) 1.44×10^9Hz

第十七章

1. (a) $\dfrac{t}{t_o}=94.3\%$，(b) $\dfrac{t}{t_o}=92.4\%$
2. $5.83\times10^{-2}\text{A/m}^2$
3. 0.1748T = 1748G
4. (a) 濺鍍 4.42×10^3m/s，(b) 蒸鍍 255m/s
5. $\dfrac{E}{E_s}=2^N$，$N=5.9$
6. $v_y=1.218\times10^{-6}$cm/s

索引

二劃

三劃

四劃

五劃

六劃

七劃

八劃

九劃

十劃

十一劃

十二劃

十三劃

十四劃

十五劃

十六劃

十七劃

十八劃

十九劃

二十一劃

二十三劃

二十四劃

國家圖書館出版品預行編目資料

固態電子學／李雅明著.　—　初版.　—　臺北市：五南，2016.02
面；　公分.
ISBN 978-957-11-8389-3（平裝）

1.電子工程　2.電子學

448.6　　104022723

5DJ2

固態電子學

作　　者 — 李雅明(95.3)
發 行 人 — 楊榮川
總 編 輯 — 王翠華
主　　編 — 王者香
責任編輯 — 林亭君
封面設計 — 小小設計有限公司
出 版 者 — 五南圖書出版股份有限公司
地　　址：106台北市大安區和平東路二段339號4樓
電　　話：(02)2705-5066　　傳　　真：(02)2706-6100
網　　址：http://www.wunan.com.tw
電子郵件：wunan@wunan.com.tw
劃撥帳號：01068953
戶　　名：五南圖書出版股份有限公司
法律顧問　林勝安律師事務所　林勝安律師
出版日期　2016年 2 月初版一刷
定　　價　新臺幣680元